# Signalverarbeitung mit MATLAB® und Simulink®

## Anwendungsorientierte Simulationen

von
Prof. Dr.-Ing. Josef Hoffmann
Prof. Dr.-Ing. Franz Quint

2. Auflage

Oldenbourg Verlag München

**Prof. Dr.-Ing. Josef Hoffmann** war Professor an der Hochschule Karlsruhe – Technik und Wirtschaft und hat dort das Fachgebiet Digitale Kommunikationstechnik vertreten. Er unterrichtet weiter als Lehrbeauftragter und setzt intensiv die MATLAB®-Werkzeuge ein.

**Prof. Dr.-Ing. Franz Quint** unterrichtet an der Fakultät für Elektro- und Informationstechnik der Hochschule Karlsruhe – Technik und Wirtschaft die Fächer Digitale Nachrichtenübertragung, Signalverarbeitung sowie Informationstheorie und Codierung.

MATLAB® und Simulink® sind eingetragene Warenzeichen von
The MathWorks, Inc.
3 Apple Hill Drive
Natick, MA 01760-2098
Phone: (508) 647-7000


Bibliografische Information der Deutschen Nationalbibliothek

Die Deutsche Nationalbibliothek verzeichnet diese Publikation in der Deutschen Nationalbibliografie; detaillierte bibliografische Daten sind im Internet über http://dnb.d-nb.de abrufbar.


© 2012 Oldenbourg Wissenschaftsverlag GmbH
Rosenheimer Straße 145, D-81671 München
Telefon: (089) 45051-0
www.oldenbourg-verlag.de

Lektorat: Dr. Gerhard Pappert
Herstellung: Constanze Müller
Einbandgestaltung: hauser lacour
Gesamtherstellung: Grafik & Druck GmbH, München

Dieses Papier ist alterungsbeständig nach DIN/ISO 9706.

ISBN    978-3-486-70887-5
eISBN   978-3-486-71735-8

# Vorwort

Das vorliegende Buch ist die zweite Auflage des gleichnamigen Buches, welches 2007 erschienen ist. Im Vergleich dazu enthält es zusätzliche Experimente und Themen und benutzt die zum Zeitpunkt der Drucklegung aktuelle Version 2011b von MATLAB.

Die digitale Signalverarbeitung hat in den letzten Jahrzehnten explosive Fortschritte sowohl in der Theorie als auch in den Anwendungen erfahren. Dies ist hauptsächlich der rasanten Entwicklung in den Technologien der digitalen Hardware und Rechnertechnik sowie der entsprechenden Software geschuldet. Was heutzutage alles in einem mobilen Kommunikationsgerät („*Handy*") an Funktionalität integriert ist, kann dabei als Beispiel angesehen werden.

In allen elektrotechnischen, nachrichtentechnischen und den verwandten Studiengängen an Hochschulen werden Vorlesungen in digitaler Signalverarbeitung angeboten. Die Theorie der Lehrveranstaltungen wird dabei in vielen Fällen mit Simulationen in MATLAB begleitet. Es ist so möglich, Beispiele zu untersuchen, die praktisch relevant sind und über die einfachen, analytisch lösbaren Fälle früherer Zeiten hinausgehen.

In der Industrie hat sich die MATLAB-Produktfamilie in Forschung und Entwicklung zu einem Standardwerkzeug durchgesetzt. Sie wird von den wissenschaftlichen Voruntersuchungen über die Algorithmenentwicklung bis hin zur Implementierung auf einer dedizierten Hardware eingesetzt. Oftmals wird aus dem Simulationsprogramm des Verfahrens automatisch das in der Hardware zu implementierende Programm erzeugt. Diese durchgängige Entwicklungskette bietet den Vorteil effizienter Produktentwicklungszyklen, weil Abweichungen zwischen Simulation und auf der Hardware implementiertem Programm vermieden werden. Nachträglich erforderliche Änderungen können schneller implementiert und untersucht werden.

Damit ist die Verwendung der MATLAB-Produktfamilie in der Lehre nicht nur dem Verständnis der Theorie förderlich, sondern sie ermöglicht den Absolventen von Ingenieurstudiengängen auch einen raschen Zugang zur industriellen Praxis.

Das vorliegende Buch richtet sich vorwiegend an Ingenieurstudenten der Universitäten und Hochschulen für Technik, die eine Vorlesung zum Thema Signalverarbeitung hören. Mit Hilfe der Simulationen in vorliegendem Buch kann die Theorie mit praktischen Beispielen veranschaulicht und in Anwendungen eingesetzt werden.

Die vorgeschlagenen Simulationen wurden so gestaltet, dass sie häufig eingesetzten Anwendungen der Signalverarbeitungspraxis entsprechen. Die Studierenden können sie kreativ erweitern und eigene Konzepte untersuchen, bzw. ihre eigenen Fragen oder Schwierigkeiten beim Verstehen der Theorie mit ähnlichen Simulationen klären.

Das Buch richtet sich auch an Fachkräfte aus Forschung und Industrie, die im Bereich der Signalverarbeitung tätig sind und die MATLAB-Produktfamilie einsetzen oder einzusetzen beabsichtigen. Die leistungsfähigen Funktionen dieser Software werden mit typischen Verfahren der Signalverarbeitung dargestellt und untersucht. Die Simulationen gehen weiter als die Demonstrationsbeispiele aus der Begleitdokumentation von MATLAB, sind ausführlicher beschrieben und basieren auf der didaktischen Erfahrung der Autoren. Sie sind so gestaltet, dass man sie als Bausteine für weitere aufwändigere Anwendungen und Systeme verwenden kann.

Die MATLAB-Produktfamilie besteht aus der MATLAB-Grundsoftware, aus verschiedenen „Toolboxen" und aus dem graphischen Simulationswerkzeug Simulink. MATLAB ist eine leistungsfähige Hochsprache, die Grundfunktionen zur Manipulation von Daten, die in mehrdimensionalen Feldern gespeichert sind, enthält. Der Name MATLAB ist ein Akronym für "MATrix LABoratory" und bezieht sich auf die ursprünglich vorgesehene Anwendung, nämlich das Rechnen mit Matrizen und Datenfeldern.

Für verschiedene Fachgebiete gibt es Erweiterungen der MATLAB-Software in Form sogenannter „Toolboxen". Diese sind Sammlungen von MATLAB-Programmen, die zur Lösung spezifischer Aufgaben des entsprechenden Fachgebietes entwickelt wurden. Eine davon ist auch die *Signal Processing Toolbox*, die ein zentrales Thema dieses Buchs ist.

Eine Besonderheit dieses Buchs im Vergleich zu anderen MATLAB-Büchern besteht darin, dass auch Simulink als Erweiterung von MATLAB intensiv einsetzt wird. In Simulink werden mit relativ wenig Programmieraufwand Systemmodelle mit Hilfe von Blockdiagrammen, wie sie im Lehrbetrieb und in der Entwicklung üblich sind, erstellt. Funktionsblöcke aus verschiedenen Bibliotheken werden so verbunden, dass ein Modell des Systems entsteht.

Die Simulink-Bibliotheken stellen eine Vielzahl von Funktionsblöcken zur Verfügung: Blöcke für Signalquellen, für lineare und nichtlineare Funktionen, für zeitdiskrete Systemkomponenten, für Senken mit denen die Variablen der Modelle inspiziert werden können, usw. Im vorliegenden Buch liegt der Schwerpunkt auf den Blöcken der *DSP System Toolbox*.

Das Simulink-Modell ist auch eine graphische Abbildung des Systems, die leicht zu verstehen, zu ändern und zu untersuchen ist. Die Erstellung von Simulink-Modellen ist in der Regel weniger fehleranfällig als die Programmierung mit MATLAB. Die notwendige Flexibilität gewinnt man durch die Erweiterung vorhandener oder die Programmierung neuer Blöcke. Zur übersichtlichen Gestaltung des Modells können Blöcke hierarchisch zu übergeordneten Blöcken zusammengefasst werden. Aus Simulink-Modellen können automatisch C- oder VHDL[1]-Programme generiert werden, die nach dem Übersetzen auf dedizierter Hardware lauffähig sind.

Das Buch enthält sechs Kapitel, in denen wichtige Aufgabestellungen in der Signalverarbeitung mit Simulationen begleitet werden. Bei einigen Themen werden auch die theoretischen Hintergründe erläutert, so dass man die Funktionen der MATLAB-Produktfamilie verstehen und einsetzen kann. Allerdings ist es nicht Ziel des Buchs, Lehrbuch für die Theorie der digitalen Signalverarbeitung zu sein. Vielmehr soll es der Vertiefung und dem Verständnis ausgewählter Verfahren dienen und Einsatz- und Anwendungsmöglichkeiten der MATLAB-Software in der Lehre und in Forschung und Entwicklung aufzeigen.

- Im ersten Kapitel werden Experimente zur Analyse und Synthese analoger Filter präsentiert. Diese Filter sind an der Schnittstelle zwischen der analogen Umwelt und der digitalen Signalverarbeitung notwendig. Es werden die von analogen Filtern verursachten Verzerrungen mit Simulationen untersucht und daraus praktische Aspekte abgeleitet. So ist z.B. die Amplitudenverzerrung durch die D/A-Wandler bei der Rekonstruktion zeitkontinuierlicher Signale aus den zeitdiskreten Abtastwerten dargestellt.

- Die Entwicklung digitaler Filter, ein Hauptthema der digitalen Signalverarbeitung, wird im zweiten und dritten Kapitel mit Hilfe der Werkzeuge aus der *Signal Processing Tool-*

---

[1]*Very High Speed Integrated Circuit Hardware Description Language*

*box* und aus der *DSP System Toolbox* beschrieben. Die klassischen Entwicklungsverfahren wie z.B. das Parks-McClellan-Verfahren werden im zweiten Kapitel untersucht. Im dritten Kapitel werden spezielle Verfahren anhand von Simulationen erläutert. Dabei wird auch der für die Praxis wichtige Aspekt der Filter im Festkomma-Format ausführlich vorgestellt. Hierfür wird die *Fixed-Point Toolbox* einbezogen.

- Die Multiraten-Signalverarbeitung, die in vielen Anwendungen eingesetzt wird, wird im vierten Kapitel mit praktischen Beispielen begleitet. Zu Beginn werden die beiden Hauptthemen dieses Gebiets, die Dezimierung und die Interpolierung vorgestellt und mit Experimenten vertieft. Danach wird auf die Realisierung der Dezimierung und Interpolierung mit Polyphasenfiltern eingegangen. Auch Multiratenfilterbänke werden hier behandelt.

  In dieser Auflage wird als neues Thema das sogenannte "Fractional-Delay"-Filter vrgestellt und mit Experimenten untersucht. Diese Filter ermöglichen eine effizienze Implementierung der Interpolierung und werden zur Abtastfrequenzänderung und, wie der Name es sagt, der Verzögerung des Signals um Bruchteile der Abtastperiode eingesetzt. Ihre Realisierung als Farrow-Struktur und die dazu gehörenden MATLAB-Funktionen werden ebenfalls besprochen.

  Im letzten Teil dieses Kapitels werden die sogenannten CIC[2]- und IFIR[3]-Filter für die Dezimierung und Interpolierung zeitdiskreter Signale beschrieben und untersucht. CIC-Filter werden häufig in Hardware implementiert, weil sie ohne Multiplikationen realisierbar sind. Mit IFIR-Filtern werden Tiefpassfilter mit steilen Flanken und schmaler Bandbreite erzeugt, die sich ohne großen Aufwand implementieren lassen.

- Experimente zur Analyse und Synthese adaptiver Filter werden im fünften Kapitel vorgestellt. Dabei werden die Filter, die in Simulink-Blöcken und in den MATLAB-Objekten für adaptive Filter implementiert sind, eingesetzt.

- Das sechste Kapitel enthält für die Thematik dieses Buches relevante Hinweise zu MATLAB und Simulink. Auf eine umfangreichere Vorstellung ihrer Grundfunktionen wurde in der vorliegenden Auflage verzichtet angesichts der Vielzahl von einführenden Büchern zu MATLAB und Simulink.

Der Leser wird ermutigt, bei der Arbeit mit diesem Buch die vorgestellten Simulationen selbst in MATLAB oder Simulink durchzuführen, sie zu erweitern oder für seine Zwecke zu verändern. Hierfür kann er die Quellen aller für das Buch entwickelten MATLAB-Programme und Simulink-Modelle von der Internet-Seite des Oldenbourg-Verlages `http//www.oldenbourg-wissenschaftsverlag.de` beziehen.

Aus dem sehr großen Umfang der MATLAB-Produktfamilie werden in diesem Buch Funktionen folgender Werkzeuge eingesetzt: MATLAB und Simulink als Grundsoftware, *Signal Processing Toolbox*, *DSP System Toolbox* (in welche die Funktionen der vormaligen *Filter Design Toolbox* und die Blöcke des *Signal Processing Blockset* integriert sind), *Fixed-Point Toolbox*, *Simulink Fixed Point* und *Wavelet Toolbox*. Hinzu kommen noch verschiedene mit MATLAB mitgelieferte Entwicklungs- und Analysewerkzeuge wie z.B. das *Filter Design and*

---

[2] *Cascaded-Integrator-Comb*
[3] *Interpolated-Finite-Impulse-Response*

*Analysis Tool*, kurz FDATool, für die Entwicklung und Analyse von Filtern oder das *Filter Visualization Tool* zur Visualisierung der Eigenschaften der Filter.

Die Handbücher der MATLAB-Produktfamilie sind im Internet als PDF-Dateien erhältlich. Aufgrund ihres Umfangs von mehreren tausend Seiten ist eine systematische Durcharbeitung von der ersten bis zur letzten Seite dem Anwender kaum möglich. Vielmehr sollten sie als Nachschlagewerk am Rechner verwendet werden, um so die Aufrufbeispiele der Funktionen oder die Demonstrationen gleich ausführen zu können. Ähnliche Dokumente gibt es auch für die anderen Komponenten der MATLAB-Familie. Der Einfachheit halber werden diese Quellen nicht zitiert. Sie stehen über die MATLAB-Oberfläche zur Verfügung und können immer nachgeschlagen werden.

Die Firma MathWorks bietet Unterstützung zur Produktfamilie auch unter der Adresse http://www.mathworks.com (oder http://www.mathworks.de) an. So findet man z.B. unter der Adresse http://www.mathworks.com/matlabcentral im Menü *File Exchange* eine Vielzahl von Programm- und Modellbeispielen. Weiterhin werden laufend Webinare[4], auch in deutscher Sprache angeboten, die man herunterladen und beliebig oft ansehen kann. Auch auf weltweit über 900 Buchtitel, die die MATLAB-Software beschreiben und einsetzen, wird auf den Internet-Seiten von MathWorks verwiesen.

## Danksagung

Die Autoren möchten sich vor allem bei den Studierenden des Studiengangs Informationstechnik der Hochschule Karlsruhe – Technik und Wirtschaft bedanken, die bei den entsprechenden Vorlesungen mit ihren Fragen dazu beigetragen haben, dass die Theorie mit passenden Simulationen in MATLAB und Simulink begleitet wurde. So sind die meisten Simulationen dieses Buches entstanden. Viele davon basieren auch auf Themen, mit denen unsere Studierenden in Abschlussarbeiten mit industrienahen Themen konfrontiert wurden.

Dank gebührt auch der Firma The MathWorks USA, die die Autoren von MATLAB-Büchern sehr gut betreut und mit neuen Versionen und Vorankündigungen der Software versorgt. Ebenfalls bedanken wir uns beim Support-Team von The MathWorks Deutschland in München und besonders bei Herrn Schäfer, der sehr professionell und zeitnah unsere Anfragen beantwortet hat.

Nicht zuletzt bedanken wir uns bei unseren Familien, die viel Verständnis während unserer Arbeit am Buch aufgebracht haben.

Josef Hoffmann (josef.hoffmann@hs-karlsruhe.de)
Franz Quint (franz.quint@hs-karlsruhe.de)

März 2012

---

[4]Multimediale Seminare über das Internet

# Inhaltsverzeichnis

# 1 Entwurf und Analyse analoger Filter

Die Bestrebungen, die Signalverarbeitung so weit wie möglich digital zu realisieren, hat die analogen Filter ein wenig in den Hintergrund treten lassen. Da die Natur aber analog ist, bleiben die analogen Filter an der Schnittstelle zur digitalen Welt sicher erhalten. Der große Aufwand, mit dem die Chip-Hersteller die Eigenschaften der integrierten analogen Filter ständig verbessern, ist ein Beweis dafür, dass analoge Filter weiterhin ihren wohlverdienten Platz in der Signalverarbeitung bewahren werden. Darüberhinaus werden die Entwurfsmethoden für analoge Filter auch bei der Erstellung digitaler IIR-Filter[1] angewandt.

Der Entwurf und die Analyse analoger Filter ist umfangreich in der Literatur behandelt [69], [34], [57], [38]. Eine gute Einführung in die Thematik erhält man auch aus der Literatur zur Digitalen Signalverarbeitung, und zwar in den Kapiteln, die sich mit den Entwurfsmethoden von IIR-Filtern beschäftigen. Beispielhaft erwähnt seien hier die Bücher [26], [56], [53], die ebenfalls MATLAB-Begleitprogramme anbieten.

## 1.1 Entwurf und Analyse mit Funktionen der *Signal Processing Toolbox*

Lineare zeitinvariante Systeme können im Zeitbereich oder im Bildbereich (mit Hilfe der Laplace-Transformation) beschrieben werden [34]. Die Beschreibung im Zeitbereich erfolgt oft mit Hilfe eines Systems von Differentialgleichungen erster Ordnung, den sogenannten Zustandsgleichungen. Deswegen spricht man auch von einer Beschreibung im Zustandsraum. Filter sind Systeme mit einem Eingang und einem Ausgang (SISO-Systeme[2]) und ihre Beschreibung im Zustandsraum ist gemäß Gl. (1.1).

$$\begin{aligned} \frac{d\mathbf{x}_s(t)}{dt} &= \mathbf{A}\mathbf{x}_s(t) + \mathbf{B}u(t) \\ y_s(t) &= \mathbf{C}\mathbf{x}_s(t) + Du(t) \end{aligned} \qquad (1.1)$$

Die erste Gleichung ist ein System von Differentialgleichungen in vektorieller Notation und stellt den Zusammenhang zwischen dem Zustandsvektor $\mathbf{x}_s(t)$ und der Eingangsgröße $u(t) = x(t)$ dar[3]. Die Länge $n$ des Zustandsvektors $\mathbf{x}_s(t)$ gibt die Ordnung des Systems (Filters) an. Die zweite, algebraische Gleichung ist die sogenannte Ausgangsgleichung und stellt die Abhängigkeit der Ausgangsgröße $y_s(t) = y(t)$ vom Zustandsvektor und von der Eingangsgröße dar. Die Eigenschaften (Parameter) des Systems werden durch die Matrizen $\mathbf{A}, \mathbf{B}, \mathbf{C}$ und

---

[1] *Infinte-Impulse-Response* oder rekursive Filter

[2] *Single Input Single Output*

[3] In der Zustandsbeschreibung ist es üblich, die Eingangsgröße mit $u(t)$ zu bezeichnen. In der Welt der digitalen Signalverarbeitung wird die Eingangsgröße üblicherweise mit $x(t)$ bezeichnet und darf nicht mit dem Zustandsvektor $x_s(t)$ verwechselt werden.

$D = d$ festgelegt. Diese Matrizen müssen auch in MATLAB zur Beschreibung des Systems im Zustandsraum (Englisch: *state-space*) angegeben werden.

Im Bildbereich, mit $s$ als Variablen der Laplace-Transformation, wird ein lineares zeitinvariantes System durch die Übertragungsfunktion $H(s)$ beschrieben [34]. Die Übertragungsfunktion (Englisch: *Transfer Function*) ist eine rationale Funktion mit jeweils einem Polynom im Zähler und im Nenner, gemäß Gl. (1.2). Dabei sind $Y(s)$ die Laplace-Transformierte des Ausgangssignals $y(t)$ und $X(s)$ die des Eingangssignals $x(t)$.

$$H(s) = \frac{Y(s)}{X(s)} = \frac{b_0 s^n + b_1 s^{n-1} + b_2 s^{n-2} \cdots + b_n}{s^n + a_1 s^{n-1} + a_2 s^{n-2} \cdots + a_n} \tag{1.2}$$

In MATLAB kann diese Form der Übertragungsfunktion mit Hilfe der Koeffizienten des Zähler- und des Nennerpolynoms spezifiziert werden. Die Koeffizienten werden in zwei Vektoren angegeben, wobei der Koeffizient der höchsten Potenz eines Polynoms an erster Stelle steht. Diese Art der Beschreibung wird in MATLAB als *Transfer-Function*-Form bezeichnet.

Wenn die Polynome der Übertragungsfunktion mit Hilfe der Nullstellen des Zählers und Nenners ausgedrückt werden, erhält man die Null-Polstellen-Form [34]:

$$H(s) = \frac{Y(s)}{X(s)} = b_0 \frac{(s - z_1)(s - z_2) \ldots (s - z_n)}{(s - p_1)(s - p_2) \ldots (s - p_n)} \tag{1.3}$$

Die Werte $z_1, z_2, \ldots, z_n$ sind die Nullstellen der Übertragungsfunktion und die Nullstellen des Nennerpolynoms $p_1, p_2, \ldots, p_n$ sind ihre Pole. Der Faktor $b_0$ wird im Englischen *Gain* genannt. Die Form der Übertragungsfunktion nach Gl. (1.3) wird in MATLAB als *Zero-Pole-Gain*-Form bezeichnet und wird durch zwei Vektoren, die die Nullstellen und Pole enthalten, sowie durch einen Skalar für die Verstärkung[4] spezifiziert.

Für das System mit der Übertragungsfunktion nach Gl. (1.2) gibt es eine Beschreibung im Zustandsraum mit folgenden Matrizen:

$$\mathbf{A} = \begin{pmatrix} 0 & 1 & 0 & \ldots & \cdot & 0 \\ 0 & 0 & 1 & 0 & \ldots & 0 \\ \cdot & \cdot & \cdot & \ldots & \cdot & \cdot \\ 0 & 0 & & \ldots & 0 & 1 \\ -a_n & -a_{n-1} & \cdot & \ldots & -a_2 & -a_1 \end{pmatrix} \qquad \mathbf{B} = \begin{pmatrix} 0 \\ 0 \\ \cdot \\ \cdot \\ \cdot \\ 0 \\ 1 \end{pmatrix} \tag{1.4}$$

$$\mathbf{C} = \left( (b_n - b_0 a_n) \ (b_{n-1} - b_0 a_{n-1}) \ \ldots \ (b_1 - b_0 a_1) \right) \qquad \mathbf{D} = d = b_0 \tag{1.5}$$

In MATLAB können die drei unterschiedlichen Beschreibungsformen mit den Funktionen **ss2tf**, **tf2ss**, **ss2zp**, **zp2ss**, **tf2zp** und schließlich **zp2tf** ineinander umgewandelt werden. Dabei steht das Kürzel **ss** für die Zustandsraum-Beschreibung, **zp** für die Null-

---

[4]Dabei handelt es sich nicht um eine Verstärkung des Eingangssignals beim Durchgang durch das System (diese ist prinzipiell frequenzabhängig), sondern lediglich um eine Bezeichnung für den Koeffizienten des höchstgradigen Gliedes, der zur Darstellung in der angegebenen Form als Faktor auszuklammern ist.

Polstellen-Beschreibung und `tf` für die Beschreibung in der *Transfer-Function*-Form. Die Beschreibung im Zustandsraum ist die stabilste gegen numerische Ungenauigkeiten, gefolgt von der Null-Polstellen-Form.

Die *Signal Processing Toolbox* enthält mehrere Gruppen von Funktionen zur Entwicklung von Analogfiltern. In Tabelle 1.1 sind die Funktionen zum Entwurf von Prototyp-Filtern im Tiefpassbereich gemäß unterschiedlicher Approximationsschemata (wie z.B. Bessel, Butterworth usw.) angegeben. Mit Hilfe der in Tabelle 1.2 angegebenen Transformationsfunktionen können die Prototypen dann in die gewünschten Bandpass-, Bandsperr-, Hochpass- oder Tiefpassfilter transformiert werden.

*Tabelle 1.1: Analoge Tiefpassprototyp-Filter*

| `besselap` | Bessel Tiefpassprototyp-Filter |
|---|---|
| `buttap` | Butterworth Tiefpassprototyp-Filter |
| `cheby1ap` | Tschebyschev Typ I Tiefpassprototyp-Filter (mit Welligkeit im Durchlassbereich) |
| `cheby2ap` | Tschebyschev Typ II Tiefpassprototyp-Filter (mit Welligkeit im Sperrbereich) |
| `ellipap` | Elliptisches Tiefpassprototyp-Filter |

*Tabelle 1.2: Transformationen der Analogprototypen*

| `lp2bp` | Transformation Tiefpass- zu Bandpassfilter |
|---|---|
| `lp2bs` | Transformation Tiefpass- zu Bandsperrfilter |
| `lp2hp` | Transformation Tiefpass- zu Hochpassfilter |
| `lp2lp` | Transformation Tiefpass- zu Tiefpassfilter (mit anderer Durchlassfrequenz) |

In einem Beispiel soll die Anwendung der Funktionen aus Tabelle 1.1 und 1.2 veranschaulicht werden. Es wird ein elliptisches Bandsperrfilter 8. Ordnung mit einem Sperrbereich von 1000 Hz bis 2000 Hz, mit einer Welligkeit im Durchlassbereich von 0.1 dB und mit einer Dämpfung von 60 dB im Sperrbereich ermittelt. Zur Spezifikation der Filterkenngrößen im Frequenzbereich wird auf Abschnitt 1.5.1 verwiesen. Da sich bei der Transformation vom Tiefpassbereich in den Bandpassbereich die Filterordnung verdoppelt, wird zunächst ein Tiefpassfilter der Ordnung vier entworfen. Mit

```
Ap = 0.1;          % 0,1 dB Welligkeit im Durchlassbereich
As = 60;           % 60 dB Dämpfung im Sperrbereich
nord = 4;          % Ordnung des Tiefpassprototyp-Filters (8/2)
[z,p,k] = ellipap(nord,Ap,As); % Null- Polstellen des Prototyps
```

wird die Übertragungsfunktion des Tiefpassprototyp-Filters in der *Zero-Pole-Gain*-Form ermittelt. Die Vektoren z und p enthalten die Null- und Polstellen der Übertragungsfunktion. Für das Tiefpassprototyp-Filter vierter Ordnung erhält man 4 Nullstellen und 4 Polstellen. Die Koeffizienten der Zähler- und Nennerpolynome der Übertragungsfunktion erhält man mit:

```
[b,a] = zp2tf(z,p,k);     % Koeffizienten der Übertragungsfunktion
```

In den Vektoren b und a sind die fünf Koeffizienten der Polynome des Zählers und des Nenners der Übertragungsfunktion gemäß Gl. (1.2) enthalten.

Den Frequenzgang des Prototypfilters im Frequenzbereich $10^{-1}$ Hz bis $10^1$ Hz mit 500 logarithmisch skalierten Punkten ermittelt man mit:

```
[Hap,wap]=freqs(b,a,2*pi*logspace(-1,1,500)); % Frequenzgang
% des Prototyps
fap = wap/(2*pi);
```

Zur Transformation des Prototypfilters in das gewünschte Bandsperrfilter verwendet man die Funktion **lp2bs**:

```
f1 = 1000;          f2 = 2000;
fm = sqrt(f1*f2);   B = f2 - f1;
% fm = (f1 + f2)/2;   B = f2 - f1;
% ------- Das Bandsperrfilter
[zaehler, nenner] = lp2bs(b,a,fm*2*pi,B*2*pi);
% ------- Frequenzgang des Bandsperrfilters
[Hbs,wbs] = freqs(zaehler, nenner, 2*pi*logspace(2,4,500));
fbs = wbs/(2*pi);
```

*Abb. 1.1: Frequenzgänge von Prototyptiefpass und Bandsperrfilter (band_sperr1.m)*

Die Ordnung des Bandsperrfilters verdoppelt sich wegen der Transformation aus der Tiefpass- in die Bandpasslage und ist somit acht. Damit hat die Übertragungsfunktion neun Koeffizienten im Zähler und neun Koeffizienten im Nenner. Für die Transformationen Tiefpass- in

Tiefpassfilter und Tiefpass- in Hochpassfilter bleibt die Ordnung erhalten . Die Frequenzgänge des Tiefpassprototyp- und Bandsperrfilters sind in Abb. 1.1 dargestellt und wurden mit der Funktion **freqs** ermittelt. Das Programm band_sperr1.m enthält alle Befehle zur Berechnung und Darstellung des Bandsperrfilters.

*Tabelle 1.3: Direkte Entwicklung von Analogfiltern*

| | |
|---|---|
| **besself** | Bessel Analogfilter |
| **butter** | Butterworth Analogfilter |
| **cheby1** | Tschebyschev Typ I Analogfilter (mit Welligkeit in Durchlassbereich) |
| **cheby2** | Tschebyschev Typ II Analogfilter (mit Welligkeit im Sperrbereich) |
| **ellip** | Elliptisches Analogfilter |

Die Mittenfrequenz fm des Bandsperrfilters kann, je nachdem ob man eine Symmetrie im linearen oder logarithmierten Frequenzgang wünscht, als das arithmetische oder das geometrische Mittel der beiden Eckfrequenzen berechnet werden.

MATLAB bietet auf einer höheren Abstraktionsebene auch Funktionen an, in denen der dargestellte Weg zum Filterentwurf bereits integriert ist. Diese Funktionen sind in Tabelle 1.3 angegeben und mit ihnen können auch digitale IIR-Filter entworfen werden. Das Filter aus dem vorherigen Beispiel erhält man unter Verwendung dieser Funktionen mit den folgenden Befehlen:

```
f1 = 1000;       f2 = 2000;    % Bandsperrbereich
Ap = 0.1;        As = 60;      % Welligkeit im Durchlass-
                               % bzw. Sperrbereich
nor = 4;                       % Ordnung des TP-Prototyps
[zaehler, nenner] = ellip(nor, Ap, As, [f1, f2]*2*pi,...
    'stop','s');               % Das Bandsperrfilter
```

Der Parameter 'stop' gibt an, dass der Frequenzbereich für ein Bandsperrfilter gedacht ist und der Parameter 's' gibt an, dass ein analoges Filter zu berechnen ist. Dieselbe Funktion dient (wie schon erwähnt) auch zur Ermittlung eines elliptischen digitalen IIR-Filters, wobei dann das Argument 's' entfällt.

# 1.2  Verzerrungen durch analoge Tiefpassfilter

Analoge Tiefpassfilter spielen auch in der digitalen Signalverarbeitung eine besondere Rolle, und zwar als Bandbegrenzungsfilter vor der Analog-Digital-Wandlung (Abb. 1.2). Entsprechend ihrer Aufgabe werden sie als *Antialiasing*-Filter bezeichnet [38]. Auch bei der Digital-Analog-Wandlung ist zur Rekonstruktion des zeitkontinuierlichen Signals ein analoges Tiefpassfilter erforderlich, welches in Abb. 1.2 als Glättungsfilter bezeichnet ist.

Wird ein Signal mit der Frequenz $f_s$ abgetastet, so sollte das *Antialiasing*-Filter idealerweise die Bandbreite des zeitkontinuierlichen Signals auf $f_s/2$ scharf und ohne Verzerrungen begrenzen. Das Filter müsste einen konstanten Amplitudengang bis $f_s/2$ haben und danach unmittelbar in einen Sperrbereich mit großer Dämpfung übergehen. Der Phasengang sollte idea-

*Abb. 1.2: Digitale Bearbeitung zeitkontinuierlicher Signale*

lerweise Null oder linear fallend mit der Frequenz sein, dabei aber bei der Frequenz $f = 0$ den Wert $\varphi(0) = \pm 2k\pi$, $k = 0, 1, \ldots$ besitzen.

Dass ein in Abhängigkeit von der Frequenz linearer Phasenverlauf keine Verzerrungen hervorruft, kann man sich leicht folgendermaßen überlegen. Wenn am Eingang des Filters im stationären Zustand eine Komponente der Form

$$x(t) = \hat{x}\ cos(\omega t) \tag{1.6}$$

anliegt, dann ist der Ausgang durch

$$y(t) = \hat{x}\ A(\omega)\ cos(\omega t + \varphi(\omega)) = \hat{x}\ A(\omega)\ cos(\omega(t + \varphi(\omega)/\omega)) = \\ \hat{x}\ A(\omega)\ cos(\omega(t - \tau(\omega))) \tag{1.7}$$

gegeben. Dabei sind $A(\omega)$ der Amplitudengang und $\varphi(\omega)$ der Phasengang des Filters. Damit jede Komponente der beliebigen Kreisfrequenz $\omega$ mit derselben Verzögerung am Ausgang ankommt, muss $\tau(\omega)$ eine Konstante $\tau$ sein. Das bedeutet:

$$\varphi(\omega)/\omega = -\tau(\omega) = -\tau \qquad\qquad \text{oder } \varphi(\omega) = -\tau\omega \tag{1.8}$$

Wegen der Periodizität der Sinus- oder Cosinusfunktionen ist auch eine Phase der Form

$$\varphi(\omega) = -\tau\omega - 2k\pi, \qquad\qquad k = 0, 1, 2, 3, \ldots. \tag{1.9}$$

als ideal zu betrachten.

Der ideale Amplitudengang mit $A(\omega) = Konstante$ im Durchlassbereich kann annähernd bei analogen Filtern ohne allzu großen Aufwand realisiert werden. Dagegen ist eine annähernd lineare Phase nach Gl. (1.9) nicht so leicht zu realisieren.

Man definiert die Gruppenlaufzeit [9] als die negative Ableitung des Phasengangs nach der Kreisfrequenz

$$G_r(\omega) = -\frac{d\varphi(\omega)}{d\omega}\ , \tag{1.10}$$

wobei das negative Vorzeichen eingeführt wird, um positive Werte für die Gruppenlaufzeit zu erhalten. Keine Verzerrungen beim Durchgang durch das Filter erleiden Signale, in deren Frequenzbereich die Gruppenlaufzeit annähernd konstant ist.

Im Gegensatz zur Gruppenlaufzeit wird die Variable $\tau_p(\omega)$

$$\tau_p(\omega) = -\tau(\omega) = -\varphi(\omega)/\omega \tag{1.11}$$

als Phasenlaufzeit bezeichnet und stellt die Verzögerung einer Komponente der Frequenz $\omega$ im stationären Zustand dar.

Es ist berechtigt zu fragen, was geschieht, wenn der Phasengang linear aber nicht null bei $\omega = 0$ ist:

$$\varphi(\omega) = -G_r\,\omega - \theta_0 \tag{1.12}$$

Hier ist $G_r$ die konstante Gruppenlaufzeit (die sich aus dem linearen Phasenverlauf ergibt) und $\theta_0$ ist der Wert der Phase bei $\omega = 0$. Eine Summe von sinus- oder cosinusförmigen Komponenten

$$x(t) = \sum_{k=1}^{N} \hat{x}\,sin(\omega_k t) \tag{1.13}$$

im stationären Zustand wird durch das Filter mit konstantem (auf $A = 1$ normiertem) Amplitudengang und Phasengang nach Gl. (1.12) in

$$y(t) = \sum_{k=1}^{N} \hat{x}\,sin(\omega_k(t - G_r) - \theta_0) \tag{1.14}$$

umgewandelt. Weil $sin(\alpha - \beta) = sin(\alpha)cos(\beta) - sin(\beta)cos(\alpha)$ ist, kann der Ausgang $y(t)$ wie folgt geschrieben werden:

$$y(t) = cos(\theta_0) \sum_{k=1}^{N} \hat{x}\,sin(\omega_k(t - G_r)) - sin(\theta_0) \sum_{k=1}^{N} \hat{x}\,cos(\omega_k(t - G_r)) \tag{1.15}$$

Der zweite Term bildet eine Verzerrung wegen des *Offsets* $\theta_0$. Nur wenn $\theta_0 = \pm2k\pi$ ist, dann wird $sin(\theta_0) = 0$ und $cos(\theta_0) = 1$ und es entstehen keine Verzerrungen. Das sinusförmige Ausgangssignal ist eine mit $G_r$ verzögerte Version des Eingangssignals.

Zu beachten ist, dass in vielen Anwendungen die Signale im stationären Zustand nicht sinus- oder cosinusförmig sind, im Sinne der Fourier-Analyse aber als eine (unendliche) Summe von Sinus- und Cosinusschwingungen dargestellt werden können. Insofern behalten die prinzipiellen Überlegungen dieses Abschnittes ihre Gültigkeit. Zur konkreten Auswirkung von nichtidealen Amplituden- und Phasengängen auf die Signalform empfiehlt sich jedoch auch eine Untersuchung an anderen Signalformen, wie sie nachfolgend an Beispielen gezeigt wird. Ein gutes Testsignal ist dabei bandbegrenztes Rauschen.

Im Programm `analog_tp1.m` werden die fünf möglichen analogen Tiefpassfiltertypen für gleiche Spezifikationen entworfen und ihre Frequenzgänge bzw. Gruppenlaufzeiten dargestellt (Abb. 1.3). Der Frequenzparameter in den Argumenten des Befehls zur Berechnung des Tschebyschev-Filters Typ II stellt die Frequenz dar, bei der man den Sperrbereich erreicht und nicht, wie bei den anderen Filtern, die Grenze des Durchlassbereichs.

Bei allen Filtern erhält man annähernd konstante Gruppenlaufzeiten für Frequenzen, die viel kleiner als die Durchlassfrequenz sind. In der Nähe der Durchlassfrequenz (1000 Hz) sind die Verläufe unterschiedlich.

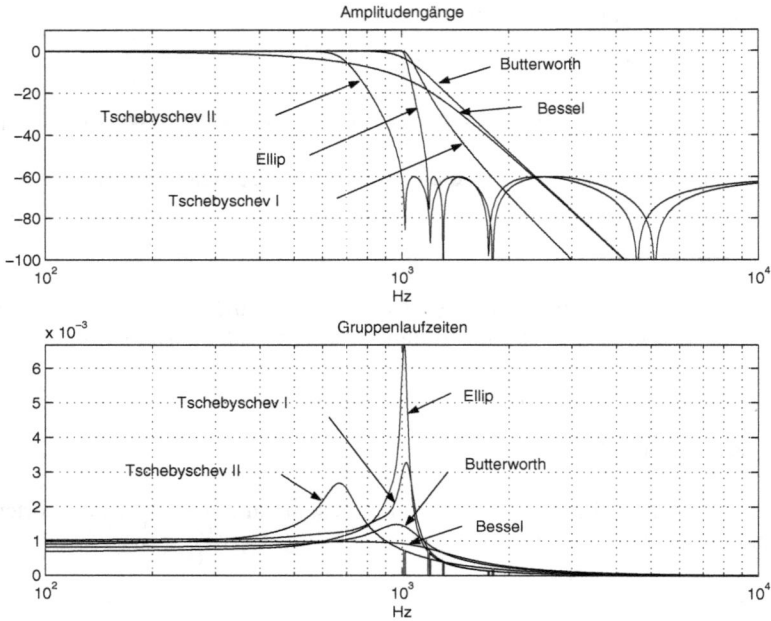

*Abb. 1.3: Amplitudengänge und Gruppenlaufzeiten der fünf Tiefpassfilter* (analog_tp1.m)

Früh ändert sich die Gruppenlaufzeit des Tschebyschev-Filters Typ II, weil bei diesem die Frequenz von 1000 Hz nicht die Durchlassfrequenz sondern die Sperrfrequenz ist. Die Durchlassfrequenz ist kleiner (ca. 500 Hz).

Sehr stark ändert sich die Gruppenlaufzeit bei dem Elliptischen und dem Tschebyschev-Filter vom Typ I. Für den Maßstab des Bildes sieht man kaum eine Änderung beim Bessel-Filter. Dieses Filter hat aber einen sehr flachen Verlauf des Amplitudengangs beim Übergang vom Durchlassbereich in den Sperrbereich und ergibt somit in diesem Bereich Amplitudenverzerrungen. Einen guten Kompromiss stellt das Butterworth-Filter dar.

Kurze Erläuterungen einiger Ausschnitte des Programms analog_tp1.m sollen zum besseren Verständnis führen und zum Experimentieren ermutigen. Die Koeffizienten der Zähler und Nenner der Übertragungsfunktionen werden in den Matrizen b und a gespeichert und einzeln berechnet, wie z.B. für das Tschebyschev-Filter Typ I:

```
Ap = 0.1;        % Welligkeiten im Durchlassbereich
[b(3,:),a(3,:)] = cheby1(nord, Ap, w_3dB, 's');
```

Anschließend wird der Frequenzbereich festgelegt und mit der Funktion **freqs** werden in der **for**-Schleife die Frequenzgänge der fünf Filter berechnet und in den Zeilen der Matrix H gespeichert:

```
alpha_min = log10(f_3dB/10);
alpha_max = log10(f_3dB*10);
```

```
fmin = 10^(floor(alpha_min));
fmax = 10^(ceil(alpha_max));
f = logspace(log10(fmin), log10(fmax), 1000);
w = 2*pi*f;

H = zeros(5,length(w));        % Frequenzgang
for k = 1:5
   H(k,:) = freqs(b(k,:), a(k,:), w);
end;
```

Da für analoge Filter in der *Signal Processing Toolbox* keine Funktion zur Berechnung der Gruppenlaufzeiten vorliegt, werden die Gruppenlaufzeiten der Filter mit Annäherungen über Finite-Differenzen berechnet:

```
Gr = -diff(unwrap(angle(H.'))) ./ [diff(w')*ones(1,5)];
```

Die Übertragungsfunktionen des Elliptischen und des Tschebyschev-Filters Typ II besitzen Nullstellen auf der imaginären Achse der komplexen Variablen $s = \sigma + j\omega$ und dadurch sind im Amplitudengang Unstetigkeiten vorhanden. An diesen Stellen erhält man sehr kleine Werte für die Gruppenlaufzeiten, die in den Darstellungen durch die Wahl der Achsen (im Befehl **axis**) abgeschnitten werden:

```
subplot(212), semilogx(f(1:end-1), Gr);
La = axis;          axis([La(1:2), 0, max(max(Gr))]);
title('Gruppenlaufzeiten');
xlabel('Hz');       grid;
```

Die Zeilen der Matrix Gr enthalten die Gruppenlaufzeiten der fünf Filter und haben wegen der Differenzbildung eine um eins kleinere Länge als die Länge des Vektors der Frequenzen f, daher die Form des Befehls **semilogx**(f(1:end-1), Gr);.

## Experiment 1.1: Verzerrungen wegen des Phasengangs

Zur Untersuchung der vorgestellten Filter wird das Modell `analog_tp_1.mdl` aus Abb. 1.4 benutzt. Die Filter werden in dem zuvor besprochenen Programm `analog_tp1.m` berechnet. Die Filterkoeffizienten sind damit auch im Simulink-Modell bekannt.

Es stehen verschiedene Quellen zur Verfügung, die man mit den *Gain*-Blöcken dem Summierer zuschalten kann. Der *Multiport Switch*-Block schaltet den Ausgang des gewählten Filters zum *Mux*-Block, an dem auch das über den *Transport Delay*-Block verzögerte Eingangssignal der Filter anliegt. So kann man Eingangs- und Ausgangssignal des Filters zeitrichtig überlagert mit dem Block *Scope* betrachten. Für jedes Filter muss diese Verzögerung durch Experimentieren neu eingestellt werden. Als Richtwert kann dessen Gruppenlaufzeit, die man aus Abb. 1.3 entnehmen kann (ca. 1 ms), dienen.

Zuerst sollen die Verzerrungen der Amplituden sinusförmiger Komponenten untersucht werden. Dazu stellt man die Frequenz eines Generators auf einen Wert im Durchlassbereich des entsprechenden Filters ein und schaltet nur diesen Generator auf den Eingang des Summierers. Vergrößert man die Frequenz zu Werten, die immer näher an der Durchlassfrequenz von 1000 Hz liegen, wird man die Frequenzgrenze ermitteln können, die zu Amplitudenverzerrungen führt.

*Abb. 1.4: Simulink-Modell zum Testen der Filter* (analog_tp_1.mdl, analog_tp1.m)

Die Verzerrungen wegen eines nichtlinearen Phasenverlaufs können an einem einzelnen Sinussignal naturgemäß nicht beobachtet werden. Man wählt zur Beobachtung der Verzerrungen ein Signal, das sich aus der Überlagerung von drei Sinussignalen ergibt. Die drei Generatoren werden mit Frequenzen von 100 Hz, 300 Hz und 500 Hz und Amplituden von 1, 1/3 bzw. 1/5 parametriert. Sie entsprechen somit den ersten drei Komponenten der Fourier-Reihe eines rechteckförmigen Signals mit dem Tastverhältnis 1:1 und ohne Mittelwert. Das Überlagerungssignal ist also eine symmetrische Annäherung des rechteckförmigen Signals und die Abweichung eines Filterausgangssignals von diesem symmetrischen Verlauf ist ein Maß für die Verzerrungen.

Es werden die Auswirkungen von vier analogen Filtern (ohne das Tschebyschev-Filter Typ II) mit Hilfe des Programms `analog_tp11.m` und des Modells `analog_tp_11.mdl` untersucht. Dabei wird die Simulation mit dem Modell für jeden Filtertyp einmal ausgeführt. Um die Programme einfach und verständlich zu halten, sind die Blöcke des Modells interaktiv zu initialisieren.

Im Programm `analog_tp11.m` wird zuerst das Programm `analog_tp1.m` aufgerufen um die Filter zu entwerfen. Die Bezeichnungen der Filter sind in einem *Cell*-Feld `text_` abgelegt, um sie bei den Darstellungen im Titel einzusetzen:

```
text_{1} = 'Bessel';
text_{2} = 'Butterworth';
text_{3} = 'Tschebyschev I';
```

```
text_{4} = 'Ellip';
```

Zu beachten ist, dass **text** eine Funktion in MATLAB ist, mit deren Hilfe Texte in Bilder geschrieben werden können, daher die Bezeichnung `text_` mit Unterstrich zur Unterscheidung. Für jedes Filter werden die korrekten Verzögerungen für den *Transport Delay*-Block im Vektor `verz` initialisiert, um die bestmögliche Überlagerung des Eingangs- und Ausgangssignals zu erzielen. In der anschließenden **for**-Schleife wird das Simulink-Modell für jedes Filter aufgerufen und die Ergebnisse in verschiedenen **subplot**-Fenstern dargestellt (Abb. 1.5):

```
figure(3);        clf;
for Typ = 1:4
    delay = verz(Typ);                    % Festlegung der Verzögerung
    sim('analog_tp_11', [0, 0.025]);      % Aufruf der Simulation
    subplot(2,2,Typ), plot(tout, yout)
    title(text_{Typ}); grid
    La = axis;        axis([min(tout), max(tout), La(3:4)]);
    xlabel('Zeit in s')
end;
```

Die Unterschiede zwischen Eingangs- und Ausgangssignal werden in den vergrößerten Signalausschnitten aus Abb. 1.6 deutlich. Diese Darstellungen werden ebenfalls in einer **for**-Schleife erzeugt. Mit dem Befehl **axis** wird der darzustellende Ausschnitt gewählt:

```
nt = length(tout);
nd = fix(nt*0.43):fix(nt*0.65);      % Eingeschwungener Bereich
figure(4);        clf;
for Typ = 1:4
    delay = verz(Typ);
    sim('analog_tp_11', [0, 0.025]);
    subplot(2,2,Typ), plot(tout(nd), yout(nd,:))
    title(text_{Typ}); grid
    La = axis;        axis([min(tout(nd)), max(tout(nd)), ...
                0.65, max(max(yout(nd,:)))]);
    xlabel('Zeit in s')
end;
```

Die Variablen `yout`, `tout` sind die Signale, die nach der Simulation der MATLAB-Umgebung übertragen werden, gemäß der Initialisierung der Parameter *Data Import/Export* und der Option *Save to workspace* aus dem Fenster *Configuration Parameters* (Abb. 1.7). Dieses Fenster wird über das Menü *Simulation/Configuration Parameters* des Modells geöffnet.

Der *Outport*-Block *Out1* des Modells zeigt, welche Signale als *Output*-Signale mit `yout` bezeichnet sind. Über den Bereich *Save options* des gleichen Fensters (Abb. 1.7) wird `yout` als Feld (*Array*) mit zwei Spalten, welches die letzten 2000 Abtastwerte des Signals am Eingang des *Mux*-Blocks enthält, parametriert.

Die Ergebnisse aus Abb. 1.6 zeigen, dass das Besselfilter die drei sinusförmigen Komponenten in korrekter zeitlicher Relation zusammensetzt und somit keine Verzerrungen wegen der Phase hinzufügt. Der Unterschied zwischen Eingangs- und Ausgangssignal besteht wegen des frühen Abfalls des Amplitudengangs (siehe Abb. 1.3), der zu einer Dämpfung der Sinusschwingung mit der Frequenz $f = 500$ Hz führt. Bei den anderen Filtern sind die Verzerrungen hauptsächlich wegen der Abweichung des Phasengangs von einem linearen Verlauf gegeben.

*Abb. 1.5: Wiedergabe der drei Komponenten mit 100 Hz, 300 Hz, 500 Hz und Amplituden 1, 1/3 bzw. 1/5 (*analog_tp11.m, analog_tp_11.mdl*)*

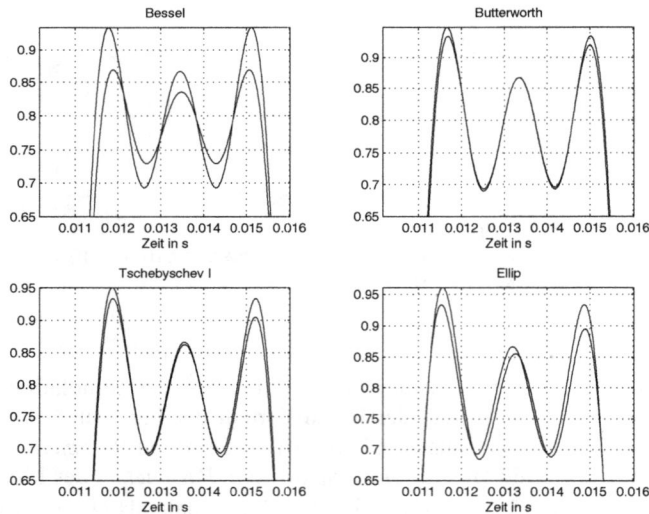

*Abb. 1.6: Ausschnitte aus Abb. 1.5*

Sehr stark ist das beim Elliptischen Filter zu beobachten. Insgesamt den besten Kompromiss erreicht man mit dem Butterworth-Filter.

In einem weiteren Versuch sollen die Filter mit einem bandbegrenzten Rauschsignal ange-regt werden. Dafür werden, der Einfachheit halber, das vorherige Programm und das vorherige Modell unter den Namen `analog_tp12.m` beziehungsweise `analog_tp_12.mdl` gespei-

*Abb. 1.7: 'Configuration Parameters'-Fenster aus dem Modell-Menü 'Simulation'*

chert und entsprechend geändert. Im Modell werden alle Quellen mit Ausnahme der Rausch-quelle (links oben in Abb. 1.4) durch die *Gain*-Blöcke gesperrt.

Zuerst wird die Bandbreite der Rauschquelle mit dem Tiefpassfilter, das an die Quelle an-geschlossen ist, auf 500 Hz begrenzt. Wie aus der Darstellung der Frequenzgänge aus Abb. 1.3 zu erwarten war, sind keine großen Verzerrungen zu beobachten, da B=500 Hz noch in dem Bereich liegt, in dem die Amplitudengänge und Gruppenlaufzeiten konstant sind. Wenn man die Bandbreite des Rauschsignals auf 1000 Hz anhebt, dann ergeben sich erhebliche Fehler.

## Experiment 1.2: Verzerrung von rechteckförmigen Pulsen

Mit diesem Experiment soll der Einfluss der Tiefpassfilter auf rechteckförmige Pulse un-terschiedlicher Dauer untersucht werden. Dafür werden das zuvor verwendete Programm und Modell unter den Dateinamen `analog_tp13.m` beziehungsweise `analog_tp_13.mdl` gespeichert und dem Experiment entsprechend angepasst. Das Rechtecksignal wird durch eine von null verschiedene Verstärkung im Block *Gain 4* dem Filter zugeführt, während die anderen Signalquellen gesperrt werden. Der Generator wird mit der gewünschten Periode und Pulsdauer über das MATLAB-Programm initialisiert.

Der *Transport Delay*-Block aus dem ursprünglichen Modell wurde hier entfernt, so dass man die Verzögerungen vom Eingang zum Ausgang des Filters verfolgen kann. Die Simulation

*Abb. 1.8: Antwort der Filter auf rechteckige Pulse (*analog_tp13.m, analog_tp_13.mdl)

wird mit der Schrittweite `dt` ausgeführt.

```
period = 20e-3;        % Periode der rechteckigen Pulse
tau = 10;              % Dauer der Pulse in % der Periode
tau_r = period*tau/100; % Dauer der Pulse in s
dt = 1e-5;             % Schrittweite der Simulation

figure(3);        clf;
for Typ = 1:4
    sim('analog_tp_13',[0:dt:2*period-dt]);  % Aufruf
                                             % der Simulation
    subplot(2,2,Typ), plot(tout, yout)
    title(text_{Typ}); grid
    La = axis;        axis([min(tout), max(tout), La(3:4)]);
    xlabel('Zeit in s')
end;
```

Eine ähnliche Programmsequenz speichert einen Signalausschnitt bestehend aus einer Periode in den Variablen `yout` bzw. `tout` und stellt sie dar. Abb. 1.8 zeigt diesen Ausschnitt für ein Signal der Periode 20 ms und der Pulsdauer 2 ms.

In Abb. 1.9 ist im oberen Teil das Spektrum des rechteckigen Eingangspulses dargestellt, während im unteren Teil das Spektrum des Ausgangssignals für ein Butterworth-Filter mit einer Grenzfrequenz $f_g = 1000$ Hz dargestellt ist. Das Spektrum wurde mit Hilfe der Diskreten Fourier-Transformation berechnet. Es ist verständlich, dass die Verzerrung des Ausgangssignals um so stärker sein wird, je geringer die Bandbreite des Filters im Vergleich zur Bandbreite des Signals ist. Wählt man die Pulsdauer des rechteckförmigen Signals z.B. als 1 ms, so wird das Spektrum des Pulses seine erste Nullstelle bei $f = 1000$ Hz haben und das gewählte Filter

*Abb. 1.9: Betrag des Spektrums des Eingangs- und Ausgangspulses (*analog_tp13.m, ana-
log_tp_13.mdl*)*

wird alle Komponenten (im Frequenzbereich) außer der Hauptkeule aus dem Ausgangssignal
entfernen. Um diese Werte einzustellen, sind in dem Programm die Variablen period und
tau mit den Werten 20e-3 (20 ms) bzw. 5 (5 % von 20 ms) zu initialisieren.

Der Programmabschnitt mit welchem die Spektren ermittelt werden, beginnt mit der Wahl
des Filters. Danach wird die Simulation aufgerufen und die in der Variablen yout gespeicherten Abtastwerte werden mittels FFT Fourier-transformiert.

```
Typ = 2;                 % Typ des Filters für die Spektraldichte
sim('analog_tp_13',[0:dt:period-dt]);
[n,m] = size(yout);
nfft = max(2^nextpow2(n), 4096);
H = dt*abs(fft(yout,nfft));    % Annäherung des Betrags der
% Fourier-Transformation
H = fftshift(H);
```

Bei der benutzen Simulationsschrittweite dt = 1e-5, dehnt sich der Frequenzbereich der
FFT von 0 bis 100 kHz oder von -50 kHz bis 50 kHz. Der Frequenzbereich der hier interessiert,
ist viel kleiner, so dass nur ein Ausschnitt notwendig ist. Die Programmsequenz, mit der ein
Ausschnitt von -3000 Hz bis 3000 Hz der FFT selektiert und dargestellt wird, ist:

```
n_3000 = 3000*nfft*dt;     % Index für einen
         % Frequenzbereich von -3000 Hz bis 3000 Hz
ndfft = -fix(n_3000):fix(n_3000)-1;
fd = ndfft/(nfft*dt);

figure(5);       clf;
subplot(211), plot(fd,...
```

```
H(nfft/2-fix(n_3000)+1:nfft/2+fix(n_3000),1));
title(['Fourier-Transformation des Eingangspulses',...
        ' (Pulsdauer \tau = ',num2str(tau_r*1000),' ms)']);
xlabel('Hz');    grid;


subplot(212), plot(fd, ...
H(nfft/2-fix(n_3000)+1:nfft/2+fix(n_3000),2));
title(['Fourier-Transformation des Ausgangspulses (',...
        text_{Typ},')']);
xlabel('Hz');    grid;
```

In dem Programm analog_tp2.m und dem Modell analog_tp2.mdl werden weitere Möglichkeiten zum Experimentieren gezeigt. Alle Parameter des Modells werden über Variablen aus dem Programm initialisiert. Solche Programme sollte man realisieren, nachdem Versuche mit einfachen Programmen und Modellen, die interaktiv parametriert werden, erfolgreich waren.

Studenten stellen oft die Frage, weshalb die Antwort der Filter auf rechteckförmige, periodische Signale nicht so aussieht, wie in der Zusammensetzung der periodischen Harmonischen aus Abb. 1.5. Die Filter unterdrücken doch die Harmonischen ab einer bestimmten Ordnung und somit müssten die verbliebenen Harmonischen die gezeigte Form ergeben. Dieses ist in der Tat der Fall bei digitalen FIR-Filtern[5], die einen linearen Phasengang haben, falls die Filterkoeffizienten, und damit auch die Impulsantwort, symmetrisch sind. Im Fall der zeitkontinuierlichen analogen Filter lässt sich eine symmetrische Impulsantwort jedoch nur annähernd realisieren.

In Abb. 1.10 sind die Impulsantworten derselben vier Filter dargestellt, die im Programm analog_tp1.m berechnet und untersucht wurden. Sie wurden mit dem Programm einh_puls1.m bzw. Simulink-Modell einh_puls_1.mdl erzeugt. Ein Puls der Amplitude eins und der Dauer dt wird als Eingangssignal den Filtern zugeführt. Die Antwort wird dann auf die Fläche des Pulses normiert, um die Impulsantwort anzunähern:

```
% ------- Impulsantwort
k1 = 1;     k2 = 0;
dt = 1e-5;      % Dauer des Pulses
d_t = 1e-6;     % Maximale Schrittweite der Simulation;
my_options = simset('MaxStep', d_t);


figure(3);      clf;
for Typ = 1:4
    sim('einh_puls_1', [0:dt:0.01], my_options);
    subplot(2,2,Typ),plot(tout, yout/dt)
                % Darstellung mit Normierung yout/dt
    title(text_{Typ});  grid
    La = axis;      axis([min(tout), max(tout), La(3:4)]);
    xlabel('Zeit in s')
end;
```

Wie Abb. 1.10 zeigt, ist nur die Impulsantwort des Bessel-Tiefpassfilters annähernd symmetrisch und für dieses Filter ist die Antwort auf einen rechteckförmigen Puls (Abb. 1.8 links oben) für die steigende Flanke gleich der Antwort für die fallende Flanke.

---

[5]*Finite Impulse Response* oder nichtrekursive Filter

*Abb. 1.10: Impulsantworten der Filter (*einh_puls1.m, einh_puls_1.mdl*)*

*Abb. 1.11: Sprungantworten der Filter (*einh_puls1.m, einh_puls_1.mdl*)*

Im Programm werden auch die Sprungantworten durch Integration der Impulsantworten berechnet, um die geschätzten Impulsantworten zu überprüfen. Die Integration wird mit der Funktion **cumsum** numerisch berechnet:

```
figure(4);        clf;
for Typ = 1:4
    sim('einh_puls_1', [0:dt:0.01]);
    subplot(2,2,Typ),plot(tout, cumsum(yout/dt)*dt)
                        % Annäherung des Integrals
    title(text_{Typ});  grid
    La = axis;          axis([min(tout), max(tout), La(3:4)]);
    xlabel('Zeit in s')
end;
```

Experimentell kann man die Sprungantwort mit dem besprochenen Simulink-Modell ermitteln, indem Sprünge auf den Eingang der Filter geschaltet werden (Abb. 1.11). Diese kann man mit den Sprungantworten, die über die Integration mit **cumsum** erhalten wurden, vergleichen.

# 1.3    Verzerrungen durch analoge Hochpassfilter

Man kann Hochpassfilter aus Tiefpassfiltern durch eine mathematische Transformation der Frequenzvariablen [9] erhalten. Wenn gewünscht wird, dass die Transformation die in Abb. 1.12 dargestellte Symmetrie im logarithmischen Frequenzgang haben soll, dann sind folgende Beziehungen zu erfüllen:

$$log(\omega_0) - log(\omega_{TP}) = log(\omega_{HP}) - log(\omega_0) \tag{1.16}$$

oder

$$\omega_{TP} = \frac{\omega_0{}^2}{\omega_{HP}}. \tag{1.17}$$

Wenn die komplexen Variablen $j\omega$ betrachtet werden, dann ist die Transformation durch

$$j\omega_{TP} = \frac{\omega_0{}^2}{j\omega_{HP}} \tag{1.18}$$

gegeben.
Exemplarisch wird diese Transformation für ein Tiefpassfilter zweiter Ordnung

$$H(j\omega_{TP}) = \frac{1}{(j\omega_{TP})^2/\omega_0{}^2 + (j\omega_{TP})2\zeta/\omega_0 + 1} \tag{1.19}$$

angewandt. Die Parameter des Filters, welche die Bandbreite und den Typ (Bessel, Butterworth, usw.) bestimmen, sind $\omega_0$ als charakteristische Frequenz und $2\zeta$ als Dämpfungsfaktor. Durch Einsetzen der Frequenztransformation erhält man die Übertragungsfunktion des Hochpassfilters:

$$H(j\omega_{HP}) = H(j\omega_{TP})\big|_{j\omega_{TP} = \omega_0{}^2/(j\omega_{HP})} \tag{1.20}$$

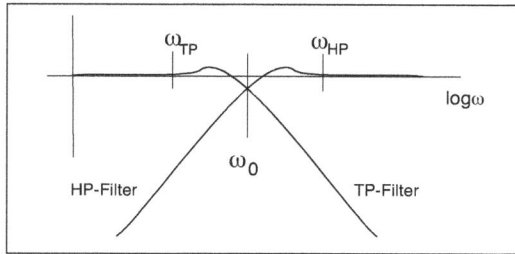

*Abb. 1.12: Transformation der TP-Filter in HP-Filter*

*Abb. 1.13: Amplitudengang und Phasengang des TP- und HP-Filters* (tp2hp1.m, tp2hp_1.mdl)

oder

$$H(j\omega_{HP}) = \frac{(j\omega_{HP})^2/\omega_0^2}{(j\omega_{HP})^2/\omega_0^2 + (j\omega_{HP})2\zeta/\omega_0 + 1} \tag{1.21}$$

Diese Transformation wird in den MATLAB-Funktionen verwendet, um die Tiefpassfilter in Hochpassfilter umzuwandeln. Da sich der Charakter des Filters ändert, werden sich durch die Transformation die Einschwingeigenschaften der ursprünglichen Tiefpassfilter ändern. Dieser Sachverhalt wird mit dem Programm tp2hp1.m veranschaulicht, in dem der Frequenzgang und die Sprungantwort eines Tiefpassfilters und des entsprechenden Hochpassfilters ermittelt und dargestellt werden.

In Abb. 1.13 sind die Frequenzgänge des gewählten Filtertyps dargestellt und die erwartete Symmetrie der Amplitudengänge in der logarithmischen Darstellung ist ersichtlich.

Die Sprungantworten werden mit Hilfe des Simulink-Modells `tp2hp_1.mdl`, das aus dem MATLAB-Programm aufgerufen wird, ermittelt. Sie zeigen, dass die Einschwingvorgänge sich stark unterscheiden. Am besten zu sehen ist dies beim Bessel-Filter. Für das gewählte Bessel-Filter 5. Ordnung besitzt das Tiefpassfilter praktisch kein Überschwingen, während beim entsprechenden Hochpassfilter es zu ca. 30 % Überschwingung kommt (welche sich bei einem Hochpassfilter als eine „Unterschwingung" des stationären Endwertes null darstellt).

Die ideale Phase der Hochpassfilter ist gleich null, ein Wert der sich bei höheren Frequenzen im Durchlassbereich einstellt (Abb. 1.13). Die Verzerrungen durch Hochpassfilter, die mit der Transformation nach Gl. (1.18) erhalten werden, können ähnlich wie bei den Tiefpassfiltern untersucht werden. Die dort gezeigten Programme sind leicht für diese Filter anzupassen.

Im Programm `tp2hp3.m` werden die üblichen fünf Typen von Hochpassfiltern für gegebene Parameter (Durchlassfrequenz 1000 Hz, Ordnung 8, usw.) ermittelt und ihre Frequenzgänge dargestellt (Abb. 1.14).

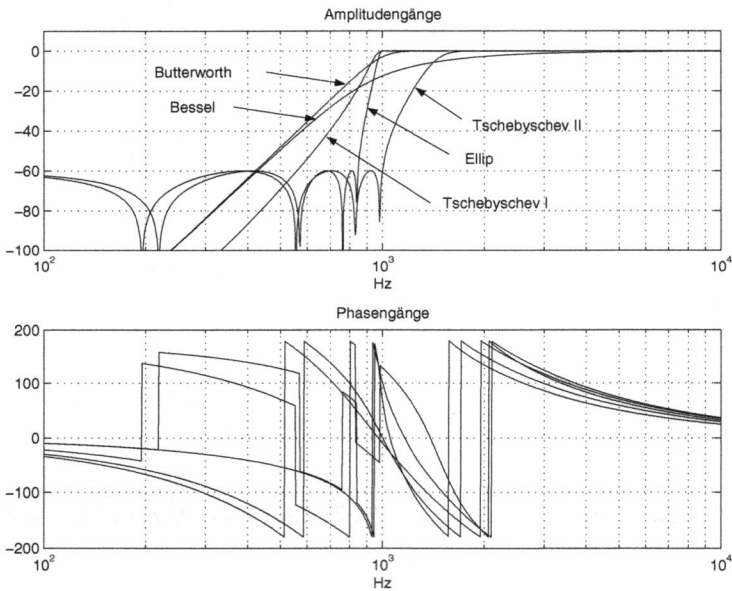

*Abb. 1.14: Frequenzgänge der typischen Hochpassfilter* (tp2hp3.m)

Der folgende Programmabschnitt berechnet beispielhaft das Tschebyschev-Filter Typ I:

```
. . . .
% ------- Entwicklung eines Tschebyschev-Filters Typ I
Ap = 0.1;              % Welligkeiten in Durchlassbereich
[b(3,:),a(3,:)] = cheby1(nord, Ap, w_3dB,'high','s');
. . . .
```

Die Zeichenkette `'high'` gibt an, dass ein Hochpassfilter zu berechnen ist und `'s'` zeigt, dass ein analoges Filter gewünscht wird. Wie bereits erwähnt, dient dieselbe Funktion auch zur Entwicklung von digitalen IIR-Filtern ausgehend von den entsprechenden analogen Filtern.

Aus der Darstellung in Abb. 1.14 ist zu entnehmen, dass der ideale Amplitudengang von konstant 0 dB im Durchlassbereich relativ leicht zu erhalten ist. Nur das Bessel-Filter hat einen flachen Übergang vom Sperrbereich in den Durchlassbereich und das Tschebyschev-Filter Typ II, mit Welligkeit im Sperrbereich, hat für die charakteristische Frequenz eine andere Definition. Sie stellt die Grenze des Sperrbereichs dar und dadurch ist die Durchlassfrequenz größer als 1000 Hz.

Der Phasengang beginnt bei allen Filtern bei einem positiven Wert gleich der Ordnung mal $\frac{\pi}{2}$ (in diesem Fall bei $8 \times \frac{\pi}{2} = 4\pi$). Wegen der Vieldeutigkeit der Phase in $2\pi$ beginnt die Darstellung bei dem Phasenwert 0 (das ist $4\pi \bmod 2\pi$). Es ist zu beachten, dass die Ordinate des Phasengangs in Abb. 1.14 nicht in Radian, sondern in Grad skaliert ist.

Bei den Hochpassfiltern ist der ideale Phasengang gleich null, ein Wert der sich im Durchlassbereich leider erst weit oberhalb der Durchlassfrequenz einstellt. Es gibt hier keine Annäherung eines Phasenverlaufs, die keine Verzerrungen hervorruft. Man erinnere sich, dass bei den Tiefpassfiltern ein linearer Phasenverlauf mit dem Wert null (oder einem Vielfachen von $2\pi$) bei $\omega = 0$ ideal ist. Bei den Hochpassfiltern sind somit größere Verzerrungen wegen ihres Phasengangs zu erwarten.

Das zuvor verwendete Programm (`tp2hp3.m`) wird leicht abgewandelt in eine Funktion (`tp2hp31.m`), die als Argument die Durchlassfrequenz für die zu entwerfenden Hochpassfilter besitzt. Die Funktion liefert als Ergebnis die Koeffizienten der Zähler und Nenner der Filter.

Um die Verzerrungen wegen des Phasenverlaufs zu untersuchen, werden wie bei den Tiefpassfiltern drei sinusförmige Signale am Eingang überlagert, so dass sie eine periodischen Folge von rechteckförmigen Pulsen annähern. Das Simulink-Modell aus der Datei `analog_hp_11.mdl`, das jetzt aus dem Programm `analog_hp11.m` aufgerufen wird, ist dem Modell aus Abb. 1.4, das für die Tiefpassfilter benutzt wurde, ähnlich. Der Unterschied besteht darin, dass jetzt die Überlagerung des Eingangs- und des Ausgangssignals für jedes Filter mit einer Verzögerung des Ausgangssignals erzwungen werden kann. Das sinusförmige Ausgangssignal im stationären Zustand ist bei Hochpassfiltern voreilend, im Gegensatz zu Tiefpassfiltern, wo es, wie gesehen, nacheilt.

Mit dem Programm `analog_hp12.m` und Modell `analog_hp_12.mdl` wird der Einfluss der Hochpassfilter auf bandbegrenztes Rauschen untersucht. Es wird weißes Rauschen mit einem Bandpassfilter gefiltert, so dass man Spektralkomponenten im Bereich von 1000 Hz bis 5000 Hz erhält. Der Simulink-Block dieses Filters (*Analog Filter Design*) wird aus der *DSP System Toolbox* über *Filtering, Filter Implementation* entnommen.

Wenn die Durchlassfrequenz der Hochpassfilter 10 Hz ist (zwei Dekaden kleiner als die kleinste im Signal vorkommende Frequenz), sind die Unterschiede zwischen dem Eingangs- und Ausgangssignal sehr klein. Dagegen sind die Unterschiede bei einer Durchlassfrequenz von 100 Hz schon viel größer. Bei 1000 Hz Durchlassfrequenz sind die Verzerrungen so groß, dass man das Ausgangssignal dem Eingangssignal nicht mehr zuordnen kann.

# 1.4  Verzerrungen modulierter Signale durch Bandpassfilter

Wie schon bekannt ist, führen Filter mit einem linearen Phasengang, der bei $\omega = 0$ nicht null oder kein Vielfaches von $2\pi$ ist, zu Verzerrungen. Diese Verzerrungen (in der Literatur als

*Phase-Intercept-Distortion* bekannt) sind jedoch vielmals nur von akademischem Interesse und sollten für jede Anwendung auf Relevanz untersucht werden.

In diesem Abschnitt werden die Verzerrungen von amplituden- und frequenzmodulierten Signalen beim Durchgang durch Bandpassfilter untersucht. Es wird gezeigt, dass das modulierte Bandpasssignal zwar durch die *Phase-Intercept-Distortion* verzerrt wird, aber das nachrichtentragende modulierende Signal lediglich mit der Gruppenlaufzeit des Filters verzögert, aber nicht verzerrt wird.

Das Filter wird als ein System mit konstantem Amplitudengang und mit einem linearem Phasengang der Form

$$\varphi(\omega) = -G_r\, \omega - \theta_0, \tag{1.22}$$

betrachtet, wobei $G_r$ die konstante Gruppenlaufzeit ist. Die Phasenlaufzeit, definiert durch

$$\tau_p = -\varphi(\omega)/\omega = G_r + \theta_0/\omega, \tag{1.23}$$

stellt im stationären Zustand die Verzögerung einer sinus- oder cosinusförmigen Komponente der Kreisfrequenz $\omega$ beim Durchgang durch das Bandpassfilter dar.

## 1.4.1    Verzerrung amplitudenmodulierter Signale

Ähnlich dem Vorgehen in Abschnitt 1.2 werden die Auswirkungen des nichtidealen Phasengangs anhand harmonischer Schwingungen betrachtet. Eine Trägerschwingung $x_c(t) = cos(\omega_c t)$ sei mit einer harmonischen Schwingung der Kreisfrequenz $\omega_m$ amplitudenmoduliert, so dass eine Zweiseitenbandamplitudenmodulation mit Träger vorliegt. Das amplitudenmodulierte Signal (kurz AM-Signal) hat dann die Form:

$$x(t) = [1 + m\, cos(\omega_m t)]cos(\omega_c t) = e(t)\, cos(\omega_c t), \tag{1.24}$$

wobei $e(t) = 1 + m\, cos(\omega_m\, t)$ die Hülle des Modulationssignals bildet, $\omega_c$ bzw. $\omega_m$ die Träger- und Modulationsfrequenz sind und $m$ den Modulationsindex darstellt ($0 \leq m \leq 1$). Durch einfache mathematische Umformungen kann das Signal auch in folgender Form dargestellt werden:

$$x(t) = cos(\omega_c t) + \frac{m}{2}\, cos[(\omega_c - \omega_m)t] + \frac{m}{2}\, cos[(\omega_c + \omega_m)t] \tag{1.25}$$

Sie zeigt, dass das Signal aus dem Trägersignal und zwei Seitenbändern der Frequenzen $\omega_c - \omega_m$ bzw. $\omega_c + \omega_m$ besteht.

Die Antwort $y(t)$ des Filtersystems im stationären Zustand besteht aus der Superposition der Antworten auf diese drei Komponenten, wobei jede Komponente die ihr entsprechende Phasenverschiebung erfährt:

$$y(t) = cos[\omega_c(t - Gr) - \theta_0] + $$
$$\frac{m}{2}\, cos[(\omega_c - \omega_m)(t - Gr) - \theta_0] + \frac{m}{2}\, cos[(\omega_c + \omega_m)(t - Gr) - \theta_0] = \tag{1.26}$$
$$cos[\omega_c(t - Gr) - \theta_0] + m\, cos[\omega_c(t - G_r) - \theta_0]\, cos[\omega_m(t - G_r)]$$

Die Eigenschaften dieser Antwort werden sichtbar, wenn sie wie folgt ausgedrückt wird:

$$y(t) = \{1 + m\, cos[\omega_m(t - G_r)]\}cos\{\omega_c[t - (G_r + \theta_0/\omega_c)]\} \tag{1.27}$$

Die Trägerfrequenz wird mit der Phasenlaufzeit $\tau_p(\omega_c) = G_r + \theta_0/\omega_c$ und die Hülle mit der Gruppenlaufzeit $G_r$ verzögert. Das Signal $y(t)$ ist verzerrt. Allerdings wird die Information, die in der Hülle enthalten ist, nicht verzerrt, sondern nur mit $G_r$ verzögert. Somit wird das modulierende Signal nicht verzerrt, wenn der Amplitudengang und die Gruppenlaufzeit des Bandpassfilters im Frequenzbereich des modulierten Signals konstant bleiben. In der Praxis versucht man diese Bedingung annähernd zu erfüllen.

Sind diese Bedingungen grob verletzt, so sind die Verzerrungen, die das modulierende Signal erfährt, von der Art der Demodulation abhängig. Bei kohärenter Demodulation entstehen lineare Verzerrungen so, dass das demodulierte Signal dem Faltungsergebnis des modulierenden Signals mit der Impulsantwort der äquivalenten Basisbanddarstellung des Bandpassfilters entspricht. Wird jedoch Hüllkurvendemodulation durchgeführt, so entstehen im allgemeinen Fall auch nichtlineare Verzerrungen. Lediglich wenn das Bandpassfilter eine gerade Symmetrie bezüglich der Trägerfrequenz aufweist, entstehen nur dieselben linearen Verzerrungen wie bei kohärenter Demodulation [35].

## 1.4.2  Verzerrung frequenzmodulierter Signale

Ein mit einer harmonischen Schwingung der Kreisfrequenz $\omega_m$ frequenzmodulierter Träger hat die Form:

$$x(t) = cos[\phi(t)] = cos[\omega_c t + \mu \, sin(\omega_m t)], \tag{1.28}$$

wobei $\omega_c$ die Trägerfrequenz ist, $\mu = \Delta\omega/\omega_m$ der Modulationsindex und $\Delta\omega$ die größte Frequenzabweichung der Modulationsfrequenz $\omega_m$. Die momentane Phase des Signals ist $\phi(t) = \omega_c t + \mu \, sin(\omega_m t)$ und die Momentanfrequenz ist:

$$\omega(t) = \frac{d\phi(t)}{dt} = \omega_c + \Delta\omega \, cos(\omega_m t) \tag{1.29}$$

Die Darstellung dieses Signals als Fourier-Reihe führt zu

$$x(t) = \sum_{k=-\infty}^{\infty} J_k(\mu) cos[(\omega_c + k \, \omega_m)t], \tag{1.30}$$

wobei $J_k(\mu)$ die Bessel-Funktionen erster Art der Ordnung $k$ sind. Das Spektrum besteht somit aus der Trägerfrequenz und aus unendlich vielen Spektrallinien mit Vielfachen von $\omega_m$ als Abstände zur Trägerfrequenz.

Die Antwort des Filtersystems ist wieder eine Superposition dieser harmonischen Signale, verschoben jeweils um die entsprechenden Phasen:

$$y(t) = \sum_{k=-\infty}^{\infty} J_k(\mu) cos[(\omega_c + k \, \omega_m)(t - G_r) - \theta_0] \tag{1.31}$$

Auch hier ist das Ausgangssignal $y(t)$ verzerrt, weil $\theta_0$ nicht immer ein Vielfaches von $2\pi$ ist. Die Antwort (1.31) kann auch als frequenzmoduliertes Signal (wie in 1.28) geschrieben werden:

$$y(t) = cos\{\omega_c(t - G_r) - \theta_0 + \mu \, sin[\omega_m(t - G_r)]\} \tag{1.32}$$

Die Augenblicksphase $\phi(t)$ ist

$$\phi(t) = \omega_c(t - G_r) - \theta_0 + \mu \, sin[\omega_m(t - G_r)] \tag{1.33}$$

und die Momentanfrequenz ist als Ableitung der Phase gegeben durch:

$$\omega(t) = \frac{d\phi(t)}{dt} = \omega_c + \Delta\omega \, cos[\omega_m(t - G_r)] \tag{1.34}$$

Man bemerkt also, dass bei konstanter Gruppenlaufzeit und konstantem Amplitudengang die nachrichtentragende Momentanfrequenz nicht verzerrt, sondern lediglich um die Gruppenlaufzeit $G_r$ verzögert wird. Ein Versatz $\theta_0$ ist dabei belanglos.

Im allgemeinen Fall eines nichtidealen Frequenzgangs des Bandpassfilters sind die Auswirkungen jedoch schwerwiegender als bei der Amplitudenmodulation. Eine frequenzabhängige Gruppenlaufzeit führt nicht nur zu Phasenverzerrungen, sondern auch zu einer Amplitudenmodulation des modulierten Signals. Und andererseits führt ein nichtidealer Amplitudengang nicht nur zu Verzerrungen in der Amplitude des Signals (die bei idealer Demodulation für frequenzmodulierte Signale irrelevant sind), sondern auch zu nichtlinearen Verzerrungen der Phase, und damit des modulierenden Signals [35]. Insoweit sind die Anforderungen an Amplituden- und Phasengang der Filter beim Einsatz mit frequenzmodulierten Signalen strenger als beim Einsatz mit amplitudenmodulierten Signalen.

## Experiment 1.3: Frequenzgang und Gruppenlaufzeit von Bandpassfiltern

Bandpassfilter werden aus Tiefpassfilter mit folgender Transformation erhalten:

$$\begin{aligned} j\omega_{BP} &= (j\omega_{TP}/\omega_0 + \omega_0/\omega_{TP})/\gamma \\ \gamma &= (\omega_2 - \omega_1)/\omega_0 \end{aligned} \tag{1.35}$$

Hier sind $\omega_1$, $\omega_2$ die untere und obere Grenze des Durchlassbereichs und die Frequenz $\omega_0$ ist durch $\omega_0 = \sqrt{\omega_1 \omega_2}$ definiert.

Wenn die relative Bandbreite $\gamma$ klein ist, kann man $\omega_0$ als Mittenfrequenz bezeichnen und durch das arithmetische Mittel $\omega_0 = (\omega_1 + \omega_2)/2$ annähern.

In MATLAB werden die Tiefpassprototyp-Filter, die über die Funktionen aus Tabelle 1.1 berechnet werden, mit Hilfe der Funktionen aus Tabelle 1.2 in Bandpassfilter transformiert.

Im Programm `analog_bp1.m` werden Bandpassfilter aus Tiefpassprototyp-Filtern entwickelt und deren Frequenzgang bzw. Gruppenlaufzeit dargestellt (Abb. 1.15). Über die Variable `Typ` wird der Typ des Filters (Bessel, Butterworth, Tschebyschev I oder Elliptisch) gewählt und danach werden die Prototyp- bzw. die entsprechenden Bandpassfilter berechnet:

```
% -------- Wahl des Filtertyps
Typ = 2;          % 1 = Bessel; 2 = Butterworth;
% 3 = Tschebyschev I; 4 = Ellip
% ------- Felder der Koeffizienten
btp = zeros(4, nord+1);   % TP-Koeffizienten
atp = zeros(4, nord+1);
```

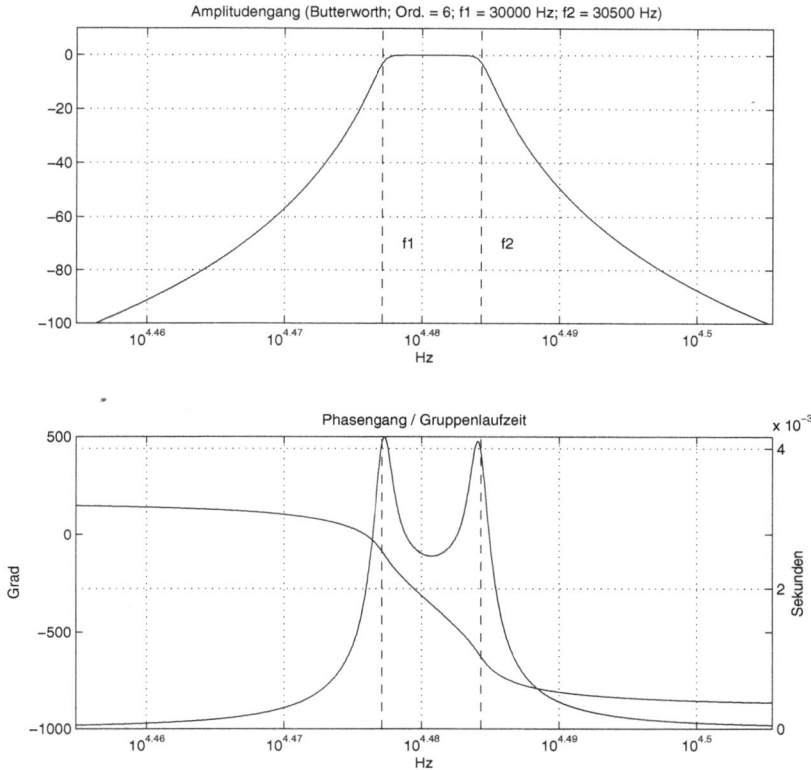

*Abb. 1.15: Frequenzgang und Gruppenlaufzeit des BP-Filters mit f1 = 30000 Hz und f2 = 35000 Hz (analog_bp1.m)*

```
bbp = zeros(4, 2*nord+1);  % BP-Koeffizienten
abp = zeros(4, 2*nord+1);

% ------- Entwicklung eines Bessel TP- und BP-Filters
[z,p,k] = besselap(nord);
[btp(1,:),atp(1,:)] = zp2tf(z,p,k);   % TP_Prototyp
[bbp(1,nord+1:end),abp(1,:)]=lp2bp(btp(1,:),atp(1,:),w0,Bw);
                              % BP-Bessel-Filter

% ------- Entwicklung eines Butterworth TP- und BP-Filters
[z,p,k] = buttap(nord);
[btp(2,:),atp(2,:)] = zp2tf(z,p,k);   % TP_Prototyp
[bbp(2,nord+1:end),abp(2,:)]=lp2bp(btp(2,:),atp(2,:),w0,Bw);
                              % BP-Butterworth-Filter
.......
```

Der Frequenzgang und die Gruppenlaufzeit werden ähnlich wie bei den TP- oder HP-Filtern ermittelt. Für die Darstellung des Phasengangs und der Gruppenlaufzeit wurde die Funktion **plotyy** verwendet, die es erlaubt, zwei Variablen mit einem sehr unterschiedlichen Wertebereich im selben Fenster darzustellen. Die Funktionsachse für den Phasengang ist links und für die Gruppenlaufzeit rechts (Abb. 1.15 unten). Die benutzte Form des Befehls ist:

```
[haxis, hline1, hline2] = plotyy(x1,y1,x2,y2,@semilogx);
```

Dabei sind `haxis,hline1,hline2` die Zeiger für die graphischen Achsen (Objekt `axes`) für die erste ($y_1(x_1)$) bzw. die zweite ($y_2(x_2)$) darzustellende Funktion. Mit @**semilogx** wird in diesem Beispiel die MATLAB-Funktion, die für die Darstellung verwendet werden soll, angegeben. Für jede darzustellende Kurve kann eine andere Darstellfunktion gewählt werden.

Der Zeiger `haxis` ist ein Vektor mit zwei Komponenten, so dass `haxis(1)` bzw. `haxis(2)` die Zeiger auf die Achsen der beiden Darstellungen sind. Mit dem Befehl **axes**`(haxis(1))` werden z.B. die Achsen der ersten Darstellung gewählt und mit den nachfolgenden Befehlen werden diese dann entsprechend gestaltet. Ähnlich werden die Achsen der zweiten Darstellung mit **axes**`(haxis(2))` gewählt und ebenfalls parametriert. Hier werden auch die zwei vertikalen Linien zur Abgrenzung des Durchlassbereichs erzeugt. Das Programm `analog_bp2.m` unterscheidet sich von `analog_bp1.m` nur dadurch, dass zur Berechnung von $\omega_0$ der arithmetische anstatt des geometrischen Mittelwerts verwendet wird.

Die Funktion `analog_bp11` ist eine Erweiterung von `analog_bp1.m`, um für weitere Experimente beliebige Filter (Filterkoeffizienten) zu berechnen:

```
function [b,a]=analog_bp11(f1,f2,nord,Typ)
```

Die Argumente sind im Kontext dieses Abschnitts leicht zu verstehen. Die Frequenzen `f1` und `f2` sind die Grenzen des Durchlassbereichs, und `nord` und `Typ` sind die Ordnung bzw. der Typ des Filters. In den Vektoren `b` bzw. `a` werden die Koeffizienten des gewünschten Filters geliefert.

# 1.5    Rekonstruktion zeitkontinuierlicher Signale

In diesem Abschnitt wird mit Hilfe eines Experiments die Rekonstruktion eines zeitkontinuierlichen Signals aus seinen Abtastwerten untersucht (Abb. 1.16). Dieser Vorgang ist in der Praxis unter dem Namen Digital/Analog-Wandlung bekannt.[6]

Zeitdiskrete Signale werden in den folgenden Kapiteln ausführlich behandelt. Einige Grundkenntnisse, soweit sie für das Verständnis dieses Experiments notwendig sind, werden hier vorweggenommen.

## Experiment 1.4: Tiefpassfilter als Glättungsfilter

Zeitdiskrete Signale $x[nT_s]$ als die Werte des zeitkontinuierlichen Signals $x(t)$ zu den diskreten Zeitpunkten $nT_s$ mit $n = \dots -2, -1, 0, 1, 2, \dots$ sind als Zahlen in einem Speicher eines Rechenwerkes gespeichert. Die Zeitdauer $T_s$ ist der Abstand zwischen den Zeitpunkten, zu

---

[6]Streng genommen beziehen sich die Begriffe *digital* und *analog* nur auf den Wertebereich eines Signals (digital = wertdiskret und analog = wertkontinuierlich). Häufig wird in der Praxis, gerade im Zusammenhang mit A/D- und D/A-Wandlung, oftmals der Begriff *digital* für wert- *und* zeitdiskrete Signale verwendet, während *analog* für wert- *und* zeitkontinuierliche Signale steht.

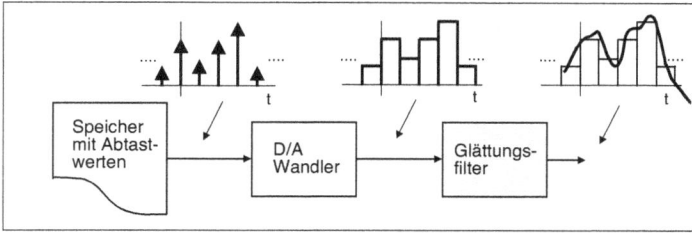

*Abb. 1.16: Digital/Analog-Wandlung*

denen die Abtastwerte aus dem zeitkontinuierlichen Signal entnommen werden und wird Abtastperiode genannt. Ihr Kehrwert ist die Abtastfrequenz $f_s = 1/T_s$.

Da Speicher immer nur eine endliche Genauigkeit haben können, ist auch der Wertebereich der Abtastwerte diskret. Dieser Aspekt der Quantisierung wertkontinuierlicher Größen soll hier außer Acht bleiben und es wird angenommen, dass diese digital mit großer Auflösung (mit sehr vielen Bit) dargestellt sind.

Der D/A-Wandler bildet aus den zeitdiskreten Werten ein zeitkontinuierliches Signal, mit konstanten Werten zwischen den Abtastzeitpunkten. Der Wandler verhält sich wie ein Halteglied nullter Ordnung mit einer Impulsantwort, die in Abb. 1.17 oben dargestellt ist [69], [57]. Die zeitdiskreten Abtastwerte aus dem Speicher, betrachtet als Dirac-Funktionen (oder Dirac-Impulse), gefaltet mit der Impulsantwort des Halteglieds nullter Ordnung, führen zum treppenförmigen Signal am Ausgang des Wandlers.

Sicher gibt es im Speicher keine Dirac-Funktionen, diese sind nur als Vorstellung oder Modell notwendig, um die zeitkontinuierliche Faltung auch für die zeitdiskreten Signale anwenden zu können. Wichtig ist, dass dieses Modell eine mathematische Beschreibung des Wandlers ermöglicht, welche sein treppenförmiges Ausgangssignal ergibt.

Der Frequenzgang $X(f)$ des D/A-Wandlers als Fourier-Transformierte der Impulsantwort ist [34]:

$$X(f) = \int_{-\infty}^{\infty} h(t)e^{-j2\pi ft}dt = \int_{0}^{T_s} e^{-j2\pi ft}dt \tag{1.36}$$

oder

$$X(f) = e^{-j\pi fT_s}\frac{T_s}{2}\frac{sin(\pi fT_s)}{\pi fT_s} \tag{1.37}$$

Der Phasengang wird hauptsächlich durch den komplexen Drehzeiger $e^{-j\pi fT_s}$ bestimmt und ist somit linear, bis auf Sprünge von $\pi$ an den Stellen, an denen die Sinusfunktion aus Gl. (1.37) ihr Vorzeichen wechselt. Der Phasengang des Halteglieds führt also nicht zu Verzerrungen des Signals. Der Amplitudengang, als Betrag des komplexen Frequenzgangs, entspricht dem Betrag der $sin(x)/x$-Funktion, kurz sinc-Funktion. Die Nullstellen dieser Funktion für positive Werte der Frequenz liegen bei $k/T_s, k = 1, 2, 3, ....$

In Abb. 1.17 ist unten der Amplitudengang im Frequenzbereich $f \in [0, 2f_s]$ dargestellt. Er wurde mit dem Programm `zero_order_hold.m` erzeugt. Der Frequenzbereich von 0

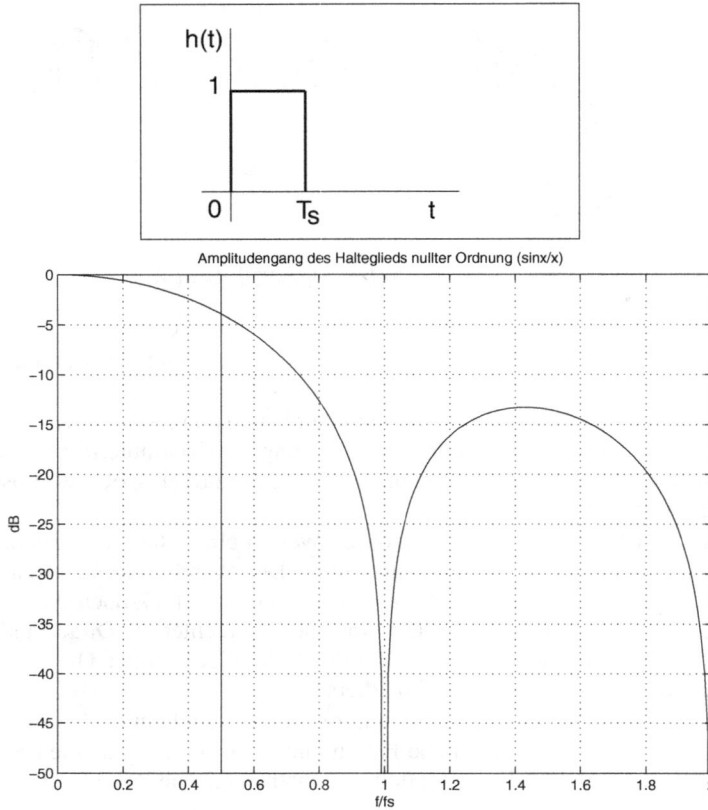

Abb. 1.17: Impulsantwort und Amplitudengang des Halteglieds nullter Ordnung (ze-
ro_order_hold.m)

bis $f_s/2$, auch als Nyquist-Bereich bekannt, ist der interessierende Frequenzbereich des abgetasteten Signals, den das nachgeschaltete ideale Glättungsfilter extrahiert. Aufgrund dieses
Amplitudengangs des Wandlers entstehen im Nyquist-Bereich Amplitudenverzerrungen bis zu
ca. $-4$ dB (Faktor $\cong 0.63$).

Das ideale Glättungsfilter sollte als Durchlassbereich den Nyquist-Bereich haben und dann
unmittelbar in den Sperrbereich, beginnend bei $f_s/2$, mit unendlich hoher Dämpfung übergehen. Da dieses Verhalten, genau wie beim Antialiasing-Filter vor der A/D-Wandlung, nicht
realisierbar ist, ist es ratsam eine Überabtastung des zeitkontinuierlichen Signals anzuwenden.
Wenn die maximale Frequenz eines Signals $f_{max}$ ist, dann sollte man eine Abtastfrequenz $f_s$
wählen, die durch

$$f_s = k_u(2f_{max}) \tag{1.38}$$

gegeben ist, wobei $k_u$ den Überabtastfaktor darstellt. Der Wert $k_u = 1$ (keine Überabtastung)
entspricht dem Wert gemäß Abtasttheorem. In der Praxis werden je nach Anwendung Überab-
tastfaktoren zwischen 1.5 und 5 benutzt.

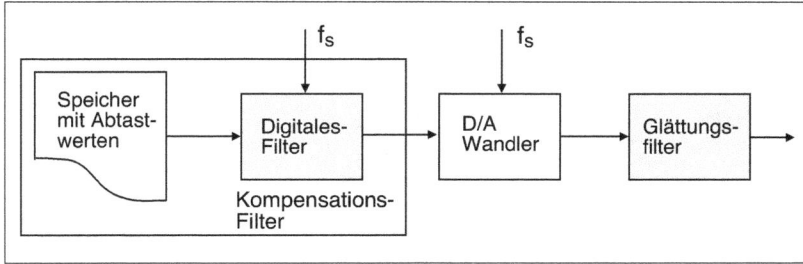

*Abb. 1.18: Struktur des Ausgangs eines D/A-Wandlers mit digitalem Kompensationsfilter*

In diesem Experiment wird der Rekonstruktionsfehler als Folge des Frequenzgangs des D/A-Wandlers und des Glättungsfilters untersucht. Dazu wird ein zeitkontinuierliches Signal abgetastet und anschließend wird mit einen D/A-Wandler (simuliert als Halteglied nullter Ordnung) und einem Glättungsfilter das ursprüngliche Signal rekonstruiert. Durch Differenzbildung wird die Qualität der Rekonstruktion bestimmt. Es wird ebenfalls untersucht, wie die Amplitudenverzerrung des D/A-Wandlers mit einem digitalen Filter vor der Wandlung kompensiert werden kann. Abb. 1.18 zeigt die neue Struktur der Rekonstruktion eines zeitkontinuierlichen Signals mit Kompensationsfilter, D/A-Wandler und analogem Glättungsfilter.

Das Kompensationsfilter soll als Amplitudengang eine der sinc-Funktion inverse Charakteristik aufweisen und linearphasig sein. In der Literatur [3] werden als Näherung dieser Charakteristik zwei sehr einfache digitale Kompensationsfilter vorgeschlagen. Die Lösung mit FIR-Filter entspricht folgender Differenzengleichung:

$$y[nT_s] = (-1/16)x[nT_s] + (9/8)x[(n-1)T_s] + (-1/16)x[(n-2)T_s] \qquad (1.39)$$

Für die Realisierung als IIR-Filter wird die Differenzengleichung

$$y[nT_s] = (9/8)x[nT_s] - (1/8)y[(n-1)T_s] \qquad (1.40)$$

empfohlen. In der kompakten Schreibweise der $z$-Transformation werden diese Filter mit folgenden Übertragungsfunktionen beschrieben:

$$H_{FIR}(z) = -(1/16) + (9/8)z^{-1} - (1/16)z^{-2} \qquad (1.41)$$

und

$$H_{IIR}(z) = \frac{9/8}{1 + (1/8)z^{-1}} \qquad (1.42)$$

Zur Simulation wird das Simulink-Modell (`rekonstr_1.mdl`) aus Abb. 1.19 verwendet, das mit dem Programm `rekonstr1.m` parametriert und aufgerufen wird. Das Eingangssignal der Simulation wird aus weißem Rauschen, das mit einem Tiefpassfilter (*Analog Filter Design1*-Block) bandbegrenzt wird, generiert. Als Bandbreite des Signals wurde `frausch=250` Hz gewählt und die Abtastfrequenz wurde auf `fs=1000` Hz festgelegt. Damit erhält man einen Überabtastfaktor von $k_u = f_s/(2f_{max}) = 2$.

*Abb. 1.19: Simulation der Rekonstruktion zeitkontinuierlicher Signale* (rekonstr_1.mdl, rekonstr1.m)

Der D/A-Wandler wird mit dem Block *Zero-Order Hold1* (Halteglied nullter Ordnung) simuliert. Als Glättungsfilter wird ein Tiefpassfilter von Typ Butterworth (*Analog Filter Design3*-Block) eingesetzt.

Auf dem Block *Scope1* sind das zeitkontinuierliche und das mit Halteglied nullter Ordnung abgetastete Signal (wie in Abb. 1.20 gezeigt) überlagert dargestellt. Auf dem Block *Scope* werden das verzögerte zeitkontinuierliche Signal und das rekonstruierte Signal dargestellt. Die Verzögerung *Transport Delay1* ist so einzustellen, dass die Laufzeit des Glättungstiefpasses kompensiert wird. Man erreicht dies durch Versuche unter Beobachtung der zeitrichtigen Überlagerung der beiden Signale auf dem Block *Scope*.

Zur numerischen Evaluation des Rekonstruktionsfehlers wird die erforderliche Verzögerung in dem Programm rekonstr1.m durch Minimierung der Summe der Beträge der Differenzen der beiden Signale automatisch eingestellt.

```
......
% Bestimmung der optimalen Verz^gerung
nv = 200;    % Anfangsindex
diff_y = zeros(2*nv,1);

y1 = yout(nv:end-nv,1);
for k = 1:2*nv
    diff_y(k) = sum(abs(yout(k:length(y1)+k-1,2) - y1));
end;
min_diff_1 = min(diff_y);
p1 = find(diff_y == min_diff_1);
......
```

Abb. 1.20: Zeitkontinuierliches und mit einem Halteglied nullter Ordnung abgetastetes Signal (rekonstr_1.mdl, rekonstr1.m)

Abb. 1.21: Rekonstruktion mit und ohne FIR-Kompensation (rekonstr_1.mdl, rekonstr1.m)

Hierfür werden in der Senke *Out1* die beiden Signale als Spalten des Feldes `yout` (`yout(:,1)` und `yout(:,2)`) gespeichert. Ebenso wird im Vektor `tout` die Simulationszeit gespeichert. Diese Einstellungen werden mit der Option *Data Import/Export* des Dialogs *Simulation/Configuration parameters* (Abb. 1.7) festgelegt. Damit ist ein Vergleich des Rekon-

struktionsfehlers ohne Kompensationsfilter mit dem Rekonstruktionsfehler mit Kompensationsfilter möglich.

Im unteren Teil des Modells aus Abb. 1.19 wird die Rekonstruktion mit Kompensationsfilter
simuliert. Mit einer ähnlichen Programmsequenz wird die Summe der Differenzen der Signale
`yout(:,5)` und `yout(:,6)`, die im *Outport*-Block *Out3* gespeichert werden, gebildet. In
Abb. 1.21 links oben ist ein Ausschnitt der beiden Signale der Rekonstruktion ohne digitales
Kompensationsfilter dargestellt und unten ist die Differenz dieser Signale dargestellt. Auf der
rechten Seite sind in ähnlichen Darstellungen die Signale der Rekonstruktion mit dem FIR-
Kompensationsfilter dargestellt. Im Programm wird auch der prozentuale Gewinn ermittelt, der
mit den beschriebenen Parametern ca. 61 % beträgt.

Die Parametrierung des Blocks *Discrete Filter* aus dem Modell (Abb. 1.19) ist sehr einfach. Durch Doppelklick auf diesen Block öffnet sich ein Fenster, in dem für das FIR-Filter der
Vektor `h=[-1/16,9/8,-1/16]` im Zählerfeld *Numerator* eingetragen wird. Im Nennerfeld
*Denominator* wird für ein FIR-Filter immer die Zahl eins eingetragen. Im Falle der Kompensation mit dem IIR-Filter aus Gl. (1.42) wird das Zählerfeld den Wert `9/8` und das Nennerfeld
den Vektor `[1,1/8]` enthalten.

## 1.5.1   Welligkeit im Durchlassbereich bei Glättungsfiltern

Wenn als Antialiasing- und Glättungsfilter zwei Filter mit Welligkeit im Durchlassbereich
(vom Typ Tschebyschev I oder Elliptisch) eingesetzt werden, entstehen Rekonstruktionsfehler
durch den nicht konstanten Amplitudengang.

Abb. 1.22 zeigt die Spezifikation des Amplitudengangs eines Tiefpassfilters. Die Durchlassfrequenz ist mit $f_p$ (*pass-frequency*) und die Sperrfrequenz ist mit $f_s$ (*stop-frequency*) bezeichnet. Mit $\delta_p$ wurde die Welligkeit in Durchlassbereich (Abweichung von dem gewünschten
Amplitudengang) und mit $\delta_s$ wurde die Dämpfung im Sperrbereich bezeichnet. In dB sind diese

*Abb. 1.22: Spezifikation des Amplitudengangs eines Tiefpassfilters*

Größen durch die Beziehungen:

$$A_p = 20 \, log_{10}(1 + \delta_p)$$
$$A_s = -20 \, log_{10}\delta_s$$

$$(1.43)$$

definiert. Beide Größen sind positive Werte. In der rechten oberen Ecke der Abb. 1.22 ist eine andere, ebenfalls übliche Art der Definition der Welligkeit im Durchlassbereich dargestellt.

Die Welligkeit im Durchlassbereich der Antialiasing-Filter bei der A/D-Wandlung sowie die der Glättungsfilter bei der D/A-Wandlung ist immer in Zusammenhang mit der Auflösung der verwendeten Wandler festzulegen. Hat man z.B. einen A/D-Wandler mit einer Auflösung von $n_b = 10$ Bit zur Verfügung, so entspricht bei einem Signal mit einem Spitzenwert $\hat{U} = 1V$ eine Änderung im niederwertigsten Bit einem Spannungshub $\Delta U = 1/2^{n_b} = 1/1024 \cong 1$ mV. Dieselbe Änderung erhält man auch bei einer Welligkeit im Durchlassbereich von $A_p = 20 \, log_{10}(1 + 0.001) \cong 0.01$ dB. Damit werden bei Verwendung eines Antialiasing-Filters mit einer Welligkeit im Durchlassbereich von etwa $A_p = 0.01$ dB Wandler mit einer Auflösung von mehr als $n_b = 10$ Bit keine Vorteile bringen, da sie mit ihrer höheren Auflösung Signaländerungen, die der Welligkeit des Filters geschuldet sein können, abbilden.

In ähnlicher Weise muss man auch das Rauschen der Filter in Relation zur Auflösung der Wandler bringen. Ein Rauschpegel, der viel größer als der LSB-Wert ist, wird die niederwertigen Bit unsicher und damit unnötig machen.

Abb. 1.23 zeigt den Amplitudengang eines Tiefpassfilters vom Typ Tschebyschev I mit einer Durchlassfrequenz $f_p = 1000$ Hz und einer Welligkeit im Durchlassbereich $A_p = 0.001$ dB. Aus dieser Darstellung geht auch hervor, dass für Filter mit Welligkeit der Durchlassbereich als jene Frequenz definiert ist, bei der die Zone der Breite $A_p$ in Richtung Sperrbereich verlassen wird. Bei Filtern ohne Welligkeit im Durchlassbereich wird hingegen die Durchlassfrequenz üblicherweise als die Frequenz definiert, für die der Amplitudengang sich um $-3$ dB beim Übergang zum Sperrbereich ändert (Abb. 1.24). Deswegen wird oft für die Durchlassfrequenz auch die Bezeichnung $f_{-3dB}$ verwendet.

Die Darstellungen aus den Abbildungen 1.23 und 1.24 wurden mit dem Programm wellig_1.m erzeugt. Der Darstellungsausschnitt, der die Welligkeit für das Tschebyschev-Filter hervorhebt, wurde mit folgender Programmsequenz erhalten:

```
.....
% -------- Frequenzgang
f = logspace(floor(log10(fp/100)),ceil(log10(fp*100)), 1000);
[H,w] = freqs(b,a,2*pi*f);
.....
subplot(212), semilogx(w/(2*pi), 20*log10(abs(H)));
La = axis;
axis([La(1), fp*2, -Ap*1.2, 0]);
title(['Welligkeit im Durchlassbereich = ',...
       num2str(Ap),' dB']);
xlabel('Hz');        grid;        ylabel('dB')
```

Mit dem Befehl **axis** werden die von MATLAB implizit gewählten Grenzen der Koordinatenachsen abgefragt und in dem Vektor La gespeichert. Danach werden mit dem Befehl **axis**([La(1),fp*2,-Ap*1.2, 0]) neue Achsen festgelegt, die den Frequenz- und Amplitudenbereich begrenzen, um die Welligkeit hervorzuheben.

*Abb. 1.23: Welligkeit eines Tiefpassfilters vom Typ Tschebyschev I mit $f_p = 1000$ Hz im Durchlassbereich (wellig_1.m)*

*Abb. 1.24: Durchlassbereich eines Tiefpassfilters vom Typ Butterworth mit $f_p = 1000$ Hz (wellig_1.m)*

Für Tiefpassfilter vom Typ Tschebyschev II, die ihre Welligkeit im Sperrbereich haben, wird als Entwurfsparameter den MATLAB-Funktionen die Sperrfrequenz $f_s$ angegeben. Die Durchlassfrequenz $f_p$ ergibt sich dann in Abhängigkeit der Filterordnung und der angegebenen Dämpfung ($A_s$) im Sperrbereich. Diese Art die Parameter zu spezifizieren ist für Sperrbandfilter sehr geeignet: Man ist sicher, dass ein bestimmter Frequenzbereich mit der gewünschten Dämpfung unterdrückt wird.

# 1.6    Verstärkung des Rauschens durch Überfaltung

Auch wenn man weiß, dass die abzutastenden analogen Nutzsignale bandbegrenzt sind, sollte man ein *Antialiasing*-Filter einsetzen, um zu vermeiden, dass sich die Rauschanteile bei hohen Frequenzen durch die Abtastung in das Band des Nutzsignals spiegeln und so das Rauschen verstärken. Nimmt man an, dass die Bandbreite des Rauschens $f_{rausch}$ um den Faktor $N$ größer ist als die Abtastfrequenz $f_s$, so wird bei Verzicht auf das *Antialiasing*-Filter die spektrale Leistungsdichte des Rauschens im Bereich des Nutzbandes um $10\,log(2N)$ dB steigen [39], was unerwünscht ist.

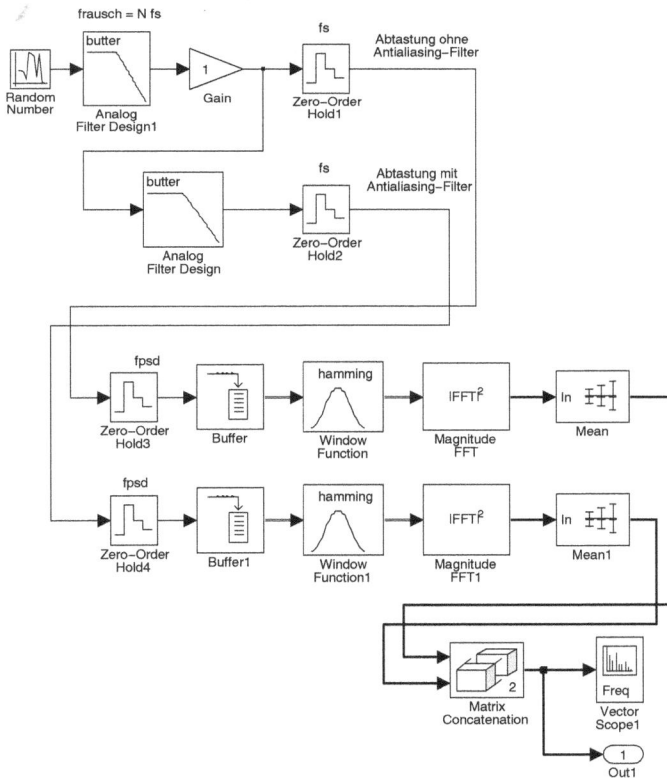

*Abb. 1.25: Modell zur Untersuchung der Spiegelung von Rauschen* (noise_alias.mdl, noise_alias_.m)

# Experiment 1.5: Spiegelung von nicht gefiltertem Rauschen

Abb. 1.25 zeigt das Simulink-Modell, das zur Untersuchung eingesetzt wird. Aus weißem Rauschen, welches mit dem Block *Random Number* erzeugt wird, wird durch Filterung mit dem Block *Analog Filter Design1* ein bandbegrenztes Rauschsignal mit der Bandbreite `frausch = N*fs` erzeugt. Dieses wird einerseits ohne Antialiasing-Filter und anderseits mit Antialiasing-Filter mit der Abtastfrequenz `f_s` abgetastet. Dazu dienen die beiden Blöcke *Zero-Order Hold1* bzw. *Zero-Order Hold2*, die Halteglieder nullter Ordnung darstellen.

Im untere Teil des Modells wird die spektrale Leistungsdichte der beiden Signale nach der Methode von Welch [73] berechnet und dargestellt. Um eine höhere Frequenzauflösung zu erzielen, werden die Signale mit einer höheren Abtastfrequenz abgetastet, wie z.B. mit `fpsd=6*fs`. In den beiden Puffern (*Buffer* und *Buffer1*) werden Vektoren von je 256 Abtastwerten gebildet, die anschließend in den Blöcken *Window Function* und *Window Function1* mit je einem Hamming-Fenster gewichtet werden. Es wird danach das Betragsquadrat des Spektrums der gewichteten Vektoren berechnet. Man erhält die nicht normierten spektralen Leistungsdichten durch Mittelung mehrerer quadrierter Spektren mit den Blöcken *Mean* und *Mean1*. Für $f_s = 1000$ Hz und $f_{rausch} = 4000$ Hz ($N = 4$) erhält man die Darstellung in Abb. 1.26.

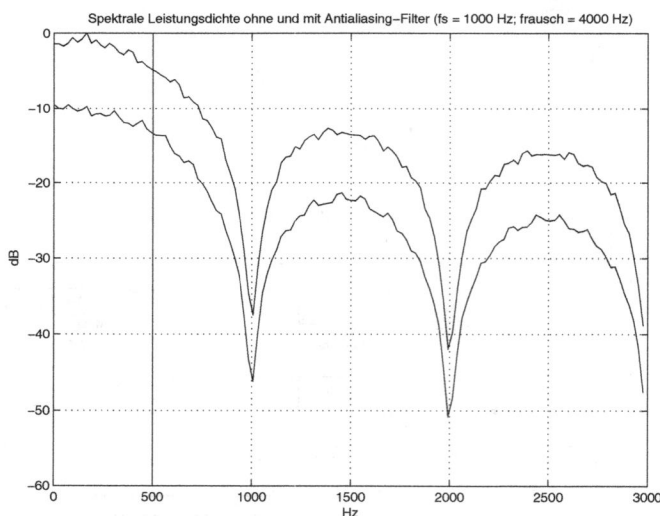

*Abb. 1.26: Spektrale Leistungsdichte ohne und mit Antialiasing-Filter* (noise_alias.mdl, noise_alias_.m)

Die spektrale Leistungsdichte des Rauschens ohne Verwendung eines Antialiasing-Filters ist um ca. $10\,log(2N) = 10\,log(8) = 9$ dB größer, was auch aus Abb. 1.26 im Nyquist-Bereich (bis 500 Hz) ersichtlich ist. Die Verläufe entsprechen einer sinc-Funktion wegen der Abtastung mit Haltegliedern nullter Ordnung. Die Abbildung zeigt nur die ersten beiden Nebenmaxima (Englisch: *lobes*) der sinc-Funktion für positive Frequenzen.

Das Modell wird aus dem Programm `noise_alias_.m` aufgerufen. In der Senke *Out1* werden die Werte der spektrale Leistungsdichten gespeichert. In der Konfiguration der Option *Data Import/Export* des Menüs *Simulation/Configuration parameters* (Abb. 1.7) wird der Parameter *Limit data points to last* auf den Wert 1 gesetzt, so dass nur das Endergebnis der Mittelung, bestehend aus zwei mal 256 Werten, gespeichert und anschließend dargestellt wird. Die spektralen Leistungsdichten werden auch mit dem Block *Vector Scope1* während der Simulation dargestellt, so dass man das Fortschreiten der Mittelung durch die Blöcke *Mean* und *Mean1* verfolgen kann.

Wenn im Programm `frausch = fs/2` gesetzt wird, dann ist die Bandbreite des Rauschsignals auf den Nyquist-Bereich begrenzt und man wird auch ohne Antialiasing-Filterung keine Erhöhung des Rauschpegels in diesem Bereich beobachten können.

# 1.7    Schlussfolgerungen

Die digitale Signalverarbeitung hat heute zwar weitestgehend die analoge Verarbeitung verdrängt, da unsere Welt aber nach wie vor analog bleibt, benötigen auch die digitalen Signalverarbeitungssysteme an ihren Schnittstellen analoge Komponenten. Analoge Filter mit Operationsverstärkern und diskreten Komponenten [6] werden praktisch nicht mehr benutzt. Die nachfolgende Generation bestand aus integrierten Universal-Filterschaltungen, realisiert aus Filtersektionen zweiter Ordnung. Diese konnte man mit wenigen Widerständen und Kondensatoren, mit denen das Filter-IC[7] beschaltet wurde, parametrieren und die Funktion als Tief-, Hoch- oder Bandpassfilter und die charakteristischen Frequenzen festlegen. Doch auch diese Schaltungen sind wegen zu großen Platzbedarfs bereits aus den gegenwärtigen Applikationen verdrängt worden.

Ersetzt wurden sie mit integrierten Schaltungen basierend auf so genannten *Switched-Capacitors* [6], [62]. Sie lösen sowohl die Schwierigkeit der Integration von großen Kapazitäten und die Reproduzierbarkeit in der Fertigung als auch das Problem der Programmierbarkeit. Mit elektronischen Schaltern werden relativ kleine Kapazitäten (ca. 1–2 pF) mit einer festgelegten Frequenz so geschaltet, dass sie einen Mittelwertstrom übertragen, der einem äquivalenten Widerstand entspricht. Über die Schaltfrequenz können die Eigenschaften der Filter verändert werden. Das Schalten der Kapazitäten stellt eigentlich ein analoges Abtastsystem dar, das eventuell auch ein vorgeschaltetes Antialiasing-Filter benötigt. Dieses Filter kann anspruchslos entworfen werden (oftmals nur ein Filter erster Ordnung), da die Schaltfrequenz groß relativ zur Bandbreite des Filters ist.

Ein weiteres Konzept für programmierbare, integrierte, analoge Schaltungen wird von der Firma *Lattice* angeboten. Im Gegensatz zu dem *Switched-Capacitors*-Konzept sind hier echte analoge Schaltungen integriert. Die ICs enthalten bis zu 60 aktive und passive Analogkomponenten mit Hunderten von Einstellmöglichkeiten. Mit einer schematischen Eingabe auf einem PC lassen sich die Charakteristik und die Parameter dieser Komponenten beschreiben und sie können miteinander verschaltet werden. Anschließend wird der Baustein programmiert und kann jederzeit erneut programmiert werden. Die Grundelemente dieser Bausteine sind die PAC[8]-Zellen, die durch eine programmierbare Verbindungsstruktur untereinander vernetzt werden können. Sie enthalten Operationsverstärker, Widerstände und Kondensatoren in einer differentiellen Architektur zusammengefasst, um eine hohe Gleichtaktunterdrückung zu erreichen.

Die PAC-Zellen sind in PAC-Blöcke gruppiert, bei denen die Verstärkung und das Fre-

---

[7]Integrierter Schaltkreis, Englisch: *Integrated Circuit*
[8]*Programmable Analog Circuit*

quenzverhalten programmierbar sind. Es lassen sich bis zu 120 Grenzfrequenzen im Bereich 10 kHz bis 100 kHz und verschiedene Typen von Filtern (Bessel, Tschebyschev, Elliptisch, Butterworth, usw.) programmieren. Einige Bausteinreihen enthalten zusätzlich je einen 8 Bit breiten D/A-Wandler und zwei Komparatoren.

# 2 Entwurf und Analyse digitaler Filter

Eine gute Einführung in die Theorie digitaler Filter erhält man in den Werken [56], [57], [18], [69], [30], [46]. Anspruchsvoller ist die Thematik der digitalen Signalverarbeitung in [59], [11] behandelt. Viele Bücher und Aufsätze benutzen MATLAB und die *Signal Processing Toolbox*, um die behandelten Algorithmen zu implementieren und die Simulationsergebnisse graphisch darzustellen, so z.B. [74], [36], [14], [53], [68], [31], [34], [50] und [67]. Für den Entwurf von digitalen Filtern ist auch das Buch von Ricardo Losada [45] zu erwähnen, welches auf den Internetseiten der Firma MathWorks als elektronische Kopie zur Verfügung gestellt wird.

Simulink und die so genannten *Blocksets*, als Erweiterungen von MATLAB, werden in der Literatur zur Signalverarbeitung jedoch kaum behandelt. Gerade diese Erweiterungen eröffnen jedoch neue Wege sowohl in der Vermittlung der Thematik als auch insbesondere in der industriellen Entwicklung [26], [27]. Simulink-Modelle kann man beispielsweise automatisch in Programme für verschiedene Mikrocontroller oder Digitale Signalprozessoren (kurz DSP[1]) umwandeln und so die Entwicklungs- und Implementierungszeiten von Algorithmen der Signalverarbeitung beachtlich verkürzen. Auch die automatische Erstellung von VHDL[2]-Programmen ist aus den zur Simulation verwendeten Simulink-Modellen möglich.

Filter werden heutzutage fast ausschließlich mit Hilfe von Software-Paketen entwickelt. Über komfortable Menüs werden die gewünschten Eigenschaften eingegeben und auf Knopfdruck erhält man die Koeffizienten der Filter. Zusätzlich können der Frequenzgang, die Gruppenlaufzeit, die Sprung- oder Impulsantwort und andere Eigenschaften des Filterentwurfs dargestellt werden. Damit kann man beurteilen, inwieweit der Entwurf die Sollvorgaben einhält. Man gelangt so mit wenigen Iterationsschritten zum Ziel und kann oftmals auch gleich den C- oder Assemblercode für die Implementierung auf dem verwendeten DSP generieren [3].

Wenn nun der Filterentwurf in der Praxis so einfach geworden ist, so stellt sich die Frage, ob die Beschäftigung mit der Theorie der Filter einerseits und mit Simulationsmethoden andererseits überhaupt noch notwendig ist. Die Antwort darauf ist nach wie vor ein klares „ja". Diese Kenntnisse werden für den Entwurf schon allein deshalb benötigt, weil die Vielzahl der Parameter, die die Programme zum Filterentwurf anbieten, nicht beliebig eingestellt werden kann. Weiterhin muss man durch Simulationen mit realen oder künstlich generierten Signalen untersuchen, ob das entworfene Filter tatsächlich die gewünschte Funktion erfüllt. Selten sind die Signale der Anwendungen sinusförmige Signale im stationären Zustand, so dass man mit Hilfe des Frequenzgangs direkt aussagen könnte, ob das Filter geeignet ist. Über Simulationen, wie sie hier in Experimenten gezeigt werden, kann man die Spezifikationen für die Filter mit der Anwendung in Einklang bringen und danach die Filter entwickeln lassen. Unerwünschte Überraschungen sind so leichter zu vermeiden.

Für den Entwurf digitaler Filter stehen in der Produktfamilie von MATLAB die Funktionen der *Signal Processing Toolbox* und die Funktionen der *Filter Design Toolbox* zur Verfügung.

---

[1] *Digital Signal Processor*
[2] *Very High Speed Integrated Circuit Hardware Description Language*

Diese stellen auch zwei Werkzeuge (*FDATool* und *SPATool*) in Form von graphischen Bedien-oberflächen zur Verfügung, um eine komfortable Entwicklung und Analyse von digitalen IIR-und FIR-Filtern zu ermöglichen. Ergänzt werden diese in Simulink mit den entsprechenden Blöcken aus dem *DSP-Blockset*, für deren Einsatz jedoch das Vorhandensein der *Signal Processing Toolbox* und der *Filter Design Toolbox* Voraussetzung ist.

Die Funktionen der *Signal Processing Toolbox* liefern ihre Ergebnisse grundsätzlich als Fließkommazahlen in doppelter Genauigkeit[3] (*double precision*). In der Praxis wird man jedoch selten über Prozessoren verfügen, die doppelte Genauigkeit unterstützen, verbreitet sind Fest-kommazahlen (*fixed-point*) oder Fließkommazahlen mit einfacher Genauigkeit[4] (*single preci-sion*). Die Rundung der Filterkoeffizienten von mit der *Signal Processing Toolbox* entwickelten Filtern auf einfache Genauigkeit oder Festkommazahlen verändert jedoch die Eigenschaften des Filters, so dass es wünschenswert ist, bereits beim Entwurf das Format der Koeffizien-ten zu berücksichtigen. Hier hilft die *Filter Design Toolbox*, eine relativ neue Ergänzung der MATLAB-Produktfamilie, die zusätzliche Verfahren zum Entwurf digitaler Filter enthält und an die Belange der industriellen Entwicklung angelehnt ist. Es können sowohl die Daten als auch die Koeffizienten der Filter mit Fest- oder Gleitkommazahlen dargestellt werden und auch die arithmetischen Operationen können realitätsnah nachgebildet werden. Aus diesem Grund wird das nächste Kapitel dem Entwurf und der Analyse von Filtern mit der *Filter Design Tool-box* gewidmet.

## 2.1   Einführung

Ein diskretes Filter wird durch folgende Übertragungsfunktion in der komplexen Variablen $z^{-1}$ der $z$-Transformation beschrieben [34]:

$$H(z) = \frac{b_0 + b_1 z^{-1} + b_2 z^{-2} + \cdots + b_n z^{-n}}{1 + a_1 z^{-1} + a_2 z^{-2} + \cdots + a_n z^{-n}} \qquad (2.1)$$

Wenn man den Zähler und den Nenner mit $z^n$ multipliziert und danach die Polynome des Zählers und Nenners mit Hilfe ihrer Nullstellen ausdrückt, erhält man die Übertragungsfunktion in Null-Polstellen-Form:

$$H(z) = b_0 \frac{(z - z_1)(z - z_2) \ldots (z - z_n)}{(z - p_1)(z - p_2) \ldots (z - p_n)} \qquad (2.2)$$

Durch $z_1, z_2, ..., z_n$ und $p_1, p_2, ..., p_n$ werden die Null- bzw. Polstellen der Übertragungsfunk-tion bezeichnet. Die Anzahl $n$ der Pole des Systems bezeichnet man als Ordnung des Systems.

Die Koeffizienten des Zählers und Nenners der Gl. (2.1) oder die Null- bzw. Polstellen der Gl. (2.2), jeweils in Vektoren gespeichert, bilden die Parameter für die Beschreibung diskreter Filter in MATLAB.

Bei einer Übertragungsfunktion mit reellen Koeffizienten sind die Null- und Polstellen in Gl. (2.2) entweder reell oder paarweise konjugiert komplex. Gruppiert man die konjugiert kom-plexen Null- und Polstellenpaare, so kann man Gl. (2.2) auch als Produkt von Teilsystemen

---

[3]Diese Zahlen werden mit 64 Bit dargestellt, wobei 52 Bit für die Mantisse, 11 Bit für den Exponenten und 1 Bit für das Vorzeichen verwendet werden.

[4]Diese Zahlen werden mit 32 Bit dargestellt, wobei 23 Bit für die Mantisse, 8 Bit für den Exponenten und 1 Bit für das Vorzeichen verwendet werden.

schreiben, wobei die Übertragungsfunktionen der Teilsysteme Polynome vom Grad null, eins oder zwei im Zähler und eins oder zwei im Nenner haben:

$$H(z) = \prod_{i=1}^{l} H_i(z) \tag{2.3}$$

mit

$$H_i(z) = \frac{b_{i0} + b_{i1}z^{-1} + b_{i2}z^{-2}}{1 + a_{i1}z^{-1} + a_{i2}z^{-2}} \tag{2.4}$$

Die Teilsysteme sind Systeme der Ordnung höchstens zwei und man bezeichnet sie als Abschnitte zweiter Ordnung (Englisch: *second order sections*). Es ist vorteilhaft, ein System als eine Kettenschaltung von Abschnitten zweiter Ordnung zu realisieren, da man große Flexibilität in der Kombination der Pole und Nullstellen zu Teilsystemen hat und so die Empfindlichkeit gegenüber Parameterungenauigkeiten gut kontrollieren kann. Diese Methode wird nicht nur in der digitalen Signalverarbeitung, sondern auch bei der Realisierung analoger Filter häufig angewandt.

Der Gl. (2.1) entspricht im Zeitbereich eine Differenzengleichung der Form:

$$\begin{aligned} y[kT_s] = b_0 x[kT_s] + b_1 x[(k-1)T_s)] + \cdots + b_n x[(k-n)T_s] \\ -a_1 y[(k-1)T_s] - a_2 y[(k-2)T_s] - \cdots + a_n y[(k-n)T_s] \end{aligned} \tag{2.5}$$

Dabei sind $y[kT_s]$ und $x[kT_s]$ die Abtastwerte des Ausgangs- bzw. des Eingangssignals zum Zeitpunkt $kT_s$ mit $T_s$ als Abtastperiode.

Formal wurden die Zähler- und Nennerpolynome so aufgeschrieben, als ob sie denselben Grad hätten. Einige der Koeffizienten der Polynome (evtl. auch die der höchstgradigen Glieder) können allerdings auch null sein, so dass der Grad von Zähler- und Nennerpolynom im allgemeinen Fall unterschiedlich ist. Multipliziert man die Übertragungsfunktion nach Gl. (2.1) mit $z^n$ und bezeichnet mit $b_0$ den ersten von null verschiedenen Koeffizienten des Zählers, so hat die Übertragungsfunktion $H(z)$ die Form

$$H(z) = \frac{b_0 z^m + b_1 z^{m-1} + b_2 z^{m-2} + \cdots + b_m z^0}{z^n + a_1 z^{n-1} + a_2 z^{n-2} + \cdots + a_n z^0} \tag{2.6}$$

und es gilt die Einschränkung, dass der Grad $m$ des Zählers kleiner oder gleich dem Grad $n$ des Nenners sein muss, um eine kausale Differenzengleichung im Zeitbereich zu erhalten. Ist im anderen Fall der Grad des Zählers z.B. um eins größer als der Grad des Nenners: $m = n + 1$, so hat die Differenzengleichung die Form

$$\begin{aligned} y[kT_s] = b_0 x[(k+1)T_s] + b_1 x[(kT_s)] + \cdots + b_{n+1} x[(k-n)T_s] \\ -a_1 y[(k-1)T_s] - a_2 y[(k-2)T_s] - \cdots + a_n y[(k-n)T_s] \end{aligned} \tag{2.7}$$

und für die Berechnung des Ausgangswertes zum Zeitpunkt $kT_s$ wird der Eingangswert des Zeitpunktes $(k + 1)T_s$ benötigt, also ein Wert aus der Zukunft. Das widerspricht der Kausalitätsbedingung.

Man spricht von IIR-Filtern, wenn in der Beschreibung nach Gl. (2.1) der Grad des Nennerpolynoms wenigstens eins ist. Ein FIR-Filter erhält man, wenn das Nennerpolynom Grad null hat, also lediglich der Koeffizient $a_1 = 1$ ist und alle anderen gleich nll sind.

Allgemein bezeichnet man ein System als AR-System[5], wenn im Zähler der Beschreibung nach Gl. (2.1) nur ein Koeffizient $b_j \neq 0$ vorhanden ist und alle andere gleich null sind. AR-Systeme sind offensichtlich ein Sonderfall der IIR-Filter. FIR-Filter bezeichnet man auch als MA-Systeme[6]. Allgemeine IIR-Filter, bei denen mehrere Koeffizienten des Zählers und des Nenners verschieden von null sind, werden auch ARMA-Systeme[7] genannt [59].

Die Beschreibung im Zustandsraum für ein zeitkontinuierliches SISO-System[8] ist durch eine vektorielle Differentialgleichung (System von Differentialgleichungen erster Ordnung) und eine algebraische Gleichung gegeben [34] und wurde in dem vorhergehenden Kapitel beschrieben. Im Falle zeitdiskreter SISO-Systeme wird die Differentialgleichung zu einer Differenzengleichung, so dass im Zustandsraum [59] die Beschreibung durch folgende Matrizengleichungen

$$
\begin{aligned}
\mathbf{x}_s[kT_s] &= \mathbf{A}\mathbf{x}_s[(k-1)T_s] + \mathbf{B}u[kT_s] \\
y_s[kT_s] &= \mathbf{C}\mathbf{x}_s[kT_s] + Du[kT_s]
\end{aligned}
\tag{2.8}
$$

erfolgt. Hier bilden die Vektoren $\mathbf{x}_s[kT_s]$ den Zustandsvektor, der Skalar $y_s[kT_s]$ den Ausgang und der Skalar $u[kT_s]$ stellt den Eingang dar. Die erste Gleichung aus (2.8) ist die sogenannte Zustandsgleichung (eine Differenzengleichung) und die zweite Gleichung ist die Ausgangsgleichung (eine algebraische Gleichung).

Die allgemeine Differenzengleichung

$$
y[kT_s] = -\sum_{i=1}^{n} a_i y[k-1] + \sum_{i=0}^{n} b_i x[k-1]
\tag{2.9}
$$

eines zeitdiskreten Filters kann in die Zustandsform umgewandelt werden und man erhält die Matrizen aus Gl. (2.10) und Gl. (2.11).

Der Skalar $y_s[kT_s] = y[kT_s]$ stellt den Abtastwert am Ausgang des Filters dar, während der Skalar $u[kT_s] = x[kT_s]$ der Abtastwert am Eingang des Filters ist, jeweils zum laufenden Zeitpunkt $kT_s$.

Ein und dasselbe Systeme kann durch unterschiedliche Zustandsgleichungen beschrieben werden, abhängig davon, wie die Zustandsvariablen in dem Vektor $\mathbf{x}_s[kTs]$ zusammengefasst werden.

$$
\mathbf{A} = \begin{pmatrix}
0 & 1 & 0 & . & . & . & 0 \\
0 & 0 & 1 & 0 & . & . & 0 \\
. & . & & . & . & . & . \\
0 & 0 & & . & . & 0 & 1 \\
-a_n & -a_{n-1} & . & . & . & -a_2 & -a_1
\end{pmatrix}
\qquad
\mathbf{B} = \begin{pmatrix}
0 \\
0 \\
. \\
. \\
. \\
0 \\
1
\end{pmatrix}
\tag{2.10}
$$

$$
\mathbf{C} = \left( (b_n - b_0 a_n) \ (b_{n-1} - b_0 a_{n-1}) \ \dots \ (b_1 - b_0 a_1) \right)
\qquad
\mathbf{D} = d = b_0
\tag{2.11}
$$

---

[5]*Auto-Regressiv*
[6]*Moving-Average*
[7]*Auto-Regressiv-Moving-Average*
[8]*Single Input Single Output*

Die drei gezeigten Formen zur Beschreibung eines zeitdiskreten Filters reagieren unterschiedlich empfindlich auf numerische Fehler in den Parametern. Am stabilsten ist die Zustandsdarstellung gemäß Gl. (2.8), gefolgt von der Darstellung mit Null- und Polstellen (Gl. (2.2)). Am empfindlichsten ist die Darstellung als Übertragungsfunktion (Gl. (2.1)). Das erklärt auch, weshalb einige Funktionen zum Entwerfen der Filter von verschiedenen Formen ausgehen.

MATLAB stellt Funktionen zur Verfügung, mit deren Hilfe eine Darstellungsform in eine andere umgewandelt werden kann:

- **ss2tf** und **tf2ss**: Zustandsbeschreibung in Übertragungsfunktionsform und umgekehrt

- **ss2zp** und **zp2ss**: Zustandsbeschreibung in Null-Polstellen-Beschreibung und umgekehrt

- **tf2zp** und **zp2tf**: Übertragungsfunktionsform in Null-Polstellen-Beschreibung und umgekehrt

- **tf2sos** und **sos2tf**: Übertragungsfunktion in Abschnitte zweiter Ordnung (*Second Order Sections*) und umgekehrt

- **ss2sos** und **sos2ss**: Zustandsbeschreibung in Abschnitte zweiter Ordnung (*Second Order Sections*) und umgekehrt

- **zp2sos** und **sos2zp**: Null-Polstellen-Beschreibung in Abschnitte zweiter Ordnung (*Second Order Sections*) und umgekehrt

Da diese Funktionen zur Umwandlung der Darstellungsform eines Systems mit Koeffizienten von Polynomen hantieren, ist es völlig unerheblich, ob diese Koeffizienten ein Polynom in $s$, und damit die Übertragungsfunktion eines zeitkontinuierlichen Systems, oder ein Polynom in $z^{-1}$ und damit die Übertragungsfunktion eines zeitdiskreten Systems darstellen. Diese Funktionen sind also sowohl für zeitkontinuierliche als auch für zeitdiskrete Systeme anwendbar. Es gilt allerdings die Konvention, dass die Zähler und Nennerpolynome formal denselben Grad haben müssen, in MATLAB also durch Vektoren gleicher Länge dargestellt werden und die Koeffizienten müssen in fallender Reihenfolge der Potenzen in die Vektoren eingetragen werden.

Somit ist z.B. die Übertragungsfunktion des FIR-Filters

$$H(z) = \frac{1 + 0.9z^{-1} + 0.81z^{-2} + 0.729z^{-3}}{1} = \frac{z^3 + 0.9z^2 + 0.81z^1 + 0.729}{z^3 + 0z^2 + 0z^1 + 0} \tag{2.12}$$

durch folgende zwei Vektoren darzustellen:

```
zaehler = [1, 0.9, 0.81, 0.729];      nenner = [1, 0, 0, 0];
```

Bei IIR-Filtern, die im Zähler und Nenner Polynome in der Variablen $z^{-1}$ gleichen Grades enthalten, können die Koeffizienten direkt in Vektoren übertragen werden. So ist z.B. das IIR-Filter

$$H(z) = \frac{0.0206 + 0.0285z^{-1} + 0.0464z^{-2} + 0.0464z^{-3} + 0.0285z^{-4} + 0.0206z^{-5}}{1 - 2.4928z^{-1} + 3.2869z^{-2} - 2.4498z^{-3} + 1.0465z^{-4} - 0.1997z^{-5}} \tag{2.13}$$

in MATLAB/Simulink durch folgende Vektoren dargestellt:

```
b = [0.0206    0.0285    0.0464    0.0464    0.0285    0.0206];
a = [1.0000   -2.4928    3.2869   -2.4498    1.0465   -0.1997];
```

Mit dem Aufruf

```
abschnitte = tf2sos(b,a);
```

wird die Übertragungsfunktion in ein Produkt von Abschnitten zweiter und eventuell erster Ordnung zerlegt. In den Abschnitten werden den Polstellen die ihnen am nahe liegendsten Nullstellen zugeordnet, um die Empfindlichkeit gegenüber Parameterungenauigkeiten möglichst klein zu halten.

Das Feld `abschnitte` enthält in jeder Zeile in den ersten drei Elementen die Koeffizienten des Zählers und in den nachfolgenden drei Elementen die Koeffizienten des Nenners eines Abschnitts:

```
abschnitte =
    0.0206    0.0206         0    1.0000   -0.5205         0
    1.0000    0.6039    1.0000    1.0000   -0.9953    0.4680
    1.0000   -0.2219    1.0000    1.0000   -0.9770    0.8199
```

Für das vorliegende Beispiel enthält die erste Zeile die Koeffizienten eines Abschnitts erster Ordnung und die folgenden zwei Zeilen enthalten die Koeffizienten zweier Abschnitte zweiter Ordnung:

$$H(z) = \left(\frac{0.0206 + 0.0206z^{-1}}{1 - 0.5205z^{-1}}\right)\left(\frac{1 + 0.6039z^{-1} + z^{-2}}{1 - 0.9953z^{-1} + 0.4680z^{-2}}\right)$$
$$\left(\frac{1 - 0.2219z^{-1} + z^{-2}}{1 - 0.9770z^{-1} + 0.8199z^{-2}}\right) \tag{2.14}$$

Die Funktionen der *Signal Processing Toolbox* verwenden die Darstellung mit Polynomen in der Variablen $z^{-1}$ (sogenannte Konvention der *Signal Processing Toolbox* oder DSP-Konvention) und die Funktionen der *Control System Toolbox* benutzen die Polynome in $s$ (für zeitkontinuierliche Systeme) oder für zeitdiskrete Regelungssysteme die Polynome in $z$ statt $z^{-1}$ (sogenannte Konvention der *Control System Toolbox*). Wenn man die Funktionen beider Toolboxen benutzen will, dann muss man darauf achten, dass die Vektoren der Koeffizienten fallweise den Konventionen genügen.

Im Weiteren wird nur die DSP-Konvention benutzt und die MATLAB-Werkzeuge für die Signalverarbeitung eingesetzt.

Zum Entwurf von IIR- oder FIR-Filtern stehen mehrere Gruppen von Funktionen zur Verfügung, die in den nachfolgenden Tabellen 2.1 bis 2.4 angeführt sind. Ein Teil dieser Funktionen ist bereits aus dem vorherigen Kapitel bekannt, da sie zum Entwurf zeitkontinuierlicher Filter dienen. Über die nachfolgend zu besprechenden Methoden der bilinearen Transformation oder der invarianten Impulsantwort können die zeitkontinuierlichen Filter in zeitdiskrete Filter umgewandelt werden.

Die entworfenen Filter können im Sinne einer objektorientierten Programmierung in einer Datenstruktur vom Typ **dfilt** gespeichert werden. Damit ist es möglich, die Aufbaustruktur

*Tabelle 2.1: Entwurf der IIR-Filter - klassisch und direkt*

| **butter** | Butterworth-Filter |
|---|---|
| **cheby1** | Tschebyschev-Filter vom Typ I (mit Welligkeit im Durchlassbereich) |
| **cheby2** | Tschebyschev-Filter vom Typ II (mit Welligkeit im Sperrbereich) |
| **ellip** | Elliptisches Filter |
| **maxflat** | Verallgemeinertes Butterworth-Filter |
| **yulewalk** | IIR-Filterentwurf durch Approximation mit der Methode der kleinsten quadratischen Fehler |

*Tabelle 2.2: Schätzung der minimalen Ordnung digitaler IIR-Filter*

| **buttord** | Ordnung und Knickfrequenz von Butterworth-Filtern |
|---|---|
| **cheby1ord** | Ordnung von Tschebyschev Typ I Filtern |
| **cheby2ord** | Ordnung von Tschebyschev Typ II Filtern |
| **ellipord** | Ordnung von Elliptischen Filtern |

der Filter anzugeben, welche die Reihenfolge der Operationen bei der Implementierung beschreibt, wie z.B. *Direct-Form I, Direct-Form II, Second-Order Sections* usw. [59], [30]. Weiterhin können in diesen Objekten auch Anfangszustände des Filters gespeichert werden. Die Funktionen zur Analyse der Filter und zur Durchführung der Filterung akzeptieren **dfilt**-Objekte, womit die Parameterlisten der Funktionen nicht mehr explizit angegeben werden.

Zusätzlich liefert die Funktion **filtstates** ein Objekt vom Typ *states*, das den Zustand

*Tabelle 2.3: Funktionen zum Entwurf der FIR-Filter*

| **cfirpm** | *Equiripple* FIR-Filter mit beliebigem Frequenzgang (Filter evtl. komplexwertig und mit nichtlinearer Phase) |
|---|---|
| **firpm** | Linearphasiges FIR-Filter mit der Methode von Parks-McClellan |
| **fir1** | Entwurf der FIR-Filter mit dem Fensterverfahren |
| **fir2** | Entwurf der FIR-Filter über Frequenzabtastung |
| **firls** | Entwurf über die Methode des kleinsten quadratischen Fehlers |
| **fircls** | Multiband-Filter mit Bedingungen (*constraints*) über die Methode der kleinsten quadratischen Fehler |
| **fircls1** | Tief- und Hochpassfilter mit linearer Phase über die Methode der kleinsten quadratischen Fehler |
| **firgauss** | Entwurf der FIR-Gauß-Filter |
| **firrcos** | Raised-Cosine FIR-Filter |
| **intfilt** | FIR-Filter zur Interpolation |
| **sgolay** | Savitzky-Golay Filter |

*Tabelle 2.4: Schätzung der minimalen Ordnung der FIR-Filter*

| `firpmord` | Ordnung und Parameter von Parks-McClellan FIR-Filtern |
|---|---|
| `kaiserord` | Ordnung und Parameter von FIR-Filtern, die mit dem Kaiser-Fenster entwickelt werden |

eines Filters, also die Inhalte der Speicher für die Zwischenwerte des Filters enthält.

Für die Analyse der Filter und für die Filterung der Signale stehen eine Vielzahl von Funktionen zur Verfügung. Die am häufigsten verwendeten Funktionen sind nachfolgend aufgeführt:

- **`freqz`**: zur Ermittlung und Darstellung des Frequenzgangs zeitdiskreter Filter

- **`freqs`**: zur Ermittlung und Darstellung des Frequenzgangs zeitkontinuierlicher Filter

- **`grpdelay`** zur Ermittlung der Gruppenlaufzeit (*group delay*) zeitdiskreter Filter

- **`phasedelay`** zur Ermittlung der Laufzeit zeitdiskreter Filter

- **`zplane`** zur Darstellung der Null-Polstellenlage in der komplexen z-Ebene

- **`impz`**: zur Ermittlung der Einheitspulsantwort zeitdiskreter Filter

- **`stepz`**: zur Ermittlung der Sprungantwort zeitdiskreter Filter

- **`filter`** zur Filterung mit IIR- oder FIR-Filtern

- **`conv`** zur Faltung von zwei Sequenzen (entspricht auch der Multiplikation von zwei Polynomen – es ist eine Funktion aus dem MATLAB-Grundpaket)

- **`deconv`** zur inversen Operation der Faltung (entspricht auch der Division von zwei Polynomen – es ist eine Funktion aus dem MATLAB-Grundpaket)

Die Funktion **`fvtool`** (*Filter-Visualisation-Tool*) vereint die angesprochenen Funktionen zur Analyse und Visualisierung von Filtereigenschaften unter einer Bedienoberfläche.

# 2.2 Klassischer Entwurf der IIR-Filter

Zum Entwurf von IIR-Filtern kann man den im vorherigen Kapitel gezeigten Weg gehen und zunächst ein zeitkontinuierliches Filter entwerfen. Wie dort gezeigt, kann man mit den Funktionen aus Tabelle 1.1 ein Tiefpassprototyp-Filter entwerfen und durch eine Transformation zu dem gewünschten Filtertyp gelangen. Alternativ kann man auch die Funktionen aus Tabelle 1.3 oder die ersten 4 Einträge der Tabelle 2.1 verwenden (sie fassen die Schritte Tiefpassprototyp-Entwurf und Transformation zusammen), um direkt das gewünschte zeitkontinuierliche Filter zu entwerfen. Daran anschließend wird das analoge Filter mit dem Verfahren der Impulsinvarianz oder dem Verfahren der bilinearen Transformation in ein zeitdiskretes Filter umgewandelt. Diese Verfahren sind in der Literatur z.B. in [52], [18], [30] beschrieben.

Im Programm `iir_1.m` werden für die fünf verschiedenen Filtertypen: Bessel, Butterworth, Tschebyschev Typ I, Tschebyschev Typ II und Elliptisch Tiefpassprototyp-Filter entwickelt und anschließend diskretisiert. Als Beispiel sollen IIR-Tiefpassfilter mit einer Durchlassfrequenz f_3dB = 1000 Hz, einer Abtastfrequenz `fs` = 4000 Hz (Überabtastfaktor `ku` gleich 2) und einer Ordnung `nord` = 6 entwickelt werden.

Einige Funktionen für die Ermittlung der Prototypen wie z.B. **besselap** liefern als Ergebnisse die Null- und Polstellen sowie die Verstärkung dieser Filter. Andere wie z.B. **buttap** können sowohl die Ergebnisse in Form der Null- und Polstellen, als auch in Form der Koeffizienten der Übertragungsfunktion liefern. Für Erstere kann man mit den angeführten Funktionen zur Umwandlung der Beschreibungsformen die Koeffizienten der Übertragungsfunktion berechnen, um sich z.B. den Frequenzgang darzustellen. Allerdings ist wegen ihrer Unempfindlichkeit gegenüber numerischen Fehlern die Beschreibung im Zustandsraum als Basis für weitere Arbeiten vorzuziehen.

Der nachfolgende Programmausschnitt zeigt die Ermittlung der Zustandsmodelle für das Bessel- und das Butterworth-Filter:

```
% -------- Spezifikation
f_3dB = 1000;          % Durchlassfrequenz
ku = 2;                % Überabtastungsfaktor
nord = 6;              % Ordnung des Filters
fs = ku*2*f_3dB;       % Abtastfrequenz
% -------- Entwicklung der Filter
% Zustandsmatrizen für die Beschreibung der Filter
a = zeros(nord, nord, 5);
b = zeros(nord,1,5);                 c = zeros(1,nord,5);
d = zeros(1,1, 5);
% Bessel Filter
[z,p,k] = besselap(nord);    % Prototypfilter
[A,B,C,D] = zp2ss(z,p,k);    % Null- Polstellen Transformation in
                             % Zustandsmodell
[a(:,:,1),b(:,1),c(:,:,1),d(:,:,1)]=...
     lp2lp(A,B,C,D,2*pi*f_3dB);
% Butterworth Filter
[z,p,k] = buttap(nord);    % Prototypfilter
[A,B,C,D] = zp2ss(z,p,k);
[a(:,:,2),b(:,:,2),c(:,:,2),d(:,:,2)]=...
     lp2lp(A,B,C,D,2*pi*f_3dB);
```

Wie man sieht, wurde in den Funktionen für die Berechnung der Tiefpassprototyp-Filter (**besselap, buttap,** etc.) die Beschreibung mit Null- und Polstellen sowie Verstärkung gewählt. Daraus wird die Beschreibung im Zustandsraum mit den Matrizen A, B, C und D über die Funktion **zp2ss** berechnet. Die Filter mit den gewünschten Sperrfrequenzen erhält man aus dem Prototyp-Filter über die Tiefpass-Tiefpass-Transformation **lp2lp**.

In den dreidimensionalen Feldern a, b, c und d werden die Zustandsmatrizen für die fünf Filtertypen gespeichert. Die Größe dieser Felder ist durch die Ordnung der Filter und deren Anzahl gegeben. Abb. 2.1 zeigt diese Felder, in denen die Zustandsmatrizen **A, B, C** und **D** gespeichert werden.

Mit dem Programm (`iir_1.m`) wird auch der Amplitudengang dargestellt. Die hierfür

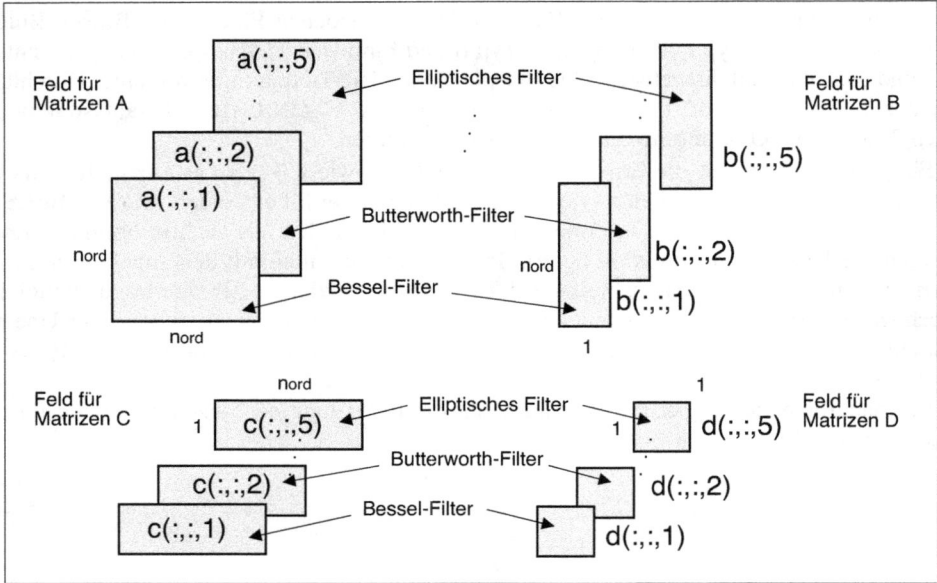

*Abb. 2.1: Felder für die Matrizen der Zustandsmodelle der Filter*

erforderlichen Frequenzgänge der analogen Filter werden mit folgendem Programmausschnitt berechnet :

```
% -------- Frequenzgänge der Analogfilter
f = logspace(log10(floor(f_3dB/10)),...
             log10(ceil(f_3dB*10)), 1000); % Frequenzbereich
w = f*2*pi;                      nf = length(f);
H = zeros(nf,5);                 % Komplexe Frequenzgaenge
for k = 1:5,
  [zaehler,nenner]=ss2tf(a(:,:,k),b(:,:,k),c(:,:,k),d(:,:,k));
  H(:,k) = freqs(zaehler, nenner, w).';
end;
```

Die Diskretisierung der Filter mit dem Verfahren der Impulsinvarianz [30], [53] geschieht im folgenden Abschnitt des Programms :

```
% -------- Diskretisierung über das Impulsinvarinz-Verfahren
zaehler = zeros(5, nord+1, 2);  % Speicher für die Koeffizienten
nenner  = zeros(5, nord+1, 2);  % der diskreten Filter
nf = 1000;
H = zeros(nf,5);
Gr = H;
for k = 1:5,
  [bz,az]=ss2tf(a(:,:,k),b(:,:,k),c(:,:,k),d(:,:,k));
  [zaehler(k,:,1), nenner(k,:,1)] = impinvar(bz, az, fs);
                  % Diskretisierung
```

```
    H(:,k)=freq(zaehler(k,:,1),nenner(k,:,1),nf,'whole');
    Gr(:,k)=grpdelay(zaehler(k,:,1),nenner(k,:,1),nf,'whole');
end;
```

In den dreidimensionalen Feldern `zaehler` und `nenner` werden die Koeffizienten der digitalen Filter in der Beschreibung als Übertragungsfunktion gespeichert. In der **for**-Schleife werden zuerst aus den Zustandsmodellen mit der Funktion **ss2tf** die Übertragungsfunktionen berechnet. Die Diskretisierung wird mit der Funktion **impinvar** durchgeführt und der Frequenzgang bzw. die Gruppenlaufzeit jedes Filters wird mit der Funktion **freqz** bzw. **grpdelay** ermittelt.

*Abb. 2.2: Amplitudengänge und Gruppenlaufzeiten der Filter, die durch Diskretisierung mit dem Verfahren der Impulsinvarianz berechnet wurden (iir_1.m)*

Die Diskretisierung der analogen Filter mit dem Verfahren der bilinearen Transformation [30], [53] wird mit einer ähnlichen Programmsequenz durchgeführt:

```
% -------- Diskretisierung über die bilineare Transformation
nf = 1000;
H = zeros(nf,5);
Gr = H;
for k = 1:5,
    [az,bz,cz,dz] = bilinear(a(:,:,k),b(:,:,k),c(:,:,k),...
        d(:,:,k),fs,f_3dB); % Diskretisierung
    [zaehler(k,:,2),nenner(k,:,2)] = ss2tf(az, bz, cz, dz);
    H(:,k)=freq(zaehler(k,:,2),nenner(k,:,2),nf,'whole');
    Gr(:,k)=grpdelay(zaehler(k,:,2),nenner(k,:,2),nf,'whole');
end;
```

*Abb. 2.3: Amplitudengänge und Gruppenlaufzeiten der Filter, die durch Diskretisierung mit der bilinearen Transformation berechnet wurden (iir_1.m)*

Abb. 2.2 und Abb. 2.3 zeigen die Amplitudengänge und Gruppenlaufzeiten der fünf Filter (Bessel, Butterworth, Tschebyschev I, Tschebyschev II und Elliptisch), die durch eine Diskretisierung mit dem Impulsinvarianz-Verfahren bzw. mit der bilinearen Transformation realisiert wurden.

Die bilineare Transformation bildet nichtlinear die komplexe linke s-Halbebene in das Innere des Einheitskreises der z-Ebene ab. Auch die Frequenzachse ($j\omega$-Achse der $s$-Ebene) wird nichtlinear (gestaucht) auf den Einheitskreis abgebildet, stehen einem doch im zeitkontinuierlichen Fall alle Frequenzen zur Verfügung, während es im zeitdiskreten Fall eindeutig nur den Frequenzbereich $[0, f_s]$, mit $f_s$ als Abtastfrequenz gibt. Durch eine Vorverzerrung der Frequenzachse kann erreicht werden, dass eine ausgewählte, „invariante" Frequenz $f_0$ in die normierte Frequenz $f_0/f_s$ abgebildet wird.

Mit dem Aufruf **bilinear**(..., d(:,:,k), fs, f_3dB); wird die Durchlassfrequenz f_3dB des zeitkontinuierlichen Filters als invariante Frequenz angegeben, was auch aus der Darstellung in Abb. 2.3 ersichtlich ist.

Wenn man die Amplitudengänge und Gruppenlaufzeiten der Filter, die über die zwei Verfahren der Diskretisierung ermittelt wurden, vergleicht, kommt man zur Schlussfolgerung, dass die bilineare Transformation vorzuziehen ist. So wird z.B. die Dämpfung von $-60$ dB im Sperrbereich für das Tschebyschev Typ II und für das Elliptische Filter, wie für die analogen Filter vorgegeben, auch für ihre zeitdiskreten Realisierungen erreicht.

# Experiment 2.1: Antworten der IIR-Filter auf verschiedene Signale

Mit Hilfe des Programms `iir_2.m`, das zusammen mit dem Simulink-Modell `iir2.mdl` arbeitet, wird die Antwort der zeitdiskreten klassischen IIR-Tiefpassfilter (Bessel, Butterworth, Tschebyschev Typ I und Ellip) in ähnlicher Art untersucht, wie es bereits für ihre zeitkontinuierlichen Gegenstücke in Kapitel 1 gezeigt wurde.

*Abb. 2.4: Simulink-Modell für die Untersuchung der IIR-Filter (iir_2.m, iir2.mdl)*

Im Programm `iir_2.m` wird zunächst das Programm `iir_1.m` aufgerufen, um die Filter zu entwerfen. Die Koeffizienten der Filter werden in den dreidimensionalen Feldern `zaehler` und `nenner` gespeichert. Es sollen hier nur die Filter benutzt werden, die über die bilineare Transformation berechnet wurden. Diese liegen in den Feldern `zaehler` und `nenner` vor:

```
b1 = zaehler(1,:,2);     a1 = nenner(1,:,2);     % Bessel
b2 = zaehler(2,:,2);     a2 = nenner(2,:,2);     % Butter.
b3 = zaehler(3,:,2);     a3 = nenner(3,:,2);     % Tscheby. I
b4 = zaehler(5,:,2);     a4 = nenner(5,:,2);     % Ellip
b5 = zaehler(4,:,2);     a5 = nenner(4,:,2);     % Tscheby. II
```

Über die Verstärkungsblöcke `kr`, `k1,...,k5` kann das zu filternde Signal gewählt werden. So wird z.B. mit der Einstellung `kr = 1` und alle weiteren Verstärkungen gleich null die Antwort auf bandbegrenztes Rauschen ermittelt.

```
% ---- Untersuchung der Antwort auf bandbegrenztes Rauschen
kr = 1;
```

```
k1 = 0;   k2 = 0;   k3 = 0;   k4 = 0;   k5 = 0;
% -------- Aufruf der Simulation
frausch = 500;
delay = 2;   % Verzögerung des Eingangssignals
t = [0:1e-4:0.1];
nd = length(t) - fix(length(t)/8);
figure(4);        clf;
for k = 1:4,
    sim('iir2',t);
    subplot(2,2,k), plot(tout(nd:end), yout(nd:end,:));
    La = axis;    axis([tout(nd), La(2:4)]);
    title(my_text{k});
    grid;
end;
```

Durch wiederholten Aufruf wird in der **for**-Schleife der Ausgang je eines Filters über den *Multiport Switch* an den *Scope-* und *Outport*-Block *Out1* geschaltet und die Simulation mit der Funktion **sim** aufgerufen.

*Abb. 2.5: Antwort der Filter auf bandbegrenztes Rauschen (iir_2.m, iir2.mdl)*

Die Ergebnisse werden anschließend in je einem Bildausschnitt dargestellt. Abb. 2.5 zeigt die Eingangs- und Ausgangssignale der Filter, mit Hilfe der Verzögerung im *Integer Delay*-Block zeitrichtig überlagert. Die Signale entsprechen einer Bandbreite des Rauschens von frausch = 500 Hz bei einer Abtastfrequenz fs = 4000 Hz, was einem Überabtast-faktor k_u = 4 entspricht. Wenn die Bandbreite des Rauschsignals erhöht wird, z.B. auf `frausch = 1000` Hz, erhält man stärkere Verzerrungen, sowohl wegen des Amplitudengangs als auch wegen des Phasengangs.

In der Darstellung sieht man unten links die Hauptparameter der entsprechenden Simulation. Diese Eintragungen werden mit folgender Programmsequenz am Ende der **for**-Schleife erzeugt:

```
h = axes('position', [0.1, 0.015, 0.8, 0.05]);
set(h,'Visible','off');
m_text = ['fs = ', num2str(fs),'Hz;   frausch = ',...
   num2str(frausch),'Hz;    ku = ', num2str(fs/(2*frausch))];
text(0.05, 0.5, m_text);
```

Mit der ersten Zeile dieser Sequenz wird ein neues Fenster unten in der Graphik erstellt und die zweite Zeile erzwingt, dass dieses Fenster unsichtbar wird. Wird diese Zeile mit Kommentaren versehen, wird das Fenster um den darzustellenden Text sichtbar bleiben. Die Variable h ist der Zeiger auf das Objekt-Fenster (**axes**). Der Text wird mit der Funktion **text** dargestellt.

Im Programm wird auch die Antwort auf drei sinusförmige Komponenten, die den ersten Komponenten der Fourier-Reihe eines symmetrischen, rechteckigen Signal entsprechen, simuliert. Das wird durch Verstärkungen $kr = 0$, $k1 = 1$, $k2 = 1$, $k3 = 1$ bzw. $k4 = 0$, $k5 = 0$ im Modell erhalten, die die *Sine Wave*-Generatoren zuschalten. Die Amplituden der Generatoren wurden im Verhältnis 1, 1/3 und 1/5 initialisiert und die Frequenzen werden durch das Programm bestimmt:

```
% ---- Untersuchung der Antwort auf sinusförmige Komponenten
kr = 0;
k1 = 1;   k2 = 1;   k3 = 1;   k4 = 0;   k5 = 0;
% -------- Aufruf der Simulation
f1 = 100;   f2 = 300;    f3 = 500;
delay = 2;   % Verzoegerung des Eingangssignals
t = [0:1e-4:0.1];
nd = length(t) - fix(length(t)/8);
figure(6);    clf;
for k = 1:4,
    sim('iir2',t); % Simulation
    subplot(2,2,k), plot(tout(nd:end), yout(nd:end,:));
    La = axis;    axis([tout(nd), La(2:4)]);
    title(my_text{k});
    grid;
end;
% Anzeigen der Parameter in der Darstellung
h = axes('position', [0.1, 0.015, 0.8, 0.05]);
set(h,'Visible','off');
m_text = ['fs = ', num2str(fs),'Hz;   f1 = ',num2str(f1),...
         'Hz;   f2 = ',num2str(f2),'Hz;   f3 = ',...
         num2str(f3),'Hz;   ku = ',num2str(fs/(2*f3))];
text(0.05, 0.5, m_text);
```

Abb. 2.6 zeigt die Antwort für $f1 = 100$, $f2 = 300$, und $f3 = 500$ Hz. Bei den Frequenzen $f1 = 200$, $f2 = 600$ und $f3 = 1000$ Hz treten erwartungsgemäß viel stärkere Verzerrungen auf.

*Abb. 2.6: Antwort der Filter auf drei sinusförmige Signale (iir_2.m, iir2.mdl)*

Die klassischen Entwurfsmethoden für IIR-Filter, wobei nicht nur Tiefpassfilter, sondern auch Hochpass-, Bandpass- oder Bandsperrfilter unmittelbar realisierbar sind, können auch mit den ersten vier Funktionen aus Tabelle 2.1 durchgeführt werden. Diese Funktionen fassen auf einer übergeordneten Ebene die Funktionsaufrufe für die einzelnen, zuvor gezeigten Entwurfsschritte intern und für den Anwender nicht sichtbar zusammen. Der Übergang zu zeitdiskreten Filtern erfolgt dort immer über die bilineare Transformation. Zu bemerken ist, dass die Funktion zum direkten Entwurf von Bessel-Filtern fehlt.

Als Beispiel werden diese Funktionen im Programm iir_3.m zur Entwicklung von Hochpassfiltern eingesetzt. Folgender Ausschnitt zeigt den Entwurf des Butterworth-Filters und des Tschebyschev Typ I-Filters:

```
% -------- Spezifikation
f_3dB = 1000;        % Durchlassfrequenz
ku = 2;              % Überabtastungsfaktor
nord = 6;            % Ordnung des Filters
fs = ku*2*f_3dB;     % Abtastfrequenz
fr = 2*f_3dB/fs;     % Relative Frequenz zum Nyquist-Bereich
% -------- Entwicklung der Filter
a = zeros(4, nord+1);    b = zeros(4, nord+1);
% Butterworth Filter
[b(1,:),a(1,:)] = butter(nord,fr,'high');
% Tschebyschev Typ I Filter
Rp = 0.1;       % Welligkeit im Durchlassbereich
[b(2,:),a(2,:)] = cheby1(nord,Rp,fr,'high');
```

*Abb. 2.7: Amplitudengänge und Gruppenlaufzeiten der Filter* (iir_3.m)

. . . . .

Abb. 2.7 zeigt die Amplitudengänge und Gruppenlaufzeiten der Filter. Der dargestellte Frequenzbereich reicht von 0 bis $f_s$ und er wird beim Aufruf der Funktion **freqz** zur Berechnung des Frequenzgangs mit der Option 'whole' festgelegt:

```
nf = 1000;
H = zeros(nf,4);                Gr = H;
for k = 1:4,
    H(:,k)=freqz(b(k,:),a(k,:),nf,'whole');
    Gr(:,k)=grpdelay(b(k,:),a(k,:),nf,'whole');
end;
```

Ohne diese Option würde nur der Nyquist-Frequenzbereich $[0, f_s/2]$ dargestellt werden.

## 2.2.1    Entwurf der IIR-Filter mit der Funktion **yulewalk**

Im Gegensatz zu den bis jetzt gezeigten Verfahren, die nur für Standardfilter (Tiefpass, Hochpass, Bandpass und Bandsperre) gedacht sind, kann man mit der Funktion **yulewalk** auch Multibandfilter entwickeln. In der Funktion **yulewalk** wird ein IIR-Filter durch rekursive Anpassung an einen gewünschten Frequenzgang entwickelt [54].

Als Beispiel wird im Programm iir_yulewalk1.m ein Multibandfilter mit dem in Abb. 2.8 dargestellten Amplitudengang entworfen. Der gewünschte Frequenzgang wird mit zwei Vektoren definiert. Der Vektor f enthält die Frequenzen der Eckpunkte und der Vektor m die Werte des Amplitudengangs an diesen Eckpunkten. Die Anzahl der Elemente in den Vek-

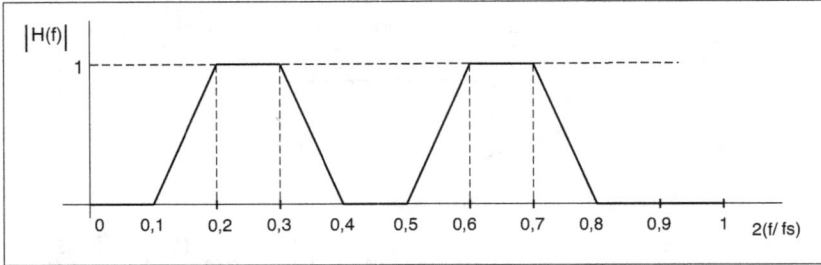

*Abb. 2.8: Definition des Amplitudengangs eines Multiband-IIR-Filters*

toren f und m muss gleich sein:

```
% -------- Spezifikation
f = [0,0.1,0.2,0.3,0.4,0.5,0.6,0.7,0.8,1];
            % Frequenz Eckpunkte relativ zur Nyquistfrequenz
m = [0,0,1,1,0,0,1,1,0,0];   % Amplitudengangswerte
nord = 10; % Ordnung des Filters
fs = 2000;   % Abtastfrequenz
% -------- Entwicklung des Filters
[b,a] = yulewalk(nord, f, m);
....
```

Abb. 2.9 zeigt den gewünschten und den realisierten Amplitudengang und zusätzlich den resultierenden Phasengang des Filters, der nicht spezifizierbar ist.

## 2.2.2    Entwurf der verallgemeinerten Butterworth-Filter mit der Funktion `maxflat`

Butterworth-Filter besitzen einen maximal flachen Amplitudengang im Durchlassbereich, was dadurch erzwungen wird, dass für ein Filter der Ordnung $n$ die Ableitungen bis zum Grad $n-1$ jeweils Nullstellen bei der Frequenz $f = 0$ besitzen [54]. Für den Verlauf des Amplitudengangs im Sperrbereich gibt es keine Anforderungen.

Der Entwurf der verallgemeinerten Butterworth-Filter fordert auch für den Sperrbereich einen maximal flachen Verlauf. Das wird dadurch erzielt, dass auch bei $f = f_s/2$ für mehrere Ableitungen des Amplitudengangs Nullstellen erzwungen werden. So wie die Filterordnung, also der Grad des Nennerpolynoms, beim Butterworth-Filter die Flachheit im Durchgangsbereich bestimmt, so wird beim verallgemeinerten Butterworth-Filter ein zusätzlicher Parameter – der Grad des Zählerpolynoms – die Flachheit im Sperrbereich bestimmen. Bei diesem Entwurf sind also zwei „Ordnungen" anzugeben: der Grad $m$ des Zählerpolynoms und der Grad $n$ des Nennerpolynoms.

Im Programm `gen_butter1.m` werden drei solche Tiefpassfilter berechnet:

- mit verschiedenen Ordnungen für den Zähler (`nord_b`) und für den Nenner (`nord_a`),

- mit gleichen Ordnungen und

*Abb. 2.9: Gewünschter und realisierter Amplitudengang sowie Phasengang des IIR-Filters*
*(iir_yulewalk1.m)*

- mit der Option ′sym′ (und in diesem Fall implizit gleiche Ordnungen für Zähler und Nenner), die zu einem FIR-Filter mit linearer Phase führt.

Folgender Ausschnitt aus dem Programm gen_butter1.m zeigt die Syntax für die drei Filter:

```
fr = 0.3;      % Durchlassfrequenz relativ zur Nyquistfreq.
nord_b = 6;    % Ordnung für den Zähler
nord_a = 3;    % Ordnung für den Nenner
% -------- Entwerfen von drei Filtern
[b1, a1]=maxflat(nord_b, nord_a, fr);  % verschiedene Ordnungen
[b2, a2]=maxflat(nord_b, nord_b, fr);  % gleiche Ordnungen
[b3, a3]=maxflat(nord_b,'sym', fr);    % Filter mit linearer Phase
```

Abb. 2.10 zeigt oben die Frequenzgänge der drei Filter, wobei der Amplitudengang in logarithmischem Maßstab dargestellt ist. Aus diesem Grund ist der flache Verlauf im Sperrbereich dort nicht zu erkennen. Eine ähnliche Darstellung dieser Frequenzgänge kann mit dem **fvtool**-Werkzeug erhalten werden. Der Aufruf hierfür ist :

**fvtool**(b1,a1, b2,a2, b3,a3)

Mit diesem Werkzeug lassen sich interaktiv viele Kenngrößen der Filter (wie z.B. Einheitspulsantwort, Sprungantwort, Gruppenlaufzeit usw.) darstellen. Allerdings bietet auch die Funktion **maxflat** selbst, wenn sie mit dem zusätzlichen Parameter ′plots′ aufgeru-

*Abb. 2.10: Frequenzgänge der verallgemeinerten Butterworth-Filter* (gen_butter1.m)

fen wird, graphische Darstellungen des Amplitudengangs, der Gruppenlaufzeit und des Pol-Nullstellendiagramms des entworfenen Filters.

## 2.3 Implementierung der IIR-Filter

IIR-Filter werden oft in der sogenannten dritten kanonischen Struktur [36] implementiert. Diese Struktur ist die Kettenschaltung von Teilfiltern zweiter Ordnung, die man durch die Zusammenfassung der konjugiert komplexen Pol- und Nullstellenpaare in ein Teilfilter erhält. Besitzt das Filter auch reellwertige Pole, so können als Sonderfall auch Teilfilter erster Ordnung in der Kettenschaltung auftreten. Der Vorteil dieser Implementierung liegt darin, dass sich die Parameterungenauigkeiten bei der Implementierung mit Festkommazahlen besser kontrollieren lassen und sich in der Regel nicht so stark auswirken wie in anderen kanonischen Strukturen. In MATLAB werden die Teilfilter als *Second Order Sections (SOS)* bezeichnet und es stehen viele Funktionen zur Verfügung, um mit ihnen zu arbeiten.

In diesem Abschnitt soll die Implementierung von IIR-Filtern in MATLAB unter Verwendung der dritten kanonischen Struktur betrachtet werden. Diese Implementierung kann sinngemäß auch in C- oder Assembler-Programme übertragen werden und sie erfolgt so z.B. auch in dem aus Simulink-Modellen automatisch generierten Code für Signalprozessoren. Der Einfachheit halber wird hier nur die Implementierung der Abschnitte zweiter Ordnung dargestellt. Ein eventuell noch vorhandener Abschnitt erster Ordnung (bei ungerader Filterordnung) kann dann in ähnlicher Form hinzugefügt werden.

Für die Übertragungsfunktion des Abschnitts zweiter Ordnung mit der Nummer $i$ wird die allgemeine Form

$$H_i(z) = \frac{b_{1i} + b_{2i}z^{-1} + b_{3i}z^{-2}}{a_{1i} + a_{2i}z^{-1} + a_{3i}z^{-2}} \tag{2.15}$$

vorausgesetzt, so dass sich für die $z$-Transformierte am Ausgang des $i$-ten Abschnittes $Y_i(z)$:

$$Y_i(z) = Y_{i-1}(z)\frac{b_{1i} + b_{2i}z^{-1} + b_{3i}z^{-2}}{a_{1i} + a_{2i}z^{-1} + a_{3i}z^{-2}} \tag{2.16}$$

ergibt, in Abhängigkeit von der $z$-Transformierten $Y_{i-1}(z)$ am Ausgang des vorhergehenden Abschnittes. Der Eingang des ersten Abschnitts ($i = 1$) ist der Eingang des Filters $Y_0(z) = s_1 X(z)$, eventuell skaliert mit einem Faktor $s_1$.

Die Abschnitte zweiter Ordnung selbst werden mit der zweiten kanonischen Struktur (*Direct Form II* in MATLAB) implementiert. Hierfür werden die Zwischenvariablen $w_i$ eingeführt, womit sich zwei Differenzengleichungen ergeben:

$$\begin{aligned} w_i[k] &= y_{i-1}[k] + (-a_{2i}w_i[k-1] - a_{3i}w_i[k-2])/a_{1i} \\ y_i[k] &= b_{1i}w_i[k] + b_{2i}w_i[k-1] + b_{3i}w_i[k-2] \end{aligned} \tag{2.17}$$

Zur Vereinfachung der Schreibweise der zeitdiskreten Signale wurde die Abtastperiode $T_s$ weggelassen und statt $x[kT_s]$ wird $x[k]$ geschrieben. Für den ersten Abschnitt gilt: $y_0[k] = s_1 x[k]$.

Die MATLAB-Funktionen liefern die Koeffizienten der Abschnitte in einer besonderen Form, der sogenannten SOS-Matrix, deren Struktur in Tabelle 2.5 dargestellt ist. Die Zwischenwerte $w_i[k-j], j = 0, 1, 2$ werden in der Matrix w gespeichert.

*Tabelle 2.5: Struktur der Matrizen sos und w*

| $b_{11}$ | $b_{21}$ | $b_{31}$ | $a_{11}$ | $a_{21}$ | $a_{31}$ |
|----------|----------|----------|----------|----------|----------|
| $b_{12}$ | $b_{22}$ | $b_{32}$ | $a_{12}$ | $a_{22}$ | $a_{32}$ |
| ... | ... | ... | ... | ... | ... |
| $b_{1i}$ | $b_{2i}$ | $b_{3i}$ | $a_{1i}$ | $a_{2i}$ | $a_{3i}$ |
| ... | ... | ... | ... | ... | ... |
| $b_{1p}$ | $b_{2p}$ | $b_{3p}$ | $a_{1p}$ | $a_{2p}$ | $a_{3p}$ |

| $w_1[k]$ | $w_1[k-1]$ | $w_1[k-2]$ |
|----------|------------|------------|
| $w_2[k]$ | $w_2[k-1]$ | $w_2[k-2]$ |
| ... | ... | ... |
| $w_i[k]$ | $w_i[k-1]$ | $w_i[k-2]$ |
| ... | ... | ... |
| $w_p[k]$ | $w_p[k-1]$ | $w_p[k-2]$ |

Die Koeffizienten eines Abschnittes sind in jeweils einer Zeile der Matrix sos gespeichert, mit $i = 1, ..., p$ Zeilen für $p$ Abschnitte. Die Matrix hat sechs Spalten (Index $m = 1, 2, ..., 6$) für die sechs Koeffizienten jedes Abschnitts. Die Matrix w hat dieselbe Anzahl Zeilen, je eine Zeile pro Abschnitt, und drei Spalten für die drei Zwischenwerte $w_i[k], w_i[k-1], w_i[k-2]$.

Das Programm iir_impl1.m implementiert das Filter. Als Beispiel wird ein Elliptisches Filter entworfen:

```
p = 3;     % Anzahl der Abschnitte 2. Ordnung
N = 1000;  % Anzahl der Eingangswerte die gefiltert werden müssen
Rp = 0.1;   Rs = 60;   fr = 0.4;
```

```
[b,a] = ellip(2*p, Rp, Rs, fr);
sos = tf2sos(b,a);          % Matrix der Koeffizienten
s1 = 1;                     % Skalierungsfaktor
```

und mit der Funktion **tf2sos** werden die Filterkoeffizienten in Abschnitte zweiter Ordnung umgewandelt, die in der Matrix sos gespeichert werden. Eine weitere Skalierung ist bei Berechnung im Fließkommaformat nicht erforderlich, so dass der Skalierungsfaktor s1 gleich eins gesetzt wird. Für Implementierungen im Festkommaformat mit Normalisierung der Koeffizienten kann dieser Faktor verschieden von eins sein.

Als Eingangssequenz wird die Summe zweier sinusförmiger Komponenten angenommen:

```
fr1 = fr*0.4/2;        % Relative Frequenz im Durchlassbereich
fr2 = fr*2/2;          % Relative Frequenz im Sperrbereich
x1 = sin(2*pi*(0:N-1)*fr1);        % Signal im Durchlassbereich
x2 = 2*sin(2*pi*(0:N-1)*fr*2/2);   % Signal im Sperrbereich
x = x1 + x2;
```

Eine Komponente fällt in den Durchlassbereich und die andere in den Sperrbereich des Filters, so dass man die Filterfunktion leicht nachvollziehen kann. Die Filterung wird mit folgender Programmsequenz realisiert:

```
y = zeros(1,N);          w = zeros(p, 3);   % Matrix w
for k = 1:N
    e = s1*x(k);     % Eingang für den ersten Abschnitt
    for i = 1:p
        w(i,1) = e+(-sos(i,5)*w(i,2)-sos(i,6)*w(i,3))/sos(i,4);
        e = sos(i,1)*w(i,1)+sos(i,2)*w(i,2)+sos(i,3)*w(i,3);
        w(i,3) = w(i,2);
        w(i,2) = w(i,1);
    end;
    y(k) = e;
end;
```

In der äußeren **for**-Schleife wird der laufende Eingangswert für den ersten Abschnitt durch die Eingangssequenz $x[k]$ festgelegt. Die innere **for**-Schleife dient der Filterung mit den p Abschnitten zweiter Ordnung gemäß den Gleichungen 2.17.

Die Variable e ist für den ersten Abschnitt durch den Eingang gegeben und für die folgenden Abschnitte wird sie durch die Ausgänge der jeweils vorhergehenden Abschnitte geliefert. Die Zwischenwerte $w_i[k]$ werden laufend aktualisiert und rücken in der Verzögerungsleitung immer um eins nach hinten, wobei der letzte Wert verworfen wird.

Im Programm werden anschließend das Eingangs- und das Ausgangssignal dargestellt (Abb. 2.11 links) und man sieht, dass nur das Signal im Durchlassbereich des Filters am Ausgang verbleibt.

Um zu überprüfen, ob das implementierte Filter wirklich den gewünschten Frequenzgang besitzt, kann man den Frequenzgang durch Anregung des Filters z.B. mit dem Einheitspuls erhalten. Die Antwort y auf den Einheitspuls

```
x = [1, zeros(1,N-1)];
```

wird mit dem Programmabschnitt des implementierten Filters ermittelt. Anschließend kann man mit

*Abb. 2.11: Antwort des IIR-Filters auf zwei sinusförmige Komponenten (links) und Frequenz-*
*gang (rechts)* (iir_impl1.m)

```
Y = fft(y);    % FFT des Ausgangs
H = Y;
```

den komplexen Frequenzgang H berechnen. Abb. 2.11 zeigt rechts den so ermittelten Frequenz-gang. Er entspricht dem Frequenzgang, den man mit der Funktion **freqz(b,a)** erhält, wobei b, a die Koeffizienten des implementierten IIR-Filters sind.

# 2.4 Entwurf und Analyse der FIR-Filter mit linearer Phase

FIR-Filter besitzen gegenüber IIR-Filtern den Vorteil, dass sie prinzipiell immer stabil sind[9], da ihre Pole immer im Ursprung der komplexen z-Ebene liegen [30]. Zur Realisierung vergleichbarer Steilheiten im Übergangsbereich und vergleichbarer Dämpfungen im Sperrbe-reich benötigen FIR-Filter im Vergleich zu IIR-Filter eine viel höhere Ordnung und damit auch viel mehr Rechenaufwand. Durch die stetig steigende Rechenleistung der Hardware zur di-gitalen Signalverarbeitung tritt dieser Aspekt jedoch zunehmend in den Hintergrund und im professionellen Audiobereich sind bei Abtastfrequenzen von 48 kHz FIR-Filter der Ordnung

---

[9]Die mit MATLAB entworfenen IIR-Filter sind, mit ihren im 64-Bit-Gleitkomma-Format vorliegenden Koeffizien-ten auch stabil. Allerdings besteht die Gefahr, dass sie in der Implementierung auf einer Hardware durch Rundung der Koeffizienten auf kürzere Wortlängen instabil werden können.

4096 keine Seltenheit mehr [3].

## 2.4.1  Einführung

Ein FIR-Filter wird im Zeitbereich durch folgende Differenzengleichung beschrieben:

$$y[kT_s] = b_0 x[kT_s] + b_1 x[(k-1)T_s)] + \cdots + b_n x[(k-n)T_s] \tag{2.18}$$

Die Koeffizienten $b_0, b_1, ..., b_n$ sind gleichzeitig die Einheitspulsantwort des Filters und die Koeffizienten des Zählerpolynoms der Übertragungsfunktion [30]. Der Zeilenvektor mit diesen Koeffizienten

```
b = [b0, b1, b2, ..., bn];
```

beschreibt das Filter in der *Signal Processing Toolbox*. Das Nennerpolynom eines FIR-Filters ist 1, so dass in den MATLAB-Funktionen, die auch für IIR-Filter verwendet werden können, als Nennerpolynom die Zahl 1 anzugeben ist, wie z.B. im Aufruf der Funktion **freqz** zur Ermittlung des komplexen Frequenzgangs:

```
[H,w] = freqz(b,1,1000,'whole');
```

Mit dem Parameter `'whole'` wird angegeben, dass der Frequenzgang im Bereich von $f = 0$ bis $f = f_s$ (und nicht nur im Nyquistbereich von $f = 0$ bis $f = f_s/2$) dargestellt werden soll.

In der Tabelle 2.3 sind die Funktionen der *Signal Processing Toolbox* zum Entwurf der FIR-Filter angegeben. Mit Ausnahme der Funktion **cfirpm**[10] liefern alle in der Tabelle 2.3 aufgeführten Funktionen Filter mit linearer Phase.

Damit ein FIR-Filter lineare Phase besitzt, müssen seine Koeffizienten gerade oder ungerade Symmetrien erfüllen. Mit gerader und ungerader Filterordnung ergeben sich somit vier mögliche Arten von FIR-Filtern mit linearer Phase. Diese Arten sind in der Literatur als FIR-Filter vom Typ I bis Typ IV bekannt und sie sind in Tabelle 2.6 aufgeführt [30].

*Tabelle 2.6: Einschränkungen des Frequenzgangs von FIR-Filtern mit linearer Phase*

| Filter-Typ | Filter-Ordnung | Symmetrie der Koeffizienten | H(0) | H(fs/2) |
|---|---|---|---|---|
| Typ I | gerade | gerade: $b_k = b_{n+2-k}$, $k = 1, ..., n+1$ | Keine Einschränkung | Keine Einschränkung |
| Typ II | ungerade | | Keine Einschränkung | $H(f_s/2) = 0$ |
| Typ III | gerade | ungerade: $b_k = -b_{n+2-k}$, $k = 1, ..., n+1$ | $H(0) = 0$ | $H(f_s/2) = 0$ |
| Typ IV | ungerade | | $H(0) = 0$ | Keine Einschränkung |

---

[10]In den MATLAB-Versionen vor 7.0 hieß diese Funktion **cremez**

Die Koeffizientensymmetrien führen dazu, dass die Filtertypen die in Tabelle 2.6 angegebenen Einschränkungen für den Wert des Frequenzgangs bei den beiden besonderen Frequenzen $f = 0$ und $f = f_s/2$ haben. Man erkennt, dass man Tiefpassfilter nur mit den Typen I und II realisieren kann, Hochpassfilter nur mit den Typen I und IV, während Bandpassfilter mit jedem Typ möglich sind. Die MATLAB-Funktionen berücksichtigen diese Einschränkungen und umgehen sie, mit Ausgabe einer Warnung, durch Erhöhung der Ordnung und damit Übergang zu dem passenden Filtertyp :

```
b = fir1(11, 0.2, 'high')
Warning: Odd order symmetric FIR filters must have a
gain of zero at the Nyquist frequency. The order is
being increased by one.
```

Die Funktionen **fir1**, **fir2**, **firls**, **fircls**, **fircls1**, **firrcos** und **firpm**[11] liefern Filter vom Typ I oder Typ II.

Mit der Option `'hilbert'` oder `'differentiator'` zur Entwicklung von Hilbert- oder Differenzier-Filtern werden Filter vom Typ III oder IV entwickelt. Mit der Funktion **cfirpm** kann jeder Typ von FIR-Filter mit linearer oder nichtlinearer Phase berechnet werden.

Wegen der linearen Phase im Durchlassbereich ist die Gruppenlaufzeit dieser Filter konstant. Bei einem Filter der Ordnung $n$ mit $n + 1$ Koeffizienten ($n_k = n + 1$) ist die Gruppenlaufzeit gleich $n/2$ Abtastperioden oder $nT_s/2$ Sekunden, wobei $T_s$ die Abtastperiode ist.

## 2.4.2    Entwurf der FIR-Filter mit dem Fenster-Verfahren

Der Frequenzgang eines zeitdiskreten Filters ist periodisch mit der Abtastfrequenz $f_s$ als Periode [13], [30], [18]. Der Amplitudengang eines idealen Tiefpassfilters mit der Durchlassfrequenz $f_p$ ist durch

$$H(f) = H(e^{j2\pi f T_s}) = \begin{cases} 1 & \text{für } -f_p \leq f \leq f_p \\ 0 & \text{für } f_p < |f| \leq f_s/2 \end{cases}, \tag{2.19}$$

gegeben und ist in Abb. 2.12 oben dargestellt. Der ideale Phasengang ist mit einer Phase gleich null für alle Frequenzen gegeben (Nullphasenfilter). Der Frequenzgang des Filters kann, wie jede periodische Funktion mit Hilfe einer komplexwertigen Fourier-Reihe ausgedrückt werden:

$$H(f) = H(e^{j2\pi f T_s}) = \sum_{k=-\infty}^{\infty} h_d(k) e^{-j2\pi f k T_s} \tag{2.20}$$

Die Fourier-Koeffizienten $h_d(k), k = 0, \pm 1 \pm 2, \ldots \pm \infty$ dieser Zerlegung sind die Werte der Einheitspulsantwort des Filters. Sie werden durch die Formel der inversen Fourier-Reihe berechnet [13]:

$$h_d[kT_s] = \frac{1}{f_s} \int_{-f_s/2}^{f_s/2} H(e^{j2\pi f T_s}) e^{j2\pi f k T_s} df \tag{2.21}$$

---

[11]In den MATLAB-Versionen vor 7.0 hieß diese Funktion **remez**

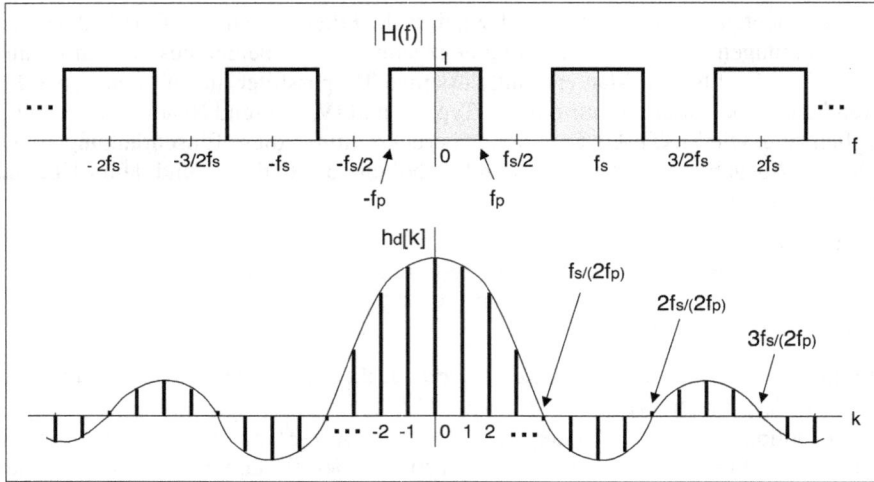

*Abb. 2.12: Amplitudengang eines idealen Tiefpassfilters und die entsprechende Einheitspulsant-wort*

Für das ideale Tiefpassfilter gemäß Gl. (2.19) erhält man nach Auswertung des Integrals (2.21) die Einheitspulsantwort:

$$h_d[kT_s] = \left(\frac{2f_p}{f_s}\right)\frac{sin(2\pi k f_p/f_s)}{2\pi k f_p/f_s}$$
$$k = -\infty, ..., -2, -1, 0, 1, 2, ..., \infty \tag{2.22}$$

Die Hülle der Einheitspulsantwort ist eine $sin(x)/x$-Funktion (oder kurz sinc-Funktion) mit Nullstellen bei $k = n f_s/(2f_p)$; $n = \pm 1, \pm 2, ..., \pm \infty$. Diese Einheitspulsantwort ist so aus zwei Gründen nicht realisierbar: Sie ist nicht kausal und sie hat eine unendliche Ausdehnung im Zeitbereich. In der Praxis wird man sie annähernd realisieren, indem man ihre zeitliche Ausdehnung symmetrisch um den Ursprung begrenzt und durch Verschiebung zu positiven Zeitindizes kausal macht (Abb. 2.13).

Mathematisch formuliert man die Begrenzung auf ein endliches Zeitintervall durch Multiplikation der idealen Einheitspulsantwort $h_d[kT_s]$ mit einer Fensterfunktion $w[kT_s]$, deren Werte außerhalb des gewählten Zeitintervalls null sind:

$$h[kT_s] = \sum_{k=-k_{max}}^{k_{max}} h_d[kT_s]w[kT_s] \tag{2.23}$$

In Abb. 2.13 wurde beispielhaft ein rechteckiges Fenster benutzt. Zur Darstellung wurde die unabhängige zeitdiskrete Variable $kT_s$ vereinfacht durch $k$ ersetzt, so als hätte man eine Abtastperiode $T_s = 1$.

Die *Signal Processing Toolbox* enthält die Bedienoberfläche **wintool** zur Inspektion und Analyse von Fenster-Funktionen. Neben der rechteckigen gibt es viele andere Fensterfunktionen [13], [30] die für die zeitliche Begrenzung eines Signals besser geeignet sind als das

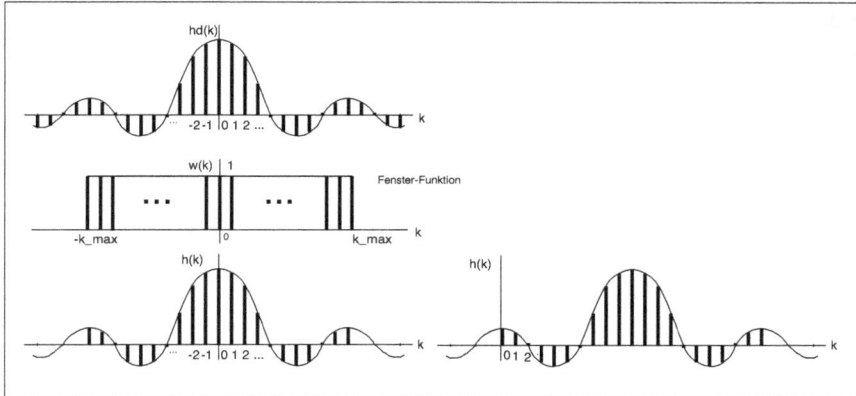

*Abb. 2.13: Erzeugung einer kausalen Einheitspulsantwort mit einer Fenster-Funktion*

rechteckige Fenster. Ein Beispiel für ein Fenster ist das Hanning-Fenster[12] das zur Familie der sogenannten *generalized-cosine*-Funktionen gehört. Diese sind gegeben durch die Formel:

$$w[k] = A - B\cos\left(2\pi\frac{k}{K-1}\right) + C\cos\left(4\pi\frac{k}{K-1}\right) \tag{2.24}$$

Dabei ist $K$ die Länge des Fensters und $A, B, C$ sind Parameter. Das Hanning-Fenster erhält man für $A = 0.5, B = 0.5, C = 0$.

Im Programm `fir_fenster1.m` werden zwei FIR-Tiefpassfilter, die mit einem Rechteck- und mit einem Hanning-Fenster entwickelt werden, verglichen. Die Einheitspulsantwort des Filters mit rechteckigem Fenster entspricht der Gl. (2.22) mit begrenztem $k$ z.B. mit $k$ von $-22$ bis $22$. Das ergibt ein Filter mit $44 + 1 = 45$ Koeffizienten (bzw. der Ordnung 44) und kann durch

```
% ------- FIR-Filter mit sin(x)/x Einheitspulsantwort
% (Rechteckiges Fenster)
fp = 100;      fs = 1000;      fr = fp/fs;
k = -22:22;
b1 = (2*fr)*sin(2*pi*fr*k+eps)./(2*pi*fr*k+eps);
%b1 = (2*fr)*sinc(2*fr*k);
```

in MATLAB spezifiziert werden. Damit MATLAB keine numerischen Schwierigkeiten bei der Berechnung des Wertes von $sin(x)/x$ für $x = 0$ bekommt, wurde im Zähler und im Nenner die MATLAB-Konstante **eps**, welche die kleinste darstellbare Zahl enthält, hinzuaddiert. So wird für $k = 0$ das Verhältnis $sin(eps)/eps = 1$. In MATLAB erhält man die Funktion $sin(x)/x$

---

[12]Eigentlich Hann-Fenster, benannt nach dem österreichischen Mathematiker und Meteorologen Julius von Hann (1839-1921). Er benutzte als Erster eine unterschiedliche Gewichtung von Messwerten. Die Bezeichnung geht auf [8] zurück. Die Autoren prägten gleichzeitig auch das Verb *to hanning* im Sinne von *ein Hann-Fenster anwenden*. Daraus entwickelte sich dann der heute gebräuchliche Begriff Hanning-Fenster. In MATLAB unterscheiden sich die Funktionen **hanning** und **hann** nur dadurch, dass erstere die führende und abschließende Null der Fensterfunktion nicht liefert.

auch mit dem Befehl **sinc**, der den Grenzwert für $x = 0$ korrekt implementiert. Alternativ ist im Programmausschnitt also auch die mit Kommentaren versehene Zeile nutzbar.

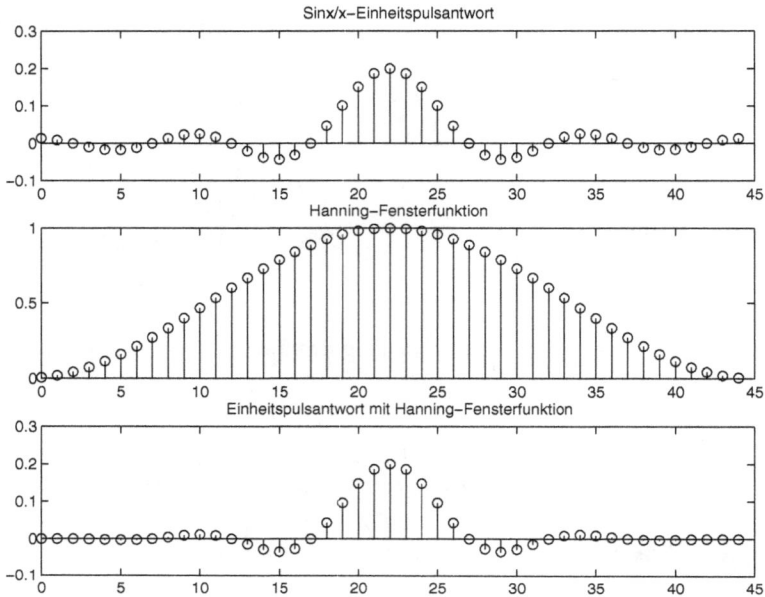

*Abb. 2.14: Einheitspulsantwort durch Begrenzung mit einem Rechteck-Fenster (oben), Hanning-Fenster (Mitte) Einheitspunlsantwort durch Begrenzung mit dem Hanning-Fenster (unten)* (fir_fenster1.m)

Das Hanning-Fenster wird mit der Funktion **hanning** erzeugt. Da diese einen Spaltenvektor liefert und die Einheitspulsantwort als Zeilenvektor erzeugt wurde, ist das Fenster vor der Multiplikation zu transponieren. Es wird darauf hingewiesen, dass MATLAB-Nutzer häufig zwei Befehle verwechseln. Der Befehl ' bedeutet nicht Transposition, sondern Transjugation, also die konjugiert komplexe, transponierte Matrix. Für die Transposition ist der Befehl . ' zu verwenden.

```
% ------- Hanning-Fenster
w_fenster = hanning(length(k)).';
b2 = b1.*w_fenster;
```

Danach kann der Frequenzgang der beiden Filter mit

```
% ------- Frequenzgänge
[H1,w] = freqz(b1, 1, 512, 'whole', 1);
[H2,w] = freqz(b2, 1, 512, 'whole', 1);
```

ermittelt werden. Das letzte Argument stellt die Abtastfrequenz dar und mit dem Wert eins erhält man für das Ergebnis w die zur Abtastfrequenz relativen Frequenzen zwischen 0 und 1. Sicher hätte man hier auch die Abtastfrequenz $f_s$ eintragen können und man hätte die Darstellung in absoluten Frequenzen zwischen 0 und $f_s$ erhalten.

Abb. 2.14 zeigt eine der Darstellungen, die mit dem Programm erzeugt werden. Oben ist die Einheitspulsantwort (oder die Koeffizienten) eines aus einem idealen Tiefpassfilter durch Fensterung mit dem Rechteck-Fenster erzeugten Filters dargestellt. In der Mitte ist das Hanning-Fenster und unten sind die Koeffizienten des Filters, das sich aus der elementweisen Multiplikation der Einheitspulsantwort des idealen Tiefpasses mit dem Hanning-Fenster ergibt, dargestellt.

*Abb. 2.15: Frequenzgänge der Filter, die durch Fensterung mit einem Rechteck- und einem Hanning-Fenster entwickelt wurden (fir_fenster1.m)*

In Abb. 2.15 sind die Amplitudengänge der Filter linear und logarithmisch (in dB) dargestellt. Der Abbruch der $sin(x)/x$-Einheitspulsantwort bei Verwendung eines rechteckigen Fensters führt zu den Überschwingern an den Flanken des Amplitudengangs. Dieses bezeichnet man als Gibbs-Phänomen [13], [34].

Der Vergleich zeigt, dass die unerwünschten Überschwinger beim Entwurf mit dem rechteckigen Fenster durch Verwendung des Hanning-Fensters vermieden werden können. Diesen Vorteil erkauft man sich aber durch einen flacheren Übergang vom Durchlassbereich in den Sperrbereich.

Da die Multiplikation im Zeitbereich der Einheitspulsantwort des idealen Filters mit der Fensterfunktion einer Faltung der Spektren dieser Funktionen entspricht, ist das Streben zur Beibehaltung des Frequenzgangs des idealen Filters durch ein Spektrum der Fensterfunktion, das die Dirac-Funktion annähert, gewährleistet. Es soll also möglichst schmal sein und keine störenden Seitenkeulen besitzen.

Mit dem Programm `fenster_funk1.m` werden einige Fensterfunktionen untersucht, die aus Gründen der Übersichtlichkeit in zwei Gruppen zusammengefasst sind. Die erste Grup-

*Abb. 2.16: Fensterfunktionen und deren Spektren* (fenster_funk1.m)

pe enthält die Boxcar-, Bartlett-, Blackman- und die Chebwin-Fensterfunktionen, während die zweite Gruppe die Hamming-, Hanning- und die Kaiser-Fensterfunktion enthält. Zur Speicherung wird das dreidimensionale Feld wf verwendet:

```
nk = 120;     % Länge des Fensters
wf = zeros(nk, 4, 2); % Feld zur Speicherung der Fenster
wf(:,1,1) = boxcar(nk);
wf(:,2,1) = bartlett(nk);
wf(:,3,1) = blackman(nk);
Rs = 60;                     % Parameter für chebwin
wf(:,4,1) = chebwin(nk, Rs);

wf(:,1,2) = hamming(nk);
wf(:,2,2) = hanning(nk);
wf(:,3,2) = hann(nk);
beta = 10;
wf(:,4,2) = kaiser(nk, beta);
```

Die Funktionen **chebwin** und **kaiser** benötigen neben der Fensterlänge jeweils einen zusätzlichen Parameter. Mit Rs wird die Dämpfung der Nebenkeulen beim Tschebyschev-Fenster angegeben und beta ist ein Parameter, der indirekt die Dämpfung der Nebenkeulen beim Kaiser-Fenster bestimmt. Unterstützung bei der Festlegung dieses Parameters erhält man von der Funktion **kaiserord**, die neben beta weitere Parameter liefert, die für den Entwurf eines Filters mit der Funktion **firl** und dem Kaiser-Fenster erforderlich sind.

Die Werte der Fensterfunktionen werden im Programm auf ihre Summe normiert. Damit ist die Summe der normierten Fensterwerte eins und die Gleichspannungsverstärkung beträgt 0 dB. Der Frequenzgang wird anschließend mit der Funktion **freqz** ermittelt:

```
% ------- Spektrum (Frequenzgang der Fenster)
wfn = wf;
for p = 1:2
    for k = 1:4
        wfn(:,k,p) = wf(:,k,p)/sum(wf(:,k,p));
    end;
end;
nf = 2048;
Wf = zeros(nf, 4, 2); % Feld für die Frequenzgänge
for p = 1:2
    for k = 1:4
        [Wf(:,k,p),w] = freqz(wfn(:,k,p), 1, nf, 'whole', 1);
    end;
end;
```

In Abb. 2.16 sind die Hüllkurven der diskreten Werte der Fensterfunktionen aus der ersten Gruppe und die entsprechenden Spektren dargestellt. Die Spektren sind tatsächlich wie gefordert sehr schmal. Man beachte, dass die Darstellung der Spektren nur den Frequenzausschnitt zwischen $f = 0$ und $f = 0.1 f_s$ wiedergibt.

Die Fensterfunktionen können auch mit der Funktion **wvtool** dargestellt werden. Die Fensterfunktionen der zweiten Gruppe und deren Spektren, erhält man mit:

**wvtool**(wf(:,1,2),wf(:,2,2),wf(:,3,2),wf(:,4,2));

Wenn man die Spektren der beiden Gruppen vergleicht, kommt man zur Schlussfolgerung, dass die zweite Gruppe besser das gewünschte Spektrum eines idealen Fensters (schmal und tiefe Seitenkeulen) annähert.

Zusätzlich zu den gezeigten Fenstern gibt es in der *Signal Processing Toolbox* weitere Fenster: **barthannwin**, **blackmanharris**, **bohmanwin**, **gausswin**, **nuttallwin**, **rectwin**, **triang** und **tukeywin**. Diese können mit einer Erweiterung des vorgestellten Programms oder mit der MATLAB-Funktion **wintool** untersucht werden.

Über ähnliche Schritte können alle anderen Standard-FIR-Filter mit dem Fensterverfahren entwickelt werden. So erhält man z.B. gemäß Gl. (2.21) durch inverse Fourier-Reihenentwicklung des periodischen Frequenzgangs eines idealen, nicht kausalen Hochpassfilters folgende ideale Einheitspulsantwort [13], [30]:

$$h_d[kT_s] = \begin{cases} -(\dfrac{2f_p}{f_s})\dfrac{sin(2\pi k f_p/f_s)}{2\pi k f_p/f_s} & \text{wenn } |k| > 0 \\ 1 - 2f_p/f_s & \text{wenn } k = 0 \end{cases} \qquad (2.25)$$

Dabei ist $f_p$ die Durchlassfrequenz des Hochpassfilters. Das Filter wird realisierbar, indem mittels einer Fensterfunktion mit ungerader Anzahl von symmetrischen Werten die unendliche Sequenz $h_d[kT_s]$ in der Länge begrenzt und durch anschließende Verschiebung in den Bereich $k \geq 0$ kausal wird. Es wird dem Leser überlassen, mit demselben Verfahren die Einheitspulsantwort eines Bandpass- und eines Bandsperrfilters zu bestimmen.

## 2.4.3 Entwurf der Standard-Filter mit der Funktion `fir1`

Der Entwurf der Standard-FIR-Filter (Tiefpass, Hochpass, Bandpass und Bandsperre) mit dem Fensterverfahren wird durch die Funktion **fir1** unterstützt. Wenn nicht anders angegeben, wird das Hamming-Fenster verwendet (wie in den ersten vier Zeilen des nachfolgenden Beispiels), allerdings kann auch ein anderes Fenster (in den folgenden vier Zeilen) über einen Parameter gewählt werden:

```
b1 = fir1(nord,0.3);                    % Tiefpass
b2 = fir1(nord,0.3,'high');             % Hochpass
b3 = fir1(nord,[0.3, 0.6]);             % Bandpass
b4 = fir1(nord,[0.3, 0.6],'stop');      % Bandsperre

b1w = fir1(nord,0.3,hanning(nord+1));
b2w = fir1(nord,0.3,'high',gausswin(nord+1));
b3w = fir1(nord,[0.3, 0.6], tukeywin(nord+1,0.8));
b4w = fir1(nord,[0.3, 0.6],'stop', kaiser(nord+1, 10));
```

## 2.4.4 Entwurf der Multiband-Filter mit der Funktion `fir2`

Mit der Funktion **fir2** kann man FIR-Multibandfilter mit dem Verfahren der Frequenzabtastung entwickeln [30]. Als Parameter sind die Werte des Amplitudengangs an Stützstellen anzugeben. Dazwischen wird der Amplitudengang stückweise linear angenomen. Im nachfolgenden Beispiel enthält der Vektor m die Werte des Amplitudengangs und der Vektor f die Stützstellen auf der Frequenzachse. Diese werden in relativer Form bezogen auf die Nyquist-Frequenz ($f_s/2$) angegeben. Sie waren in gleicher Form auch bereits für die Entwicklung der IIR-Multibandfilter mit der Funktion **yulewalk** anzugeben. Man erhält z.B. mit

```
f = [0 0.1 0.2 0.3 0.4 0.5 0.6 0.7 0.8 1];
m = [0 0 1 1 0 0 1 1 0 0];
nord = 50;
b = fir2(nord, f, m);
```

ein FIR-Multibandfilter mit dem Amplitudengang aus Abb. 2.8. Das Verfahren, das in der Funktion **fir2** benutzt wird, interpoliert zunächst den in den Vektoren angegebenen Amplitudengang auf ein dichteres Gitter (Voreinstellung: 512 Punkte). Anschließend werden die Filterkoeffizienten, wie bei **fir1** auch, mit Hilfe der inversen diskreten Fourier-Transformation berechnet. Wird zur Erzeugung eines steilen Übergangs eine Frequenzstützstelle zweimal, mit unterschiedlichen Amplitudenwerten angegeben, so fügt das Verfahren, falls nicht anders angegeben, 25 Stützstellen hinzu, um einen kontinuierlichen und steilen Übergang zu realisieren. Auch bei der Funktion **fir2** kann eine Fensterfunktion zur Gewichtung der Einheitspulsantwort angegeben werden.

Die Breite des Übergangsbereichs der entworfenen Filter ist von der gewünschten Filterordnung `nord` und von der gewählten Fensterfunktion abhängig. Es gibt in der Literatur [30] mehrere Formeln zur Schätzung der Ordnung. So wird z.B. für den normierten Übergangsbereich $\Delta f$ eines mit dem Hamming-Fenster entworfenen Filters die Beziehung

$$\Delta f = 3.3/n_{ord} \tag{2.26}$$

angegeben. Für eine normierte Breite des Übergangsbereichs von z.B. 0.1 benötigt man eine Ordnung $n_{ord} = 3.3/0.1 = 33$. Die Welligkeit im Durchlassbereich ist hingegen unabhängig von der Ordnung und beträgt für das *Hamming*-Fenster 0.0194 dB. Bei einem *Blackman*-Fenster ist die Breite des Übergangsbereichs durch

$$\Delta f = 5.5/n_{ord} \qquad\qquad (2.27)$$

gegeben und die Welligkeit im Durchlassbereich ist 0.0017 dB. Die Parameter für das *Kaiser*-Fenster werden mit der Funktion **kaiserord** ermittelt, wie es im nächsten Experiment gezeigt wird.

## Experiment 2.2: Vergleich der mit dem Fensterverfahren entwickelten FIR-Filter

Es werden zwei Tiefpass- und zwei Bandpassfilter, jeweils mit der Voreinstellung Hamming-Fenster und mit dem Kaiser-Fenster entwickelt und ihre Frequenzgänge verglichen. Das Kaiser-Fenster wurde gewählt um zu zeigen, wie man mit der Funktion **kaiserord** die Ordnung des Filters und andere für den Filterentwurf mit der Funktion **fir1** erforderlichen Argumente berechnen kann.

Im Programm `fir_fenster3.m` werden die Tiefpassfilter und in `fir_fenster4.m` werden die Bandpassfilter verglichen. Bei den Tiefpassfiltern beginnt das Programm mit dem Entwurf des Filters unter Verwendung des Hamming-Fensters (Voreinstellung, falls nichts anderes angegeben) für eine zur Nyquist-Frequenz relative Bandbreite von `fr=0.4`. Die Koeffizienten des Filters (oder die Einheitspulsantwort) werden im Zeilenvektor b gespeichert.

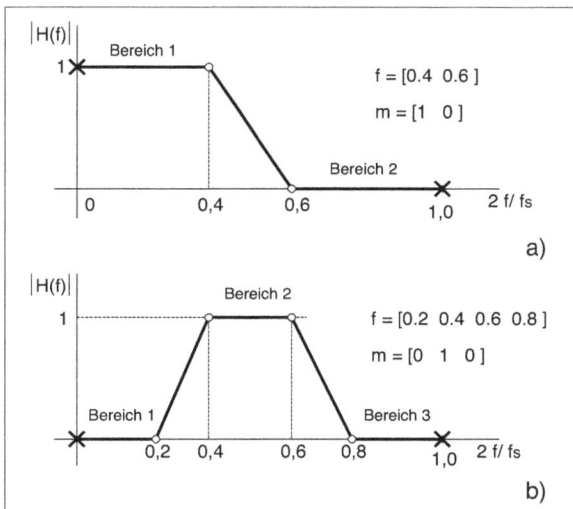

*Abb. 2.17: Spezifikation des Amplitudengangs des Tiefpass- und Bandpassfilters für* **kaiserord**

```
nord = 56;   % Ordnung des Filters (Hamming-Fenster)
fr = 0.4;    % Relative Bandbreite (zur Nyquist-Frequenz)
b = fir1(nord,fr);                % fir1 mit Hamming-Fenster
% Kaiser Fenster
ck = kaiserord([fr, 1.5*fr], [1,0],[0.01, 1e-4], 2, 'cell');
%bk = fir1(ck{:});   % mit Kaiser-Fenster
       % ck{1}=nord;    ck{2} = fr;      ck{3}='low';
       % ck{4}=kaiser(nord+1, beta);      ck{5}='noscale'
bk = fir1(ck{1}, fr, ck{3:5});
nk = length(bk)-1;   % Ordnung des Filters mit Kaiser-Fenster
```

Für die Funktion **kaiserord** wird der gewünschte Amplitudengang über Stützpunkte mit zwei Vektoren, welche die relativen Frequenzen und Amplituden angeben, definiert. Abb. 2.17a zeigt die Stützpunkte für die Tiefpassfilter und die entsprechenden Vektoren und Abb. 2.17b zeigt die Definition der Vektoren für die Bandpassfilter. In einem weiteren Vektor werden die Toleranzen für den Durchlass- und den Sperrbereich angegeben. Mit [0.01, 1e-4] wird eine absolute Abweichung (Welligkeit) im Durchlassbereich von 0.01 und eine Dämpfung im Sperrbereich von $10^{-4}$ oder 80 dB verlangt.

Die Funktion **kaiserord** liefert in dem Zellfeld ck fünf Elemente: ck{1} = nord, ck{2} = fr, ck{3} = 'low', ck{4} = kaiser(nord+1,beta) und ck{5} = 'noscale' als Argumente für die Funktion **fir1**. Das erste Element enthält die Ordnung, das zweite die zur Nyquist-Frequenz relative Durchlassfrequenz, das dritte den Typ des Filters ('low' für Tiefpass, 'high' für Hochpass, usw.), das vierte die Parameter des entsprechenden Kaiser-Fensters und das fünfte Element dieses Felds zeigt, dass keine Normierung des Durchlassbereichs vorgenommen wird. Das Zellfeld kann direkt der Funktion **fir1** übergeben werden:

```
bk = fir1(ck{:});
```

Da die Funktion **kaiserord** die Durchlassfrequenz anpasst, hier aber derselbe Wert zum Einsatz kommen soll, der auch für den Filterentwurf mit dem Hamming-Fenster verwendet wurde, wird der Wert fr anstelle des im Zellfeld enthaltenen Wertes verwendet:

```
bk = fir1(ck{1}, fr, ck{3:5});
```

Bei der Ermittlung des Bandpassfilters im Programm fir_fenster4.m wird eine andere Form der Funktion **kaiserord** verwendet:

```
fr = [0.4, 0.6];   % Relative Bandbreite (zur Nyquist-Frequenz)
[nk,frk,beta,typ]=kaiserord([0.25,fr,0.75], [0,1,0],...
        [1e-4,0.01,1e-4],2);
nk = nord;
bk = fir1(nk, fr, typ, kaiser(nk+1, beta),'noscale');
```

Die Parameter für die Funktion **fir1** werden nicht in einem Zellfeld sondern explizit in den Variablen nk, frk, beta, typ geliefert. Auch hier wird der vorgeschlagene Vektor frk für die Frequenzbereiche nicht verwendet, sondern derselbe Wert fr wie für das Filter mit dem Hamming-Fenster eingesetzt.

In Abb. 2.18 erkennt man, dass das Filter mit dem Kaiser-Fenster die verlangte Dämpfung im Sperrbereich erfüllt und diese ist bei gleicher Ordnung viel größer als die des Filters mit dem Hamming-Fenster.

*Abb. 2.18: Amplitudengänge der Filter mit Hamming- und Kaiser-Fenster* (fir_fenster3.m)

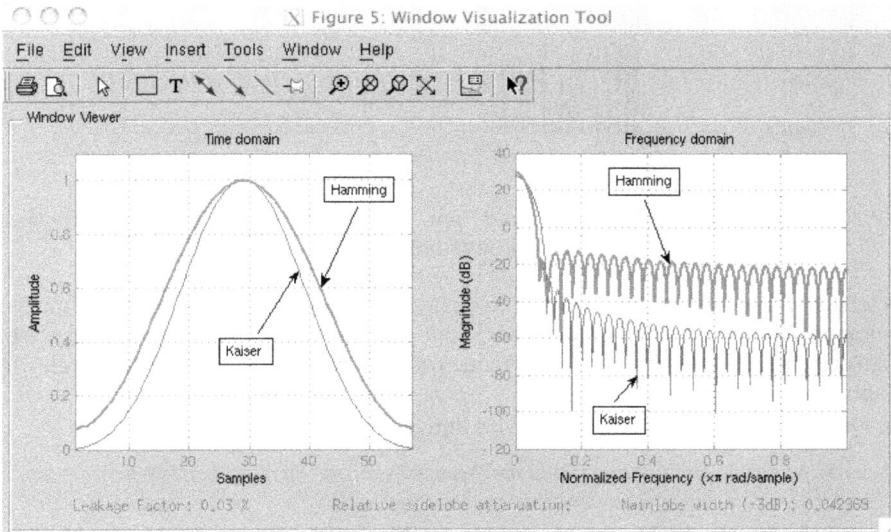

*Abb. 2.19: Das Hamming- und das mit* **kaiserord** *ermittelte Kaiser-Fenster* (fir_fenster3.m)

Die Steilheit des Übergangs vom Durchlassbereich in den Sperrbereich ist beim Filter mit dem Hamming-Fenster besser. Wenn man eine ähnliche Steilheit beim Filter mit dem Kaiser-Fenster, durch Änderung der Eckfrequenz des Sperrbereichs in der Definition des Vektors f (siehe Abb. 2.17) vornimmt (z.B. mit f=[fr, 1.4*fr]), dann erhält man eine viel größere Ordnung.

In Abb. 2.19 ist das mit **kaiserord** ermittelte Kaiser- und Hamming-Fenster für die Tiefpassfilter dargestellt. Die Darstellung erhält man mit dem Aufruf:

**wvtool**(ck{4}, **hamming**(nord+1));

*Abb. 2.20: Amplitudengänge ohne und mit begrenzter Auflösung der Koeffizienten (fir_fenster3.m)*

Im letzten Teil des Programms fir_fenster3.m werden die Koeffizienten mit Werten im Festkomma-Format dargestellt, die einer wählbaren Wortbreite nbit entsprechen. Mit den so quantisierten Koeffizienten wird der Frequenzgang erneut ermittelt und im Vergleich zum ursprünglichen Frequenzgang dargestellt.

Die Quantisierung der Koeffizienten wird durch

```
nbit=16;% Anzahl Bit für die Implementierung in Fest-Komma-Format
ber=2^(nbit-1);% Bereich der Werte mit
        % nbit (2^(nbit-1)-1 bis - 2^(nbit-1)
bkq = fix(bk*ber)/ber;
```

erreicht. Dazu werden die nicht quantisierten[13] Koeffizienten `bk` auf den mit `nbit` darstellbaren Wertebereich skaliert, in ganze Zahlen gewandelt und wieder auf den ursprünglichen Wertebereich gebracht. In der MATLAB-Darstellung sind es dann Gleitkommazahlen, die allerdings nur noch die begrenzte Auflösung entsprechend der Wortbreite `nbit` besitzen.

Abb. 2.20 zeigt die Amplitudengänge der beiden Filter für `nbit=16`. Die Dämpfung im Sperrbereich verschlechtert sich um etwa 5 dB. Verwendet man dagegen eine Wortbreite von lediglich 8 Bit, so verschlechtern sich die Amplitudengänge beachtlich und die Dämpfung im Sperrbereich beträgt nur noch ca. $-30$ dB. Wortbreiten von 16, 24 oder gar 32 Bit sind durchaus gebräuchliche Werte in aktuellen Implementierungen digitaler Filter, so dass hierdurch keine merklichen Qualitätseinbußen zu befürchten sind.

Die Darstellungen und Überlegungen beim Vergleich der Bandpassfilter sind ähnlich denen bei den Tiefpassfiltern.

Mit dem Programm `fir_vergleich1.m` können die Antworten von Tiefpassfiltern, die mit verschiedenen Fensterverfahren entwickelt wurden, untersucht werden. Im Programm wird das Simulink-Modell `fir_vergleich_1.mdl` verwendet. Über die Variable `test` wird ausgewählt, ob die Antwort auf rechteckige Pulse, auf sinusförmige Signale oder auf bandbegrenztes Rauschen zu berechnen ist.

## 2.4.5 Entwurf der FIR-Filter mit den Funktionen **firls** und **firpm**

Die Funktionen **firls** und **firpm** zur Berechnung von FIR-Filtern ermöglichen erweiterte Spezifikationen im Vergleich zu den Funktionen **fir1** und **fir2**. Man kann mit diesen Funktionen verschiedene Filter mit ungeraden, symmetrischen Koeffizienten wie z.B. auch Hilbert- und Differenzierfilter entwickeln.

Die Funktion **firls** ist eine Erweiterung der Funktionen **fir1** und **fir2**, in dem sie den mittleren quadratischen Fehler (`...ls` steht für *least squares*) zwischen dem gewünschten und dem aktuellen Frequenzgang minimiert.

Die Funktion **firpm**[14] implementiert den Algorithmus von Parks-McClellan [50], [59] (`...pm` steht für Parks-McClellan), der wiederum den Remez-Exchange-Algorithmus und die Tschebyschev-Approximationstheorie benutzt, um eine optimale Annäherung des gewünschten Frequenzgangs zu realisieren. Die mit **firpm** entwickelten Filter sind optimal im Sinne, dass sie den maximalen Fehler minimieren. Deshalb sind sie auch unter der Bezeichnung Minimax-Filter bekannt. Sie besitzen einen Amplitudengang mit gleicher Welligkeit im Durchlass- und im Sperrbereich und werden daher auch Equiripple-Filter genannt. Der Parks-McClellan-Algorithmus ist der am häufigsten verwendete Algorithmus zur Entwicklung von FIR-Filtern.

Im Rahmen dieses Abschnittes werden die Eigenschaften der Filter, die mit den Funktionen **firls** und **firpm** entwickelt werden, untersucht. Die Aufrufsyntax der beiden Funktionen ist gleich, sie unterscheiden sich nur durch die eingesetzten Algorithmen. Beide erlauben die Definition von Übergangsbereichen, sogenannten *don't care* Regionen, in denen der Fehler nicht minimiert wird, und Bereichen in denen die Minimierung mit Hilfe von Gewichtungen gesteuert wird.

---

[13]Tatsächlich sind auch diese, wie alle Werte in einem Rechner, quantisiert. Da MATLAB jedoch die Werte intern in einem 64-Bit Gleitkomma-Format darstellt, können sie mit guter Näherung als reelle Zahlen angenommen werden.

[14]In den Versionen der *Signal Processing Toolbox* vor MATLAB 7.0 trug die Funktion **firpm** den Namen **remez**.

*Abb. 2.21: Amplitudengänge der Filter, die mit* **firpm** *und* **firls** *entwickelt wurden*
(firpm_ls1.m)

Ein erstes Programm `firpm_ls1.m` zeigt den einfachsten Aufruf dieser Funktionen zur Entwicklung eines Tiefpassfilters:

```
nord = 16;
f = [0 0.4 0.5 1];          m = [1 1 0 0];
b_pm = firpm(nord, f, m);
b_ls = firls(nord, f, m);
% Frequenzgänge
nf = 1024;
[H_pm, w] = freqz(b_pm, 1, nf);
[H_ls, w] = freqz(b_ls, 1, nf);
```

Die Vektoren f und m definieren den gewünschten, stückweise linearen Amplitudengang über dessen Eckpunkte. In Abb. 2.21 sind die Amplitudengänge der realisierten Filter dargestellt. In der linearen Darstellung erkennt man die gleiche Welligkeit im Durchlass- und Sperrbereich des mit der Funktion **firpm** entwickelten Filters. Durch die niedrige Ordnung (`nord=16`) ist diese Welligkeit relativ groß und in der Darstellung sichtbar. Starten Sie das Programm mit einer höheren Ordnung (z.B. 32), um den Einfluss der Ordnung zu sehen.

Das mit **firpm** entwickelte Filter ergibt, im Vergleich zu dem mit der Funktion **firls** entwickelten Filter, eine bessere Annäherung des gewünschten Übergangs.

Mit den folgenden Definitionen der Amplitudengänge werden weitere FIR-Filter mit den Funktionen **firpm** und **firls** entwickelt. Im Programm `firpm_ls2` wird mit

```
f = [0 0.3 0.4 0.7 0.8 1]; % Bandecken paarweise
m = [0    0   1   1    0   0];
```

ein Bandpassfilter mit dem Durchlassbereich von 0.4 bis 0.7 sowie den Sperrbereichen zwischen 0 und 0.3 sowie zwischen 0.8 und 1 definiert. Durch Vertauschung der Nullen und Einsen im Vektor m erhält man ein Bandsperrfilter (Programm firpm_ls3).

*Abb. 2.22: Amplitudengänge der Filter, die mit **firpm** und **firls** und dem Gewichtungsvektor W = [100, 1] entwickelt wurden (firpm_ls11.m)*

Die Definition

```
ff=[0 0.1 0.15 0.25 0.3 0.4 0.45 0.55 0.6 0.7 0.75 0.85 0.9 1];
m=[1 1 0 0 1 1 0 0 1 1 0 0 1 1];
```

führt zu einem Multibandfilter (Programm firpm_ls4). Bei breiten, linearen Übergängen vermeidet man grobe Fehler in dem Optimierungsalgorithmus, indem auch Zwischenwerte des Übergangsbereichs festgelegt werden (Programm firpm_ls5.m):

```
f = [0 0.4 0.42 0.48 0.5 1];
m = [1 1 0.8 0.2 0 0];
```

Für beide Funktionen **firpm** und **firls** kann in einem Gewichtungsvektor die relative Dringlichkeit der Einhaltung der Spezifikationen in den Bereichen angegeben werden. Mit

```
nord = 18;
f = [0 0.4 0.5 1];
m = [1 1 0 0];
W = [100, 1]; % Gewichtung der Wichtigkeiten der Bänder
b_pm = firpm(nord, f, m, W);
b_ls = firls(nord, f, m, W);
```

wird im Programm firpm_ls11.m der Durchlassbereichs der Tiefpassfilter stärker gewichtet als der Sperrbereich.

Das Ergebnis ist in Abb. 2.22 dargestellt und man sieht, dass die Welligkeit im wichtigen Durchlassbereich viel kleiner als im Sperrbereich ist. Der Leser wird ermutigt, bei diesen Filtern niedriger Ordnung mit den Gewichtungen zu experimentieren.

Für die Bestimmung der Argumente der Funktion **firpm** abhängig vom gewünschten Amplitudengang gibt es die Funktion **firpmord**. Im Programm firpm_ord1.m wurde ein Tiefpassfilter exemplarisch mit dieser Funktion entwickelt. Statt die üblichen relativen Frequenzen zu benutzen, wird hier die Verwendung von absoluten Werten vorgestellt. Folgender Ausschnitt

*Abb. 2.23: Amplitudengänge der Filter, die mit* **firpmord** *und* **firpm** *entwickelt wurden* (firpm_ord1.m)

des Programms zeigt den Entwurf:

```
fp = 1500;       % Durchpassfrequenz
fstop = 2000;    % Sperrfrequenz
Rp = 0.01;       % Welligkeit im Durchlassbereich (Absolutwert)
Rs = 0.1;        % Dämpfung im Sperrbereich (Absolutwert)
fs = 8000;       % Abtastfrequenz
% ------- Entwicklung des Filters
[nord, fo, mo, Wo] = firpmord([fp,fstop],[1,0],[Rp,Rs], fs);
b_pm = firpm(nord, fo, mo, Wo);
```

Die Vektoren f=[fp, fstop] und m=[1,0] definieren die Eckpunkte des gewünschten Amplitudengangs. Die zulässige Welligkeit im Durchlassbereich und die Dämpfung im Sperrbereich werden mit dev=[Rp,Rs] definiert. Die Funktion **firpmord** liefert dann die Parameter für die Funktion **firpm**.

Eine andere Einsatzmöglichkeit dieser Funktionen zeigt folgender Programmausschnitt:

```
c = firpmord([1500,2000],[1,0],[0.01,0.1], 8000, 'cell');
b_pm1 = firpm(c{:});
```

Die Ergebnisse der Funktion **firpmord** werden in dem Zellfeld c geliefert, das danach direkt im Befehl **firpm** benutzt werden kann. Abb. 2.23 zeigt den Amplitudengang des so entwickelten Filters. Die Welligkeit im Durchlassbereich ist mit Rp=0.01 relativ klein und damit ist nur in einer vergrößerten Darstellung überprüfbar, dass diese Vorgabe erfüllt ist. Die Funktion **firpmord** hat bei diesen Vorgaben einen Wichtigkeitsvektor Wo=[10,1] vorgeschlagen. Man sollte hier mit verschiedenen Vorgaben experimentieren und die Ergebnisse vergleichen.

## 2.4.6 Entwurf der Differenzier- und Hilbertfilter

Als letzte Beispiele werden FIR-Differenzierfilter und -Hilbert-Filter mit den Funktionen **firls** und **firpm** entwickelt.

Die Differenzierfilter müssen die zeitkontinuierliche Übertragungsfunktion $H(j\omega) = j\omega\tau$ im Nyquist-Bereich annähern. Bei der Nyquist-Frequenz $\omega = 2\pi f_s/2$ ist der Betrag der Übertragungsfunktion gleich $(\pi f_s)\tau$. Mit $\tau = 1/(\pi f_s)$, ein Wert den man in den Entwurf einbeziehen kann, wird die Übertragungsfunktion normiert.

Im Programm differenzier_1.m werden mit:

```
fs = 8000;     nord = 21;     % Abtastfreq. und Ordnung (ungerade)
b_pm_g=firpm(nord,[0,1],[0,1],'differentiator');
b_ls_g=firls(nord,[0,1],[0,1],'differentiator');
```

zwei Differenzierfilter ungerader Ordnung entwickelt. Die Eckpunkte des Amplitudengangs sind f = [0,1] für den Frequenzvektor und m = [0,1] als Amplitudenwerte an diesen Stellen. Bei ungerader Ordnung wird die Anzahl der Koeffizienten gerade sein und die Koeffizienten werden ungerade Symmetrie besitzen (Filter-Typ IV gemäß Tabelle 2.6).

Für den Filter-Typ III mit gerader Ordnung (ungerade Anzahl der Koeffizienten) ist der Betrag von $H(f)$ bei $f = f_s/2$ gleich null und somit müssen die Vektoren f und m anders gewählt werden, z.B. f = [0,0.9] und m = [0,0.9]:

```
fs = 8000;     nord = 20;     % Abtastfreq. und Ordnung (gerade)
b_pm_g=firpm(nord,[0,0.9],[0,0.9],'differentiator');
b_ls_g=firls(nord,[0,0.9],[0,0.9],'differentiator');
```

Abb. 2.24 zeigt oben die Amplitudengänge der Filter Typ IV (links) und Typ III (rechts), welche mit der Funktion **firpm** ermittelt wurden. Darunter sind die entsprechenden Filterkoeffizienten dargestellt. Die Ergebnisse der Entwicklung mit der Funktion **firls** unterscheiden sich nur geringfügig.

Hilbertfilter sind Filter, welche die Hilbert-Transformation im Nyquist-Bereich annähernd realisieren [59], [30]. Das ideale Hilbertfilter im zeitkontinuierlichen Bereich besitzt eine Übertragungsfunktion $H(j\omega) = -jsgn(\omega)$, wobei $sgn(\omega)$ die Signumfunktion ist, die den Wert +1 für positive Argumente und den Wert −1 für negative Argumente annimmt. Damit ist der Amplitudengang konstant eins und der Phasengang gleich $-\pi/2$ für $\omega \geq 0$ und $\pi/2$ für $\omega < 0$.

Die Übertragungsfunktion im zeitdiskreten Bereich ist demnach:

$$H_d(e^{2\pi f T_s}) = \begin{cases} -j & \text{für } 0 < f \leq f_s/2 \\ j & \text{für } -f_s/2 < f < 0 \quad (\text{oder } f_s/2 < f \leq f_s) \end{cases} \tag{2.28}$$

Abb. 2.24: *Amplitudengänge und Koeffizienten der Differenzierer, die mit* **firpm** *und* **firls** *entwickelt wurden* (differenzier_1.m)

Daraus ergibt die inverse Fourier-Reihe gemäß Gl. (2.21) die Koeffizienten des idealen FIR-Hilbertfilters (oder dessen Einheitspulsantwort):

$$
h_d[kT_s] = \begin{cases} \dfrac{2}{\pi}\dfrac{sin^2(\pi k/2)}{k} & \text{für } k \neq 0 \\ \qquad 0 & \text{für } k = 0 \end{cases} \tag{2.29}
$$

Wie erwartet, ist diese Einheitspulsantwort unendlich lange, nicht kausal und mit ungerader Symmetrie ($h_d[kT_s] = -h_d[-kT_s]$). Durch Begrenzung der Länge mit Hilfe einer Fensterfunktion und Verschiebung in den Bereich $k \geq 0$ erhält man ein kausales Filter mit $h[kT_s] = -h[(M - 1 - k)T_s], k = 0, ..., M - 1$, wobei $M$ die Anzahl der Koeffizienten des Filters ist. Dieses ist jetzt realisierbar.

Abb. 2.25 zeigt oben die Amplitudengänge der Hilbertfilter Typ IV (links) und Typ III (rechts), die mit **firpm** entworfen wurden. Darunter sind die Koeffizienten der Filter (oder deren Einheitspulsantworten) dargestellt. Ähnlich sind auch die Ergebnisse bei Verwendung der Funktion **firls**.

Bei Hilbertfiltern mit gerader Ordnung (ungerader Anzahl von Koeffizienten) sind die Werte der idealen Einheitspulsantwort gemäß Gl. (2.29) null für gerade Indizes $k$ (Abb. 2.25 rechts unten).

Mit dem Programm hilbert_1.m werden Hilbertfilter mit den Funktionen **firpm** und **firls** entworfen und untersucht. Unabhängig von der Ordnung der Filter ist der Amplitudengang bei $f = 0$ gleich null (Typ III und IV). Bei gerader Ordnung ist der Amplitudengang auch

*Abb. 2.25: Amplitudengänge und Koeffizienten der Hilbertfilter, die mit* **firpm** *entwickelt wur-*
*den* (hilbert_1.m)

für $f = f_s/2$ null (Typ III). Dieser Sachverhalt spiegelt sich in der Definition der Eckpunkte
für den Amplitudengang wider durch die Vektoren f und m für ungerade und gerade Ordnung:

```
nord = 21;      % Ordnung (ungerade)
f = [0.05, 1];          m = [1, 1];
% ------- Entwicklung der Filter
b_pm=firpm(nord,f,m,'hilbert');
b_ls=firls(nord,f,m,'hilbert');
.....
nord = 20;      % Ordnung (ungerade)
f = [0.05, 0.95];       m = [1, 1];
% ------- Entwicklung der Filter
b_pm_g=firpm(nord,f,m,'hilbert');
b_ls_g=firls(nord,f,m,'hilbert');
```

Der Phasengang der so entworfenen digitalen Hilbertfilter setzt sich zusammen aus den
durch die Theorie vorgegebenen Werten $\pi/2$ für negative Frequenzen bzw. $-\pi/2$ für positive
Frequenzen und einem linearen Teil, der wegen der für die Kausalität erforderlichen Verschiebung entsteht. Er spiegelt die Laufzeit des Filters von nord/2 Abtastintervallen wider, die man
bei jedem FIR-Filter hat. Bei gerader Ordnung (ungerader Anzahl von Koeffizienten) ist diese
Verzögerung eine ganze Zahl und kann bei den Anwendungen der Hilbertfilter leicht kompensiert werden.

# Experiment 2.3: Erzeugung analytischer Signale

Die Hilbert-Transformation ist ein oft verwendetes Hilfsmittel in der Kommunikationstechnik, Radartechnik und der Sprachsignalverarbeitung. Die Eigenschaft der Hilbert-Transformation, Anteile des Spektrums bei positiven Frequenzen konstant um $\pi/2$ zu verzögern und Anteile bei negativen Frequenzen konstant um $\pi/2$ in der Phase vorzudrehen, macht man sich zu Nutze, wenn man Signale erzeugen will, deren Spektrum nur Anteile bei positiven Frequenzen besitzt. Solche Signale nennt man analytische Signale.

Analytische Signale sind eine Zwischenstufe bei der Transformation eines Bandpasssignals in ein komplexes Basisbandsignal und hierfür wird die Hilbert-Transformation häufig eingesetzt. Eine weitere Anwendung der Hilbert-Transformation findet man bei der Einseitenband-Amplitudenmodulation. Hier benötigt man das nachrichtentragende Signal (ein Tiefpasssignal, in den meisten Fällen ein Sprachsignal) in seiner analytischen Form, um es mit einem Quadraturmischer in die Bandpasslage zu verschieben und so ein einseitenband-moduliertes Sendesignal zu erhalten [35], [60].

Dass man durch Addition der mit $j$ multiplizierten Hilbert-Transformierten zu einem Signal ein analytisches Signal erhält, ist einfach zu beweisen. Es sei $x(t)$ ein reellwertiges, zeitkontinuierliches Signal und $\widehat{x}(t)$ seine Hilbert-Transformierte. Von dem Signal $s(t) = x(t) + j\widehat{x}(t)$ zeigen wir, dass es analytisch ist. Weil die Fourier-Transformation, eine lineare Operation ist, wird das Spektrum $S(f)$ von $s(t)$ durch

$$S(f) = X(f) + j\widehat{X}(f) \tag{2.30}$$

gegeben, mit $X(f)$ und $\widehat{X}(f)$ als Spektren von $x(t)$ und $\widehat{x}(t)$.

Die Hilbert-Transformation verzögert die Anteile eines Signals bei positiven Frequenzen konstant um $\pi/2$, bzw. dreht die Phase der Anteile bei negativen Frequenzen um $\pi/2$ vor. Damit kann man für das Spektrum der Hilbert-Transformierten $\widehat{X}(f)$ folgende Beziehung zum Spektrum $X(f)$ des ursprünglichen Signals angeben:

$$\widehat{X}(f) = \begin{cases} -jX(f), & \text{für } f \geq 0 \\ jX(f), & \text{für } f < 0 \end{cases} \tag{2.31}$$

Daraus folgt, dass das Spektrum des komplexwertigen Signals $s(t)$ durch

$$S(f) = \begin{cases} X(f) + j(-jX(f)) = 2X(f) & \text{für } f \geq 0 \\ X(f) + j(jX(f)) = 0 & \text{für } f < 0 \end{cases} \tag{2.32}$$

gegeben ist und nur Anteile für $f \geq 0$ besitzt. Addiert man die mit $-j$ multiplizierte Hilbert-Transformierte zu einem Signal, so erhält man ein Signal, das nur Anteile bei negativen Frequenzen enthält.

Für zeitdiskrete Signale gilt ähnliches, wenn man den Frequenzbereich von $-f_s/2$ bis $f_s/2$ betrachtet (oder wegen der Periodizität alternativ von 0 bis $f_s$).

Abb. 2.26 zeigt das Simulink-Modell für die Erzeugung eines analytischen Signals. Das analoge Eingangssignal wird von einem Sinus- oder Rauschgenerator im Frequenzbereich zwischen 100 Hz und 400 Hz erzeugt. Danach wird es mit dem Block *Zero-Order Hold* mit $f_s = 1000$ Hz abgetastet.

Das zeitdiskrete Signal wird einerseits über das FIR-Hilbertfilter (mit den Koeffizienten aus dem Vektor b_pm) gefiltert und anderseits über den Block *Integer Delay* verzögert. Die

Verzögerung entspricht der Laufzeit des Hilbertfilters, so dass die beiden Signale anschließend zeitrichtig zu einem komplexwertigen Signal zusammengefasst werden können. Dies geschieht in dem Block *Real-Imag to Complex*.

*Abb. 2.26: Erzeugung eines analytischen Signals* (ein_seiten1.mdl, ein_seiten_1.m)

Zur vergleichenden Darstellung des Spektrums des ursprünglichen reellen Signals und des dazugehörenden komplexwertigen analytischen Signals werden beide im Block *Matrix Concatenation* zusammengefasst und die Abtastfrequenz wird durch Einfügen von Nullen in dem Block *Upsample* um den Faktor 2 erhöht, um zwei Perioden des Spektrums darstellen zu können.

Im unteren Teil des Modells wird das Spektrum berechnet und einerseits dargestellt, andererseits über die Schnittstelle *Out1* in die MATLAB-Umgebung exportiert. Um nur das letzte berechnete Spektrum zu exportieren, wird über das Menü *Simulation, Configuration Parameters* und danach *Data Import/Export* die Option *Limit data points to last* auf eins gesetzt.

Die Simulation wird über das Programm ein_seiten_1.m initialisiert und aufgerufen. Hier wird auch das Hilbertfilter entwickelt und die Koeffizienten in dem Vektor b_pm gespeichert:

```
nord = 50;    % Ordnung (ungerade)
f = [0.05, 0.95];  m = [1, 1];
% ------- Entwicklung der Filter
b_pm = firpm(nord,f,m,'hilbert');
```

Abb. 2.27 und Abb. 2.28 zeigen die Spektren für ein sinusförmiges Signal der Frequenz $f = 200$ Hz und für ein Rauschsignal mit einer Bandbreite $f_1 = 100$ Hz bis $f_2 = 400$ Hz.

*Abb. 2.27: Spektrum des reellen, sinusförmigen Eingangssignals und Spektrum des dazu gehörenden analytischen Signals* (ein_seiten1.mdl, ein_seiten_1.m)

*Abb. 2.28: Spektrum des reellen rauschförmigen Eingangssignals und Spektrum des dazu gehörenden analytischen Signals* (ein_seiten1.mdl, ein_seiten_1.m)

Die theoretisch auf null zu unterdrückenden Anteile bei den negativen Frequenzen (in dieser Darstellung im Bereich $f_s/2$ bis $f_s$, also bei 800 Hz bzw. zwischen 600 Hz und 900 Hz) wurden durch das realisierte digitale Hilbertfilter um etwa 50 dB gedämpft.

## Experiment 2.4: Entwurf komplexwertiger Filter mit der Funktion `cfirpm`

Aus der Definition der Fourier-Transformation lässt sich direkt ableiten, dass reellwertige Signale (und die Einheitspulsantwort eines Filters ist auch ein Signal) ein gerades Betragsspektrum und ein ungerades Phasenspektrum besitzen. Mit reellwertigen Filtern kann man also nur Amplitudengänge realisieren, die symmetrisch zur Frequenz $f = 0$ sind. Diese Einschränkung trifft für komplexwertige Filter nicht zu.

In MATLAB können komplexwertige Filter mit der Funktion `cfirpm` entwickelt werden. Diese Funktion verwendet eine Erweiterung des Remez-Verfahrens und ermöglicht den Entwurf komplexwertiger FIR-Filter mit linearer oder nichtlinearer Phase.

Die Funktion ist sehr mächtig und vielfältig einsetzbar. Ihre Verwendung soll am Entwurf von Tiefpass- und Bandpassfiltern verdeutlicht werden.

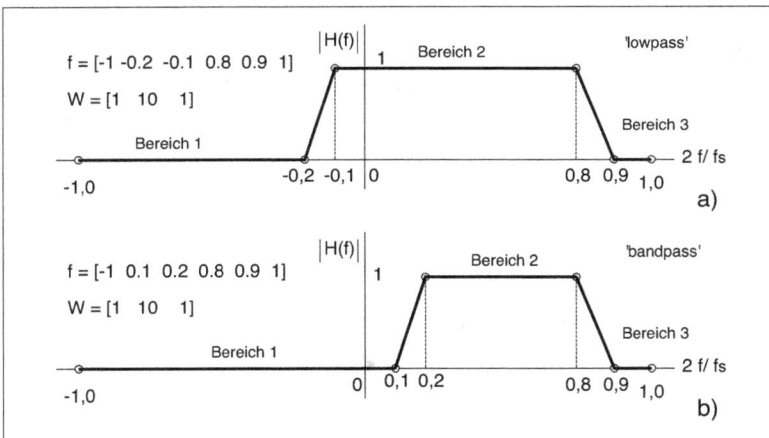

Abb. 2.29: Spezifikationen des Amplitudengangs für die Funktion `cfirpm`

Beispielhaft sind in Abb. 2.29a und in Abb. 2.29b die nichtsymmetrischen Amplitudengänge eines Tiefpasses und eines Bandpasses dargestellt. Die Eckpunkte der Amplitudengänge im Frequenzbereich $-f_s/2$ bis $f_s/2$ (bzw. in der MATLAB eigenen, auf die halbe Abtastfrequenz normierten Darstellung, zwischen $-1$ und 1) werden der Funktion in einem Vektor (in der Abbildung der Vektor f) übergeben. Die Länge des Vektors der Eckfrequenzen muss eine Paarzahl sein. Es wechseln sich Bereiche mit definierten Amplituden (Sperrbereich oder Durchlassbereich) mit Übergangsbereichen ab. Es kann auch ein Vektor mit Gewichtungen (in der Abbildung der Vektor W) für die Einhaltung der Toleranzen angegeben werden.

Die in den Abbildungen 2.29 dargestellten Filter werden durch die beiden nachfolgenden MATLAB-Programmsequenzen entworfen. Die Funktion **freqz** stellt im Anschluss die realisierten Frequenzgänge dar.

```
nord = 30;
bc = cfirpm(nord, [-1,-0.2,-0.1,0.8,0.9,1],'lowpass', ...
        [1, 10 ,1]);
freqz(bc,1,1024,'whole');


nord = 30;
bc = cfirpm(nord, [-1,0.1,0.2,0.8,0.9,1],'bandpass', ...
        [1, 10 ,1]);
freqz(bc,1,1024,'whole');
```

Die Einheitspulsantwort bc der Filter ist komplexwertig und man kann ihren Real- und Imaginärteil mit

```
subplot(211), stem(0:length(bc)-1, real(bc));
subplot(212), stem(0:length(bc)-1, imag(bc));
```

darstellen.

Es wird nun ein komplexwertiges Filter entwickelt, welches das komplexwertige Signal aus dem vorherigen Experiment filtern soll. Die Bandbreite, in der das Hilbertfilter korrekt funktioniert, ist bei einer Abtastfrequenz von 1000 Hz ungefähr 100 Hz bis 400 Hz. Das komplexwertige Filter dieses Experiments soll diese Bandbreite weiter von 210 Hz bis 290 Hz mit Übergangsbereichen von je 20 Hz begrenzen. Ähnlich wie in Abb. 2.29b muss der Vektor f der Eckpunkte definiert werden und danach die Funktion **cfirpm** aufgerufen werden:

```
f = [-500 190 210 290 310 500]/500;
nord2 = 200;
bc_pm = cfirpm(nord2,f,'bandpass', [10 100 10]);
```

Im Programm ein_seiten_2.m wird nochmals das Hilbertfilter für den Teil des Experiments berechnet, der vom ersten Experiment übernommen wurde, und danach das komplexwertige Filter dieses Experiments entwickelt. Das Simulink-Modell ein_seiten1.mdl wird mit dem komplexen Filter erweitert und unter dem Namen ein_seiten2.mdl gespeichert (Abb. 2.30). Als Eingangssignal wird nur bandbegrenztes Rauschen benutzt.

Ein komplexwertiges Signal $s(t) = x(t) + jy(t)$, das man mit einem komplexwertigen Filter der Impulsantwort $b_c(t) = b_{cr}(t) + jb_{ci}(t)$ filtern will, führt zu folgenden Faltungen:

$$
\begin{aligned}
s(t) * b_c =& [x(t) + jy(t)] * [b_{cr}(t) + jb_{ci}(t)] = \\
& [x(t) * b_{cr}(t) - y(t) * b_{ci}(t)] + j[x(t) * b_{ci}(t) + y(t) * b_{cr}(t)]
\end{aligned}
\tag{2.33}
$$

Mit dem Symbol * wird die Faltungsoperation bezeichnet. Um die Schreibweise zu vereinfachen, wurde die zeitkontinuierliche Schreibweise für Signale und Filter verwendet. Sicher gilt diese Beziehung auch für zeitdiskrete Sequenzen.

Aus Gl. (2.33) geht hervor, dass vier reellwertige Filterungen notwendig sind, um die komplexwertige Filterung zu erhalten. Im Modell sind vier Filter mit den Blöcken *Discrete Filter 1*, *Discrete Filter 2*, *Discrete Filter 3* und *Discrete Filter 4* eingesetzt, um die komplexwertige Filterung zu realisieren[15]. So realisiert z.B. das Filter *Discrete Filter 1* die Faltung $x(t) * b_{cr}(t)$ und das Filter *Discrete Filter 4* die Faltung $y(t) * b_{cr}(t)$.

---

[15]Der Block *Discrete Filter* aus der Simulink-Grundbibliothek kann nur reellwertige Filter simulieren. Es wurde

*Abb. 2.30: Simulink-Modell der komplexen Filterung* (ein_seiten2.mdl, ein_seiten_2.m)

Am Ausgang des oberen Summierer-Blocks, der die Differenz aus der ersten eckigen Klammer in (2.33) ergibt, erhält man den Realteil des gefilterten Signals und am Ausgang des unteren Summierer-Blocks erhält man den Imaginärteil des gefilterten Signals.

In Abb. 2.31 ist links oben der Amplitudengang des reellwertigen Hilbertfilters dargestellt. Man erkennt die für reellwertige Filter typische Symmetrie des Amplitudengangs zwischen den Frequenzbereichen 0 bis $f_s/2$ und $f_s/2$ bis $f_s$. In der Abbildung sind die Frequenzwerte

---

bewusst auf diesen Block zurückgegriffen, um zu verdeutlichen, dass die komplexwertige Filterung vier reellwertigen Filterungen entspricht. Mit dem Block *Digital Filter* aus dem *Signal Processing Blockset* von Simulink können auch komplexwertige Filter simuliert werden. Ein solcher könnte im Modell ein_seiten2.mdl die vier Filterblöcke *Discrete Filter 1-4* ersetzen

*Abb. 2.31: Amplitudengänge und Einheitsprungantworten des Hilbert- und des komplexwertigen Bandpassfilters* (ein_seiten2.mdl, ein_seiten_2.m)

*Abb. 2.32: Spektrum vor und nach der komplexen Filterung (für bandbegrenztes Rauschsignal)*
(ein_seiten2.mdl, ein_seiten_2.m)

normiert dargestellt. Darunter ist die Einheitspulsantwort des Hilbertfilters zu sehen.

Auf der rechten Seite ist oben der Amplitudengang des komplexwertigen Filters dargestellt, der jetzt nicht mehr symmetrisch ist. Darunter sieht man den Real- und den Imaginärteil der komplexwertigen Einheitspulsantwort dieses Filters.

Abb. 2.32 zeigt das nicht symmetrische Spektrum des komplexwertigen Signals und das Spektrum nach der komplexwertigen Filterung.

# Experiment 2.5: Einseitenband-Modulation

Es ist eine Eigenschaft der Fourier-Transformation, dass die Multiplikation eines Signals mit dem komplexen Drehvektor $e^{j2\pi f_0 t}$ das Spektrum des Signals um $f_0$ verschiebt.

$$z(t)e^{j2\pi f_0 t} = z^+(t) \quad \Rightarrow \quad Z^+(f) = Z(f - f_0) \tag{2.34}$$

Das trifft natürlich gleichermaßen für reellwertige und komplexwertige Signale zu. Handelt es sich bei dem Signal $z(t)$ um ein komplexwertiges Basisbandsignal, so führt die Multiplikation nach Gl. (2.34) zu einem analytischen, weiterhin komplexwertigen Bandpasssignal:

$$\begin{aligned} z^+(t) = z(t)e^{j2\pi f_0 t} &= (x(t) + jy(t))\left(cos(2\pi f_0 t) + jsin(2\pi f_0 t)\right) \\ &= (x(t)cos(2\pi f_0 t) - y(t)sin(2\pi f_0 t)) \\ &\quad + j\left(x(t)sin(2\pi f_0 t) + y(t)cos(2\pi f_0 t)\right) \end{aligned} \tag{2.35}$$

Diesen Vorgang bezeichnet man auch als komplexes Mischen oder als Quadratur-Mischung, weil das Signal $z(t)$ mit zwei aufeinander senkrecht, in „Quadratur", stehenden Signalen $cos(2\pi f_0 t)$ und $sin(2\pi f_0 t)$ gemischt wird.

Verwirft man den Imaginärteil des Signals $z^+(t)$,

$$\Re(z^+(t)) = s(t) = x(t)cos(2\pi f_0 t) - y(t)sin(2\pi f_0 t) \tag{2.36}$$

so gehorcht das Spektrum des nunmehr reellen Signals $s(t)$ den Symmetriebedingungen der Fourier-Transformation für reelle Signale, d.h. das Signal $s(t)$ wird einen geraden Amplitudengang und einen ungeraden Phasengang haben. Wenn man so will, kann man sagen, dass sich durch die Realteilbildung der Amplitudengang eines Signals an der Achse $f = 0$ spiegelt. In Abb. 2.33 ist skizzenhaft der Amplitudengang eines komplexwertigen Basisbandsignals sowie der Amplitudengang nach dem komplexen Mischen und der Realteilbildung dargestellt.

Ist in dem komplexwertigen Signal $z(t)$ der Imaginärteil $y(t)$ die Hilbert-Transformierte des Realteils $x(t)$, so ist $z(t)$, wie in den vorherigen Abschnitten gezeigt, das analytische Signal zu $x(t)$ und $s(t)$ nach Gl. (2.36) hat bezüglich der Trägerschwingung mit der Frequenz $f_0$ nur ein Seitenband. Gl. (2.36) realisiert dann eine Einseitenbandmodulation ohne Träger. Der Bandbreitenbedarf des Bandpasssignals $s(t)$ ist derselbe wie der Bandbreitenbedarf des Signals $x(t)$, im Gegensatz zur beim AM-Rundfunk verwendeten Zweiseitenband-Amplitudenmodulation, wo der Bandbreitenbedarf doppelt so groß ist.

Die Signale $x(t)$ und $y(t)$ können aber auch zwei voneinander unabhängige reelle Signale sein, die zu einem komplexwertigen Signal $z(t)$ zusammengefasst wurden. Dann realisiert Gl. (2.36) eine analoge Quadratur-Amplitudenmodulation. In diesem Fall sind bezüglich des Trägers um die Frequenz $f_0$ beide Seitenbänder vorhanden, doch es werden zwei Signale $x(t)$ und $y(t)$ übertragen. Allerdings ist eine Zuordnung eines Signals zu einem Seitenband, also eine Trennung im Frequenzbereich, nicht möglich, sondern beide Signale haben Anteile in beiden Seitenbändern.

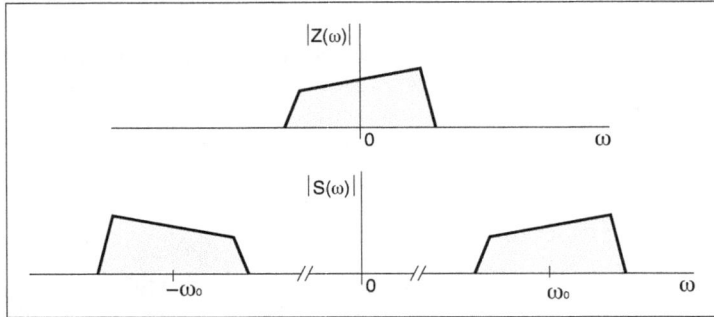

*Abb. 2.33: Spektrum eines quadratur-gemischten Signals ausgehend vom Spektrum eines komplexen Basisbandsignals*

Die Abmischung oder Demodulation[16] geschieht ähnlich wie die Modulation. Das Signal $s(t)$ wird mit dem beim Empfänger rekonstruierten Träger[17] $cos(2\pi f_0 t)$ und dessen Quadraturkomponente $sin(2\pi f_0 t)$ multipliziert. Das erste Produkt

$$s(t)cos(2\pi f_0 t) = x(t)[1 + cos(4\pi f_0 t)]/2 + y(t)[sin(4\pi f_0 t)]/2 \qquad (2.37)$$

wird gefiltert, so dass die Anteile mit doppelter Trägerfrequenz unterdrückt werden und beim Empfänger nur $x(t)/2$ als Modulationskomponente verbleibt. Ähnlich wird das Produkt

$$s(t)sin(2\pi f_0 t) = x(t)[sin(4\pi f_0 t)]/2 + y(t)[1 - cos(4\pi f_0 t)]/2 \qquad (2.38)$$

gefiltert und man erhält das Signal $y(t)/2$ als zweite Modulationskomponente. Im Falle der Demodulation eines einseitenbandmodulierten Signals ist natürlich nur die Bildung des ersten Produktes erforderlich.

In dem in Abb. 2.34 dargestellten Simulink-Modell `quadratur_mod1.mdl` wird die Einseitenband-Modulation und -Demodulation simuliert. Als Nachrichtensignal dient Rauschen mit einer Bandbreite zwischen 100 Hz und 200 Hz, das über den *Analog Filter Design*-Block erzeugt wird.

Mit dem MATLAB-Programm `quadratur_mod_1.m` werden die Parameter des Modells initialisiert und die Simulation gestartet. Das analytische Signal wird in dem Modell nicht mit Hilfe der Hilbert-Transformation, sondern mittels Filterung mit einem komplexwertigen Filter, wie in dem vorhergehenden Experiment dargestellt, erzeugt. Das Filter wird mit folgender Programmsequenz entworfen:

```
nord = 100;                        fs = 1000;
f = [-500 50 100 200 250 500]/500;
```

---

[16]Im Allgemeinen bezeichnet Mischung die Multiplikation eines Signals mit einer harmonischen Schwingung und Modulation bezeichnet die Veränderung eines Parameters (z.B. Amplitude, Frequenz, Phase) eines Trägersignals im Gleichklang mit einer zu übertragenden Nachricht. Bei der Amplitudenmodulation ist die Modulation eine Mischung und die Demodulation eine Abmischung.

[17]In der praktischen Realisierung der Demodulation von einseitenbandmodulierten oder quadraturamplitudenmodulierten Signalen besteht die Schwierigkeit in der frequenz- und phasenrichtigen Rekonstruktion des Trägers aus dem gestörten Empfangssignal.

*Abb. 2.34: Modell einer Modulation und Demodulation* (quadratur_mod1.mdl, quadratur_mod_1.m)

```
m = [0 1 0];
% ------- Entwicklung der Filter
bc_pm = cfirpm(nord,f,'bandpass');
bc_r = real(bc_pm);      % Parameter für das Modell
bc_i = imag(bc_pm);
```

Der Frequenzgang und die Einheitspulsantworten (Realteil und Imaginärteil) des Filters sind in Abb. 2.35 dargestellt. Der Durchlassbereich des Filters ist an die Bandbreite des Nachrichtensignals angepasst und liegt zwischen 100 Hz und 200 Hz (bzw. bezogen auf die Abtastfrequenz $f_{s1} = 1000$Hz zwischen 0.1 und 0.2).

Die beiden reellwertigen Filter mit den Koeffizientenvektoren bc_r und bc_i realisieren das komplexwertige Filter. Die mit xm bzw. ym bezeichneten Ausgänge der Filter werden mit dem Trägersignal aus dem Block *Sine Wave* und dessen Quadraturkomponente aus dem Block *Sine Wave1* multipliziert. Der Ausgang des Summierers stellt das modulierte Signal nach Gl. (2.36) dar.

Als Trägerfrequenz wurde $f_c = 2000$ Hz bei einer Abtastfrequenz $f_{s2} = 16000$ Hz

*Abb. 2.35: Amplitudengang und Einheitspulsantworten* (bc_r, bc_i) *des komplexwertigen Filters*

gewählt. Das digitale Bandpassfilter *Discrete Filter 3* spielt die Rolle eines „Sendefilters", das mit einem Durchlassbereich von 1700 bis 2300 Hz eventuell vorhandene Störungen außerhalb des zulässigen Sendefrequenzbereichs unterdrücken soll.

Beim Empfänger wird dieses Signal mit dem Träger (hier als verfügbar angenommen) multipliziert und tiefpassgefiltert. Der Vollständigkeit halber ist hier auch der zweite Pfad der Quadratur-Demodulation aufgebaut, er wird jedoch, wie gesagt, für die Demodulation von Einseitenbandsignalen nicht benötigt und ist auf einen Abschluss geführt. Nach der Demodulation erhält man das Signal xme, das mit dem zeitrichtig verzögerten Eingangssignal auf dem Block *Scope1* verglichen wird.

Abb. 2.36a zeigt das Spektrum des analytischen Basisbandsignals, so wie es am Block *Spektrum Scope2* erscheint und in Abb. 2.36b ist das Spektrum des modulierten Signals dargestellt, das mit dem Block *Spectrum Scope1* dargestellt wird. Man beachte, dass die Spektren wegen den verschiedenen Abtastfrequenzen unterschiedlich breit dargestellt sind. Das MATLAB-Programm enthält weitere Funktionsaufrufe zur Darstellung der Frequenzgänge des Realteil- und Imaginärteils des komplexen Filters, des Sende- und Empfangssignals usw.

## 2.4.7    Entwurf der FIR-Filter durch Kombination einfacher Filter

Viele FIR-Filter lassen sich durch Kombination einfacher Filter entwerfen. Diese Verfahren erweitern den Einblick in die Thematik der digitalen Filter und sind gute didaktische Übungen.

**Fall 1.** Es wird gezeigt, wie aus zwei Tiefpassfiltern ein Bandpassfilter erzeugt werden kann. Wenn die Tiefpassfilter die relativen Bandbreiten $f_{r1}$ und $f_{r2}$ besitzen, so dass $f_{r2} > f_{r1}$ ist, dann ergibt ihre Differenz ein Bandpassfilter. Die Einheitspulsantwort des Bandpassfilters

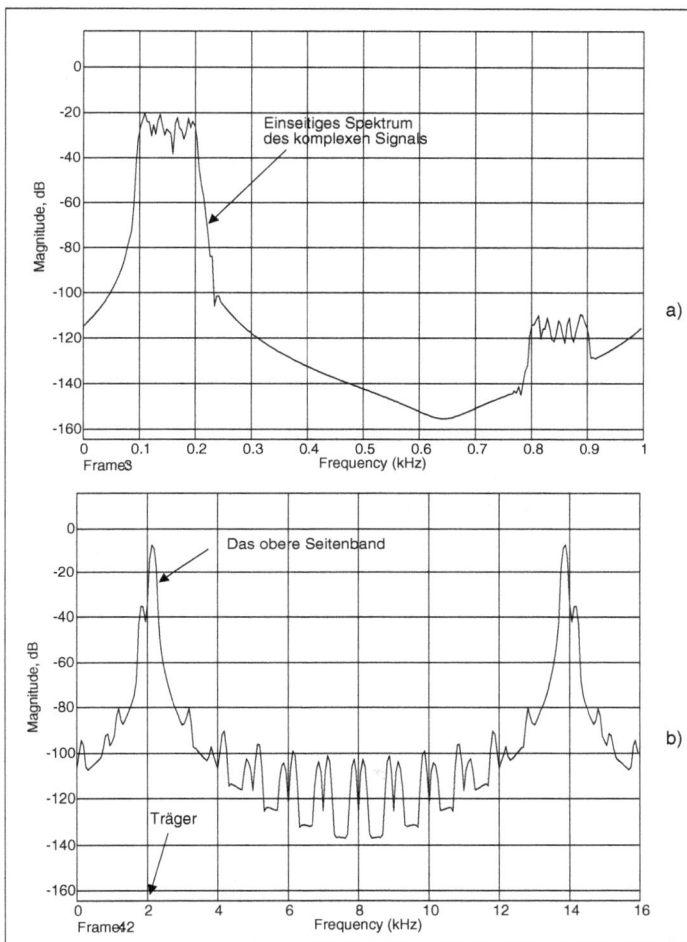

*Abb. 2.36: a) Spektrum des analytischen Basisbandsignals; b) Spektrum des reellwertigen, modulierten Signals im Bandpassbereich* (quadratur_mod1.mdl, quadratur_mod_1.m)

berechnet man aus der Differenz der Einheitspulsantworten der Tiefpässe:

```
nord = 60;        fr1 = 0.4;        fr2 = 0.6;
h1 = fir1(nord, fr1);              h2 = fir1(nord, fr2);
hbp = h2 - h1;
```

Abb. 2.37 zeigt die Amplitudengänge und Einheitspulsantworten der Tiefpassfilter und des erhaltenen Bandpassfilters. Der Einfachheit halber wurden die Tiefpassfilter mit Hilfe der Funktion **fir1** berechnet.

**Fall 2.** Ein Bandpassfilter kann aus einem Tiefpassfilter auch durch Mischung erhalten werden. Es ist bekannt, dass eine Verschiebung im Frequenzbereich einer Multiplikation im Zeitbereich

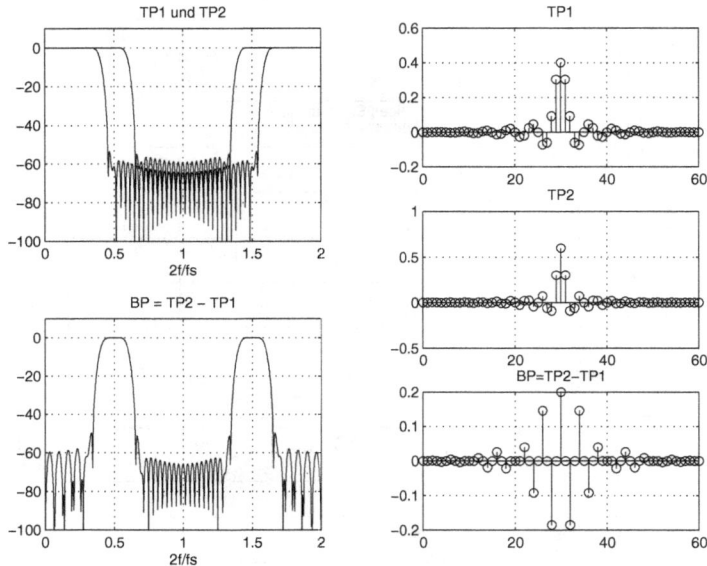

Abb. 2.37: *Bandpassfilter, das aus der Differenz zweier Tiefpassfilter entwickelt wurde (kom_1.m)*

entspricht:

$$\begin{aligned} H(f - f_0) &\Rightarrow h(t)e^{j2\pi f_0 t} \\ H(f + f_0) &\Rightarrow h(t)e^{-j2\pi f_0 t} \end{aligned} \tag{2.39}$$

Damit man aus dem Frequenzgang eines Tiefpassfilters den symmetrischen Frequenzgang eines reellen Bandpassfilters erhält, verschiebt man den Frequenzgang des Tiefpassfilters einmal nach $f_0$ und danach nach $-f_0$. Die Summe der verschobenen Frequenzgänge des Tiefpassfilters bildet den Frequenzgang des Bandpassfilters. Dieser Summe entspricht dann die Einheitspulsantwort, die durch

$$H(f - f_0) + H(f + f_0) \quad \Rightarrow \quad h(t)e^{j2\pi f_0 t} + h(t)e^{-j2\pi f_0 t} = 2h(t)cos(2\pi f_0 t) \tag{2.40}$$

gegeben ist.

Im zeitdiskreten Fall ist zu beachten, dass die Frequenzgänge mit der Periode $f_s$ periodisch sind. Mit folgender Programmsequenz wird ein Bandpassfilter durch Mischung eines Tiefpassfilters erhalten:

```
fr = 0.2;    % Bandbreite 0.4 relativ zu fs/2
nord = 100;
htp = fir1(nord, fr);
fmitte = 0.6;
hbp = 2*htp.*cos(2*pi*(-nord/2:nord/2)*fmitte/2);
```

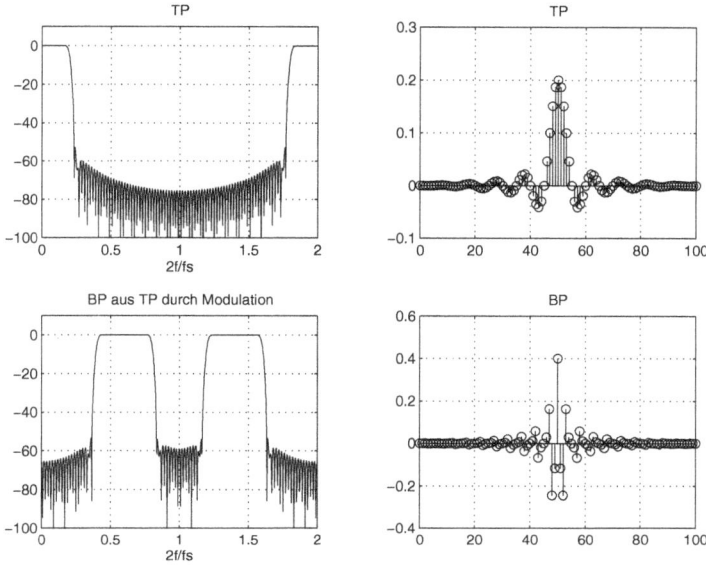

*Abb. 2.38: Bandpassfilter, das aus einem Tiefpassfilter durch Mischung entwickelt wurde (kom_1.m)*

Die Einheitspulsantwort des Tiefpassfilters wird als nicht kausal und symmetrisch um $k = 0$ angenommen und die Cosinus-Funktion wird symmetrisch angewandt. Dadurch bleibt die Einheitspulsantwort des Bandpassfilters symmetrisch und das Filter besitzt lineare Phase. Abb. 2.38 zeigt die Frequenzgänge des Tiefpassfilters und des resultierenden Bandpassfilters zusammen mit den entsprechenden Einheitspulsantworten.

**Fall 3.** Aus einem Tiefpassfilter erhält man leicht das komplementäre Hochpassfilter, wenn der Frequenzgang des Hochpassfilters durch

$$H_{hp}(f) = 1 - H_{tp}(f) \tag{2.41}$$

gebildet wird. Im Zeitbereich ergibt diese Beziehung eine Impulsantwort des Hochpassfilters der Form $h_{hp}(t) = \delta(t) - h_{tp}(t)$, wobei $\delta(t)$ die Dirac-Funktion ist. Wenn die Einheitspulsantwort eines diskreten FIR-Filters in der Nummerierung nach MATLAB-Konventionen durch

$$h[kT_s] = h_1\delta[kT_s] + h_2\delta[(k-1)T_s] + h_3\delta[(k-2)T_s] + ... + h_{n+1}\delta[(k-n)T_s] \tag{2.42}$$

gegeben ist, dann entspricht der Gleichung (2.41) im zeitdiskreten Fall folgende Beziehung zwischen den Einheitspulsantworten:

$$h_{hp}[kT_s] = \delta[(k-n/2)T_s] - \sum_{l=0}^{n} h_{l+1}\delta[(k-l)T_s] \tag{2.43}$$

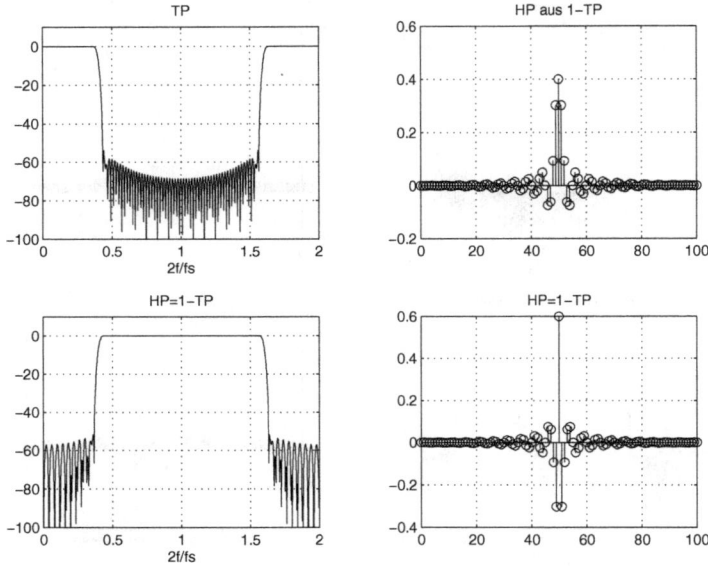

*Abb. 2.39: Hochpassfilter als komplementäres Filter zu einem Tiefpassfilter* (kom_1.m)

Hier ist $\delta[kT_s]$ der Kronecker-Operator definiert durch:

$$\delta[kT_s] = \begin{cases} 1 & \text{wenn } k = 0 \\ 0 & \text{wenn } k \neq 0 \end{cases} \tag{2.44}$$

In der Differenz (2.43) wird die Symmetrie der Einheitspulsantwort des Hochpassfilters bewahrt. Die Programmsequenz zur Berechnung der Einheitspulsantwort des Hochpassfilters ist:

```
fr = 0.4;    nord = 100;  % muss eine gerade Ordnung
   % (ungerade Anzahl Koeffizienten) sein
htp = firl(nord, fr);
hhp = [zeros(1, nord/2),1,zeros(1, nord/2)] - htp;
```

Der Zeilenvektor in der eckigen Klammer enthält Nullen bis auf den Wert eins an der Stelle nord/2+1 und entspricht dem Kronecker-Operator $\delta[(k - n/2)T_s]$ aus Gl. (2.43). Abb. 2.39 zeigt den Amplitudengang und die Impulsantwort eines Tiefpassfilters und des daraus entwickelten Hochpassfilters.

**Fall 4.** Die Summe der Frequenzgänge eines Tiefpassfilters und eines Hochpassfilters kann zu einem Bandsperrfilter führen, wenn die Durchlassfrequenz des Tiefpassfilters kleiner als die des Hochpassfilters ist (Abb. 2.40). Die Einheitspulsantworten der zwei Filter werden ebenfalls addiert:

```
frtp = 0.3;      frhp = 0.6;
nord = 100;  % muss eine gerade Ordnung sein
      % (wegen des Hochpassfilters)
```

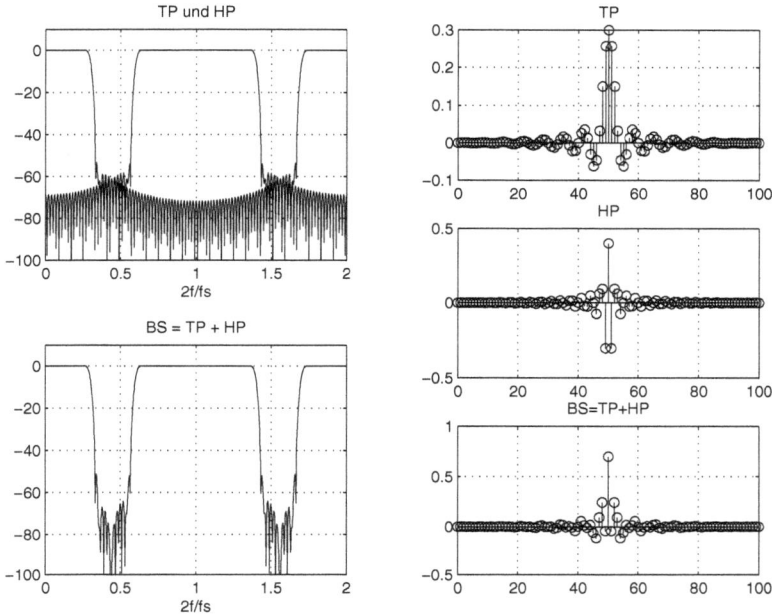

*Abb. 2.40: Bandsperrfilter, das als Summe von Tiefpass- und Hochpassfilter entwickelt wurde* (kom_1.m)

```
htp = fir1(nord, frtp);      hhp = fir1(nord, frhp, 'high');
hbs = htp + hhp;
```

**Fall 5.** Aus einem Bandpassfilter kann das komplementäre Bandsperrfilter in derselben Art erzeugt werden wie das bei Fall 3 für ein Hochpassfilter aus einem Tiefpassfilter durchgeführt wurde:

```
fr1 = 0.3;      fr2 = 0.7;
nord = 100;   % muss eine gerade Ordnung sein
hbp = fir1(nord, [fr1, fr2]);
hbs = [zeros(1, nord/2),1,zeros(1, nord/2)] - hbp;
```

Die Ordnung des Bandpassfilters muss gerade sein, um bei einer ungeraden Anzahl von Koeffizienten die Symmetrie der Koeffizienten zu bewahren (Abb. 2.41).

**Fall 6.** Durch Mischung mit der halben Abtastfrequenz $f_s/2$ erhält man aus einem Tiefpassfilter ein Hochpassfilter. Dabei ergibt sich die Besonderheit, dass die Cosinuswerte in Gl. (2.40) zu den diskreten Zeitpunkten $kT_s$ nur die Werte $+1$ oder $-1$ annehmen:

$$h_{hp}[kT_s] = 2h_{tp}[kT_s]cos(2\pi(f_s/2)kT_s) = 2(-1)^k h_{tp}[kT_s] \qquad (2.45)$$

Der Index $k$ muss so gewählt werden, dass die ungerade Symmetrie sichergestellt ist. In der MATLAB-Programmsequenz ist dies durch

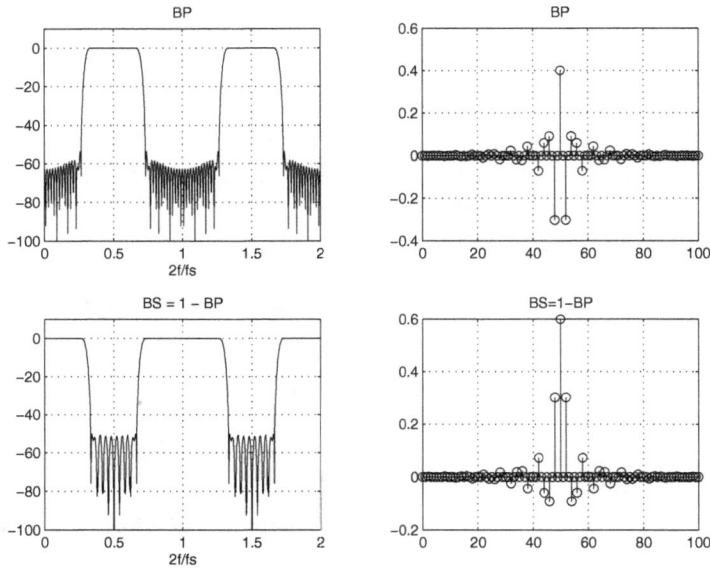

*Abb. 2.41: Bandsperrfilter als komplementäres Filter zu einem Bandpassfilter* (kom_1.m)

```
frtp = 0.6;          nord = 101;
htp = firl(nord, frtp);
if rem(nord,2) == 0
    hhp = htp.*((-1).^(-(nord/2):(nord/2)));
else
    hhp = htp.*((-1).^(1:nord+1));
end;
fvtool(hhp,1,htp,1);     % Frequenzgänge der Filter
```

realisiert. Abb. 2.42 zeigt die Amplitudengänge und Einheitspulsantworten der zwei Filter. Die ungerade Symmetrie der Werte der Einheitspulsantwort des Hochpassfilters ist gewährleistet.

Beispielhaft wurde in den besprochenen Fällen die Funktion **firl** zum Filterentwurf verwendet. Selbstverständlich kann auch jede andere der gezeigten Funktionen zur Entwicklung von FIR-Filtern benutzt werden.

# Experiment 2.6: *Raised-Cosine*-FIR-Filter für die Kommunikationstechnik

Da die Welt analog ist, erfolgt auch die Übertragung digital vorliegender Nachrichten mit Hilfe von analogen Signalen. Es ist Aufgabe des Modulators, einem Nachrichtensymbol eine analoge „Wellenform" (Signal) zuzuordnen, welche stellvertretend für dieses übertragen wird. Da Bandbreite im Allgemeinen das knappste Gut der Nachrichtenübertragung ist, sind die Wellenformen so zu wählen, dass sie möglichst wenig Bandbreite beanspruchen. Eine Wahl von rechteckigen Pulsen, wie in Abb. 2.43c oben dargestellt, verbietet sich in der Regel.

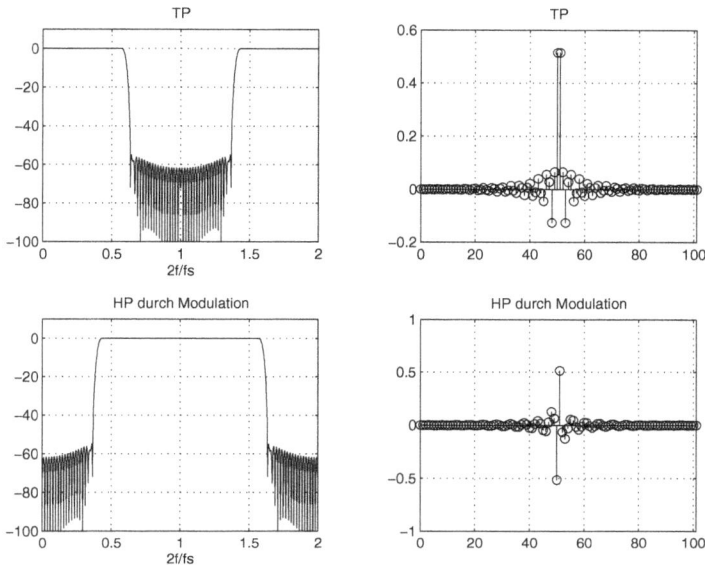

*Abb. 2.42: Hochpassfilter, das aus einem Tiefpassfilter durch Mischung entwickelt wurde (kom_1.m)*

Auf der anderen Seite gilt die fundamentale Eigenschaft der Fourier-Transformation, dass streng bandbegrenzte Signale nicht zeitbegrenzt sein können. Somit ist eine Beschränkung der Wellenformen auf eine endliche Symboldauer $T_{symb}$ bei gleichzeitiger Bandbegrenzung nicht möglich, oder anders gesagt, bei der Übertragung über bandbegrenzte Kanäle wird sich die Wellenform über die Dauer mehrerer Symbole erstrecken und ein übertragenes Symbol wird nachfolgende Symbole stören. Das bezeichnet man als Intersymbol-Interferenz (ISI). Die ISI ist von besonderer Art, weil sie sich im Gegensatz zu den Störungen durch externe Rauschquellen nicht durch Erhöhung der Sendeleistung verbessern lässt. Darum soll durch die Wahl der Wellenform die Intersymbol-Interferenz möglichst klein gehalten werden.

Im Demodulator wird die Entscheidung darüber, welche Wellenform, und damit welches Modulationssymbol gesendet wurde, im Symboltakt getroffen. Die Forderung ist, dass zu diesen Entscheidungszeitpunkten die Wellenformen der vorher gesendeten Symbole das aktuelle Symbol nicht stören, also den Wert null annehmen. Damit müssen die Wellenformen so gestaltet werden, dass sie im Abstand der Symboldauer (außer bei $t = 0$) Nulldurchgänge haben.

Diese Forderung wurde erstmals von Nyquist gestellt und wird daher auch als erste Nyquist-Bedingung zur ISI-Freiheit bezeichnet. Die Raised-Cosine-Pulsform ist eine Wellenform, welche die Nyquist-Bedingung erfüllt und sehr häufig in der Kommunikationstechnik verwendet wird, deshalb soll sie hier vorgestellt werden [61], [60].

In digitalen Nachrichtenübertragungssystemen ist der Modulator gewöhnlich digital realisiert. Das bedeutet, dass die zu sendenden analogen Wellenformen als zeitdiskretes Signal realisiert werden und später im D/A-Wandler in zeit- und amplitudenkontinuierliche Signale gewandelt werden. Das Abtasttheorem fordert als Abtastfrequenz mindestens die doppelte

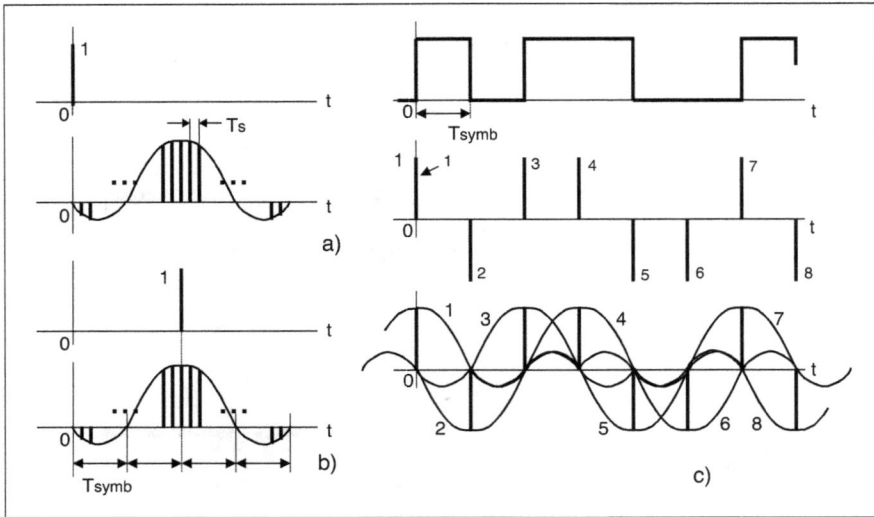

Abb. 2.43: Übertragung binärer Daten über bandbegrenzte Kanäle

**Bandbreite der Wellenform.** Die Bandbreite der Wellenform ist, wie sich später zeigen wird, bis zu zwei mal größer als die Symbolfrequenz $f_{Symb} = 1/T_{Symb}$, der Kehrwert der Symboldauer. Um die Forderungen an den Tiefpass bei der D/A-Wandlung nicht zu streng werden zu lassen, arbeitet man in der Praxis im Modulator nicht mit der kritischen Abtastfrequenz, die bei der zwei- bis vierfachen Symbolfrequenz wäre, sondern überabgetastet mit 5 bis 10 Abtastwerten je Symboldauer. Das ist in Abb. 2.43a und Abb. 2.43b angedeutet. Die Zeitdauer $T_s$ bezeichnet die Abtastperiode und $T_{Symb}$ die Symboldauer.

Zur Erzeugung der Wellenformen kann man sich im Modulator ein Filter (das sogenannte Pulsformungsfilter) vorstellen, dessen Einheitspulsantwort die gewünschte Wellenform ist und das durch Einheitspulse angeregt wird. Beispielhaft ist dies in Abb. 2.43c für eine 2-PSK angedeutet, bei der der Modulator den binären Symbolen „0" und „1" Einheitspulse mit den (normierten) Gewichten 1 und −1 zur Anregung des Filters zuordnet. Die Einheitspulsantwort des Filters wurde zur leichteren Zuordnung von Einheitspulsen zur Antwort in ihrer nichtkausalen Darstellung wie in Abb. 2.43b angenommen, so dass die Antwort zum Zeitpunkt des Impulses den Maximalwert erreicht. Zur Erleichterung der Zuordnung sind in Abb. 2.43c die Einheitspulse und die Antworten des Filters dazu nummeriert. Das Ausgangssignal des Modulators ergibt sich aus der Addition der im unteren Diagramm von Abb. 2.43c dargestellten Antworten des Filters auf die einzelnen Anregungen.

Man beobachtet, dass wegen den Nulldurchgängen im Symbolabstand zum Symbolentscheidungszeitpunkt (der unter Vernachlässigung von Laufzeiten gleich mit dem Zeitpunkt der Einheitspulse angenommen wurde) der Wert des Modulatorausgangssignals nur vom aktuellen Symbol, nicht aber von vorhergehenden oder (wegen der nichtkausalen Darstellung) von nachfolgenden Symbolen abhängt.

Wellenformen, welche die Nyquist-Bedingung erfüllen, haben einen $sin(x)/x$-ähnlichen Verlauf. Den minimalen Bandbreitenbedarf im Bandpassbereich, und zwar gleich der Symbolfrequenz $f_{Symb}$, hat gerade die $sin(x)/x$-Wellenform, doch sie ist aus den bekannten Gründen nicht realisierbar. Besser realisierbar ist die Raised-Cosine-Wellenform, deren zeitdiskrete Form durch folgende Gleichung gegeben ist [61]:

$$h_{rc}[kT_s] = \frac{sin(\pi kT_s/T_{symb})}{\pi kT_s/T_{symb}} \frac{cos(\pi \alpha kT_s/T_{symb})}{1 - 4\alpha^2(kT_s/T_{symb})^2} \tag{2.46}$$

Sie trägt diesen Namen, weil ihr Amplitudengang einen $cos^2$-förmigen Übergang vom Durchlassbereich in den Sperrbereich besitzt. Weiterhin ist der Durchlassbereich punktsymmetrisch zum Wert 0.5 bei der halben Symbolfrequenz, der sogenannten Nyquist-Frequenz. Diese Symmetrie ist ebenfalls eine Folge der Nyquist-Bedingungen.

Auch die Raised-Cosine-Wellenform hat zunächst unendliche Länge und muss zur Realisierung zeitlich begrenzt und durch Verschiebung (wie in Abb. 2.43a) in ihre kausale Form gebracht werden. Da die Hüllkurve der Raised-Cosine-Wellenform für gebräuchliche Werte des Parameters $\alpha$ schneller abfällt als die Hüllkurve der $sin(x)/x$-Funktion, sind die Realisierungsungenauigkeiten geringer.

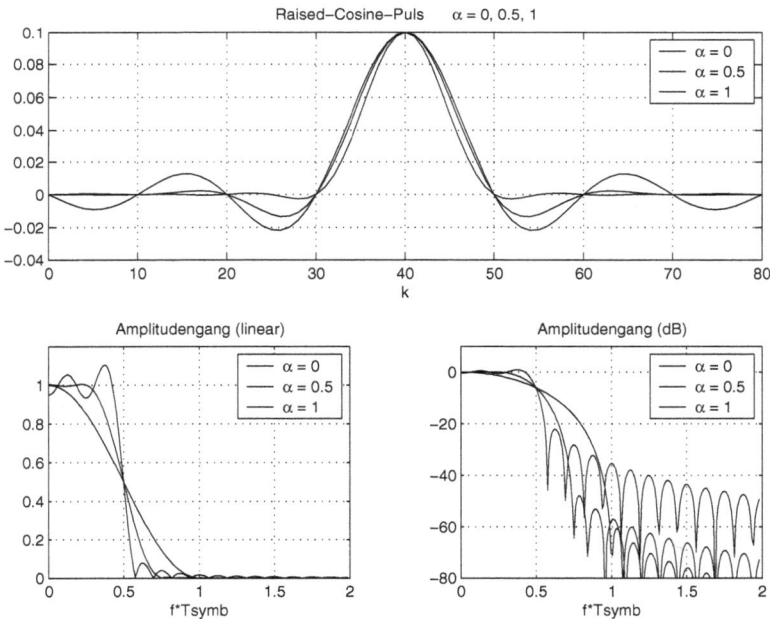

*Abb. 2.44: Raised-Cosine-Wellenformen und ihre Amplitudengänge für $\alpha = 0, 0.5, 1$ (raised_cosine1.m)*

Der Parameter $\alpha$ wird *Roll-Off*-Faktor genannt und kann Werte im Intervall $\alpha \in [0, 1]$ annehmen. Die Bandbreite der Wellenform beträgt bei der Übertragung im Bandpassbereich $B = (1 + \alpha)f_{Symb}$. Im Tiefpassbereich ist sie halb so groß. In der Praxis gebräuchlich sind Werte $\alpha \in [0.2, 0.5]$

In Abb. 2.44 sind oben die Einheitspulsantworten für drei Werte von $\alpha$ und unten die entsprechenden Amplitudengänge (linear und logarithmisch) dargestellt. Dabei wurde die Einheitspulsantwort auf jeweils $m = 4$ Vor- und Nachschwinger begrenzt. Man bemerkt gerade für $\alpha = 0$ (dann entspricht die Raised-Cosine-Wellenform der $sin(x)/x$-Funktion) den Einfluss der zeitlichen Begrenzung der Impulsantwort: der Amplitudengang weist Welligkeit im Durchlass- und im Sperrbereich auf. Für die anderen Werte von $\alpha$ sind diese Abweichungen vom gewünschten Verlauf viel geringer. Die Abbildung wurde mit dem Programm `raised_cosine1.m` realisiert. Folgender Programmausschnitt zeigt den Einsatz der MATLAB-Funktion **firrcos** zum Entwurf von Raised-Cosine-Filtern:

```
Ts = 1e-3;           fs = 1/Ts;
ku = 10;             Tsymb = ku*Ts;          fsymb = 1/Tsymb;
m = 4;
nord = 2*m*ku;       % Ordnung des Filters
fc = 0.5*fsymb;         % In der Kommunikationstechnik
% --------- Raised-Cosine-Antwort
alpha = zeros(3,1);  % Roll-Off-Faktor
hrc = zeros(3, nord+1);
for p = 1:3,
    alpha(p)  = (p-1)/2;
    hrc(p,:)  = firrcos(nord,fc,alpha(p),fs,'rolloff');
end;
```

Es wurde beispielhaft eine Abtastfrequenz von $f_s = 1000$ Hz und eine Symbolfrequenz $f_{Symb} = 100$ Hz angenommen. Da die Funktion allgemein für den Entwurf von Filtern mit $cos^2$-förmigem Übergangsbereich geeignet ist, muss mit dem Parameter `fc = 0.5*fsymb` die Nyquist-Frequenz gleich der halben Symbolfrequenz angegeben werden.

In der Praxis wird beim Sender durch Filterung die Bandbreite des Modulationssignals begrenzt und im Empfänger wird zur Selektion und zur Verbesserung des Signal-Rauschabstands das Empfangssignal auch gefiltert. Da die Gesamtcharakteristik dieser Filter die Nyquist-Bedingungen erfüllen soll, wird die Realisierung des Raised-Cosine-Filters in der Regel auf Sender und auf Empfänger aufgeteilt: bei beiden wird eine Wurzel-Cosinus-Charakteristik realisiert. Dieses ist auch mit der Funktion **firrcos** möglich, durch Angabe der Option `'sqrt'` als weiterer Parameter.

In Abb. 2.45 ist ein Modell (`raised_cosine_2.mdl`) zur Übertragung von Binärdaten mit *Raised-Cosine*-Filter dargestellt. Es wird aus dem Programm `raised_cosine2.m` parametriert und aufgerufen. Im Modell wird mit einem Rauschgenerator gefolgt von einem *Relay*- und *Zero-Order-Hold1*-Block ein bipolares, zufälliges binäres Signal mit der Symboldauer $T_{symb}$ erzeugt.

Mit dem *Upsample*-Block werden aus den rechteckigen Pulsen der Dauer $T_{symb}$ Einheitspulse der Dauer $T_s$ gefolgt von 9 Nullwerten realisiert, was einer Überabtastung mit dem Faktor $k_u = 10$ entspricht. Diese bilden das Eingangssignal des Raised-Cosine-Filters mit der Einheitspulsantwort `hrc`. Das Ausgangssignal des Filters wird gemeinsam mit dem verzögerten binären Signal in der Senke *out1* gespeichert und mit dem Block *Scope* dargestellt. Die Verzögerung des binären Signals beträgt `nord/2`, wobei `nord` die Ordnung des Raised-Cosine-Filters ist und sie gleicht dessen Laufzeit aus. In Abb. 2.46 oben ist ein Ausschnitt aus der zeitrichtigen Überlagerung der beiden Signale dargestellt.

Die Intersymbol-Interferenz lässt sich qualitativ mit einem Augendiagramm bewerten. Bei

*Abb. 2.45: Modell der Übertragung mit Raised-Cosine-Filter* (raised_cosine2.m, raised_cosine_2.mdl)

einem Augendiagramm wird das modulierte Signal symbolsynchron überlagert dargestellt. In Abb. 2.46 unten wurde das Augendiagramm mit einer Länge $3T_{symb}$ dargestellt, und es ist ersichtlich, dass zu den optimalen Entscheidungszeitpunkten (in der Darstellung die Zeitpunkte $5, 15, 25$ Abtastperioden) alle Wellenformen durch die Werte 1 oder $-1$ gehen, zu diesen Zeitpunkten also keine Störungen durch vorhergehende Symbole auftreten. Zu Zeitpunkten, die von den optimalen Entscheidungszeitpunkten abweichen, weicht auch das Signal von den erwarteten Amplituden ab. Diese Abweichungen werden größer, je kleiner der Wert $\alpha$ ist.

Im unteren Teil des Modells werden die spektralen Leistungsdichten des binären und des gefilterten Signals gebildet und gemeinsam mit dem Block *Vector Scope* dargestellt. Wie man in Abb. 2.47 sieht, belegen die gefilterten Signale eine viel kleinere Bandbreite und die Dämpfung der Nebenkeulen ist viel größer.

Würde das Pulsformungsfilter nicht mit Einheitspulsen angeregt werden, sondern mit den in der Digitaltechnik üblichen rechteckförmigen Pulsen mit einer Länge gleich der Symboldauer $T_{symb}$, so muss natürlich die Antwort des Filters auf den rechteckförmigen Puls die gewünschte Wellenform (z.B. Raised-Cosine) ergeben. Man erhält die erforderliche Einheitspulsantwort des Filters durch Entfaltung (Englisch: *Deconvolution*) des rechteckförmigen Pulses aus der gewünschten Wellenform. In der *Signal Processing Toolbox* gibt es für diese Operation die Funktion **deconv**. Im Programm `raised_cosine3.m`, das mit dem Modell `raised_cosine_3.mdl` arbeitet, wird diese Möglichkeit untersucht. Mit

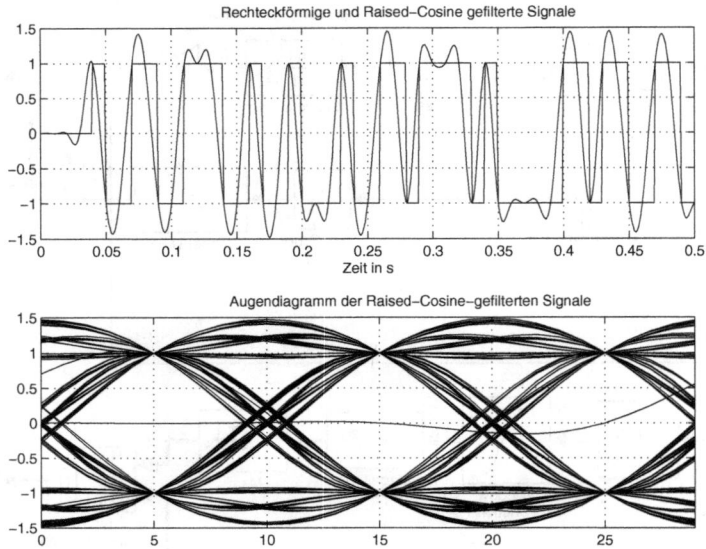

*Abb. 2.46: Rechteckförmige und Raised-Cosine-gefilterte Signale sowie Augendiagramm der Raised-Cosine-gefilterten Signale* (raised_cosine2.m, raised_cosine_2.mdl)

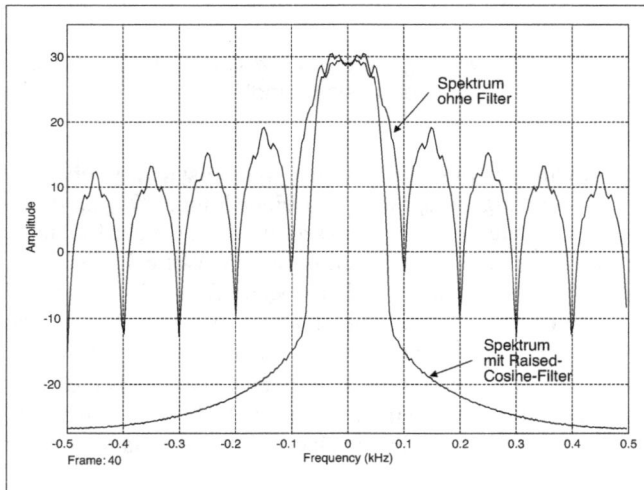

*Abb. 2.47: Spektrale Leistungsdichten des rechteckförmigen und des Raised-Cosine-gefilterten Signals* (raised_cosine2.m, raised_cosine_2.mdl)

```
hrc_puls = deconv(hrc, ones(ku,1));
```

wird die neue Einheitspulsantwort `hrc_puls` aus der Raised-Cosine-Wellenform `hrc` und dem rechteckförmigen Puls `ones(ku,1)` berechnet. Die Ergebnisse sind, wie erwartet, den schon gezeigten Ergebnissen gleich.

In der *Communications Toolbox* gibt es die Funktion **rcosfir** zur Entwicklung von *Raised-Cosine*-FIR-Filtern. Die Argumente dieser Funktion sind besser an die Anwendung in der Kommunikationstechnik angepasst, die Nyquist-Frequenz wird z.B. implizit angenommen. Zur Entwicklung des in diesem Experiment gezeigten Filters würde der Aufruf

```
hrc = rcosfir(alpha, [-m,m], ku, 1);    % Funktion aus der
hrc = hrc/sum(hrc);                      % Communications Toolbox
```

lauten.

# 2.5  Entwurf zeitdiskreter Filter mit dem **fdesign**-Objekt

Die *Signal Processing Toolbox* von MATLAB bietet mit Hilfe der **fdesign**-Objekte eine objektorientierte Methode zum Entwurf von Filtern an. Dabei steht die Spezifikation des Filters im Vordergrund und weniger die spätere Implementierung des Filters. Für eine gewählte Spezifikation können so sehr bequem verschiedene Entwurfsmethoden ausgewählt und verglichen werden, welche am besten die gestellten Anforderungen erfüllt.

Der Entwurfsablauf ist dabei mehrstufig. Zunächst wird mit der fdesign.response-Funktion der Filtertyp ausgewählt. Hier bietet MATLAB eine Vielzahl von Typen an, wie z.B. die klassischen Filtertypen wie Tiefpass (lowpass), Hochpass (highpass) usw., aber auch Hilbertfilter (hilbert) und andere. Ist neben der *Signal Processing Toolbox* auch die *DSP System Toolbox* installiert, so kommen viele weitere Filtertypen hinzu, wie z.B. Kerbfilter (notch), Kammfilter (comb) oder CIC-Kompensationsfilter (ciccomp). Eine vollständige Liste der verfügbaren Filtertypen erhält man mit dem Aufruf help fdesign/responses.

Durch Auswahl des Filtertyps wird ein Objekt erzeugt, welches die Parameter der Spezifikation aufnehmen kann. Diese Parameter sind Filtertyp-spezifisch und müssen mit den gewünschten Werten belegt werden. Anschließend ist die Entwurfsmethode (erneut Filtertyp-spezifisch) auszuwählen. Eine Liste der für den gewählten Filtertyp verfügbaren Entwurfsmethoden erhält man mit der Funktion designmethods. Der eigentliche Entwurf erfolgt schließlich durch den Aufruf der Objekt-Funktion design.

Das Vorgehen soll am Beispiel des Entwurfs eines Tiefpassfilters in dem TP_fdesign1.m-Skript näher erläutert werden. Hierzu ist Abb. 2.48 zu beachten, in welcher die Amplituden-Spezifikationen für ein Tiefpassfilter angegeben sind. Diese sind in englischer Sprache angegeben und entsprechen den Bezeichnungen aus der Beschreibung der fdesign-Objekte. Im Falle des Tiefpassfilters sind das die Welligkeit im Durchlassbereich (*Passband Ripple*), welche in der Spezifikation mit Ap bezeichnet ist, die Dämpfung im Sperrbereich (*Stopband Attenuation*), bezeichnet mit As, die Durchlassfrequenz (*Passfrequency*), bezeichnet mit Fp und die Sperrfrequenz (*Stopfrequency*), bezeichnet mit Fs. Die Werte Ap,As sind in dB anzugeben und die Frequenzen sind in der MATLAB-Konvention relativ zur halben Abtastfrequenz anzugeben. Arbeitet man als mit relativen Frequenzen bezogen auf die Abtastfrequenz $f_s$, so müssen diese Werte bei Übergabe an die fdesign-Objekte mit zwei für multipliziert werden.

```
% Skript TP_fdesign1.m, in dem ein FIR-Tiefpassfilter
% über fdesign-Objekt berechnet wird
clear;
```

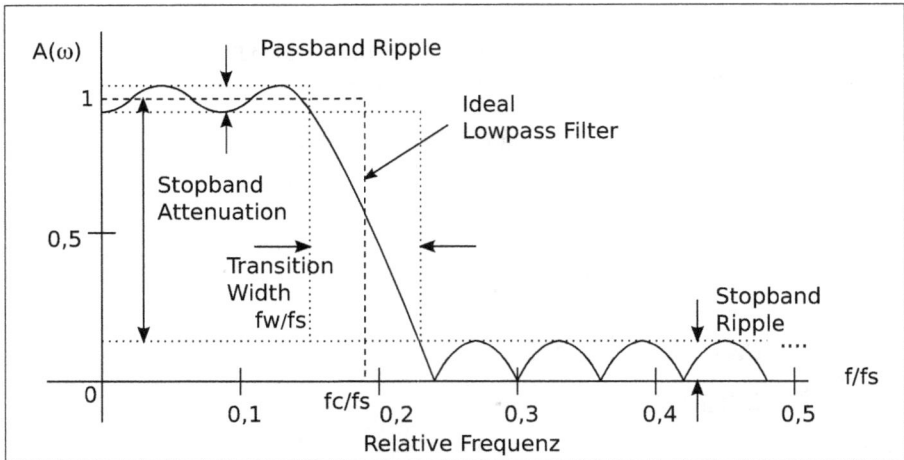

*Abb. 2.48: Amplitudengang-Spezifikationen für ein Tiefpassfilter*

```
% ------- Spezifikationen
fc = 0.2;              % Bandbreite relativ zu fs
fw = 0.03;             % Übergangsbereich relativ zu fs
fp = fc - fw/2;        % Durchlassfrequenz
fs = fc + fw/2;        % Sperrfrequenz
Ap = 0.1;              % Welligkeit im Durchlassbereich in dB
Ast = 60;              % Dämpfung des Sperrbereichs
% ------- Entwicklung des Filters
d = fdesign.lowpass('Fp,Fst,Ap,Ast', fp*2, fs*2, Ap, Ast);
methode = designmethods(d)         % Methoden aufgelistet
H1 = design(d, methode{4});        % IIR-Filter Typ 'ellip'
H2 = design(d, methode{5});        % FIR-Filter Typ 'equiripple'

disp('Filter H1')
get(H1)
disp('Filter H2')
get(H2)
% ------- Koeffizienten b des Zählers und a des Nenners
% des IIR-Filters H1
[b1, a1] = sos2tf(H1.sosMatrix);
b1 = b1*prod(H1.ScaleValues);
[H1f, w] = freqz(b1, a1);
% ------- Koeffizienten b des FIR-Filters H2
b2 = H2.Numerator;
[H2f, w] = freqz(b2, 1);
%###################
figure(1);    clf;
plot(w/(2*pi), 20*log10([abs(H1f), abs(H2f)]));
```

```
title('Amplitudengänge der  zwei Filter in dB');
La = axis;     axis([La(1:2), -100, La(4)]);
xlabel('Relative Frequenz  f / fs');     grid on;
```

Amplitudengänge der  zwei Filter in dB

*Abb. 2.49: Frequenzgänge der Filter H1, H2*

In dem Skript werden zuerst die Parameter der Filter angegeben, wobei die Frequenzen relativ zur Abtastfrequenz $f_s$ spezifiziert sind. Wie erwähnt, sind diese Werte bei der Übergabe an fdesign-Funktionen oder -Objekte mit zwei zu multiplizieren. Für die Welligkeit im Durchlassbereich wurde Ap = 0,1 dB und für die Dämpfung im Sperrbereich wurde Ast = 60 dB gewählt. Das **fdesign**-Objekt d für das Tiefpassfilter wird mit dem Aufruf

```
d = fdesign.lowpass('Fp,Fst,Ap,Ast', fp*2, fs*2, Ap, Ast);
```

definiert. Als response wurde lowpass gewählt und die wichtigsten Spezifikationen wurden der Methode gleich übergeben. Sie können auch nachträglich gesetzt oder verändert werden, indem man die Methode set für das erzeugte Objekt d aufruft.

Das Filter kann mit verschiedenen Methoden entworfen werden. Welche Mehoden für den gewählten Filtertyp zur Verfügng stehen, kann mit der Funktion **designmethods** ermittelt werden:

```
methode = {'butter','cheby1','cheby2','ellip','equiripple',...
                'ifir','kaiserwin','multistage'}
```

In diesem Beispiel werden zwei Filter mit der Funktion **design** berechnet: mit der methode{4} wird ein elliptisches IIR-Filter im Objekt H1 und mit der methode{5} wird ein *equiripple* FIR-Filter im Objekt H2 aus derselben, im Objekt d gespeicherten Spezifikation entworfen.

Die Eigenschaften dieser Objekte werden mit den Funktionen get(H1) bzw. get(H2) dargestellt:

```
Filter H1
        PersistentMemory: 0
      NumSamplesProcessed: 0
         FilterStructure: 'Direct-Form II, Second-Order Sections'
                  States: [2x4 double]
              Arithmetic: 'double'
               sosMatrix: [4x6 double]
             ScaleValues: [5x1 double]
      OptimizeScaleValues: 1
Filter H2
        PersistentMemory: 0
      NumSamplesProcessed: 0
         FilterStructure: 'Direct-Form FIR'
                  States: [94x1 double]
               Numerator: [1x95 double]
              Arithmetic: 'double'
```

Die Funktion **design** liefert die Parameter der Filter in einer Struktur, die der gewählten Entwurfsmethode entspricht. Das erste Filter ist ein rekursives Filter mit der Struktur 'Direct-Form II, Second-Order Sections' und besteht aus 4 sos-Abschnitte zweiter Ordnung, deren Koeffizienten in der Matrix H1.sosMatrix gegeben sind. Die Verstärkungen der Abschnitte werden im Vektor H1.ScaleValues geliefert. Mit

```
[b1, a1] = sos2tf(H1.sosMatrix);
b1 = b1*prod(H1.ScaleValues);
[H1f, w] = freqz(b1, a1);
```

werden die Koeffizienten der Übertragungsfunktion des Filters berechnet. Die Koeffizienten des Zählers des Gesamtfilters muss man mit dem Produkt der Skalierungsfaktoren der einzelnen Abschnitte multiplizieren. Danaqch wird er Frequenzgang in der Variablen H1f ermittelt.

Für das zweite Filter wurde durch **design** die Struktur 'Direct-Form FIR' gewählt und die Koeffizienten des Filters sind im Feld H2.Numerator enthalten. Mit diesen wird dann der Frequenzgang ebenfalls ermittelt.

Abb. 2.49 zeigt die Amplitudengänge der zwei Filter. Man sieht, dass beide die Dämpfung von 60 dB im Sperrbereich einhalten. Mit der Zoom-Funktion kann man auch die Welligkeit von 0.1 dB im Durchlassbereich überprüfen. Alternativ können die Frequenzgänge und die anderen Eigenschaften der beiden Filter (wie z.B. Sprungantwort, Impulsantwort, Null- und Polstellen usw.) auch mit der graphischen Oberfläche **fvtool**

```
fvtool(H1, H2);
```

dargestellt werden.

Neben den in Abb. 2.48 angegebenen Basisparametern sind je nach Filtertyp weitere Parameter spezifizierbar. Der Satz möglicher Spezifikationsparameter umfasst für das Objekt **fdesign.lowpass** beispielsweise folgende:

```
'Fp,Fst,Ap,Ast' (default spec);'N,F3db';'N,F3db,Ap'*;'N,F3db,Ap,Ast'*
'N,F3db,Ast'*;'N,F3db,Fst'*;'N,Fc';"N,Fc,Ap,Ast';'N,Fp,Ap'
'N,Fp,Ap,Ast'
......
```

Dabei ist N die Ordnung des Filters und F3db ist die Frequenz bei der der Amplitudengang um 3 dB gegenüber dem Durchlassbereich abgefallen ist. Die Spezifikationen, welche mit * markiert sind, benötigen die *DSP System Toolbox*.

Im Skript TP_fdesign2.m wird ein FIR-Tiefpassfilter mit folgenden Spezifikationen untersucht:

```
.....
d = fdesign.lowpass('N,Fc,Ap,Ast', N, fc*2, Ap, Ast);
H1 = design(d,'fircls','FilterStructure','dfsymfir');
                % FIR-Filter Typ 'fircls'
%H1 = design(d,'equiripple');
                % FIR-Filter Typ 'equiripple'
.....
```

Dabei wird als Entwurfsmethode fircls (*FIR Constrained Least Squares*) gewählt und als Struktur mit dfsymfir eine solche vorgegeben, welche die Symmetrie der Koeffizienten des FIR-Filters ausnutzt, um die Anzahl der nötigen Operationen zu reduzieren [53], [11]. Diese erweisen sich als vorteilhaft, wenn das Filter im Festkomma-Format implementiert wird.

# 2.6    Zusammenfassung

In diesem Kapitel wurden die wichtigsten Filterentwurfsfunktionen der *Signal Processing Toolbox* mit Beispielen vorgestellt. Nicht besprochen wurden weniger gebräuchliche Filterfunktionen wie z.B. **firgauss**, **fircls1** und **sgolay**. Mit **firgauss** werden FIR-Filter mit Gauß-förmiger Einheitspulsantwort entworfen. Die Funktione **fircls1** löst ähnlich zu **fircls** die Entwurfsaufgabe über die Methode des kleinsten quadratischen Fehlers mit Zwangsbedingungen (*constraints*). Ansonsten sind beide ähnlich den **firls**-Filterfunktionen.

Das sogenannte Savitzky-Golay-Filter [58] (Funktion **sgolay**) dient der Entwicklung von Filtern zur Glättung breitbandiger Signale. Es wird z.B. bei der Filterung von spektrometrischen Daten eingesetzt.

Das Interpolated-FIR-Filter, das man mit der Funktion **intfilt** entwerfen kann, wird später in Zusammenhang mit der Multiraten-Signalverarbeitung untersucht.

Alle in diesem Kapitel untersuchten Filter der *Signal Processing Toolbox* werden mit der höchsten Auflösung von MATLAB berechnet. Im nächsten Kapitel wird der Einfluss der Quantisierung der Koeffizienten und der Signalabtastwerte mit Hilfe von Funktionen aus der *DSP-System-Toolbox* untersucht. Diese enthält auch weitere Verfahren zur Entwicklung von FIR- und IIR-Filtern, die dort besprochen werden.

# 3 Filterentwurf mit der DSP-System-Toolbox

In diesem Kapitel wird der Entwurf digitaler Filter mit den leistungsfähigeren Verfahren der *DSP-System-Toolbox* vorgestellt, welche die Funktionen der vormaligen *Filter-Design-Toolbox* enthält. Es wird insbesondere auf die Probleme beim Entwurf und bei der Implementierung von Filtern im Festkomma-Format eingegangen. Es wird der Einfluss der Quantisierung der Filterkoeffizienten und der Signalabtastwerte untersucht und die verschiedenen Strukturen zur Implementierung der digitalen Filter (*Direct-Form I, Direct-Form II* usw.) bezüglich ihrer numerischen Stabilität besprochen [3], [37], [38], [42], [54].

Die *Signal-Processing-Toolbox* ist historisch bedingt prozedural angelegt. Mit der Version 7 von MATLAB findet für diese Toolbox der Übergang auf ein objektorientiertes Modell statt, allerdings sind die ursprünglichen Prozeduren (Funktionen) weiterhin verfügbar. In der *DSP-System-Toolbox* wird der Schwerpunkt auf den objektorientierten Ansatz gelegt. Die Objekte werden in Form von Strukturen definiert, in denen ihre Daten und Eigenschaften gekapselt sind. Um einen bestimmten Parameter eines Objekts zu erreichen oder zu spezifizieren, wird dem selbst gewählten Namen für das Objekt noch der Name der Eigenschaft, der durch die Toolbox festgelegt ist, hinzugefügt. Für jede Klasse von Objekten gibt es auch Methoden, mit deren Hilfe die Objekte eingesetzt werden (z.B. zum Filtern) oder deren Eigenschaften (z.B. der Frequenzgang) ermittelt werden können.

Zum Entwurf eines Filters mit Koeffizienten im Festkomma-Format werden zunächst Referenzfilter mit Fließkommakoeffizienten in doppelter Genauigkeit mit der *Signal-Processing-Toolbox* oder der *DSP-System-Toolbox* entwickelt und anschließend in quantisierte Filter umgewandelt.

## 3.1 Optimaler Entwurf digitaler Filter

Alle Filterfunktionen der Toolbox verwenden Verfahren, die zu optimalen Lösungen bezüglich eines Kriteriums führen [43], [59], [14]. Es wird von Vorgaben bezüglich des Durchlassbereichs, des Sperrbereichs oder des Übergangsbereichs ausgegangen und ein Fehlermaß minimiert, das über die Abweichung zwischen der gewünschten und der realisierten Eigenschaft definiert ist. Die Abweichung $E(j\omega)$ wird wie folgt definiert:

$$E(j\omega) = W(j\omega)[H(j\omega) - D(j\omega)] \tag{3.1}$$

Dabei sind $D(j\omega)$ der gewünschte, ideale Frequenzgang, $H(j\omega)$ der realisierte Frequenzgang und $W(j\omega)$ ist eine Gewichtungs- oder Bewertungsfunktion, mit der Bereiche des Frequenzgangs stärker gewichtet werden können als andere. Als Fehlermaß $J$ wird die $L_p$-Norm verwendet:

$$J = \int_\Omega |E(j\omega)|^p d\omega \tag{3.2}$$

Mit $\Omega$ wird der Frequenzbereich, in dem die Optimierung durchgeführt wird, bezeichnet. Im diskreten Fall bezieht sich $\Omega$ auf den Nyquist-Bereich 0 bis $2\pi f_s/2$.

In der Praxis [43] wird die $L_2$- und $L_\infty$-Norm benutzt, mit $p = 2$ oder $p = \infty$. Der Fall $p = \infty$ ist wichtig, weil er zu Lösungen mit konstanter Welligkeit (*equiripple*) führt und Filter mit kleinster Ordnung, welche die gewünschten Eigenschaften erfüllen, ergibt. Die $L_\infty$-Norm vereinfacht sich zu

$$max|E(j\omega)|_{\omega \in \Omega} \tag{3.3}$$

und entspricht einer Minimax-Lösung.

Die von der Toolbox angebotenen Entwurfsverfahren für FIR-Filter sind in der Tabelle 3.1 zusammen mit einer kurzen Anmerkung angegeben. Für IIR-Filter sind die Entwurfsverfahren in der Tabelle 3.2 angeführt.

*Tabelle 3.1: Neue Funktionen zum Entwurf von FIR-Filtern*

| Funktion | Beschreibung |
|---|---|
| fircband | zum Entwurf von Remez-FIR-Filtern mit bedingten Bändern |
| firceqrip | zum Entwurf bedingter, *equiripple* FIR-Filter |
| firgr | zum Entwurf optimaler *equiripple* FIR-Filter mit dem Parks-McClellan Algorithmus |
| firhalfband | zum Entwurf von Halbband-FIR-Filtern |
| firlpnorm | zum Entwurf von FIR-Filtern beliebiger p-Norm |
| firminphase | zum Entwurf minimalphasiger FIR-Filter mit linearer Phase |
| firnyquist | zum Entwurf von Nyquist-FIR-Filtern |
| ifir | zum Entwurf von interpolierten FIR-Filtern |

*Tabelle 3.2: Neue Funktionen zum Entwurf von IIR-Filtern*

| Funktion | Beschreibung |
|---|---|
| iircomb | zum Entwurf von Kammfiltern |
| iirgrpdelay | zum Entwurf von p-Norm-IIR-Filtern mit vorgegebener Gruppenlaufzeit |
| iirlpnorm | zum Entwurf von p-Norm-IIR-Filtern |
| iirlpnormc | zum Entwurf von bedingten p-Norm-IIR-Filtern |
| iirnotch | zum Entwurf von IIR-Kerbfiltern (*Notch*-Filter) |
| iirpeak | zum Entwurf von IIR-Filtern zur Dämpfung oder Hervorhebung einer bestimmten Frequenz |

Die *DSP-System-Toolbox* enthält auch Funktionen zur Transformation von Filtern z.B. zur Tiefpass-Tiefpass-, Tiefpass-Hochpass-Transformation usw., die in der Tabelle 3.3 zusammengefasst sind.

*Tabelle 3.3: Filtertransformationen*

| Funktion | Beschreibung |
|---|---|
| `ca2tf` | wandelt Filter aus der gekoppelten Allpassform in die Übertragungsfunktionsform |
| `cl2tf` | wandelt Filter aus der gekoppelten Lattice-Allpassform in die Übertragungsfunktionsform |
| `convert` | wandelt **dfilt**-Objekte in verschiedene Formen |
| `firlp2lp` | wandelt FIR-Tiefpassfilter in Tiefpassfilter mit anderen Spezifikationen |
| `iirlp2bp` | wandelt IIR-Tiefpassfilter in Bandpassfilter |
| `iirlp2bs` | wandelt IIR-Tiefpassfilter in Bandsperrfilter |
| `iirlp2hp` | wandelt IIR-Tiefpassfilter in Hochpassfilter |
| `iirlp2lp` | wandelt IIR-Tiefpassfilter in Tiefpassfilter |
| `iirpowcom` | ermittelt das leistungskomplementäre IIR-Filter |
| `tf2ca` | wandelt die Übertragungsfunktionsform in die gekoppelte Allpassform |
| `tf2cl` | wandelt die Übertragungsfunktionsform in die gekoppelte Lattice-Allpassform |

Die zeitdiskreten Objekte **dfilt** und **fdesign** zum Entwurf von FIR- und IIR-Filtern werden später in diesem Kapitel in Zusammenhang mit quantisierten Filtern dargestellt. Die adaptiven und Multiraten-Filter sowie die dazugehörenden Objekte werden in gesonderten Kapiteln erläutert.

Nachfolgend werden einige der neuen Funktionen aus Tabelle 3.1 und Tabelle 3.2 zum Entwurf von FIR- und IIR-Filtern mit Versuchen dargestellt.

### 3.1.1 Entwurf der FIR-Filter mit der Funktion *firgr*

Die Funktion **firgr** verwendet zum Filterentwurf ebenso wie die Funktion **firpm** (siehe auch Abschnitt 2.4.5) den Parks-McClellan-Algorithmus, der eine Tschebyschev-Approximation basierend auf dem *Remez Exchange*-Algorithmus implementiert [59]. Insofern liefern beide Funktionen bei gleichen Eingabeparametern auch dieselben Ergebnisse. Gegenüber **firpm** bietet die Funktion **firgr** jedoch viel mehr Möglichkeiten zur Beeinflussung des Filterentwurfs sowie Rückmeldungen über den Entwurfsvorgang. Zusätzlich zur Einheitspulsantwort oder den Filterkoeffizienten wird z.B. ein Feld zurückgeliefert, in dem der nicht bewertete Fehler des Optimierungsprozesses enthalten ist sowie eine Struktur mit vielen Informationen über das entwickelte Filter.

Als Beispiel wird mit

```
[b,err,res] = firgr(22, [0 0.4 0.5 1],[1 1 0 0],[10,1]);
```

ein FIR-Tiefpassfilter mit denselben Argumenten wie für den Befehl **firpm** entwickelt. In `err` wird der erwähnte Fehler zurückgeliefert (hier `err = 0.1360`) und die Struktur `res` enthält Informationen, die in der Tabelle 3.4 dargestellt sind.

*Tabelle 3.4: Informationen in dem Rückgabeparameter res*

| Strukturelement | Inhalt |
|---|---|
| res.order | Ordnung des Filters |
| res.fgrid | Vektor mit dem Frequenzgitter, das im Optimierungsprozess benutzt wird |
| res.H | Komplexer Frequenzgang an den Gitterpunkten res.fgrid |
| res.error | Fehler an den Gitterpunkten (gewünschter abzüglich realisierter Amplitudengang) |
| res.des | gewünschter Amplitudengang am Frequenzgitter |
| res.wt | Bewertung oder Gewichtung am Frequenzgitter |
| res.iextr | Vektor der Indizes im Frequenzgitter mit den Extremalfrequenzen |
| res.fextr | Vektor der Extremalfrequenzen (Ableitung gleich null) |
| res.iterations | Anzahl der Iterationen des Remez-Verfahrens |
| res.evals | Anzahl der Evaluierungen von Funktionen |
| res.edgeCheck | zeigt die Anomalien der Übergangsbereiche (wenn Option 'check' aktiv) |
| res.returnCode | zeigt, ob der Entwurf konvergiert ist. Sinnvoll wenn die Funktion **firgr** aus einer anderen m-Datei aufgerufen wird |

Die Elemente der Struktur können in weiteren Befehlen eingesetzt werden, wie z.B. für die Darstellung des Frequenzgangs:

```
f=[0 0.4 0.5 1];
m=[1 1 0 0];
w=[10,1];
[b,fehler,res]=firgr(22, f,m,w);
plot(res.fgrid, abs(res.H));
%fvtool(b);
%fvtool(b,1);
```

Im Aufruf der Funktion **firgr** definiert der Vektor f ein Filter mit zwei Bereichen und zwar von der relativen Frequenz 0 bis 0.4 und von 0.5 bis 1. Der Vektor m = [1 1 0 0] gibt an, dass im ersten Bereich der gewünschte Amplitudengang 1 ist, während er im zweiten Bereich 0 sein soll, dass also ein Tiefpassfilter entworfen werden soll. Der Vektor w = [10,1] definiert die Bewertungsfunktion gemäß Gl. (3.1) für die zwei Bereiche. Die Bewertung ist relativ, also sollen in diesem Beispiel die Abweichungen des realisierten Amplitudengangs im Vergleich zum geforderten idealen Amplitudengang im Durchlassbereich zehn mal stärker gewichtet werden als die im Sperrbereich. Mit denselben Eingangsparametern könnte man auch die Funktion **firpm** aufrufen und man erhielte dieselbe Einheitspulsantwort.

Mit der Programmsequenz

```
[b,feh,erg]=firgr('minord',[0 0.4 0.5 1],[1 1 0 0],...
                  [0.01, 0.001]);
fvtool(b,1);
```

wird ein Filter mit minimaler Ordnung ermittelt. Das Argument `'minord'` kann durch `'minodd'` bzw. `'mineven'` ersetzt werden, wenn man eine ungerade oder gerade Ordnung wünscht. Wird die Ordnung nicht explizit vorgegeben, so ist ein weiteres Argument (in diesem Beispiel der Vektor `diff = [0.01, 0.001]`) erforderlich, der die absoluten Abweichungen im ersten und im zweiten Bereich angibt. Beim Aufruf mit `'minord'`, `'minodd'` oder `'mineven'` kann in Form eines Zellfeldes auch eine Anfangsordnung für den Optimierungsprozess angeben werden.

Die Sequenz

```
h = firgr(42,[0 0.1 0.13 0.2 0.6 0.65 0.7 1],...
        [1 1 0 1 1 0 1 1],{'n' 'n' 's' 'n' 'n' 's' 'n' 'n'});
freqz(h,1,1024);
La = axis;    axis([La(1:2), -60, 10]);
```

ermittelt ein Filter mit zwei Kerben (*notches*) bei den relativen Frequenzen von 0.13 und 0.65. Mit dem Zellfeld wird angegeben, wie die Werte aus dem Vektor der Frequenzen bzw. aus dem Vektor des Amplitudengangs zu interpretieren sind: mit `'n'` werden Werte als (untere und obere) Bandgrenzen gekennzeichnet und mit `'s'` werden sogenannte *Single-Point-Band*-Werte angegeben, also Frequenzbänder deren untere Grenze gleich der oberen Grenze ist und die somit nur durch einen Wert charakterisiert sind. Die *Single-Point-Band*-Werte ergeben die Kerben im Frequenzbereich.

Wenn z.B. bei einem Hochpassfilter zusätzlich im Sperrbereich eine bestimmte Frequenz voll gesperrt sein soll (z.B. bei $f_r = 0.1$), dann kann man diese Frequenz mit `'f'` (*forced frequency point*) kennzeichnen und im Vektor der Amplitudengänge den Wert null eintragen:

```
h = firgr(128,[0 0.099 0.1 0.2 0.25 1],[0 0 0 0 1 1],...
        {'n' 'i' 'f' 'n' 'n' 'n'});
freqz(h,1, 1024);
```

Normalerweise kann der Wert des Amplitudengangs nur für Punkte an den Bereichsgrenzen vorgegeben werden. Ist die Frequenz, für die man den Amplitudengang festlegen will, gerade keine Grenze, so fügt man einen zusätzlichen Punkt ein, so dass diese Frequenz eine Grenze wird und kennzeichnet den zusätzlichen Punkt mit `'i'` (*indeterminate frequency point*). Diese Möglichkeit ist sehr nützlich, wenn man z.B. die Frequenz des öffentlichen Stromnetzes („Netzbrumm") zusätzlich zu einer bestimmten Filterfunktion stärker unterdrücken möchte. In dem Aufrufbeispiel entstehen folgende Bänder: von der relativen Frequenz 0 bis 0.099, von 0.1 bis 0.2 und von 0.25 bis 1. Es darf nicht vergessen werden, dass die Vektoren der Frequenzen und entsprechend auch der Amplitudengänge paarweise erscheinen müssen.

Eine Erweiterung dieser Möglichkeit wird mit

```
h = firgr(128,[0 0.099 0.1 0.2 0.25 1],[0 0 0 0 1 1],...
        {'n' 'i' 'f' 'n' 'n' 'n'},[10 1 1], {'e1','e2','e3'});
freqz(h,1, 1024);
```

erhalten. Hier ist noch der Vektor (`[10 1 1]`) der Bewertung der Bereiche hinzugefügt und mit dem Zellfeld wird angegeben, dass jeder Bereich mit einem anderen Approximationsfehler in den Optimierungsprozess eingehen kann.

Abb. 3.1 zeigt die Amplitudengänge von vier Hochpassfiltern mit jeweils gleicher Spezifikation für die Frequenzbänder, die sich nur durch die Bewertungsvektoren unterscheiden:

```
W1 = [10,1,1];
h1 = firgr(128,[0 0.299 0.3 0.6 0.65 1],[0 0 0 0 1 1],...
        {'n' 'i' 'f' 'n' 'n' 'n'},W1, {'e1','e2','e3'});
W2 = [1,10,10];
h2 = firgr(128,[0 0.299 0.3 0.6 0.65 1],[0 0 0 0 1 1],...
        {'n' 'i' 'f' 'n' 'n' 'n'},W2, {'e1','e2','e3'});
W3 = [1,1,10];
h3 = firgr(128,[0 0.299 0.3 0.6 0.65 1],[0 0 0 0 1 1],...
        {'n' 'i' 'f' 'n' 'n' 'n'},W3, {'e1','e2','e3'});
W4 = [1,10,1];
h4 = firgr(128,[0 0.299 0.3 0.6 0.65 1],[0 0 0 0 1 1],...
        {'n' 'i' 'f' 'n' 'n' 'n'},W4, {'e1','e2','e3'});
```

*Abb. 3.1: Amplitudengänge für verschiedene Bewertungen (firgr_1.m)*

Der Einfluss der Bewertungen auf den Amplitudengang und damit auch die Notwendigkeit ihrer sorgfältigen Wahl wird anhand der Abbildungen deutlich. Im Falle der Bewertung [1,1,10] hätte man für die ersten zwei Bereiche gleiche Dämpfungspegel erwartet, doch man sieht, dass dies wegen des Übergangs vom Sperr- in den Durchlassbereich nicht der Fall sein kann. Man beachte beim Vergleich auch die unterschiedliche Skalierung der Ordinate.

Die angegebene Programmsequenz befindet sich in der Datei firgr_1.m. Die vorher angeführten Codefragmente können in das MATLAB-Kommandofenster kopiert und ausgeführt werden. Da es ratsam ist, bei jedem Entwurf mit Optimierungsverfahren den sich ergebenden Frequenzgang zu überprüfen, ist jedes Mal auch die Darstellung des Frequenzgangs enthalten.

# Experiment 3.1: Entwurf und Untersuchung eines Differenzierers

Es soll ein FIR-Filter entwickelt und untersucht werden, das im Nyquist-Bereich bis zur relativen Frequenz $2f/f_s = 0.5$ Differenzierverhalten hat und danach bis zur relativen Frequenz $2f/f_s = 1$ einen Sperrbereich aufweist, in der Annahme, dass in diesem Bereich eine Störung vorhanden ist. In der einfachsten Form kann dies mit

```
nord = 128;
f = [0, 0.5, 0.54, 1];          m = [0, 1, 0, 0];
W1 = [10, 1];
[h1,feh,erg] = firgr(nord,f,m,W1,'d');
```

erreicht werden. Mit diesen Parametern könnte man auch die Funktion **firpm** verwenden, um dasselbe Ergebnis zu erhalten.

Durch 'd' wird der Funktion angegeben, dass ein Differenzierer verlangt wird. Ohne diese Option würde der Amplitudengang des entworfenen FIR-Filters zwar dem eines Differenzierers entsprechen, die Phase aber nicht. Gewünscht wird von einem Differenzierer die konstante Phase $\pi/2$, die allerdings von einem linearen Phasenterm überlagert wird. Dieser Term ergibt sich aus der Verschiebung der Einheitspulsantwort, um ein kausales Filter zu erhalten.

Mit der geraden Filterordnung `nord` erhält man eine Verzögerung von `nord/2` Abtastperioden und dadurch einen linearen Phasenanteil der Form:

```
-2*pi*(0:nf-1)/(2*nf)*nord/2
```

Hierbei ist `nf` die Anzahl der Stützstellen, mit denen der Frequenzgang im Bereich (von 0 bis $f_s/2$) dargestellt wird.

Im Programm `teil_diff1.m` werden zwei Differenzierer mit unterschiedlichen Gewichtungen entworfen:

```
% -------- Spezifikationen
f = [0, 0.5, 0.54, 1];          m = [0, 1, 0, 0];
% -------- Lösungen für das Filter
nord = 128;        % Sollte gerader Ordnung sein
W1 = [10,1];
[h1,feh,erg] = firgr(nord,f,m,W1,'d');
W2 = [10,10];
[h2,feh,erg] = firgr(nord,f,m,W2,{'e1','e2'},'d');
% -------- Frequenzgänge
nf = 1024;
[H1,w] = freqz(h1,1, nf);       [H2,w] = freqz(h2,1, nf);

phi1 = unwrap(angle(H1))' + 2*pi*(0:nf-1)/(2*nf)*(nord/2);
phi2 = unwrap(angle(H2))' + 2*pi*(0:nf-1)/(2*nf)*(nord/2);
```

In Abb. 3.2 sind die Frequenzgänge der beiden Filter dargestellt. Um den konstanten Phasengang des Differenzierers zu verdeutlichen, wurde der durch die Verschiebung bedingte lineare Anteil der Phase für die Darstellung kompensiert. Im Sperrbereich ist die Kompensation nicht möglich und die Werte driften ab. Um den Amplitudengang und den Phasengang in das selbe Diagramm zu zeichnen wurde der Befehl **plotyy** benutzt. Die Achse für den Phasengang ist rechts und die für den Amplitudengang links dargestellt. Als Beispiel wird die Programmsequenz für die erste Darstellung gezeigt:

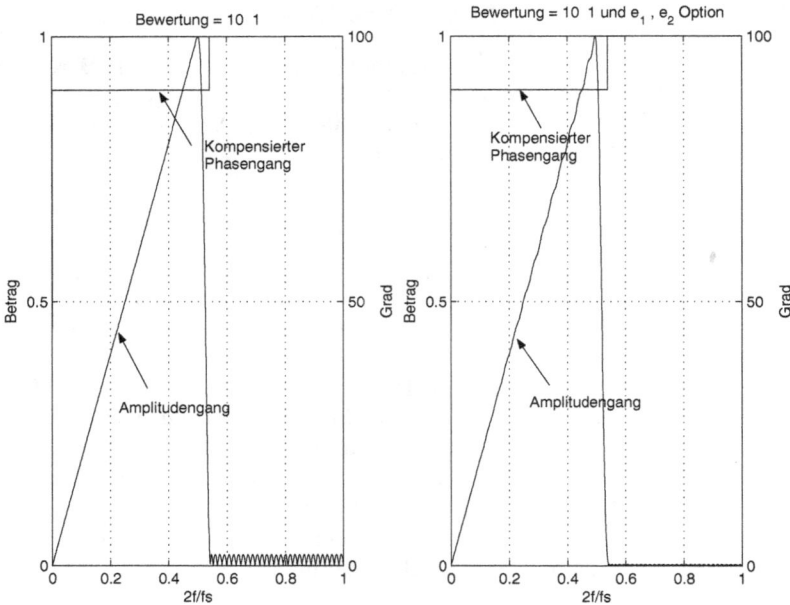

*Abb. 3.2: Frequenzgänge der Differenzierer* (teil_diff1.m)

```
subplot(121),
[ax,z1,z2] = plotyy(w/pi, (abs(H1)),w/pi, phi1*180/pi);
axes(ax(1));   % Koordinaten für Amplitudengang
title(['Bewertung = ',num2str(W1)]);
xlabel('2f/fs');   grid;
ylabel('Betrag');
La = axis;   axis([La(1:2), 0, 1]);


axes(ax(2));   % Koordinaten für den Phasengang
La = axis;   axis([La(1:2), 0, 100]);
ylabel('Grad');
set(ax(2), 'Ytick', [0:50:100]);
```

Wenn die Verzögerung die durch die Filter entsteht, kompensiert wird, zeigt die Antwort auf sinusförmige Eingangssignale die erwartete Phasenverschiebung von $\pi/2$ (Abb. 3.3). Nach dem Einschwingvorgang ist die Phasenverschiebung in der Abbildung erkennbar. Folgende Programmsequenz führt zur ersten Darstellung aus Abb. 3.3 oben:

```
fr = 0.01;                x = cos(2*pi*fr*(0:1000));
y = filter(h1*0.25/fr, 1, x);
subplot(211),
nd = fix(length(x)/2);
stairs(0:nd-1,[x(1:nd)', y(nord/2+1:nd+nord/2)']);
title(['Eingang- und Ausgangssignal (f/fs=',num2str(fr),')']);
```

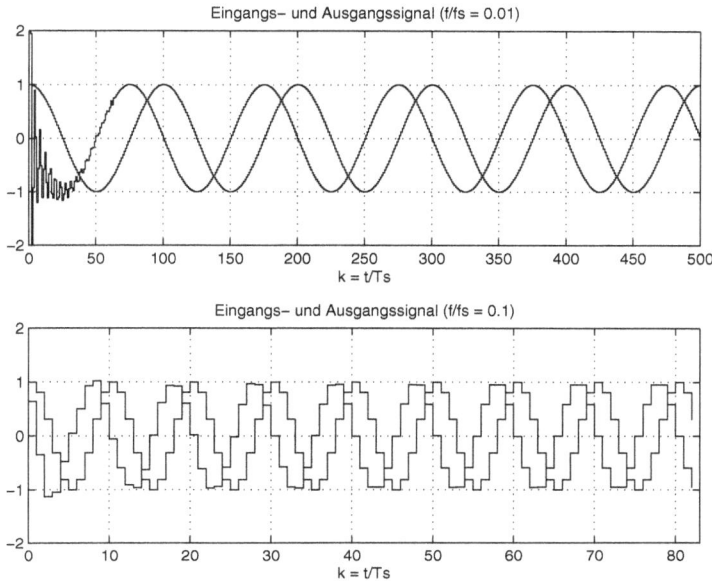

*Abb. 3.3: Antworten auf ein sinusförmiges Signal* (teil_diff1.m)

```
xlabel('k=t/Ts');    grid;
La = axis;    axis([La(1), nd, -2, 2]);
```

Die Darstellung in Abb. 3.3 unten[1] wird mit einer ähnlichen Sequenz erhalten. Da das Eingangssignal nach nord/2 das Ausgangssignal bestimmt, ist mit

```
stairs(0:nd-1,[x(1:nd)', y(nord/2+1:nd+nord/2)']);
```

die Verzögerung durch das Filter in die Darstellung einbezogen. Die Einheitspulsantwort des Differenzierers wurde mit dem Faktor 0.25/fr gewichtet, um gleiche Amplituden zu erhalten. Dieser Wert ist der Kehrwert der Dämpfung, die das Filter (der Differenzierer) bei der Frequenz fr des Signals hat (Abb. 3.2).

Zur Beurteilung der Qualität der entwickelten Differenzierer wird ein Experiment vorgeschlagen, das eine in der messtechnischen Praxis häufig vorkommende Situation nachbildet: Elektromechanische Induktionssensoren liefern ein Ausgangssignal, das proportional zur Geschwindigkeit eines Maschinenelements ist. Zur Bestimmung der Beschleunigung wird dieses Signal differenziert.

Abb. 3.4 zeigt das Modell für das Experiment. Mit Hilfe eines bandbegrenzten Rauschsignals wird die zeitkontinuierliche Beschleunigung des Sensors simuliert. Es wird weiter angenommen, dass dem Signal des Sensors eine sinusförmige Störung überlagert ist. Man benötigt somit eine Differenzierung nur in einem begrenztem Frequenzbereich und ansonsten einen

---

[1]Die Darstellung ist „stufig", weil der Befehl **stairs** zur Darstellung verwendet wurde. In der unteren Abbildung sind die Stufen sichtbar, weil das Verhältnis zwischen der Frequenz des sinusförmigen Signals und der Abtastfrequenz lediglich 10 beträgt. In der oberen Darstellung sind die Stufen kaum sichtbar, weil dieses Verhältnis 100 ist.

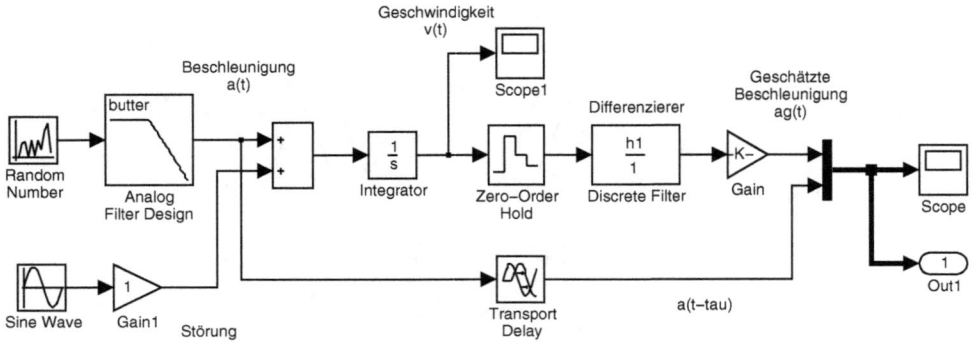

*Abb. 3.4: Überprüfung der Qualität des Differenzierers* (teil_diff2.m, teil_diff_2.mdl )

Sperrbereich, wie im zuvor entwickelten FIR-Differenzierer.

Durch eine zeitkontinuierliche Integration im Block *Integrator* wird das Ausgangssignal des Geschwindigkeitssensors simuliert. Hier beginnt nun das Messsystem, das über den jetzt zeitdiskreten Differenzierer die Beschleunigung schätzt. Wenn das FIR-Filter die Differenzierung korrekt realisiert, muss das Ausgangssignal so aussehen, als wäre es aus der ursprünglichen Beschleunigung durch Abtastung entstanden.

Das hier eingesetzte FIR-Differenzierfilter besitzt bei der Frequenz $2f/f_s = 0.5$ eine Verstärkung gleich eins (Abb. 3.2). Ein idealer Differenzierer besitzt eine Übertragungsfunktion der Form:

$$H(j\omega) = j\omega \quad \text{oder} \quad H(j2\pi f) = j2\pi f = j\pi(2f/f_s)f_s \tag{3.4}$$

also ist die Verstärkung bei der Frequenz $2f/f_s = 0.5$ gleich $\pi 0.5 f_s$. Um in der Simulation dieselbe Verstärkung wie beim idealen Differenzierer zu haben, wird das Ausgangssignal des FIR-Differenzierfilters mit $\pi 0.5 f_s$ multipliziert.

Im Programm teil_diff2.m wird das Filter entworfen und das Simulink-Modell initialisiert und gestartet. Der Entwurf und die Darstellung des Frequenzgangs des Filters sind aus dem Programm teil_diff1.m übernommen. Die Initialisierung und der Aufruf des Simulink-Modells geschieht durch die Programmsequenz:

```
% --------- Initialisierung des Modells
fs = 1000;         Ts = 1/fs;
frausch = 0.8*fs/4; % Bandbreite des Rauschsignals
fst = 0.7*fs/2; % Frequenz der Störung
K = (pi/2)*fs;   % Verstärkungsfaktor
delay = (nord/2)*Ts;
% -------- Aufruf der Simulation
my_options = simset('OutputVariables', 'ty');
[t,x,y] = sim('teil_diff_2', [0,1],my_options);
```

Mit der Funktion **simset** wird festgelegt, dass nur die Ausgangsvariablen t und y aus dem Aufruf des Befehls **sim** zu liefern sind. Die Ausgangsvariable y entspricht den zwei Signalen, die mit dem *Scope*-Block dargestellt und in der Senke *Out1* gespeichert werden.

Abb. 3.5: *Tatsächliche und geschätzte Beschleunigung* (teil_diff2.m, teil_diff_2.mdl )

In Abb. 3.5 sind die zeitkontinuierliche, über den Block *Transport Delay* verzögerte Beschleunigung und die zeitdiskrete, geschätzte Beschleunigung überlagert dargestellt. Der untere Ausschnitt verdeutlicht, dass der Differenzierer korrekt arbeitet.

Die Simulation wurde mit einer Abtastfrequenz $f_s = 1000$ Hz, einer Bandbreite des Rauschsignals $f_{rausch} = 200$ Hz und einer Störung der Frequenz $f_{st} = 350$ Hz durchgeführt. Die Störung wird mit ca. $-45$ dB (Faktor 0.0056) unterdrückt, wie es aus der Darstellung des Amplitudengangs des Differenzierers hervorgeht. Diese Darstellung wird von dem Programm erzeugt, ist aber hier nicht abgebildet.

## 3.1.2    Die Funktionen **firlpnorm** und **firceqrip** zum Entwurf von FIR-Filtern

Die Funktion **firlpnorm** verwendet als Optimierungskriterium die Minimierung der $L_p$-Norm gemäß Gl. (3.2). Ohne Angabe des Parameters p wird p = 128 angenommen, was praktisch der $L_\infty$-Norm entspricht. Mit dieser Funktion kann man Filter mit nichtlinearer und minimaler Phase entwerfen. Die einfachste Form dieser Funktion

```
h = firlpnorm(nord, f, edges, m)
```

benötigt folgende Argumente: nord als Ordnung des Filters, f und m als Vektoren mit gleicher Länge, die die Stützfrequenzen und die Werte des Amplitudengangs an diesen Frequenzen enthalten sowie edges als Eckfrequenzen. Die Eckfrequenzen sind eine Untermenge der Frequenzen aus f und definieren die Bandgrenzen der Filter. Die zu den Eckfrequenzen zusätzlich in dem Vektor f angegebenen Stützstellen erlauben die Spezifikation des Amplitudengangs auch an anderen Stellen als an den Bandgrenzen. Als Beispiel wird ein Filter zur Kompensation des Tiefpasseffekts eines D/A-Wandlers, der als Halteglied nullter Ordnung angesehen werden kann (siehe Abb. 1.17), entwickelt:

```
nord = 6;
f = [0:0.2:1];   m = [1./sinc(0.5*(0:0.2:1))];  edges =[0,1];
h = firlpnorm(nord, f, edges, m);
[H,w]=freqz(h,1,256,'whole');
subplot(221), plot(w/pi, abs(H));
title('Amplitudengang'); grid;
subplot(223), plot(w/pi, angle(H));
title('Phasegang'); grid;
subplot(122), stem(0:length(h)-1, h);
title('Einheitspulsantwort'); grid
```

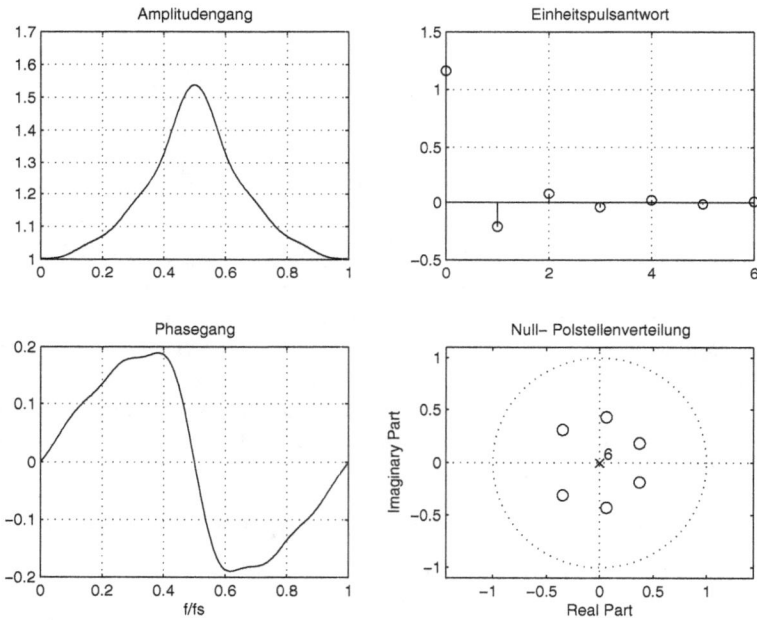

*Abb. 3.6: Eigenschaften eines FIR-Filter, das mit der Funktion **firlpnorm** entwickelt wurde (lpnormfir1.m)*

Mit einem Bewertungsvektor Wb der Größe gleich der Vektoren f und m kann die Optimierung zusätzlich beeinflusst werden:

```
Wb = [10 8 6 4 2 1];
h = firlpnorm(nord, f, edges, m, Wb);
```

Wenn die Option `'minphase'` hinzugefügt wird, erhält man ein Filter mit minimaler Phase, d.h. alle Nullstellen des Filters liegen im Einheitskreis:

```
Wb = [10 8 6 4 2 1];
h = firlpnorm(nord, f, edges, m, Wb, 'minphase');
```

Dieses Filter wurde nur als Beispiel gewählt, um zu zeigen, dass hier ein beliebiger Frequenzgang definiert werden kann. Als Kompensationsfilter des A/D-Wandlers kann es eingesetzt werden, wenn die Verzerrungen wegen des Phasengangs keine Rolle spielen. Abb 3.6 zeigt die Eigenschaften des Filters, das mit der Option `'minphase'` (Programm lpnormfir1.m) entwickelt wurde.

Die Funktion **firceqrip** dient der Entwicklung von *equiripple* FIR-Filtern mit zusätzlichen Bedingungen (*constraints*). Mit dieser Funktion hat man unter anderem auch die Möglichkeit zur Kompensation von Amplitudengängen, die mit $(sin(x)/x)^p$ abfallen. So realisiert z.B. folgende Programmsequenz ein solches Filter:

```
nord = 20;       p = 5;       w = 0.5;
Apass = 5.7565e-4;    % 0.01 dB Welligkeit
Astop = 0.01;        % 40 dB Dämpfung im Sperrbereich
Aslope = 60;         % 60 dB
Fpass = 0.16;        % Durchgangsfrequenz
h = firceqrip(nord,Fpass,[Apass,Astop],'passedge','slope',...
    Aslope, 'invsinc', [w,p]);
fvtool(h);
```

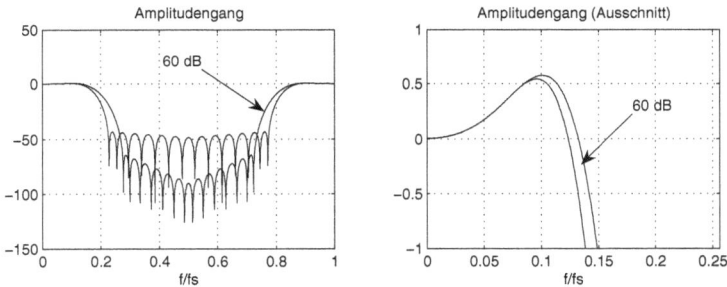

Abb. 3.7: *Amplitudengang des FIR-Filters mit Kompensation des $sin(x)/x$-Abfalls* (my_firceqrip_1.m)

Die Werte p,w bestimmen die Form der zu kompensierenden $sin(x)/x$-Funktion als $(sin(wf)/(wf))^p$, wobei $f$ die relative Frequenz ist. Mit `'slope'` wird ein Sperrbereich ohne *equiripple*-Charakteristik, sondern mit der Steigung Aslope>0 definiert.

Mit dem Programm my_firceqrip_1.m wird Abb. 3.7 erzeugt, die den Amplitudengang des Filters für zwei Werte Aslope und zwar für 10 und 60 dB zeigt. Die restlichen Parameter sind selbsterklärend.

## 3.1.3     Entwurf der IIR-Filter mit der Funktion `iirgrpdelay`

Die Funktion `iirgrpdelay` dient dem Entwurf von Allpassfiltern [59] mit einem vorgegebenen Verlauf der Gruppenlaufzeit. Ein Anwendungsfall für solche Filter ist die Kompensation der nichtlinearen Phase (nichtkonstanten Gruppenlaufzeit) von anderen Filtern. Im Programm `grp_komp1.m` wird gezeigt, wie man die nichtlineare Phase eines IIR-Tiefpassfilters, das mit der Funktion **ellip** entwickelt wurde, mit Hilfe eines mit `iirgrpdelay` entworfenen Filters kompensiert.

Für das Tiefpassfilter mit nichtlinearer Phase wird mit der Funktion **grpdelay** die Gruppenlaufzeit an Stützstellen im Durchlassbereich `f = 0:0.001:fr` ermittelt und im Vektor `g` abgelegt. Im Sperrbereich des Filters ist eine Kompensation sinnlos.

```
% --------- Tiefpassfilter das entzerrt wird
fr = 0.4;          nord = 6;
Rp = 0.1;          % Welligkeit im Durchlassbereich dB
Rs = 40;           % Dämpfung im Sperrbereich dB
[z,p,k] = ellip(nord, Rp, Rs, fr);
[b,a] = zp2tf(z,p,k);
.....
% --------- Entzerrungsfilter
f = 0:0.001:fr;      % Durchlassbereich
g = grpdelay(b,a,f,2);   % es wird nur der Durchlassbereich
    % entzerrt
Gd = max(g) - g; % Die Kompensationsgruppenlaufzeit
nord_g = 8;
[be, ae, tau]=iirgrpdelay(nord_g, f, [0, fr], Gd);
```

Die Gruppenlaufzeit Gd, die das Kompensationsfilter realisieren muss, wird aus der Differenz `Gd = max(g)` `- g` berechnet. Mit dieser Differenz kann dann über die Funktion **iirgrpdelay** das Kompensationsfilter entworfen werden.

Abb. 3.8 oben zeigt links den Frequenzgang des ursprünglichen Tiefpassfilters und rechts den Frequenzgang der kompensierten Kaskade, bestehend aus dem Tiefpass- und dem Kompensationsfilter. In Abb. 3.8 unten sind die Einheitspulsantworten der Filter und deren Kaskade dargestellt. Die Einheitspulsantwort der Anordnung (im untersten Diagramm dargestellt) nähert die Einheitspulsantwort eines FIR-Filters mit symmetrischen Koeffizienten an und hat dadurch eine annähernd lineare Phase.

Die beiden IIR-Filter (Tiefpassfilter und Kompensationsfilter) der Ordnungen `nord = 6` und `nord_g = 8` benötigen insgesamt 33 Koeffizienten. Ein FIR-Filter mit linearer Phase und gleicher Anzahl von Koeffizienten kann die Dämpfung im Sperrbereich mit der Steilheit des Übergangs des IIR-Filters nicht realisieren.

Mit der Funktion **firpmord** kann man die Ordnung für ähnliche Eigenschaften des FIR-Filters schätzen:

```
[n,f0,a0,Wb] = firpmord([0.4 0.46],[1 0],[0.1 0.01], 2);
```

Das Ergebnis mit `n = 42` führt zu einem FIR-Filter mit 43 Koeffizienten und somit zu einem höheren Realisierungsaufwand als mit der Kombination der beiden IIR-Filter mit insgesamt 33 Koeffizienten.

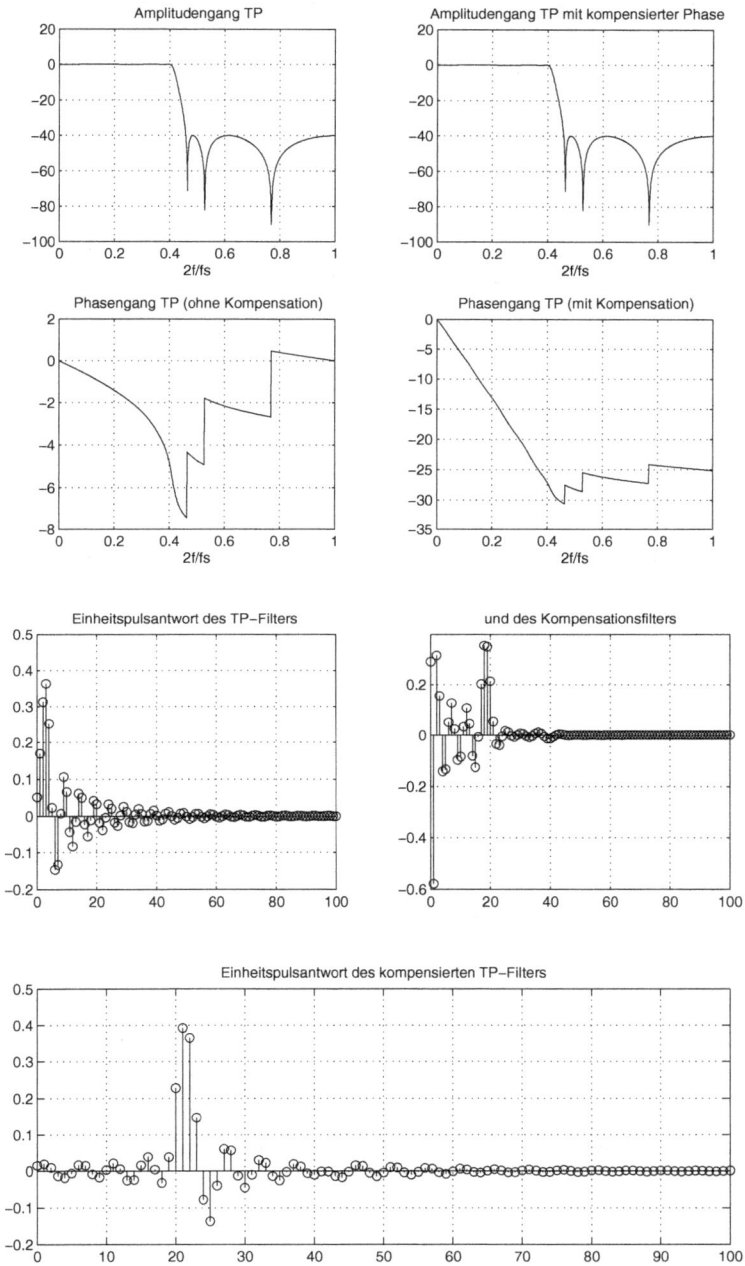

*Abb. 3.8: Frequenzgang ohne und mit Phasenkompensation (oben) und Einheitspulsantworten (unten)* (grp_komp1.m)

## 3.1.4    Die Funktionen `iirlpnorm` und `iirlpnormc` zum Entwurf von IIR-Filtern

Diese Funktionen dienen dem Entwurf von IIR-Filtern unter dem Gesichtspunkt der Optimierung der $L_p$-Norm gemäß Gl. (3.2). Sie sind die Gegenstücke zu den Funktionen `firlpnorm` und ihre Parameter sind ähnlich. Die Syntax des Grundbefehls `iirlpnorm` ist:

```
[b, a] = iirlpnorm(nz, nn, f, edges, m, Wb);
```

Dabei sind nz und nn die Ordnungen des Zählers bzw. des Nenners und f, m, edges und Wb sind die Vektoren der Frequenzen, der Amplitudengangswerte und der Bereichsgrenzen sowie der Bewertungsvektor.

Als Beispiel wird ein Bandpassfilter mit folgenden Spezifikationen

```
fp = [20.5, 23.5]*1.e3;      % Durchlassbereich
fs1 = [0, 19]*1.e3;          % Sperrbereich 1
fs2 = [25, 50]*1.e3;         % Sperrbereich 2
Rp = 0.25;                   % dB Welligkeit im Durchlassbereich
Rs = 45;                     % dB Dämpfung in den Sperrbereichen
fs = 100*1.e3;   Ts = 1/fs;  % Abtastfrequenz und Abtastperiode
```

entworfen. Die absoluten Frequenzen müssen in Werte relativ zum Nyquist-Bereich umgewandelt werden. Die Frequenzwerte definieren in diesem Fall zwei Sperrbereiche und einen Durchlassbereich. Dadurch kann man den Vektor der Bereichsgrenzen edges gleich dem Vektor f nehmen.

Der Entwurf des Filters geschieht mit dem Programm iirlpnorm_1.m:

```
nz = 3; nn = 10;      % Ordnung Zähler und Nenner
f = [fs1, fp, fs2]*2/fs;  % Vektor Frequenzen
m = [0 0 1 1 0 0];        % Vektor Amplitudengänge
edges = f;                % Vektor der Grenzbereiche
Wb = [1 5 5 5 5 1];       % Vektor der Bewertung
[b,a]=iirlpnorm(nz,nn,f,edges,m, Wb);
```

Abb. 3.9 zeigt den Amplitudengang, detailliert den Durchlassbereichs und die Verteilung der Null- und Polstellen. Die Polstellen des Filters liegen sehr nahe am Einheitskreis und haben die Beträge:

```
0.9869  0.9869  0.9868  0.9868  0.9660
0.9660  0.9660  0.9660  0.9582  0.9582
```

Solche Werte können bei der Implementierung des Filters mit begrenzter Auflösung (im Festkomma-Format) zu instabilen Polen führen. Im Programm iirlpnormc_1.m wird deshalb die Funktion `iirlpnormc` eingesetzt, um das gleiche Filter mit Einschränkung des Betrags der Pole zu berechnen:

```
% --------- Filter Spezifikation
fp = [20.5, 22, 23.5]*1.e3;  % Durchlassbereich mit Stützpunkt
fp1 = [20.5, 23.5]*1.e3;     % Durchlassbereich
fs1 = [0, 19]*1.e3;          % Sperrbereich 1
fs2 = [25, 50]*1.e3;         % Sperrbereich 2
Rp = 0.25;   % dB Welligkeit im Durchlassbereich
```

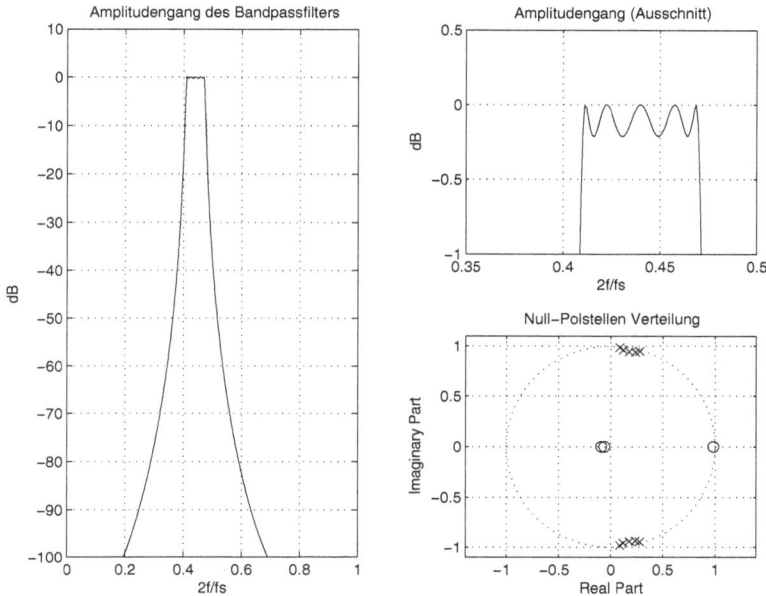

*Abb. 3.9: Bandpassfilter, das mit der Funktion* **iirlpnorm** *entwickelt wurde* (iirlpnorm_1.m)

```
Rs = 45;     % dB Dämpfung in den Sperrbereichen
fs = 100*1.e3;            % Abtastfrequenz
Ts = 1/fs;               % Abtastperiode
% --------- Berechnung des Filters
nz = 3; nn = 10;   % Ordnung Zähler und Nenner
f = [fs1, fp, fs2]*2/fs;     % Vektor Frequenzen
m = [0 0 1 1 1 0 0];     % Vektor Amplitudengänge
edges = [fs1, fp1, fs2]*2/fs;  % Vektor der Grenzbereiche
Wb = [1 5 5 8 5 5 1];        % Vektor der Bewertung
[b,a]=iirlpnormc(nz,nn,f,edges, m, Wb, 0.95);
```

Das letzte Argument im Befehl **iirlpnormc** stellt den Radius des Kreises dar, innerhalb dessen die Pole liegen dürfen. Um die Spezifikationen des Filters auch in diesem Fall zu erfüllen (Abb. 3.10), wurde im Durchlassbereich noch ein Stützpunkt bei $f = 22$ kHz eingefügt. Der Vektor der Bereichsgrenzen edges enthält alle Frequenzen des Vektors f mit Ausnahme der Frequenz dieses Stützpunktes.

Folgende praktische Hinweise helfen bei der Wahl der Parameter dieser Funktionen:

- nach jedem Entwurf ist die Lage der Pol- und Nullstellen zu überprüfen,

- liegen die Nullstellen auf und die Pole weit im Inneren des Einheitskreises, so sollte man die Ordnung des Zählers nz erhöhen oder die Bewertung für die Sperrbändern reduzieren,

- haben mehrere Pole große Beträge und liegen die Nullstellen weit im Inneren des Ein-

Abb. 3.10: *Bandpassfilter, das mit der Funktion* `iirlpnormc` *entwickelt wurde* (iirlp-normc_1.m)

heitskreises, so sollte man die Ordnung des Nenners nn erhöhen oder die Bewertung im Durchlassbereich reduzieren.

## 3.2 Festkomma-Quantisierung

Wie in jedem Rechner werden auch in der Hardware zur Digitalen Signalverarbeitung die Zahlen (Abtastwerte, Filterkoeffizienten usw.) in binärer Repräsentation gespeichert. Die Interpretation dieser Folge von Binärzeichen der Wertigkeit 0 oder 1 wird durch das Format der Daten bestimmt [3], [54].

Man unterscheidet zwei Arten: das Festkomma- und das Gleitkomma-Format. Das Festkomma-Format wird durch die Anzahl der Binärstellen (die „Länge" des Datenwortes), durch die Lage der Kommastelle oder des Stellenwertpunktes (*Radix or Binary Point*) und durch die Angabe, ob es sich um eine Zahl mit Vorzeichen (*signed*) oder ohne Vorzeichen (*unsigned*) handelt, beschrieben.

Das Gleitkomma-Format wird durch das Vorzeichen, durch die Mantisse, also die Nachkommastellen der Zahl, sowie durch den Exponenten, jeweils in binärer Repräsentation auf der Rechnerhardware dargestellt. Die MATLAB-Produktfamilie verwendet zur Repräsentation von Gleitkommazahlen den IEEE-Standard[2] 754 in einfacher (*single*) und doppelter Genauigkeit (*double precision*) sowie ein eigenes Gleitkomma-Format.

---

[2]*IEEE: Institute of Electrical and Electronics Engineers*

Bei der Wahl eines Darstellungsformats für Zahlen müssen verschiedene Faktoren berücksichtigt werden: der Wertebereich der in der Anwendung vorkommenden Zahlen, die erforderliche Auflösung, die sich aus dem zulässigen Quantisierungsfehler ergibt, Verfahren zur Handhabung von arithmetischen Ausnahmebedingungen (z.B. Überlauf) und nicht zuletzt die Architektur der eingesetzten Hardware sowie die Kosten zur Hardware- und/oder Software-Entwicklung. Generell kann man sagen, dass die Verwendung des Gleitkomma-Formates im Vergleich zum Festkomma-Format die Implementierung der Algorithmen wesentlich vereinfacht, aber in der Regel mit höheren Kosten für die Hardware verbunden ist.

Da Festkomma-Architekturen in der Praxis noch sehr weit verbreitet sind (bei Geräten mit hohen Stückzahlen wie z.B. Mobiltelefonen), wurde die MATLAB-Produktfamilie mit dem Werkzeug *Simulink Fixed Point* erweitert. Damit werden viele Blöcke der Simulink-Grundausstattung sowie die Blöcke der *DSP-System-Toolbox* und des *Stateflow*-Werkzeugs[3] für die Simulation im Festkomma-Format erweitert.

Zusätzlich können folgende Produkte zur Generierung von Festkomma-Code im Zusammenhang mit dem *Simulink Fixed Point*-Werkzeug verwendet werden:

- *Real-Time Workshop* zur Generierung von portablem C-Code

- *Real-Time Embedded Coder* zur Generierung von hocheffizientem C-Code

- *Stateflow Coder* zur Code-Generierung für Stateflow

Die von den *Codern* generierten Programme können für verschiedene Hardware-Systeme übersetzt werden. Dafür stehen Werkzeuge wie *Embedded Target for TI C6000 DSP*, *Embedded Target for Infineon C166 Microcontrollers* oder *xPC Target* zur Verfügung.

Wenn das *Simulink Fixed Point*-Werkzeug und die MATLAB *Fixed Point Toolbox* vorhanden sind, können mit der *DSP-System-Toolbox* auch Filter im Festkomma-Format entwickelt und analysiert werden. Dabei können die Eigenschaften der Hardware, auf der das Filter später zu implementieren ist, angegeben und beim Entwurf berücksichtigt werden. Es kann auch ein Simulink-Filterblock zur Durchführung der Filterung mit den Eigenschaften der Hardware generiert werden.

## 3.2.1 Einführung in das Festkomma-Format

Abb. 3.11 zeigt die allgemeine Darstellung einer binären Festkomma-Zahl mit oder ohne Vorzeichen. Die binären Stellen $b_i$ mit Werten 0 oder 1 und $i = 0, 1, 2, ..., n_b - 1$ gewichten die Potenzen der Basis 2, so dass z.B. die in Abb. 3.11 angenommene Repräsentation folgenden Wert darstellt:

$$b_{n_b-1}2^{n_b-1-4} + b_{n_b-2}2^{n_b-2-4} \ldots b_5 2^1 + b_4 2^0$$
$$+ b_3 2^{-1} + b_2 2^{-2} + b_1 2^{-3} + b_0 2^{-4} \tag{3.5}$$

Mit $n_b$ wurde die Anzahl der Binärstellen (Bit) bezeichnet. Das höchstwertige Bit (*MSB – Most Significant Bit*) ist das Bit $b_{n_b-1}$ und das niedrigstwertige Bit (*LSB – Least Significant Bit*) ist das Bit $b_0$. Der Stellenwertpunkt (*Radix Point*) wurde in diesem Beispiel zwischen den Bits $b_3$ und $b_4$ angenommen.

---

[3]Das *Stateflow*-Werkzeug wird zur Simulation von Zustandsautomaten verwendet.

*Abb. 3.11: Darstellung einer binären Festkomma-Zahl (mit oder ohne Vorzeichen)*

So stellt z.B. das sechsstellige vorzeichenlose (*unsigned*) Binärwort 110.101 den Wert $1 \cdot 2^2 + 1 \cdot 2^1 + 0 \cdot 2^0 + 1 \cdot 2^{-1} + 0 \cdot 2^{-2} + 1 \cdot 2^{-3} = 6.625$ dar.

Zur Darstellung von negativen Zahlen kann ein Vorzeichenbit oder die sogenannte Zweier-komplement-Darstellung [3] verwendet werden, wobei Letztere am weitesten verbreitet ist. Sie wird auch hier im weiteren Verlauf betrachtet.

Eine Zahl im Zweierkomplement mit derselben Struktur wie in Abb. 3.11 angenommen, stellt den Wert

$$-b_{n_b-1} 2^{n_b-1-4} + b_{n_b-2} 2^{n_b-2-4} \dots b_5 2^1 + b_4 2^0$$
$$+ b_3 2^{-1} + b_2 2^{-2} + b_1 2^{-3} + b_0 2^{-4} \tag{3.6}$$

dar. Dasselbe Binärwort 110.101 aus dem vorherigen Beispiel ergibt in der Zweierkomplement-Darstellung den Wert $-2^2 + 2^1 + 2^{-1} + 2^{-3} = -1.375$.

Um diesen Wert zu erhalten, kann man auch die Binärstellen invertieren (110.101 $\rightarrow$ 001.010) und eine Eins hinzuaddieren. Man erhält dann die Folge 001.011, welche die Zahl 1.375 darstellt. Da das MSB der Zahl 110.101 gleich 1 ist, ist die Zahl als negative Zahl $-1.375$ zu interpretieren. Im Falle der Zweierkomplement-Darstellung ist das Vorzeichen also implizit im MSB enthalten. Worte mit einer 1 als MSB sind in der Zweierkomplement-Repräsentation negative Zahlen.

## 3.2.2    Stellenwert-Interpretation

Der Stellenwertpunkt (*Radix-Point*) zeigt, wie Festkomma-Zahlen skaliert sind. Gewöhn-lich wird die Stelle dieses Punktes in der Software berücksichtigt und stellt somit eine virtuelle Stelle dar. In der Hardware werden die mathematischen Operationen, wie z.B. die Addition und die Subtraktion mit denselben logischen Schaltungen realisiert, unabhängig von der Skalierung durch den Stellenwertpunkt.

Die Hardware kennt den Skalierungsfaktor $E$ nicht, der den Wert $Q_B$ eines binären Wortes, wie in

$$Q_B = Q \cdot 2^E \tag{3.7}$$

definiert. Mit $Q$ wird die ganze Zahl bezeichnet, für die der Stellenwertpunkt ganz rechts hinter dem LSB liegt. Die ganze Zahl $E$ bestimmt die Lage des Stellenwertpunktes. Mit negativen Werten für $E$ gleitet dieser Punkt nach links und mit positiven Werten verschiebt sich der Punkt nach rechts. Der Faktor $2^E$ bildet eine Skalierung für die Darstellung der binären Zahlen, die später für die skalierte Interpretation erweitert wird.

MATLAB bietet als Datentyp für ganzzahlige vorzeichenlose (also positive) Werte den Typ `uint` und für ganzzahlige vorzeichenbehaftete Werte den Typ `sint` an.

Rationale positive Zahlen werden in MATLAB standardmäßig mit dem Stellenwertpunkt links vom MSB angenommen und werden mit der Funktion `ufrac` erzeugt. Allerdings kann mit einem zusätzlichen Argument auch eine andere Lage des Stellenwertpunktes angegeben werden. Vorzeichenbehaftete rationale Zahlen werden mit der Funktion `sfrac` erzeugt und bei ihnen liegt der Stellenwertpunkt ohne weitere Festlegung rechts vom MSB. Auch hier kann mit einem zusätzlichen Funktionsargument die Lage des Stellenwertpunktes beliebig gewählt werden.

Zusätzlich gibt es in MATLAB die Typen `ufix` und `sfix` für vorzeichenlose und vorzeichenbehaftete Zahlen, bei denen keine Festlegung über die Lage des Stellenwertpunktes getroffen ist.

*Tabelle 3.5: Bereiche der Festkomma-Datentypen in MATLAB bei Standardskalierung*

| Name | Datentyp | Untere Grenze | Obere Grenze | Standardskalierung |
|---|---|---|---|---|
| Integer | `uint` | $0$ | $2^{n_b} - 1$ | $1$ |
| | `sint` | $-2^{n_b-1}$ | $2^{n_b-1} - 1$ | $1$ |
| Fractional | `ufrac` | $0$ | $1 - 2^{-n_b}$ | $2^{-n_b}$ |
| | `sfrac` | $-1$ | $1 - 2^{-(n_b-1)}$ | $2^{-(n_b-1)}$ |

*Tabelle 3.6: Bereiche der 8 Bit-Daten im Festkomma-Format für verschiedene Skalierungen*

| Skalierung | Genauigkeit | Bereich für vorzeichenlose Daten | | Bereich für vorzeichenbehaftete Daten | |
|---|---|---|---|---|---|
| $2^1$ | 2.0 | $-256,$ | $254$ | $0,$ | $510$ |
| $2^0$ | 1.0 | $-128,$ | $127$ | $0,$ | $255$ |
| $2^{-1}$ | 0.5 | $-64,$ | $63.5$ | $0,$ | $127.5$ |
| $2^{-2}$ | 0.25 | $-32,$ | $31.75$ | $0,$ | $63.75$ |
| $2^{-3}$ | 0.125 | $-16,$ | $15.875$ | $0,$ | $31.875$ |
| $2^{-4}$ | 0.0625 | $-8,$ | $7.9375$ | $0,$ | $15.9375$ |
| $2^{-5}$ | 0.03125 | $-4,$ | $3.96875$ | $0,$ | $7.96875$ |
| $2^{-6}$ | 0.015625 | $-2,$ | $1.984375$ | $0,$ | $3.984375$ |
| $2^{-7}$ | 0.0078125 | $-1,$ | $0.9921875$ | $0,$ | $1.9921875$ |
| $2^{-8}$ | 0.00390625 | $-0.5,$ | $0.49609375$ | $0,$ | $0.99609375$ |

Tabelle 3.5 zeigt die Bereiche der Festkomma-Datentypen in MATLAB mit Annahme der

Standardskalierung. Mit $nb$ wird die Anzahl der Bit im Wort bezeichnet. Die Skalierung entspricht auch der Auflösung der Zahlen und stellt den Wert dar, mit dem sich die Zahl ändert, wenn das LSB sich von 0 auf 1 ändert.

Es ist eine gute Übung, die Ergebnisse aus der Tabelle zu überprüfen. So ist z.B. für den Typ `sfrac` die untere Grenze in der Zweierkomplementdarstellung durch $1.000\ldots00$ gegeben. Die Inversion der Binärstellen ergibt $0.111\ldots11$ und die Addition von eins führt zu $1.000\ldots00$ oder, wie in der Tabelle angegeben, zu $-1$. Die obere Grenze ist die Zahl $0.111\ldots11$, welche den Wert $2^{-1} + 2^{-2} + \cdots + 2^{-(n_b-1)} = 1 - 2^{-(n_b-1)}$ darstellt.

Tabelle 3.6 zeigt die Bereiche der mit acht Bit dargestellten Daten im Festkomma-Format für verschiedene Skalierungen mit $E$ (nach Gl. (3.7)) zwischen 1 und $-8$. Auch hier ist die Überprüfung der Tabelle eine gute Übung zur Vertiefung des Umgangs mit Festkomma-Zahlen.

## 3.2.3    Skalierte Interpretation

Um bei Festkommazahlen den Quantisierungsfehler so klein wie möglich zu halten, ist es erforderlich, den Wertebereich der im Festkomma-Format darzustellenden Daten an den Wertebereich der Festkommadarstellung anzupassen, also zu skalieren.

In Abb. 3.12 sind zwei Möglichkeiten zur Skalierung einer wertkontinuierlichen Variablen dargestellt. Der Wertebereich dieser Variablen $V$ sei $[V_{min}, V_{max}]$.

Die einfache Form der Skalierung arbeitet ohne Verschiebung und benutzt den Bereich von 0 bis $V_{max}$. Die wertkontinuierliche Variable wird in diesem Bereich (gleichförmig) quantisiert. Die Anzahl der Quantisierungsstufen ist durch die Anzahl der mit dem gewählten Festkomma-Format darstellbaren Zahlen gegeben.

In der Darstellung aus Abb. 3.12a ist die Quantisierung durch die treppenförmige Kennlinie angegeben. Die Quantisierungsstufen werden in diesem Fall mit einem Wort der Länge 8 Bit nummeriert[4]. Da die Variable $V$ den Bereich unter dem Wert 2 nie belegt, werden viele Quantisierungsstufen „verschenkt".

Wenn der tatsächliche Bereich $[V_{min}, V_{max}]$ der Variablen quantisiert wird, erhält man kleinere Fehler bei der Quantisierung. Das entspricht in der Abbildung der Kennlinie, die durch *Skalierung mit Verschiebung* bezeichnet ist, wobei die nötige Verschiebung $B$ gleich $V_{min}$ ist. Die quantisierte Variable $V_q$ berechnet man aus dem Festkommawert $Q$ nach:

$$V_q = S \cdot Q + B \tag{3.8}$$

Mit $S$ wurde der Skalierungsfaktor und mit $B$ die Verschiebung bezeichnet.

In der *Fixed Point Toolbox* bzw. im *Fixed Point*-Werkzeug von Simulink wird $S$ als *Slope*, $B$ als *Bias*, $Q$ als *Quantized Integer* und $V$ als *Real-World Value* bezeichnet. Man kann $V_q$ als quantisierten *Real-World*-Wert und $Q$ auch als Codewort bezeichnen.

Wenn man vorzeichenbehaftete Werte für $Q$ verwendet, gilt die Sachlage aus Abb. 3.12b. Die quantisierte Variable $V_q$ ist ebenfalls proportional zum Codewort $Q$, nur die Verschiebung hat jetzt einen anderen Wert.

Abb. 3.13 zeigt zwei mögliche Quantisierungskennlinien, die in der englischen Literatur die Bezeichnungen *Midtread*- bzw. *Midrise*-Quantisierung tragen. Mit einem Codewort der Länge

---

[4]In dem Beispiel aus Abb. 3.12a wurden positive Zahlen zur Bezeichnung der Quantisierungsstufen und in dem Beispiel aus Abb. 3.12b wurden vorzeichenbehaftete (also positive und negative Werte) gewählt. Es spielt prinzipiell keine Rolle, ob man vorzeichenlose oder vorzeichenbehaftete Werte wählt.

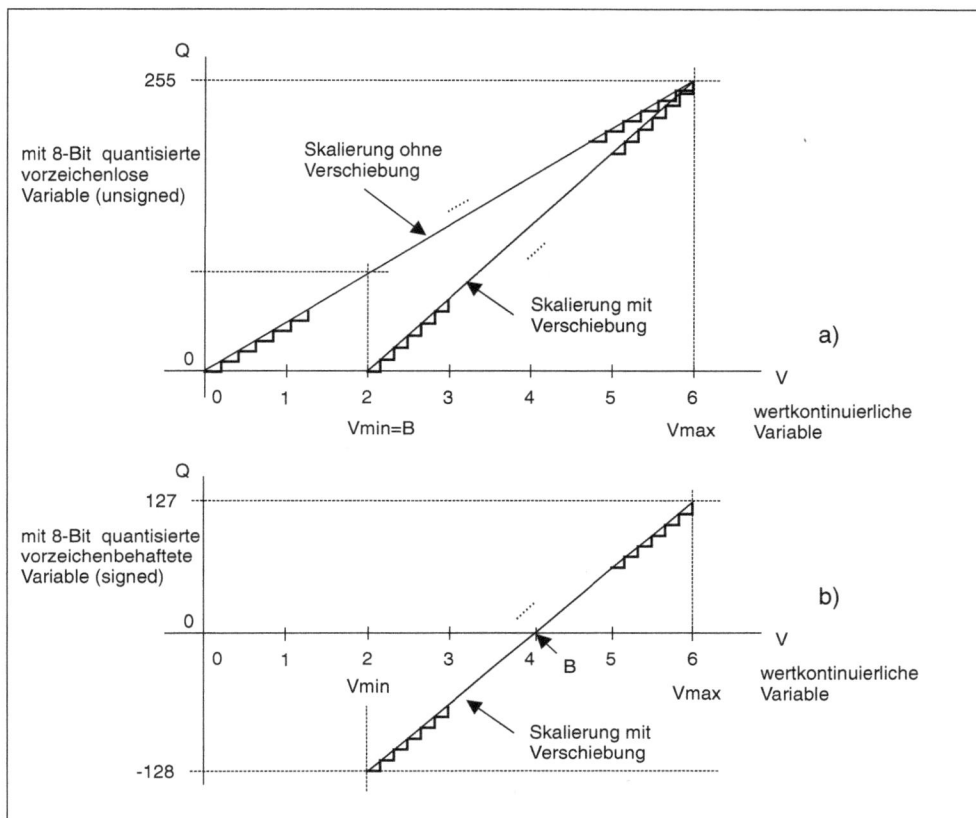

*Abb. 3.12: Skalierung für die Quantisierung einer wertkontinuierlichen Variablen*

$n_b$ wird der Bereich der kontinuierlichen Variablen $V$ in $2^{n_b}$ gleichmäßige Intervalle unterteilt. Die Größe eines Intervalls ergibt die Quantisierungsstufe $q$:

$$q = \frac{V_{max} - V_{min}}{2^{n_b}} \tag{3.9}$$

In Abb. 3.13a ist als Beispiel die *Midtread*-Kennlinie für vorzeichenbehaftete Codeworte mit 3 Bit dargestellt. Die Diagonale, die der Beziehung $V_q = V$ entspricht, stellt die ideale Verbindung zwischen der im Wertebereich kontinuierlichen Variablen $V$ und der im Wertebereich diskreten, quantisierten Variablen $V_q$ dar. Mit der begrenzten Anzahl der Bits des Codewortes kann man wertkontinuierliche Variablen aber nicht darstellen. Die Differenz zwischen den Werten entlang der Diagonalen und den Werten der treppenförmigen Kennlinie ergibt den Fehler der Quantisierung. Wie man sieht, liegt der Fehler $\varepsilon$ im Bereich

$$\frac{-q}{2} \leq \varepsilon \leq \frac{q}{2}, \tag{3.10}$$

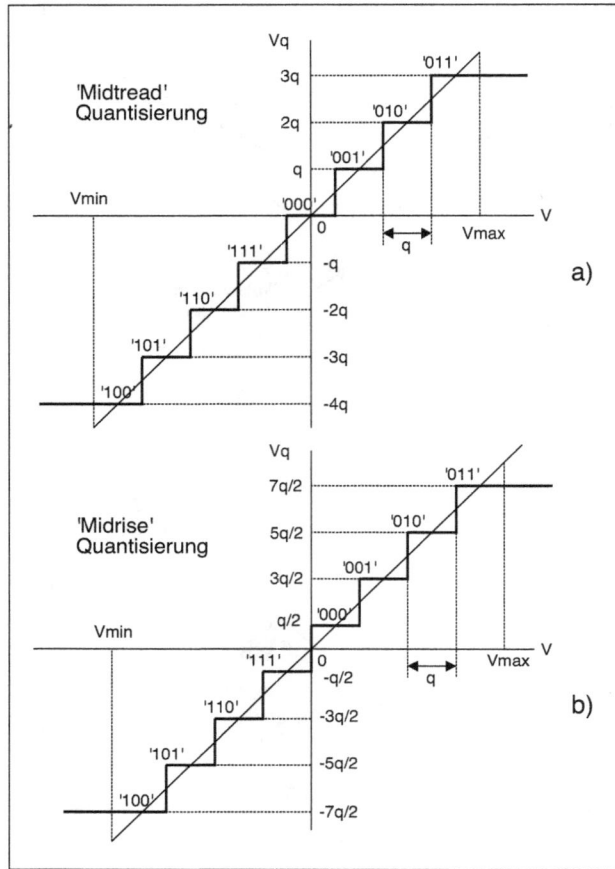

*Abb. 3.13: Die 'Midtread'- und 'Midrise'-Quantisierung*

wobei der maximale Betrag gleich $q/2$ ist. Für diese Kennlinie gilt auch:

$$V_q = Q \cdot q \quad \text{und} \quad V_q = \langle V/q \rangle \cdot q \tag{3.11}$$

Die spitzen Klammern stellen hier die Rundung dar. Die entsprechende MATLAB-Funktion heißt **round**.

Abb. 3.13b zeigt die Quantisierung mit der *Midrise*-Kennlinie, die häufig eingesetzt wird. Die Fehler bei dieser Quantisierung liegen ebenfalls im Bereich

$$\frac{-q}{2} \le \varepsilon \le \frac{q}{2} \tag{3.12}$$

Für die *Midrise*-Kennlinie gilt aber:

$$V_q = Q \cdot q + q/2 \quad \text{und} \quad V_q = \langle V/q \rangle \cdot q + q/2 \tag{3.13}$$

Die spitzen Klammern sollen jetzt die Rundung in Richtung minus unendlich darstellen. Sie entspricht in MATLAB der Funktion **floor**.

Der Vergleich dieser letzten Gleichungen mit Gl. (3.8) zeigt, dass der Skalierungsfaktor $S$ für diese Quantisierungskennlinien gleich der Quantisierungsstufe $q$ ist.

Setzt man in Gl. (3.8) die Bit-Darstellung des Codewortes $Q$ ein, so erhält man bei vorzeichenlosen Codeworten die Beziehung:

$$V_q = S\left[\sum_{i=0}^{n_b-1} b_i 2^i\right] + B \tag{3.14}$$

Ist $Q$ eine Festkommazahl in der Zweierkomplement-Darstellung, so ist die quantisierte Variable $V_q$ durch

$$V_q = S\left[-b_{n_b-1}2^{n_b-1} + \sum_{i=0}^{n_b-2} b_i 2^i\right] + B \tag{3.15}$$

gegeben.

Die Skalierung $S$ wird in der *Fixed Point Toolbox* und in *Simulink Fixed Point* durch

$$S = F \cdot 2^E \tag{3.16}$$

ausgedrückt, wobei $E$ eine ganze Zahl ist (positiv oder negativ) und $F$ eine reelle Zahl mit $1 \le F < 2$. Somit stellt $2^E$ den binären Stellenwertpunkt dar. In Abschnitt 3.2.2 wurde die Skalierung mit Stellenwertpunkt beschrieben, die als Sonderfall der vorher beschriebenen allgemeinen Skalierung durch

$$F = 1 \qquad S = 2^E \qquad B = 0 \tag{3.17}$$

erhalten wird. Der Bezeichnung $S$ für die Skalierung aus der Dokumentation für die *Fixed Point Toolbox* bzw. *Simulink Fixed Point* entspricht die Quantisierungsstufe q aus Gln. (3.9) bis (3.13).

## Experiment 3.2: Umgang mit Variablen im Festkomma-Format

In diesem Beispiel soll eine wertkontinuierliche Variable $V$ mit Werten zwischen 2 und 6 in einem Festkomma-Format quantisiert werden (Abb. 3.12a). Da die Variable nur positive Werte annimmt, könnte man den Typ *unsigned* mit z.B. 8 Bit wählen. In der einfachen Form mit Skalierung ohne Verschiebung wählt man eine Skalierung $S = 2^{-5}$. Der maximal darstellbare Wert ist in der Binärdarstellung 111.11111 oder dezimal 7.9688. Dieser Wert ist jedoch größer als der Maximalwert $V_{max} = 6$ und somit verschenkt man nicht nur die Codeworte zwischen null und zwei, sondern auch jene im oberen Bereich. Die Quantisierung ist dadurch relativ grob mit der Quantisierungsstufe $q = S = 2^{-5} = 0.03125$.

Für die Umwandlung der Binärwerte in Dezimalwerte bietet MATLAB einige Funktionen. Mit den Anweisungen

```
q = quantizer('ufixed',[8,5]);
x = bin2num(q, '11111111');
```

wird die Binärzahl 111.11111 in den Dezimalwert 7.9688 umgewandelt. Mit dem Aufruf der Funktion **quantizer** wird ein Quantisierer definiert. Er wird mit dem vorzeichenlosen Festkomma-Format mit einer Wortbreite von 8 Bit und dem Stellenwertpunkt nach 5 Stellen implementiert und in der Struktur q gespeichert. Danach wandelt die Funktion **bin2num** die Zeichenkette '11111111' in einen Dezimalwert mit Hilfe des definierten Quantisierers q um.

Eine bessere Quantisierung erhält man über die Kennlinie, die in Abb. 3.12a durch *Skalierung mit Verschiebung* bezeichnet ist. Der Bereich zwischen 2 und 6 ist quantisierbar mit einer Quantisierungsstufe von $(6 - 2)/(2^8) = 2^{-6} = 0.015625$, welche zweimal kleiner als die zuvor verwendete Quantisierungsstufe ist. Die Skalierung mit Verschiebung ergibt jetzt die quantisierte Variable $V_q$ nach der Gleichung

$$V_q = 2^{-6}Q + 2, \qquad (3.18)$$

wobei mit $Q$ die Codezahlen mit Werten zwischen 0 und 255 bezeichnet werden. Der Höchstwert ist $255 \cdot 2^{-6} + 2 = 5.9844$ statt 6, weil der maximale Wert für $2^{-6} \cdot 255 = 3.9844$ (statt 4) ist. Die Binärdarstellung dieser Zahl ist 11.111111.

Die MATLAB-Funktionen zur Umwandlung z.B. des Maximalwertes sind jetzt:

```
q = quantizer('ufixed',[8,6]);
x = bin2num(q, '11111111') + 2;
```

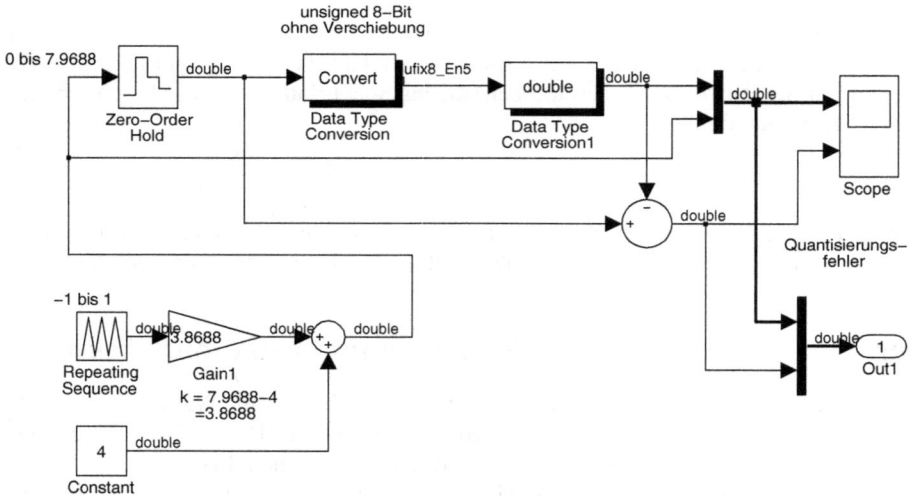

*Abb. 3.14: Untersuchung des Festkomma-Formats unsigned 8-Bit*
(fest_komma1.mdl, fest_komma_1.m)

Die Quantisierung nach der Kennlinie aus Abb. 3.12b kann ähnlich gestaltet werden. Der Bereich von 2 bis 6 wird jetzt mit einer vorzeichenbehafteten Festkomma-Zahl und der Verschiebung um $B = 4$ codiert. Dem Höchstwert von $6 - 4 = 2$ wird die Zahl 01.111111 = 1.9844 $\cong$ 2 und dem kleinsten Wert die Zahl 10.000000 = $-2$ zugeordnet. Für die Umwandlungen von binär nach dezimal können die gleichen Funktionen eingesetzt werden:

```
q = quantizer('fixed',[8,6]);
x = bin2num(q,'01111111');  % oder x = bin2num('10000000');
```

Der Quantisierer q definiert in diesem Fall eine vorzeichenbehaftete Festkomma-Zahl mit 8 Bit und Stellenwertpunkt nach 6 Bit. Die Verschiebung von 4 wird den Minimalwert der quantisierten Variablen korrekt wiedergeben:

$$V_q = 2^{-6}Q + B = 2^{-6} \cdot (-128) + 4 = 2$$

Beim maximalen Wert entsteht ein kleiner Fehler

$$V_q = 2^{-6}Q + B = 2^{-6} \cdot 127 + 4 = 5.9844,$$

der gleich dem Skalierungsfaktor $2^{-6}$ ist ($6 - 2^{-6} = 5.9844$). Die Quantisierungsstufe ist mit $q = S = 2^{-6}$ dieselbe wie sie auch zuvor für die Codierung mit vorzeichenlosen Festkomma-Zahlen und Verschiebung (siehe Abb. 3.12 a) verwendet wurde.

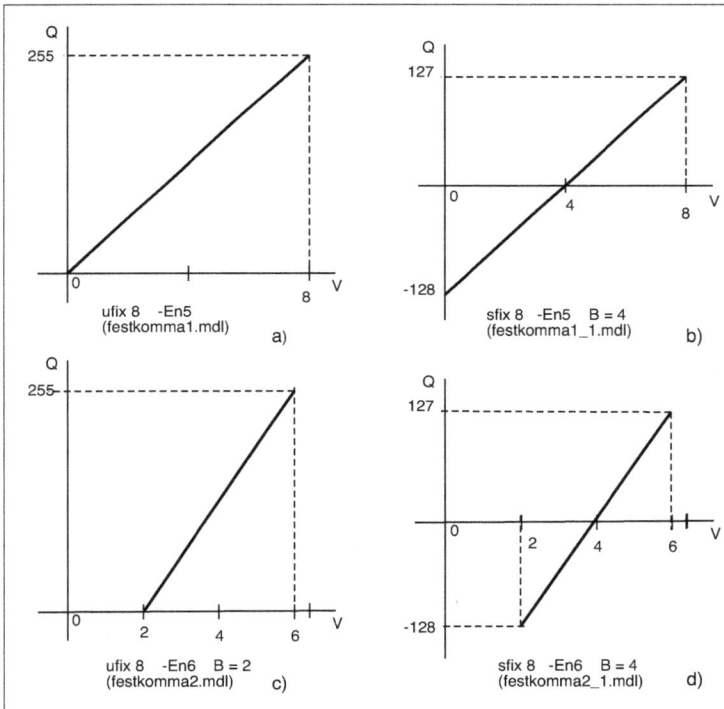

Abb. 3.15: *Vier Quantisierungsfälle* (fest_komma1.mdl, fest_komma1_1.mdl, fest_komma2.mdl, fest_komma2_1.mdl, fest_komma_1.m)

Um diese Codierung und Quantisierung zu verstehen, können Experimente mit den Blöcken der *DSP-System-Toolbox* durchgeführt werden. Abb. 3.14 zeigt ein Simulink-Modell (fest_komma1.mdl), in dem eine kontinuierliche Variable im Format *double* in ein beliebiges Festkomma-Format mit dem ersten Block *Data Type Conversion* umgewandelt wird.

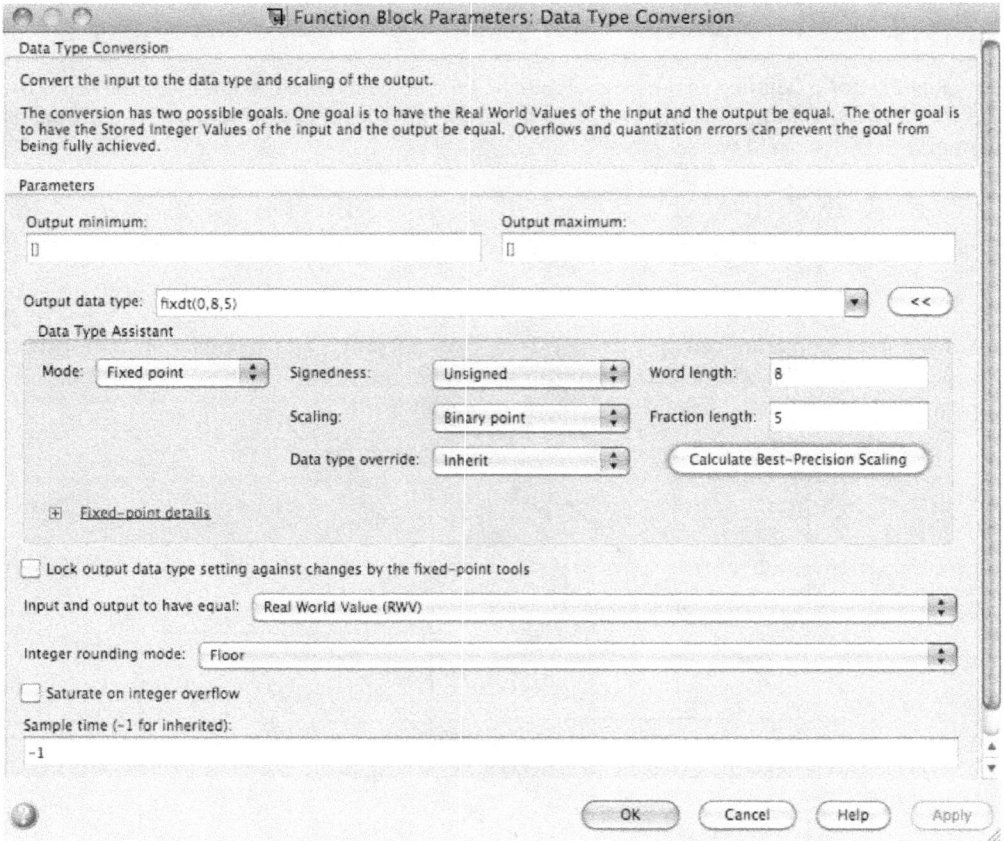

*Abb. 3.16: Parametrierung der Convert-Blöcke (fest_komma1.mdl, fest_komma_1.m)*

Mit den Blöcken *Data Type Conversion* und *Data Type Conversion1* werden Schnittstellen zwischen den MATLAB/Simulink-Formaten *double* und den Formaten des *Signal Processing Blockset* und umgekehrt realisiert (Abb. 3.16).

In Abb. 3.15 sind vier Quantisierungsfälle dargestellt, die in diesem Experiment realisiert und untersucht werden. Der Fall a) zeigt eine *Real-World*-Variable mit Werten zwischen 0 und 8, die man sehr einfach in das Festkomma-Format umwandeln kann.

Der erste Block *Data Type Conversion* aus dem Modell `fest_komma1.mdl` wird so initialisiert, dass ein *unsigned*-Format mit 8 Bit gewählt wird und ein Stellenwertpunkt entsprechend einer Skalierung mit dem Faktor $2^{-5}$ entsteht.

Das Fenster zur Initialisierung dieses Blocks ist in Abb. 3.16 dargestellt. Die Einstellungen des Festkommaformats werden mit Hilfe des Unterfenster *Data Type Assistant* vorgenommen. Dieses öffnet man durch Betätigen des Auswahlknopfes ¿¿ am Ende des Feldes *Output data type* und Wahl von *Fixed point* für die Option *Mode*.

Die Optionen, die für diesen ersten Fall relevant sind, sieht man in den weißen Feldern.

Es ist die Optionen *Fixed point*, *Signedness*, *Word length*, *Scaling* und *Fraction length*, welche mit den in der Abbildung dargestellten Werten parametriert werden. Zusätzlich wird die Option *Integer rounding mode* mit *Floor* initialisiert.

Die Schnittstelle zwischen diesem Format und dem üblichen MATLAB/Simulink-Format *double* wird mit dem zweiten Block *Data Type Conversion1* gewährleistet, so dass man beide Signale auf dem *Scope*-Block darstellen kann. Der Parameter *Output data type mode* wird auf *double* gesetzt.

Das Signal am Eingang des Modells (für den ersten Fall aus Abb. 3.15a) besteht aus einem Sägezahn mit Werten zwischen $-1$ und 1, der mit dem Faktor *Gain 1* verstärkt und zu dem danach die Konstante 4 addiert wird. Wenn für den Verstärkungsfaktor des Blocks *Gain 1* der Wert $2^3 - 2^{-5} - 4 = 7.9688 - 4 = 3.8688$ gewählt wird, erhält man eine Variable $V$, die sich zwischen $2^{-5} = 0.0312 \cong 0$ und $2^3 - 2^{-5} = 7.9688 \cong 8$ linear ändert.

Mit dem eingestellten Format (`ufix(8)` und Skalierung mit $2^{-5}$) wurde schon gezeigt, dass die zu quantisierende Variable zwischen 0 und 7.9688 liegen kann, ohne dass Überlauf oder Unterlauf auftreten.

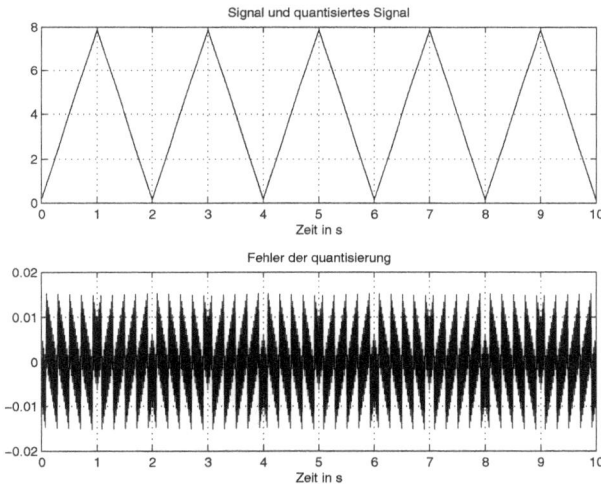

*Abb. 3.17: Signale und Quantisierungsfehler bei Quantisierung mit vorzeichenlosen 8-Bit-Codeworten (fest_komma1.mdl, fest_komma_1.m)*

Abb. 3.17 zeigt in der oberen Hälfte das Eingangs- und das quantisierte Eingangssignal und unten den Fehler der Quantisierung als Differenz zwischen den Abtastwerten ohne und mit Quantisierung, wenn kein Über- oder Unterlauf vorkommt. Dieser Fehler muss zwischen $-q/2$ und $q/2$ liegen, was in dem vorliegendem Fall zwischen $-2^{-5}/2 = -0.03125/2 = -0.015625$ und $2^{-5}/2 = 0.015625$ bedeutet. Mit $q = 2^{-5}$ wurde die Skalierung bezeichnet. Wie aus der Abbildung ersichtlich ist, liegen die Fehlerwerte in diesem Bereich. Die Darstellung wurde mit dem Programm `fest_komma_1.m` erzeugt, das auch die Simulation startet. Das Modell muss aber interaktiv initialisiert und parametriert werden.

Wenn man den Bereich des Eingangssignals mit einem *Gain 1* Faktor von 6 auf den Bereich $-2$ bis 10 erhöht, entsteht Überlauf und Unterlauf. Weil die Option *Saturate on integer overflow* aktiviert wurde, wird das quantisierte Signal nach unten auf 0 und nach oben auf $7.9688 \cong 8$ begrenzt. Der Fehler in den Bereichen des Überlaufs und Unterlaufs ist jetzt sehr groß, während er ansonsten weiterhin zwischen $-q/2$ und $q/2$ läge.

Die in Abb. 3.15b dargestellte Quantisierung mit Verschiebung wird mit dem Modell `fest_komma1_1.mdl` simuliert, das aus dem Programm `fest_komma_1_1.m` aufgerufen wird. Im Block *Data Type Conversion* wird jetzt die Option *Output data type* mit `fixdt(1,8,2^-5,4)` initialisiert. Das enspricht einer Skalierung mit `[2^-5, 4]`. Die Skalierung mit $2^{-5}$ ergibt in diesem Fall dieselben Quantisierungsfehler und somit keine weitere Verbesserung. Die Quantisierung mit Verschiebung führt allerdings zu einem zusätzlichen Aufwand bei der Implementierung.

Die anderen zwei Fälle aus Abb. 3.15c und d sollten mit Verschiebung quantisiert werden, da der Wertebereich stark eingeschränkt ist. Im Programm `fest_komma_2.m` wird das Modell `fest_komma2.mdl` aufgerufen und die Ergebnisse dargestellt. Die Quantisierung benutzt das Format `ufix(8)` mit einer Skalierung $q = 2^{-6}$ und einer Verschiebung von 2 für die Kennlinie gemäß Abb. 3.15c. Der Quantisierungsfehler liegt jetzt zwischen $2^{-6}/2 = 0.0078$ und $-0.0078$ (Abb. 3.18).

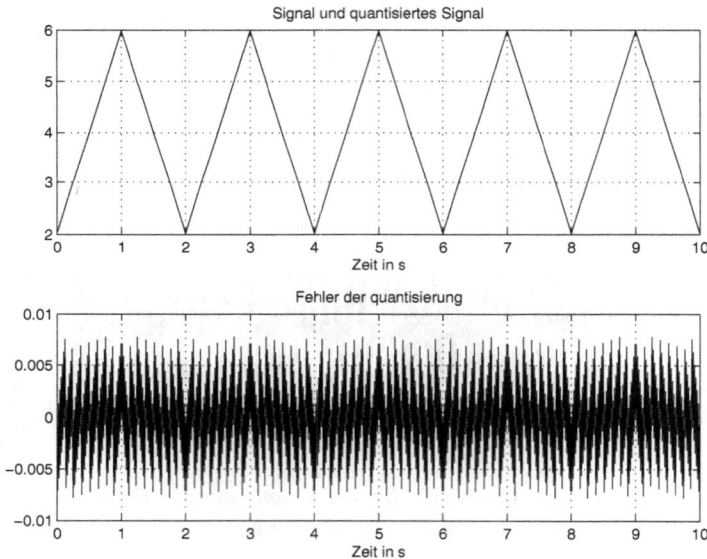

*Abb. 3.18: Signale bei Quantisierung mit Verschiebung und vorzeichenlosen 8-Bit-Codeworten* (fest_komma2.mdl, fest_komma_2.m)

Der Fall aus Abb. 3.15d wird mit einer Skalierung $q = 2^{-6}$ sowie der Verschiebung 4 quantisiert (Modell `fest_komma2_1.mdl` und Programm `fest_komma_2_1.m`). Der Quantisierungsfehler bleibt derselbe, weil die Skalierung dieselbe geblieben ist.

Der Leser wird an dieser Stelle ermutigt, die Modelle und Programme mit neuen Namen zu speichern und danach mit verschiedenen Formaten und Wertebereichen der Eingangssignale zu experimentieren.

Als letzte Übung im Umgang mit Festkomma-Zahlen wird die Quantisierung der Koeffizienten eines FIR-Tiefpassfilters besprochen. Es wird eine Quantisierung der Form $V_q = F2^E Q + B$ mit $1 \leq F < 2$ ermittelt, die sich optimal an den Wertebereich der Koeffizienten anpasst. Diese wird dann mit der einfachen Form der Quantisierung, die ohne Verschiebung ($B = 0$) und mit $F = 1$ definiert ist, verglichen.

Im Programm `fest_komma_filter1.m` wird zuerst das Filter entworfen:

```
nord = 32;          fr = 0.3;
h = firl(nord, fr);
```

und man erhält die Koeffizienten h im üblichen *double* Format mit einem Maximalwert von $2.9919 \cdot 10^{-1}$ und einem Minimalwert von $-5.0509 \cdot 10^{-2}$. Die einfache Quantisierung kann z.B. für den Vergleich der Frequenzgänge des genauen und des quantisierten Filters mit folgendem Programm simuliert werden:

```
a = 2^15-1;
% hq = fix(h*a)/a;
% hq = floor(h*a)/a;
% hq = ceil(h*a)/a;
hq = round(h*a)/a;
nfft = 1024;
H = fft(h,nfft);        Hq = fft(hq,nfft);
figure(1);
plot((0:nfft-1)/nfft, 20*log10([abs(H)', abs(Hq)']));
La = axis;    axis([La(1:2), -100, La(4)]);
title('Amplitudengang ohne und mit Quantisierung');
xlabel('f/fs');         grid;
```

Für eine Quantisierung mit 16-Bit Worten werden die reellen Werte der Koeffizienten h mit dem größten darstellbaren Wert des vorzeichenbehafteten Wortes ($01111 \ldots 11 = 2^{15} - 1$), der in der Variablen a gespeichert ist, multipliziert. Durch Rundung mit einer der Funktionen **fix**, **floor**, **ceil** oder **round** werden die Dezimalstellen entfernt. Das Teilen durch a ergibt erneut reelle Koeffizienten hq, die jetzt mit dem Festkomma-Format darstellbar sind. Die Frequenzgänge werden dann mit der Funktion **fft** ermittelt und überlagert dargestellt (die Abbildung ist hier nicht gezeigt). Die Unterschiede zwischen dem Amplitudengang mit und ohne Quantisierung sind minimal, weil die 16-Bit Worte eine relativ hohe Auflösung auch für diese einfache Quantisierung bedeuten.

Zur Ermittlung der Parameter $F, E$ und $B$ in der Quantisierungsform $h_q = F2^E Q + B$ verwendet man folgende Gleichungen:

```
hmax = max(h);                      hmin = min(h);
B = (hmax + hmin)/2;                S = (hmax-hmin)/(2^16);
Emax = fix(log2(S));                Emin = fix(log2(S)-log2(2));
F_max = S/(2^Emin);                 F_min = S/(2^Emax);
F = max(Fmax, F_min);               E = min(Emax, Emin);
```

Diese leiten sich aus folgenden Überlegungen ab:

$$\begin{aligned} max(V_q) &= F2^E(max(Q)) + B \\ min(V_q) &= F2^E(min(Q)) + B \end{aligned} \qquad (3.19)$$

Daraus folgt

$$S = F2^E = \frac{max(V_q) - min(V_q)}{max(Q) - min(Q)} = \frac{max(V_q) - min(V_q)}{2^{nb} - 1}$$

oder

$$S = F2^E \cong \frac{max(V_q) - min(V_q)}{2^{nb}} \qquad (3.20)$$

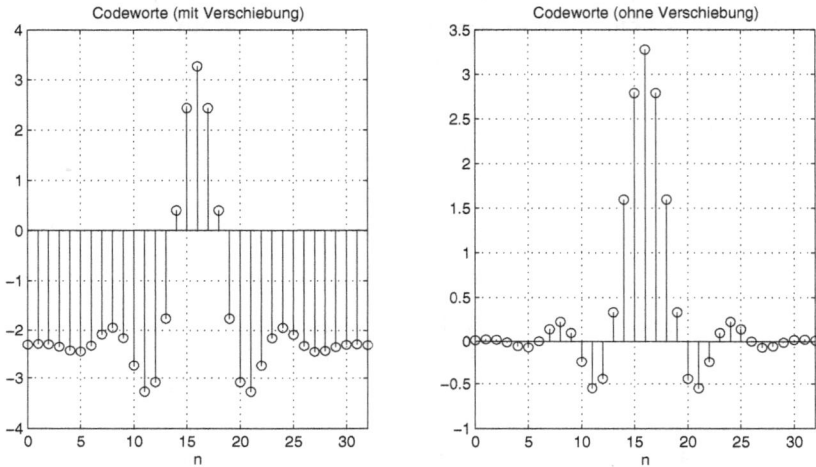

*Abb. 3.19: Codeworte der Koeffizienten mit und ohne Verschiebung* (fest_komma_filter1.m)

Mit $nb$ wird die Anzahl der Bit des Codeworts bezeichnet. Die Codeworte $Q$ erhält man dann mit:

```
Q = fix((h-B)/S);
% Q = floor((h-B)/S);
% Q = ceil((h-B)/S);
% Q = round((h-B)/S);
```

Abb. 3.19 zeigt links die Codeworte für diese Quantisierung mit Verschiebung. Die Skalierung $S$, die gleich der Quantisierungsstufe $q$ ist, nimmt in dieser Quantisierungsform den kleinsten Wert an.

Die Parameter der Quantisierung ohne Verschiebung ($B = 0$) werden ähnlich ermittelt. In Abb. 3.19 rechts sind die entsprechenden Codeworte dargestellt. Der negative Bereich ist in dieser Codierung gleich dem positiven Bereich und ist nicht vollständig ausgenutzt. Die Skalierung $S_1$ oder die Quantisierungsstufe ist viel größer. Für das Filter, das im Programm fest_komma_filter1.m als Beispiel dient, ist $(S_1 - S)/S_1 \cong 41\%$.

# Experiment 3.3: Addition von Variablen mit skalierter und verschobener Festkomma-Codierung

Bei der Entwicklung dynamischer Systeme mit Codierung im Festkomma-Format muss man insbesondere auf Folgendes achten:

- **Über- und Unterlauf:** Durch Addition von zu großen positiven oder zu kleinen negativen Werten kann es zu Über- oder Unterlauf kommen.

- **Quantisierung:** Festkomma-Zahlen können wertkontinuierliche Zahlen nur mit einer begrenzten Auflösung darstellen.

- **Rechenrauschen:** Bei Berechnungen mit Festkomma-Zahlen können sich die Quantisierungsfehler akkumulieren, so dass das Quantisierungsrauschen verstärkt wird.

- **Grenzzyklen:** Der Ausgang eines stabilen Systems bleibt begrenzt wenn der Eingang begrenzt ist. Wegen der Quantisierung können in manchen Fällen Grenzzyklen am Ausgang in Form von Schwingungen zwischen zwei Werten auftreten.

In digitalen Systemen wird die Skalierung der Variablen an der Schnittstelle zur kontinuierlichen Welt, die in den meisten Fällen über A/D- und D/A-Wandler realisiert ist, in der Regel mit Stellenwertpunkt implementiert. Für die anderen Variablen, wie z.B. die Koeffizienten der digitalen Filter, wird eine Skalierung eingesetzt, die der Anwendung angepasst ist. Jede Wahl hat Vorteile und Nachteile, die sorgfältig betrachtet werden müssen.

Um zu zeigen wie groß der Aufwand beim Festkomma-Format mit Skalierung und Verschiebung ist, wird in diesem Experiment die Addition untersucht. Es wird die allgemeine Form der Skalierung mit Verschiebung ($V_q = F2^E Q + B$) vorausgesetzt und die Skalierung mit Stellenwertpunkt wird als Sonderfall, in dem $F = 1$ und $B = 0$ sind, behandelt.

Angenommen, man muss zwei im Wertebereich kontinuierliche Variablen (*Real-World Variables*) addieren:

$$V_a = V_b + V_c \tag{3.21}$$

Die Variablen sind in der allgemeinen Form

$$V_{qi} = F_i 2^{E_i} Q_i + B_i \quad \text{mit} \quad i = a, b, c, \ldots \tag{3.22}$$

codiert. Der Code $Q_a$ des Ergebnisses ist aus

$$F_a 2^{E_a} Q_a + B_a = F_b 2^{E_b} Q_b + B_b + F_c 2^{E_c} Q_c + B_c \tag{3.23}$$

durch

$$Q_a = \frac{F_b}{F_a} 2^{E_b - E_a} Q_b + \frac{F_c}{F_a} 2^{E_c - E_a} Q_c + \frac{B_b + B_c - B_a}{F_a} 2^{-E_a} \tag{3.24}$$

gegeben.

Wie man sieht, sind hier zur Berechnung viele Operationen durchzuführen und der Vorteil einer guten Quantisierung wird durch diesen Aufwand relativiert.

Wenn man $B_a = B_b + B_c$ und $F_a = F_b$ oder $F_a = F_c$ wählt, dann vereinfacht sich die oben gezeigte Formel für $Q_a$:

$$Q_a = 2^{E_b - E_a} Q_b + \frac{F_c}{F_a} 2^{E_c - E_a} Q_c \tag{3.25}$$

oder

$$Q_a = \frac{F_b}{F_a} 2^{E_b - E_a} Q_b + 2^{E_c - E_a} Q_c \tag{3.26}$$

In den Formeln benötigt man noch $E_a$, das durch $E_a = E_c$ oder $E_a = E_b$ zu einer weiteren Vereinfachung führt.

Diese Vereinfachungen führen zu einer maximalen Geschwindigkeit für die Implementierung der Addition. Es gibt auch eine Lösung, die eine maximale Genauigkeit sichert und in dem *Simulink Fixed Point User's Guide* beschrieben ist. Hier wird sie nur in Verbindung mit einer Simulation in MATLAB gezeigt.

Bei der festen Stellenwertpunkt-Skalierung wird das Codewort des Ergebnisses durch eine einfache Operation erhalten:

$$Q_a = 2^{E_b - E_a} Q_b + 2^{E_c - E_a} Q_c \tag{3.27}$$

Sie besteht aus einer Addition und zwei Bitverschiebungen. Die Vermeidung der Multiplikation ist ein großer Vorteil dieser einfachen Codierung, die allerdings, wie bereits besprochen, eine schlechtere Genauigkeit als die Codierung mit Skalierung und Verschiebung bietet.

Die Subtraktion für beide Codearten führt zu ähnlichen Ergebnissen. Die anderen Operationen, wie Multiplikation, Division, Multiplikation mit einer Konstanten usw. sind in dem *Simulink Fixed Point User's Guide* beschrieben.

Die oben beschriebene Addition von Variablen im Festkomma-Format, die mit Skalierung und Verschiebung codiert sind, wird am Beispiel zweier Variablen durchgeführt. Es wird angenommen, dass die Variable $V_b$ einen Bereich von $-7.675$ bis $126.89$ belegt (Abb. 3.20a) und die Variable $V_c$ einen Bereich von $-178.176$ bis $10.526$ belegt (Abb. 3.20b).

Diese Bereiche der Variablen sind ungünstig für eine Codierung mit festem Stellenwertpunkt, weil, wie aus der Darstellung in Abb. 3.20b hervorgeht, große Teile der Codeworte nicht verwendet werden könnten.

Im Programm `addition_1.m` werden alle notwendigen Berechnungen durchgeführt. Für die Implementierung in einem Signalverarbeitungssystem ist zu beachten, dass einige dieser Berechnungen bereits im Vorfeld durchgeführt werden können und damit nicht zur Laufzeit erfolgen müssen. Mit

```
% Vorfeldberechnungen
nbb = 12;    % signed 12 Bit Worte
Vbmax = 126.89;                        Vbmin = -7.675;
Sb = (Vbmax-Vbmin)/(2^nbb);        Bb = (Vbmax+Vbmin)/2;
```

wird die Skalierung $S_b = F_b 2^{E_b}$ und die Verschiebung $B_b$ berechnet. Um den Faktor $F_b$ mit Werten $1 \le F_b < 2$ und die ganzzahlige Potenz $E_b$ aus $S_b$ zu ermitteln, werden die Extremwerte des Faktors $F_b$ benutzt und zwei Werte für die Potenz $E_b$ berechnet:

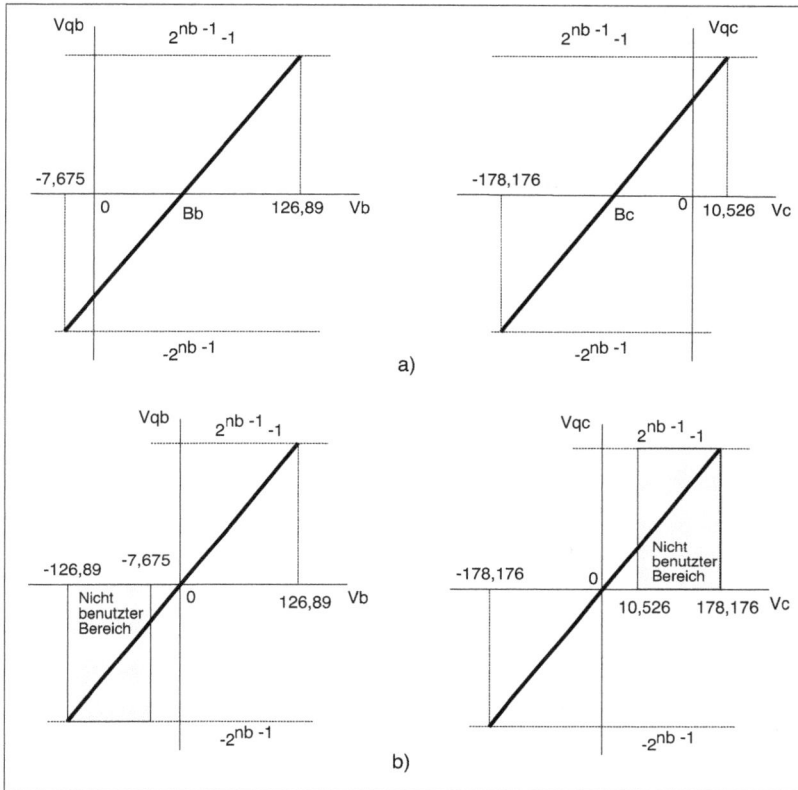

*Abb. 3.20: a) Codierung mit Skalierung und Verschiebung; b) Codierung mit festem Stellenwertpunkt*

```
Ebmax = log2(Sb);                        Ebmin = log2(Sb/2);
```

Danach werden zwei Werte für die Faktoren $F_b$ ermittelt und nur der Faktor, der im Bereich $1 \leq F_b < 2$ liegt, gewählt. Die entsprechende Potenz $E_b$ wird übernommen.

```
Fbmin = Sb/(2^round(Ebmax));    Fbmax = Sb/(2^round(Ebmin));
if(Fbmax >= 2)
    Fb = Fbmin;         Eb = round(Ebmax);
else
    Fb = Fbmax;         Eb = round(Ebmin);
end;
Sb = Fb*(2^Eb);
```

So entspricht z.B. dem Wert $V_b = 117.5643$ ein Codewort und ein quantisierter Wert, die durch

```
% Beliebiger Wert für Vb
Vb = 117.5643;        % Vbmin <= Vb < Vbmax
```

```
% Entsprechendes Codewort
Qb = round((Vb-Bb)/Sb);
% Quantisierte Variable
Vqb = Sb*Qb + Bb;
```

gegeben sind.

Ähnlich wird die Variable $V_c$ im Vorfeld quantisiert

```
nbc = 16;    % signed
Vcmax = 10.526;                      Vcmin = -178.176;
Sc = (Vcmax-Vcmin)/(2^nbc);    Bc = (Vcmax+Vcmin)/2;
Ecmax = log2(Sc);                    Ecmin = log2(Sc/2);
Fcmin = Sc/(2^round(Ecmax));    Fcmax = Sc/(2^round(Ecmin));
if(Fcmax >= 2)
    Fc = Fcmin;        Ec = round(Ecmax);
else
    Fc = Fcmax;        Ec = round(Ecmin);
end;
Sc = Fb*(2^Ec);
```

und danach das Codewort für z.B. den Wert $V_c = -69.1715$ ermittelt:

```
% Beliebiger Wert für Vc
Vc = -69.1715;        % Vcmin <= Vc < Vcmax
% Entsprechendes Codewort
Qc = round((Vc-Bc)/Sc);
% Quantisierte Variable
Vqc = Sc*Qc + Bc;
```

Die Parameter der Addition ($B_a$, $F_a$ und $E_a$) für höchste Rechengeschwindigkeit und die quantisierte Variable $V_{qa}$ werden durch

```
Ba = Bb + Bc;
Fa = Fc;           Ea = Ec;
Sa = Fa*(2^Ea);
Qa = round((Fb*Qb/Fa)*(2^(Eb-Ea)) + Qc);
Vqa = Sa*Qa + Ba;
```

berechnet.

Die korrekte Summe ergibt sich aus den Werten für die zwei Operanden der Addition $V_a = V_b + V_c$. Mit der Differenz $V_a - V_{qa}$ erhält man den Fehler der Addition und die Skalierung der Summe wird mit $F_a 2^{E_a}$ berechnet. Für die gezeigten Werte der Operanden liefert das Programm folgende Ergebnisse:

```
Vb = 117.5643;          Vqb = 117.5598;
Vc = -69.1715;          Vqc =  -69.1719;


Va = 48.3928;           Vqa = 48.3885;
Fehler = 0.0043;        Skalierung = 0.0029;
```

Im Programm `addition_2.m` wird die Skalierung mit Verschiebung für höchste Genauigkeit nachgebildet. Dieselben Operanden werden in gleicher Art codiert. Für die Codierung der

Summe wird zu Beginn ihr Bereich und der entsprechende Skalierungsfaktor für die gegebene Anzahl von Bit nba ermittelt:

```
nba = 16;              % Anzahl Bits für die Summe
Ba = Bb + Bc;    % Verschiebung
Vamax = Vbmax + Vcmax;
Vamin = Vbmin + Vcmin;
Sa = (Vamax - Vamin)/(2^nba);
```

Aus der Skalierung Sa werden dann die Faktoren Fa und Ea für die Form $S_a = F_a 2^{E_a}$ wie bei den anderen Operanden berechnet:

```
Eamax = log2(Sa);    Eamin = log2(Sa/2);
Famin = Sa/(2^round(Eamax));    Famax = Sa/(2^round(Eamin));
if(Famax >= 2)
    Fa = Famin;
    Ea = round(Eamax);
else
    Fa = Famax;
    Ea = round(Eamin);
end;
Sa = Fa*(2^(Ea));
```

Danach kann das Codewort Qa für die Summe und der quantisierte Wert der Summe Vqa ermittelt werden:

```
Qa = round((Fb/Fa)*(2^(Eb-Ea))*Qb + (Fc/Fa)*(2^(Ec-Ea))*Qc);
% quantisierte Summe
Vqa = Sa*Qa + Ba
```

Die einfache Codierung mit festem Stellenwertpunkt ist im Programm addition_3.m nachgebildet. Die Codierung der Operanden wird anhand des ersten Operanden gezeigt. Mit

```
nbb = 12;    % signed
Vbmax = 126.89;        Vbmin = -7.675;
Vbmax_abs = max(abs([Vbmax, Vbmin]));
```

wird der maximale Betrag des Operanden ermittelt. Der Bereich der codiert wird, ist dann zwei mal so groß und bestimmt die Skalierung Sb und den Faktor Eb der Form $V_{qb} = S_b Q_b = 2^{E_b} Q_b$:

```
Sb = 2*Vbmax_abs/(2^nbb);
Eb = round(log2(Sb));
Sb = 2^Eb;
```

Ein beliebiger Wert des Operanden, wie z.B. $V_b = 117.5643$, wird dann durch

```
Vb = 117.5643;        % Vbmin <= Vb < Vbmax
Qb = round(Vb/Sb);
Vqb = Sb*Qb;
```

codiert und quantisiert. Der zweite Operand und die Summe werden ähnlich codiert. Mit

```
nba = 16;
Vamax = Vbmax + Vcmax;
Vamin = Vbmin + Vcmin;
Vamax_abs = max(abs([Vamax, Vamin]));
Sa = 2*Vamax_abs/(2^nba);
Ea = floor(log2(Sa));
Sa = 2^Ea;
% on-line Berechnungen
Qa = round((2^(Eb-Ea))*Qb + (2^(Ec-Ea))*Qc);
Vqa = Sa*Qa
```

wird zuerst der Bereich der Summe ermittelt und danach die Parameter der Codierung in derselben Art berechnet. Die Ergebnisse sind:

```
Va = 48.3928;           Vqa = 48.3906;
Fehler = 0.0022;        Skalierung = 0.0039;
```

Entgegen aller Erwartungen ist der Fehler in diesem Fall der kleinste. Es ist leicht zu sehen, dass `Qa` hier ohne Rundung berechnet wird, weil `Eb = -4`; `Ec = -8` und `Ea = Ec = -8` sind.

In den Programmen `addition_11.m`, `addition_21.m` sowie in dem Programm `addition_31.m` wird die Addition der gezeigten Operanden nachgebildet, ausgehend von Auflösungen von 8 Bit für die Operanden und 16 Bit für die Summe. Die Ergebnisse zeigen, wie erwartet, den kleinsten Fehler für die Codierung mit höchster Genauigkeit und den größten Fehler bei der Codierung mit festem Stellenwertpunkt (0.0459 < 0.3728 < 0.6072).

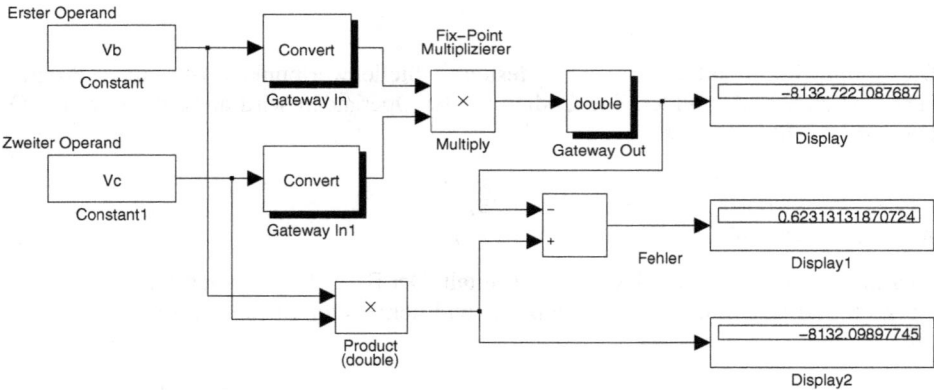

*Abb. 3.21: Simulation einer Multiplikation im Festkomma-Format* (multip_1.mdl, multip_1_.m)

Im Programm `multip_1_.m` wird eine Multiplikation in der Darstellung für höchste Geschwindigkeit simuliert. In diesem Fall wird $B_a = B_b B_c$; $F_a = F_b F_c$ bzw. $E_a = E_b + E_c$ und das Codewort $Q_a$ berechnet man mit:

$$Q_a = Q_b Q_c + B_c 2^{-Ec} Q_b / F_c + B_b 2^{-Eb} Q_c / F_b \tag{3.28}$$

Die Variablen des Programms werden auch in dem Simulink-Modell aus Abb. 3.21 (`multip_1.mdl`) zur Initialisierung der Blöcke aus dem *Fixed Point Blockset* eingesetzt. Am Ende des Programms wird das Modell aufgerufen und die Ergebnisse in *Display*-Blöcken dargestellt. Die Eingangsvariablen sind dieselben, die auch in den Simulationen der Addition verwendet wurden. Der Fehler, der im Programm berechnet wird, unterscheidet sich geringfügig vom Fehler aus dem Modell.

## 3.2.4 Schlussfolgerungen

Die Analyse der Codierung im Festkomma-Format hat gezeigt, dass die Codierung mit Skalierung und Verschiebung die beste Auflösung bei gegebener Größe des Codewortes sichert. Sie ist leider mit einem großen Programmieraufwand verbunden. Die einfache Codierung mit festem Stellenwertpunkt ist viel einfacher und daher auch sehr verbreitet.

Ist bei der Codierung mit festem Stellenwertpunkt der doppelte Bereich gegenüber der optimalen Codierung mit Skalierung und Verschiebung abzudecken, so „verliert man" ein Bit, bei der Abdeckung des vierfachen Bereiches zwei Bit und bei der Abdeckung des achtfachen Bereiches „verliert man" drei Bit. Verwendet man Wortbreiten von 16 Bit, so verbleiben einem für die tatsächliche Auflösung 13 Bit, was aber in vielen Fällen ausreicht. Bei Wortbreiten von 32 Bit ist der Verlust vernachlässigbar. Da Signalprozessoren mit 32 Bit Wortbreite bereits sehr verbreitet sind, wird in Zukunft die Codierung mit Skalierung und Verschiebung wohl weiter an Bedeutung verlieren.

In der *DSP-System-Toolbox* werden die Daten und Koeffizienten für das Festkomma-Format nur mit festem Stellenwertpunkt quantisiert.

# 3.3 Funktionen der *Fixed-Point Toolbox*

Die *Fixed Point Toolbox* ermöglicht in MATLAB die Entwicklung von Algorithmen im Festkomma-Format über folgende Festkomma-Objekte:

- **fi**-Objekte zur Definition von Festkomma-Daten. Jedes **fi**-Objekt besteht aus einem Datenwert, einem **fimath**-Objekt und einem **numerictype**-Objekt

- **fimath**-Objekte zeigen, wie die arithmetischen Methoden (*overloaded arithmetic operators*) mit den **fi**-Objekten arbeiten

- **numerictype**-Objekte definieren den Datentyp und die Skalierungsattribute der **fi**-Objekte

- **quantizer**-Objekte zur Quantisierung von Daten

Die *Fixed Point Toolbox* unterstützt das *Simulink Fixed Point*-Werkzeug, und die *DSP System Toolbox*. Über **help fi**, **help fimath**, ... **help quantizer** erhält man im Kommandofenster kurze Beschreibungen.

Die Voreinstellung der Darstellung der Festkomma-Werte über die Funktion **fipref** ist:

```
p = fipref('NumberDisplay','RealWorldValue',...
'NumericTypeDisplay','full','FimathDisplay','none')
```

Mit `'RealWorldValue'` wird der ursprüngliche Wert einer quantisierten Variablen bezeichnet.

Mit

```
a = fi(pi)
a =       3.1416
          DataTypeMode: Fixed-point: binary point scaling

             Signedness: Signed
             WordLength: 16
         FractionLength: 13
```

wird ein Festkomma-Objekt erzeugt. Es enthält die Zahl $\pi$ in der Festkommadarstellung mit 16 Bit und der Festkommastelle bei Bit 13. Der Festkommawert wird mit der Voreinstellung angezeigt. Wenn das Darstellungsformat geändert wird,

```
>> format long e
>> a
a =       3.141601562500000e+00
          DataTypeMode: Fixed-point: binary point scaling

             Signedness: Signed
             WordLength: 16
         FractionLength: 13
```

erhält man eine Darstellung des quantisierten Wertes $a$ mit mehr Dezimalstellen. Zum Vergleich beträgt der Wert von $\pi$ in der vollen (*double*) Genauigkeit, also für MATLAB der „unquantisierte" *Real-World* Wert:

```
>> pi
ans =     3.141592653589793e+00
```

Mit `p.NumberDisplay = 'bin';` aktiviert man die binäre Darstellung der quantisierten Werte und mit `p.FimathDisplay = 'full'` aktiviert man die Optionen für die arithmetischen Operationen (`RoundMode, OverflowMode,` usw.):

```
>> a = fi(pi)
a =       0110010010001000
          DataTypeMode: Fixed-point: binary point scaling

             Signedness: Signed
             WordLength: 16
         FractionLength: 13
```

Mit

```
>> get(a)
             DataTypeMode: 'Fixed-point: binary point scaling'
                 DataType: 'Fixed'
                  Scaling: 'BinaryPoint'
                   Signed: 1
               Signedness: 'Signed'
```

```
                WordLength: 16
             FractionLength: 13
             FixedExponent: -13
                     Slope: 1.220703125000000e-04
        ........
                 RoundMode: round
              OverflowMode: saturate
        ........
              CastBeforeSum: true
```

erhält man die Eigenschaften des **fi**-Objekts. Das Objekt $a$ hat sich natürlich nicht geändert, lediglich die Ausgabe erfolgt binär.

Wie schon gezeigt, ergibt **fi**(v) ein Festkomma-Objekt für den Wert v mit 16 Bit Wortlänge. Dabei wird die Festkommastelle so gewählt, dass die beste Genauigkeit für den Bruchteil erzielt wird. In den vorherigen Beispielen mit v = pi wird ein Bit für das Vorzeichen verwendet, 2 Bit vor dem Komma-Punkt sind für die Darstellung des Wertes 3 erforderlich, also verbleiben für FractionLength 13 Bit.

Es gibt viele andere Definitionsmöglichkeiten, wie z.B. in

a = **fi**(v, s, w, slope, bias),

wo neben dem zu quantisierenden Wert v mit s angegeben wird, ob die Zahl vorzeichenbehaftet (*signed*) oder vorzeichenlos (*unsigned*) zu speichern ist, mit w die Wortlänge angegeben wird und die Skalierung slope sowie die Verschiebung bias zu verwenden sind. Als Beispiel erhält man mit

```
p.NumberDisplay = 'dec';
a = fi(sin(2*pi*(0:100)/50),1,16,2^(-14),0)
a =
  Columns 1 through 9
0 0.1250 0.2480 0.3672 0.4824 0.5879 0.6836 0.7715 0.8438
  Columns 10 through 18
0.9043 0.9512 0.9824 0.9980 0.9980 0.9824 0.9512 0.9043 ...
      .....
            DataTypeMode: Fixed-point: slope and bias scaling

              Signedness: Sigend
              WordLength: 16
                   Slope: 2^-14
                    Bias: 0
```

```
>> get(a)
      ....
                 RoundMode: round
              OverflowMode: saturate
               ProductMode: FullPrecision
       MaxProductWordLength: 128
                   SumMode: FullPrecision
           MaxSumWordLength: 128
              CastBeforeSum: true
```

die quantisierten Elemente des Vektors `v = sin(2*pi*(0:100)/50)` als **fi**-Objekt a, die man dann mit der Methode **plot** oder besser mit **stairs** (Funktionen, die auf diese Objekte als Methoden erweitert wurden) darstellen kann. Der Aufruf

```
stairs(0:length(a)-1, a);
```

ergibt die erwartete, wegen der Quantisierung treppenartige Darstellung der zwei Perioden. Mit a.data greift man auf den Wert des **fi**-Objekts zu.

## 3.3.1 Erzeugung von **numerictype**-Objekten

Die **fi**-Objekte können auch über **numerictype**-Objekte, die die Repräsentationseigenschaften der quantisierten Werte enthalten, parametriert werden. So z.B. erhält man mit dem **numerictype**-Konstruktor

```
T = numerictype(1, 24, 20)
T =

          DataTypeMode: Fixed-point: binary point scaling

            Signedness: Signed
            WordLength: 24
        FractionLength: 20
```

eine Spezifikation zur Repräsentation von quantisierten Werten mit einer Wortlänge von 24 Bit und einer Bruchteillänge von 20 Bit. Über den Aufruf

```
>>p = fipref('NumberDisplay','RealWorldValue','NumericTypeDisplay',...
              'full','FimathDisplay','none');
>> format long e
>> a = fi(pi, T)
a =    3.141592979431152e+00
          DataTypeMode: Fixed-point: binary point scaling

            Signedness: Signed
            WordLength: 24
        FractionLength: 20
```

wird das **fi**-Objekt a mit den in *T* angegebenen Spezifikationen erzeugt und der quantisierte Wert im Format long e auf dem Bildschirm dargestellt.

## 3.3.2 Erzeugung von **fimath**-Objekten

Die **fimath**-Objekte definieren die arithmetischen Eigenschaften der **fi**-Objekte, die für die arithmetischen Operationen relevant sind. Der entsprechende Konstruktor ist sehr einfach. Als Beispiel wird mit

```
F = fimath
F =

              RoundMode: nearest
           OverflowMode: saturate
            ProductMode: FullPrecision
   MaxProductWordLength: 128
```

```
              SumMode: FullPrecision
     MaxSumWordLength: 128
```

ein Objekt mit den Voreinstellungen erzeugt:

```
>> get(F)
                            Path: ''
                       RoundMode: 'nearest'
                    OverflowMode: 'saturate'
                     ProductMode: 'FullPrecision'
               ProductWordLength: 32
            MaxProductWordLength: 128
           ProductFractionLength: 30
            ProductFixedExponent: -30
                    ProductSlope: 9.313225746154785e-10
     ProductSlopeAdjustmentFactor: 1
                     ProductBias: 0
                         SumMode: 'FullPrecision'
                   SumWordLength: 32
                MaxSumWordLength: 128
               SumFractionLength: 30
                SumFixedExponent: -30
                       SumSlope: 9.313225746154785e-10
         SumSlopeAdjustmentFactor: 1
                         SumBias: 0
                   CastBeforeSum: 1
```

Diese können geändert werden:

```
F.MaxProductWordLength=40
F.MaxSumWordLength=40
```

Durch

```
F =
               RoundMode: round
            OverflowMode: saturate
             ProductMode: FullPrecision
    MaxProductWordLength: 40
                 SumMode: FullPrecision
        MaxSumWordLength: 40
```

oder vollständiger mit `get(F)` können die Änderungen dargestellt werden.

## 3.3.3     Einsatz der **fimath**-Objekte in arithmetischen Operationen

Jedes **fi**-Objekt enthält ein **fimath**-Objekt, das die Eigenschaften der arithmetischen Operationen beschreibt. Für ein **fi**-Objekt a

```
a = fi(pi)
a =  3.141601562500000e+00
```

```
      DataTypeMode: Fixed-point: binary point scaling

                  Signedness: Signed
       WordLength: 16
   FractionLength: 13
```

greift man auf das darin enthaltene **fimath**-Objekt mit

```
a.fimath
```
**ans**=
```
               RoundMode: nearest
            OverflowMode: saturate
             ProductMode: FullPrecision
   MaxProductWordLength: 128
                 SumMode: FullPrecision
       MaxSumWordLength: 128
```

zu. Da bei der Konstruktion von a keine Angaben zu seinen **fimath**-Eigenschaften gemacht wurden, enthalten diese die Voreinstellungen.

Die arithmetischen Operationen +, −, .∗ und ∗ verlangen Operanden des gleichen **fi**-Typs. In der Annahme, dass das Objekt $a$ wie oben definiert ist, wird mit

```
b = fi(2)
b =    2
          DataTypeMode: Fixed-point: binary point scaling
                  Signedness: Signed
       WordLength: 16
   FractionLength: 13

```

ein zweites Objekt vom gleichen Typ erzeugt. Die Summe

```
c = a + b
c = 5.141601562500000e+00
          DataTypeMode: Fixed-point: binary point scaling
              Signedness: Signed
              WordLength: 17
       FractionLength: 13
```

wird, wegen der Einstellung SumMode:FullPrecision mit einer Wortlänge von 17 Bit und 13 Bit nach dem Stellenwertpunkt (kurz [17,13]) geliefert.

Das Produkt

```
d = a∗b
d = 6.283203125000000e+00
          DataTypeMode: Fixed-point: binary point scaling
              Signedness: Signed
              WordLength: 32
       FractionLength: 26
```

wird im Format [32,26] erzeugt, weil die beiden Operanden im Format [16,13] quantisiert sind.

# 3.3.4 Erzeugung von `quantizer`-Objekten

Man kann `quantizer`-Objekte zur Quantisierung der Daten einsetzen, bevor man aus ihnen `fi`-Objekte erzeugt. Mit

```
q = quantizer
q =
         DataMode = fixed
        RoundMode = floor
     OverflowMode = saturate
           Format = [16  15]
```

wird ein `quantizer`-Objekt mit den Voreinstellungen erzeugt. Um ein zweites Objekt vom gleichen Typ zu erzeugen, kann man mit

```
r = quantizer(q)    % oder einfach r = q;
r =
         DataMode = fixed
        RoundMode = floor
     OverflowMode = saturate
           Format = [16  15]
```

das erste Objekt kopieren. Die Eigenschaften `DataMode`, `Format`, `OverflowMode` und `RoundMode` können auch explizit angegeben werden:

```
q = quantizer('mode','fixed','format',[16,14],'overflowmode',...
    'saturate','roundmode','ceil')
% oder q = quantizer('fixed', [16,14],'saturate','ceil')
```

Statt `DataMode` wird einfach `mode` angegeben. Die anderen Eigenschaften wie `Max`, `Min` usw. können nur gelesen, aber nicht gesetzt werden.

Diese Objekte können nun zur Quantisierung von Variablen eingesetzt werden. Folgende Programmsequenz zeigt ein Beispiel, das selbsterklärend ist:

```
randn('state', 1379);       % Startwert
x = randn(100,1);
q = quantizer([16,14]);     % nur das Format ist festgelegt
y = quantize(q,x);
```

Die Werte von x wurden über die Funktion (Methode) **quantize** quantisiert und im Vektor y gespeichert. Die Eigenschaften von q können jetzt abgefragt werden:

```
q.max
ans = 2.701301679168723e+00
q.min
ans = -2.743509483031400e+00
q.noverflow
ans = 6
```

Der maximale Wert, der dem Quantisierer zugeführt wurde, betrug `q.max = 2.701...`, ebenso ist der minimale Wert angegeben. Die letzte Eigenschaft zeigt, dass der Vektor x der Länge 100 insgesamt 6 Werte enthält, die entweder größer als der Höchstwert $2 - 2^{-14} \cong 2$ oder kleiner als der minimal darstellbare Wert $-2$ sind. Der darstellbare Bereich zwischen $[-2, 2)$

ergibt sich aus der Festlegung von 14 Bit für die Nachkommastellen, so dass mit den 2 verbleibenden Bit in der Zweierkomplementdarstellung der angegebene Wertebereich darstellbar ist.

Mit den Funktionen **num2bin, num2hex, hex2num, bin2num** können die quantisierten Werte in verschiedene Formate umgewandelt und angezeigt werden. Als Beispiel soll folgende Sequenz dienen:

```
q = quantizer([6,5]);
x = rand(4,4);
b = num2bin(q, x)
b =
011110
000111
010011
001111
......
001100
```

Sie erzeugt die Zweierkomplementdarstellung der Zufallswerte x im Format [6,5]. Es gibt noch viele andere überladene Funktionen für die **quantizer**-Objekte, wie z.B. **length, disp, eps, get, set** sowie spezielle Funktionen für diese Objekte wie z.B. **exponentbias, exponentlength, noprations, noverflow, range**.

## 3.3.5    Einsatz der **fi**-Objekte in Simulink

Man kann die Festkomma-Daten der MATLAB-Objekte an ein Simulink-Modell übertragen und es gibt ebenso die Möglichkeiten, die Festkomma-Daten aus einem Simulink-Modell in die MATLAB-Umgebung zu exportieren. Das Lesen von Festkomma-Daten aus MATLAB in ein Simulink-Modell wird über den Block *From Workspace* realisiert. Dabei wird eine Struktur für die Daten gebildet, die im Feld `values` ein **fi**-Objekt enthalten.

Es sind allerdings einige Einschränkungen zu beachten:

- Eine Matrix kann der *From Workspace*-Block nur als reelle Werte im *double*-Format liefern.

- Um **fi**-Daten zu lesen, darf der Parameter *Interpolate data* des Blocks *From Workspace* nicht selektiert werden.

- Der Parameter *Form output after final data value by* darf nicht auf `Extrapolation` gesetzt sein.

Festkomma-Daten aus einem Modell können der MATLAB-Umgebung über den Block *To Workspace* sowohl als Matrix-Daten, als auch in Form einer Struktur übertragen werden. Um die Daten als **fi**-Objekt zu erhalten, muss aber die Option *Log fixed-point data as a fi object* im Dialogfenster des Blocks *To Workspace* gesetzt werden, sonst werden die Daten in das *double*-Format konvertiert.

Im Programm `fi_2_workspace1.m` wird eine Struktur von Daten für den Block *From Workspace* des Modells `fi_2_worksp.mdl` initialisiert. Es werden 1000 Zufallswerte und der dazugehörige Zeitvektor mit der Abtastperiode `Ts` in die Struktur eingetragen:

```
u = fi(randn(1,1000));      % Zufallssequenz
                % mit Default Parameter des fi-Objekts
u
u =
  Columns 1 through 8
   -0.4326   -1.6655    0.1254    0.2877   -1.1465        ...
  Columns 9 through 16
    0.3273    0.1747   -0.1868    0.7258   -0.5883        ...
    .....
Columns 993 through 1000
   -0.1265   -0.7372    0.2137   -0.4005    0.0649        ...

          DataTypeMode: Fixed-point: binary point scaling
           Signedness: Signed
           WordLength: 16
        FractionLength: 13

% --------- Bildung einer Struktur s
s.signals.values = u';       % Value-field der Struktur
s.signals.dimensions = 1;
Ts = 0.1;
s.time = [0:Ts:100-Ts]';     % Zeit-Feld
s
s =
    signals: [1x1 struct]
       time: [1000x1 double]
```

Die Struktur s enthält zwei Komponenten: den Zeitvektor s.time und die Struktur s.signals, in der die Abtastwerte s.signals.values und ein Feld für die Dimension enthalten sind:

```
>> s.signals
ans =
        values: [1000x1 embedded.fi]
    dimensions: 1
```

Über den Block *From Workspace* werden die Festkomma-Daten einem FIR-Filter, das mit dem Filterentwurfsprogramm **fdatool** entwickelt wurde, zugeleitet. Die Entwicklungsumgebung für den Filterentwurf ist in der Datei fi_2_worksp.fda gespeichert und kann aus dem **fdatool**-Programm geöffnet und bei Bedarf angepasst werden.

Über das Menü dieses Werkzeugs *File, Generate M-file* kann eine M-Datei, in der das Filter als MATLAB-Funktion generiert wird, erzeugt werden:

```
function Hd = fi_worksp_filter
....
% All frequency values are normalized to 1.

Fpass = 0.2;                 % Passband Frequency
Fstop = 0.25;                % Stopband Frequency
Dpass = 0.057501127785;      % Passband Ripple
```

```
Dstop = 0.0001;           % Stopband Attenuation
dens  = 20;               % Density Factor

% Calculate the order from the parameters using FIRPMORD.
[N,Fo,Ao,W]=firpmord([Fpass,Fstop],[1 0],[Dpass,Dstop]);

% Calculate the coefficients using the FIRPM function.
b  = firpm(N, Fo, Ao, W, {dens});
Hd = dfilt.dffir(b);

% Set the arithmetic property which is enabled by the filter design
% toolbox.
set(Hd, 'Arithmetic', 'fixed', ...
    'coeffWordLength', 16, ...
    'coeffAutoScale', true, ...
    'Signed', true, ...
    'inputWordLength', 16, ...
    'inputFracLength', 15, ...
    'FilterInternals', 'FullPrecision');
denormalize(Hd);
```

Daraus sind sehr einfach alle Eigenschaften des Filters mit **get(Hd)** zu entnehmen.

Die Ausgangsdaten des Modells (fi_2_worksp.mdl) sind im Festkomma-Format sfix34 mit dem Stellenwertpunkt nach Bit 30 (Skalierung mit $2^{-30}$) gespeichert. Mit einem Block *Data Type Conversion* werden daraus wieder Festkomma-Daten im Format [16,13] erzeugt.

Die Ergebnisse werden über die Senke *To Workspace* zurück an die MATLAB-Umgebung in Form der Struktur y

```
>> y
y =
         time: []
      signals: [1x1 struct]
    blockName: 'fi_2_worksp/To Workspace'
```

transferiert. Mit

```
>> y.signals
ans =
         values: [1001x1 embedded.fi]
     dimensions: 1
          label: ''
```

erhält man die Parameter der Werte des Ausgangssignals der Struktur y und mit y.signals.value werden die Werte selbst im Festkomma-Format [16, 14] geliefert.

Im Simulink-Modell kann über den Menüpunkt *Tools, Fixed Point Tool* ein Dialog zur Parametrierung der Festkommarepräsentation geöffnet werden. Wenn als *Settings for selected system* die Option *Minimums, maximums and overflows* aktiviert wird, so werden die kleinsten und größten Werte sowie die Überläufe, die eventuell in den Akkumulatoren, Multiplizierern und am Ausgang auftreten, aufgezeichnet.

Der *Fixed Point Settings*-Dialog kann auch über den Aufruf

```
>> fxptdlg('fi_2_worksp');
```

geöffnet werden. Hier kann man den *Fixed Point Advisor* starten, um geführt das Modells in ein System im Festkomma-Format umzuwandeln.

# 3.4 Gleitkomma-Quantisierung

Zahlen im Festkomma-Format haben einen eingeschränkten Dynamik-Bereich. Abhilfe kann man durch die Aufnahme eines Exponenten in die Zahlendarstellung schaffen: man erhält das Gleitkomma-Format. Eine Zahl im Gleitkomma-Format hat die Form $\pm f \cdot 2^{\pm e}$, wobei $f$ die Mantisse und $e$ der ganzzahlige Exponent ist. MATLAB unterstützt die Gleitkomma-Formate des IEEE Standards 754.

Der IEEE-Standard spezifiziert vier Formate, wobei zwei davon – *single* und *double* – die am meisten verbreiteten Formate sind [15], [3]. Jedes Format besteht aus drei Komponenten mit jeweils festgelegter Länge: einem Vorzeichenbit, dem Feld für den Exponenten und dem Feld für die Mantisse (Abb. 3.22a und 3.22b).

Anders als beim Festkomma-Format, bei dem die Zahlen als 2er-Komplement-Werte gespeichert werden, ist das Vorzeichen beim Gleitkomma-Format explizit: der Wert 0 des Vorzeichenbit $s$ steht für eine positive und der Wert 1 für eine negative Zahl. Der gebrochene Teil ist normiert und wird als eine Binärzahl der Form $1.f$ dargestellt. Da das erste Bit immer eins ist, wird seine Stelle eingespart, es existiert durch Vereinbarung. Somit ist der gebrochene Teil eine Zahl zwischen 1 und annähernd 2 (wenn $f$ nur Einsen enthält).

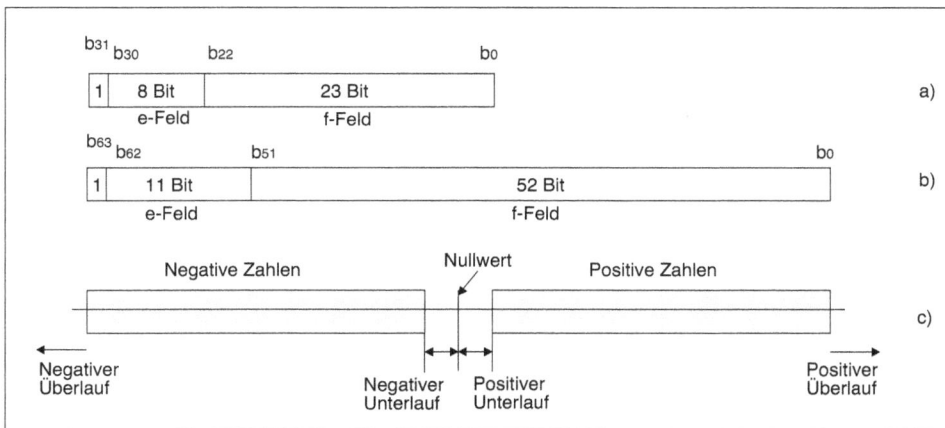

*Abb. 3.22: Die Felder bei Gleitkommazahlen einfacher Genauigkeit (a), doppelter Genauigkeit (b), sowie ihr Wertebereich (c)*

Im IEEE-Standard wird der Exponent mit einer Verschiebung dargestellt, so dass kein Vorzeichenbit hierfür notwendig ist. Vom Exponenten $e$ als positive Zahl interpretiert, wird bei Zahlen einfacher Genauigkeit die Konstante 127, bei Zahlen doppelter Genauigkeit die Konstante 1023 subtrahiert, um den Exponenten der Zahl 2 zu erhalten (Gl. (3.29)). Damit berechnet man den dargestellten Wert (quantisierter Wert $V_q$) durch

$$Wert = V_q = (-1)^s (2^{e-127})(1.f)$$
$$0 < e < 255$$
(3.29)

Der größte positive Wert ergibt sich für $e = 254$ und

$$1.f = 1.1111...111_2 = (2^{n_{bf}+1} - 1)2^{-n_{bf}} = (2 - 2^{-n_{bf}}) \cong 2,$$

was zu einem maximalen Wert der Größe $(2 - 2^{-n_{bf}})2^{127} \cong 2^{128} = 3 \cdot 10^{38}$ führt. Hier ist $n_{bf}$ die Anzahl der Bit für das $f$-Feld: im Falle einfacher Genauigkeit ist $n_{bf} = 23$ Bit.

Der kleinste positive Wert entspricht einem (verschobenen) Exponenten $e = 1$ und einer Mantisse $1.f = 1.0000...000_2 = 1$, was zu dem Wert $2^{1-127} = 2^{-126} = 10^{-38}$ führt. Der größte negative Wert ist $-2^{-126}$ und der kleinste ist $-2^{128}$. Das Überschreiten dieser Grenzen führt zu Über- oder Unterlauf (Abb. 3.22c).

Gleitkommawerte doppelter Genauigkeit sind durch die Gleichung

$$Wert = V_q = (-1)^s (2^{e-1023})(1.f)$$
$$0 < e < 2047$$
(3.30)

gegeben.

Für die Null wird ein spezielles Muster für den Exponenten und den gebrochenen Teil benutzt und zwar $e = 0$ und $f = 0$, wobei diese Werte nicht in die Formeln (Gl. (3.29) und Gl. (3.30)) eingesetzt werden können. Weiterhin gibt es reservierte Werte zur Kennzeichnung von Ausnahmen, die bei Berechnungen auftreten können, wie NaN für *Not a Number* (z.B. bei Grenzwerten der Form 0/0, $\infty$, $-\infty$ usw.) und Inf zur Kennzeichnung der Zahl Unendlich (z.B. bei Division durch null).

Tabelle 3.7 fasst die Parameter der zwei Gleitkomma-Formate zusammen.

*Tabelle 3.7: Parameter der Gleitkomma-Formate*

| Datentyp | Untere Grenze | Obere Grenze | Bias (Verschiebung) des Exponenten | Genauigkeit |
|---|---|---|---|---|
| *einfach* | $2^{-126} \cong 10^{-38}$ | $2^{128} \cong 3 \cdot 10^{38}$ | 127 | $2^{-23} \cong 10^{-7}$ |
| *doppelt* | $2^{-1022} \cong 2 \cdot 10^{-308}$ | $2^{1024} \cong 2 \cdot 10^{308}$ | 1023 | $2^{-52} \cong 10^{-16}$ |

## 3.4.1   Genauigkeit der Zahlen im Gleitkomma-Format

Wegen der begrenzten Länge der Codeworte können wertkontinuierliche Variablen auch im Gleitkommaformat nur quantisiert dargestellt werden. Es ist deshalb wichtig, die Genauigkeit der Darstellung, auch im Vergleich zu den Festkomma-Zahlen, zu verstehen.

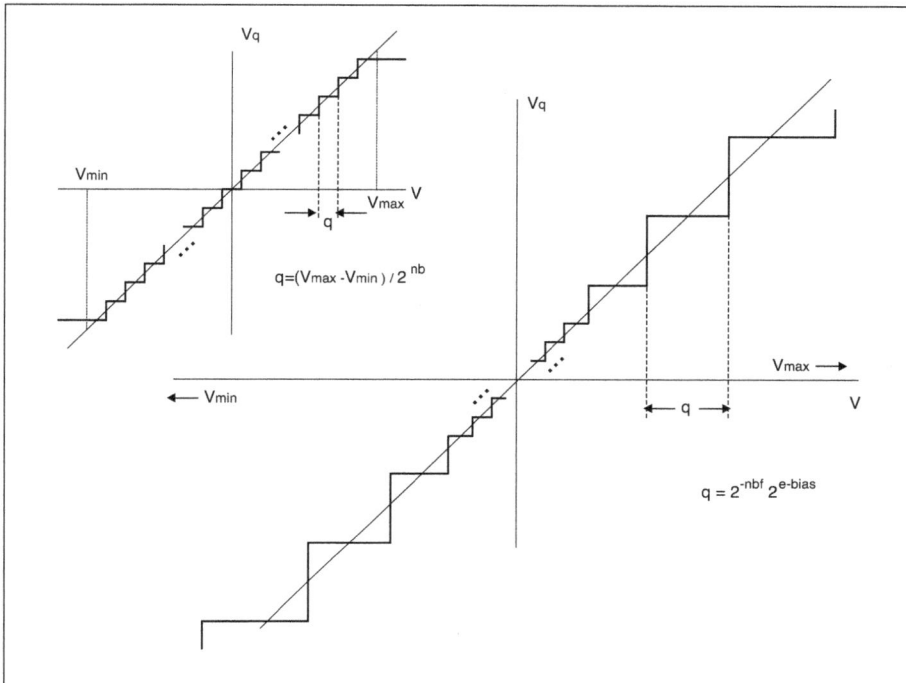

*Abb. 3.23: Quantisierungsstufen beim Festkomma- und Gleitkomma-Format*

Im Festkomma-Format wird der Bereich der kontinuierlichen Variablen in $2^{n_b}$ gleichmäßige Intervalle unterteilt. Die Größe der Intervalle bildet die Quantisierungsstufe, die auch die Genauigkeit darstellt (Abb. 3.23 links oben).

Beim Gleitkomma-Format hängen die Quantisierungsstufen vom Exponenten $e$ ab, so als hätte man eine nicht gleichmässige Quantisierung, wie in Abb. 3.23 rechts unten dargestellt. Die kleinste Stufe erhält man für $e = bias$ die dann $q = 2^{-n_{bf}}$ ist. Die Genauigkeiten aus Tabelle 3.7 sind durch diesen Wert gegeben.

In MATLAB ist die Genauigkeit oder Quantisierungsstufe für das *double*-Format gleich $2^{-52} = 2.2204 \cdot 10^{-16}$, ein Wert, der in der vordefinierten Variablen `eps` enthalten ist.

## 3.4.2 Dynamischer Bereich des Gleitkomma-Formats

Der dynamische Bereich DR (*dynamic range*) ist definiert als das Verhältnis der Beträge des größten darstellbaren Wertes zu dem des kleinsten, von null verschiedenen darstellbaren Wertes. Im Festkomma-Format ist der dynamische Bereich gegeben durch:

$$DR_{Festkomma} = 20log_{10}(2^{n_b} - 1) \cong 6.02 n_b \; dB \tag{3.31}$$

So erhält man z.B. bei einer Wortlänge $n_b = 16$ Bit einen dynamischen Bereich von ca. 96 dB.

Der dynamische Bereich der Gleitkomma-Zahlen ist viel größer. Das Verhältnis der oberen

Grenze zur unteren Grenze ist

$$(2 - 2^{-n_{bf}})2^{bias}/2^{1-bias} \cong 2^{2bias} = 2^{2^{n_{be}}} \tag{3.32}$$

und der entsprechende dynamische Bereich in dB wird zu:

$$DR_{Gleitkomma} = 20log_{10}(2^{2^{n_{be}}}) \cong 6.02(2^{n_{be}}) \; dB \tag{3.33}$$

Bei einem Exponentfeld mit $n_{be} = 8$ Bit (einfache Genauigkeit) erhält man einen dynamischen Bereich von 1541 dB, der viel größer als der dynamische Bereich der Festkomma-Formate (mit 16, 24 oder 32 Bit) ist.

In den Modellen `gleit_komma1.mdl`, `gleit_komma2.mdl` und dem Programm `gleit_komma_3.m` bzw. dem Modell `gleit_komma3.mdl` werden verschiedene Blöcke mit einfacher und doppelter Genauigkeit eingesetzt, um zu zeigen, wie auch bei Gleitkomma-Formaten Fehler auftreten können.

Für die Wortlänge $n_b = 32$ Bit ist die Auflösung oder Genauigkeit des Gleitkomma-Formats nicht so gut wie die des Festkomma-Formats, weil die Mantisse des Gleitkomma-Formates nur 24 Bit enthält. In der Praxis ist jedoch vielmals der dynamische Bereich die Schlüsselanforderung und die absolute Auflösung wird zu Gunsten des dynamischen Bereichs geopfert.

## 3.5 Entwurf quantisierter Filter

Digitale Filter arbeiten mit quantisierten Abtastwerten und sie sind durch Koeffizienten, die ebenfalls quantisiert sind, charakterisiert. Sowohl Abtastwerte als auch Filterkoeffizienten werden in einem der vorgestellten Zahlenformate dargestellt. Die Quantisierung führt zu Fehlern, die sowohl von dem verwendeten Format, als auch von der Reihenfolge, in der die Rechenoperationen ausgeführt werden, abhängen. Und Letztere ist von der Struktur, in der ein Filter implementiert wird, abhängig. MATLAB unterstützt alle gängigen Filterstrukturen [30], [53].

Wenn die *Fixed Point Toolbox* installiert ist, können mit der *DSP System Toolbox* quantisierte Filter im Festkomma-Format entwickelt und untersucht werden. Hierfür stehen vier Filter-Klassen zur Verfügung:

1. **dfilt**, zum Entwurf von quantisierten FIR- und IIR-Filtern verschiedenster Strukturen (wie z.B. *Direct Form I, Direct Form II* usw.)

2. **fdesign** zum Entwurf von FIR- und IIR-Filtern mit bestimmten Frequenzgängen

3. **adaptfilt** zum Entwurf adaptiver Filter

4. **mfilt** zum Entwurf von Multiraten-Filtern.

In diesem Kapitel werden die ersten beiden Klassen besprochen. Die adaptiven und Multiraten-Filter werden in nachfolgenden Kapiteln untersucht.

## 3.6 Implementierung zeitdiskreter Filter mit dfilt-Objekten

Für die Implementierung von Filtern mit verschiedene Strukturen gibt es in der *Signal Processing Toolbox* und der *DSP System Toolbox* die Filter-Objekte vom Typ **dfilt**.

Die ursprüngliche Art zu programmieren, in der Funktionen einen bestimmten Algorithmus implementieren, wird immer mehr durch eine Art ersetzt, in der die Organisation der Daten eine wichtige Rolle spielt. In der objektorientierten Programmierung werden Objektklassen (z.B. **dfilt**-Objekte) gebildet, die bestimmte Objekte definieren (z.B. **dfilt.df1, dfilt.df2**, etc.) . Zusätzlich werden Operationen für diese Klassen zur Verfügung gestellt, mit denen man die in den Objekten enthaltenen Variablen manipulieren kann.

Die **dfilt**-Objektklasse enthält folgende Objekte (in der MATLAB-Bezeichnung *Structures*):

```
dfilt.df1          - Direct-form I.
dfilt.df1sos       - Direct-form I, second-order sections.
dfilt.df1t         - Direct-form I transposed.
dfilt.df1tsos      - Direct-form I transposed, second-order sections.
dfilt.df2          - Direct-form II.
dfilt.df2sos       - Direct-form II, second-order sections.
dfilt.df2t         - Direct-form II transposed.
dfilt.df2tsos      - Direct-form II transposed, second-order sections.
dfilt.dffir        - Direct-form FIR.
dfilt.dffirt       - Direct-form FIR transposed.
dfilt.dfsymfir     - Direct-form symmetric FIR.
dfilt.dfasymfir    - Direct-form antisymmetric FIR.
dfilt.fftfir       - Overlap-add FIR.
dfilt.latticeallpass - Lattice allpass.
dfilt.latticear    - Lattice autoregressive (AR).
dfilt.latticearma  - Lattice autoregressive moving-average (ARMA).
dfilt.latticemamax - Lattice moving-average (MA) for maximum phase.
dfilt.latticemamin - Lattice moving-average (MA) for minimum phase.
dfilt.scalar       - Scalar.
dfilt.statespace   - State-space.
dfilt.cascade      - Cascade (filters arranged in series).
dfilt.parallel     - Parallel (filters arranged in parallel).
dfilt.calattice    - Coupled-allpass (CA) lattice
                     (available only with the DSP System Toolbox).
dfilt.calatticepc  - Coupled-allpass (CA) lattice
                     with power complementary (PC) output (available
                     only with the DSP System Toolbox).
```

Ein kleines Beispiel soll den Umgang mit diesen Objekten zeigen. Mit

```
b = firls(80,[0 .4 .5 1],[1 1 0 0],[1 10]);
                          % Klassischer Entwurf eines FIR-Filters
Hd = dfilt.dffir(b);      % Erzeugung der Struktur 'Direct-Form FIR'
fvtool(Hd)                % Darstellung des Frequenzgangs
```

wird zuerst die Einheitspulsantwort b eines FIR-Tiefpassfilters mit der Funktion **firls** berechnet. Daraus wird dann ein Objekt Hd vom Typ **dfilt.dffir** gebildet. Durch Eingabe von Hd im Kommandofenster von MATLAB oder mit get (Hd) wird die Struktur des Objekts angezeigt:

```
Hd =
```

```
FilterStructure: 'Direct-Form FIR'
     Arithmetic: 'double'
      Numerator: [1x81 double]
PersistentMemory: false
```

Das Objekt enthält als Filtereigenschaften, dass das Filter in der „direkten Form" angenommen wird, dass das Format *double* für die Koeffizienten benutzt wird und die Koeffizienten (oder die Einheitspulsantwort) des FIR-Filters in Hd.Numerator liegen.

Die verschiedenen Formen der Realisierung der Filter, die zu den verschiedenen **dfilt**-Objekten führen, wie *Direct-Form I, Direct-Form II*, usw., sind ausführlich in der Literatur beschrieben [11], [53]. Für die Implementierung mit Fließkommazahlen mit hoher Genauigkeit spielen diese Formen keine entscheidende Rolle. Bei einer Implementierung im Festkomma-Format beeinflusst jedoch die Reihenfolge der Operationen zusammen mit den Charakteristika des Signalprozessors (Wortbreite, Akkumulatorbreite, Rundungsart usw.) das Ergebnis. Darin liegt die Bedeutung der Realisierungsformen.

Die letzte Eigenschaft PersistentMemory zeigt, dass der Endzustand nach der Filterung mit diesem Filter nicht gespeichert wird. Wenn diese Eigenschaft true ist, kann man Daten blockweise filtern (als *Frame*-Signale) und am Ende jedes Blocks wird der Zustand des Filters zwischengespeichert, so dass dieser als Anfangszustand bei der Filterung des nächsten Blocks benutzt werden kann. Mit

```
>> Hd.PersistentMemory = true
```

wird die Eigenschaft PersistentMemory neu gesetzt und das Filter-Objekt Hd meldet die neue Struktur:

```
>> Hd
Hd =
    FilterStructure: 'Direct-Form FIR'
         Arithmetic: 'double'
          Numerator: [1x81 double]
   PersistentMemory: true
             States: [80x1 double]
```

Es wird jetzt angezeigt, dass das Filter 80 Zustandswerte besitzt, die zwischengespeichert werden. Über die Eigenschaft Hd.Arithmetic kann das Format der Daten und Koeffizienten gewählt werden. Mit

```
>> Hd.Arithmetic = 'fixed'
```

wählt man das Festkomma-Format, das von der *DSP System Toolbox* unterstützt wird. Das Filter-Objekt Hd erhält nun zusätzliche Eigenschaften, die im Verbindung mit diesem Format von Bedeutung sind:

```
>> Hd
Hd =
    FilterStructure: 'Direct-Form FIR'
         Arithmetic: 'fixed'
          Numerator: [1x81 double]
   PersistentMemory: true
             States: [80x1 embedded.fi]
```

```
    CoeffWordLength: 16
     CoeffAutoScale: true
             Signed: true
    InputWordLength: 16
    InputFracLength: 15
   OutputWordLength: 16
         OutputMode: 'AvoidOverflow'
        ProductMode: 'FullPrecision'
          AccumMode: 'KeepMSB'
    AccumWordLength: 40
      CastBeforeSum: true
          RoundMode: 'convergent'
       OverflowMode: 'wrap'
```

Alle neuen Eigenschaften können passend zu der DSP-Platform, auf der das Filter zu implementieren ist, geändert werden. Die Beschreibung dieser Eigenschaften ist in der *DSP-System-Toolbox* im Hilfesystem zu finden.

Tabelle 3.8: *Properties of* **dfilt**-*Objects*

| Property Name | Valid Values (default value) | Brief Description |
|---|---|---|
| AccumFracLength | Any positive or negative integer number of bits [29] | Specifies the fraction length used to interpret data output by the accumulator. This is a property of FIR filters and lattice filters. IIR filters have two similar properties–DenAccumFracLength and NumAccumFracLength–that let you set the precision for numerator and denominator operations separately. |
| AccumMode | FullPrecision, KeepLSB, [KeepMSB], SpecifyPrecision | Determines how the accumulator outputs stored values. Choose from full precision (FullPrecision), or whether to keep the most significant bits (KeepMSB) or least significant bits (KeepLSB) when output results need shorter word length than the accumulator supports. To let you set the word length and the precision (the fraction length) used by the output from the accumulator, set AccumMode to SpecifyPrecision. |
| AccumWordLength | Any positive integer number of bits [40] | Sets the word length used to store data in the accumulator/buffer. |
| Arithmetic | [Double], single, fixed | Defines the arithmetic the filter uses. Gives you the options double, single, and fixed. In short, this property defines the operating mode for your filter. |
| ..... | ..... | ..... |

In Tabelle 3.8 sind einige Eigenschaften, so wie sie im Hilfesystem ersichtlich sind, dargestellt. Die Angaben in den eckigen Klammern aus der zweiten Spalte stellen die Standardwerte dar, die benutzt werden, wenn keine abweichenden Werte angegeben wurden.

Mit den Funktionen **get** können die Eigenschaften gelesen und gesetzt werden. So wird z.B. mit

```
set(Hd,'arithmetic','fixed');
```

dieselbe Änderung wie mit der vorherigen Form Hd.Arithmetic='fixed' durchgeführt. Einige Werte können nur in Abhängigkeit von anderen Eigenschaften geändert werden. Um z.B. die Anzahl der Bits nach der Kommastelle für die Koeffizienten des Filters zu ändern, muss man zuerst den Parameter CoeffAutoscale auf false setzen. Dadurch erscheint in der Struktur des Hd-Objekts die neue Eigenschaft NumFracLength mit der man diese Anzahl der Bits festlegen kann (z.B. auf 15 Bit):

```
Hd.CoeffAutoscale = false;
Hd.NumFracLength = 15;
```

Mit get(Hd) erhält man die Werte aller Eigenschaften des Objektes und zusätzlich die Eigenschaft NumSamplesProcessed, die nach einer Filterung angibt, wie viele Eingangs-abtastwerte bearbeitet wurden. Durch

```
x = randn(1,100);
y = filter(Hd,x);
get(Hd)
```

wird ein Signal der Länge 100 mit Gauß-verteilten Abtastwerten x mit der Funktion **filter** (Methode für dieses Objekt) gefiltert und das Ergebnis in y gespeichert. Die Eigenschaft NumSamplesProcessed zeigt jetzt den Wert 100 an, weil 100 Eingangsabtastwerte gefiltert wurden.

Tabelle 3.9: *Methods of **dfilt**-Objects*

| Method | Description |
|--------|-------------|
| addstage | Adds a stage to a cascade or parallel object, where a stage is a separate, modular filter. See dfilt.cascade and dfilt.parallel. |
| addstage | Adds a stage to a cascade or parallel object, where a stage is a separate, modular filter. See dfilt.cascade and dfilt.parallel. |
| block | (Available only with the Signal Processing Blockset) block(Hd) creates a Signal Processing Blockset block of the dfilt object. The block method can specify these properties/values: 'Destination' indicates where to place the block. 'Current' places the block in the current Simulink model. 'New' creates a new model. Default value is 'Current'. 'Blockname' assigns the entered string to the block name. Default name is 'Filter'. 'OverwriteBlock'indicates whether to overwrite the block generated by the block method ('on') and defined by Blockame. Default is 'off'. 'MapStates' specifies initial conditions in the block ('on'). Default is 'off'. See Using Filter States. |
| ..... | ..... |
| filter | Performs filtering using the dfilt object. |
| freqz | Plots the frequency response in fvtool. Note that unlike the freqz function, this dfilt freqz method has a default length of 8192. |

| grpdelay | Plots the group delay in fvtool |
|----------|--------------------------------|
| ..... | ..... |

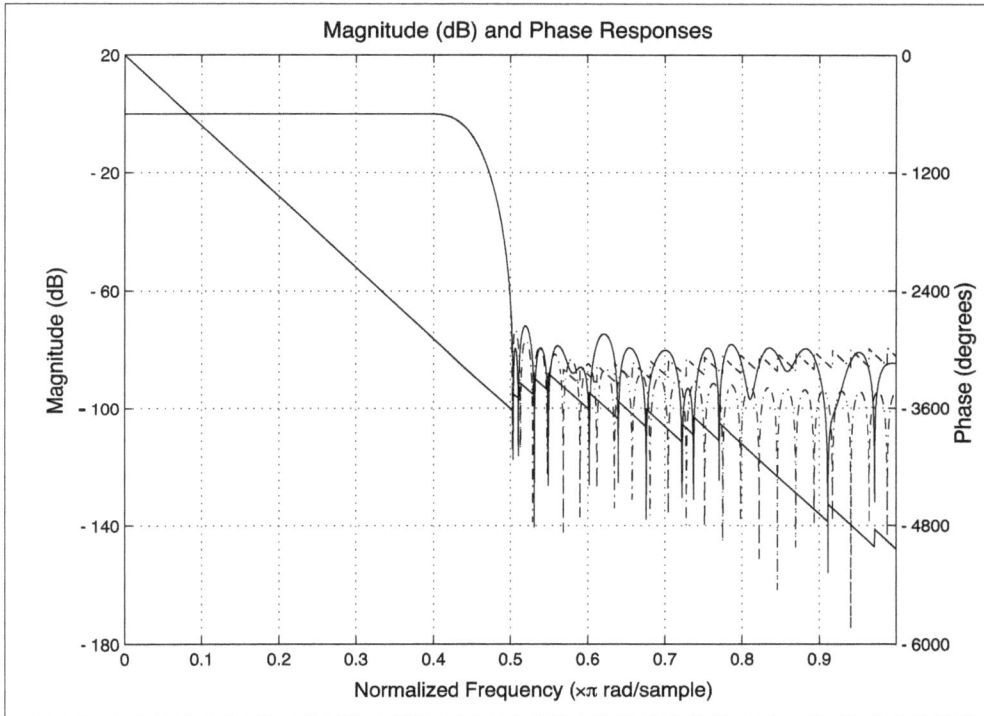

*Abb. 3.24: Frequenzgang des Filter-Objekts Hd*

Die **dfilt**-Objekte besitzen Methoden zur Verwendung der Objekte. So ist z.B. die zuvor eingesetzte **filter**-Funktion eine für Objekte der Klasse **dfilt** erweiterte Funktion, die auf alle Objekte dieser Klasse anwendbar ist. Solche Funktionen werden „überladene Methoden" (Englisch: *overloaded*) bezeichnet. Die alte Form der Funktion **filter** kann aber weiterhin benutzt werden.

Den Frequenzgang des Filters kann man mit der überladenen Methode **freqz**(Hd) oder auch direkt mit **fvtool**(Hd) berechnet werden. In beiden Fällen wird das *Filter Visualisation Tool* **fvtool** aufgerufen und es wird der Frequenzgang des quantisierten, im Festkomma-Format definierten Filters zusammen mit dem idealen Frequenzgang des Filters im *double*-Format angezeigt (Abb. 3.24)

Die Liste aller Methoden, die für **dfilt**-Objekte vorgesehen sind, erhält man über das Hilfesystem. Einige dieser Methoden sind in Tabelle 3.9 angegeben.

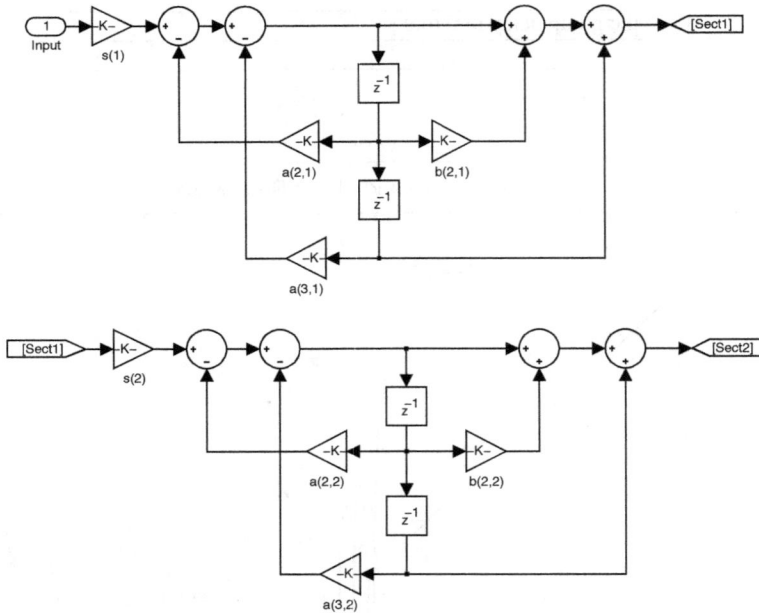

*Abb. 3.25: Zwei Abschnitte eines IIR-Filters 8. Ordnung vom Typ Direct-form II, Second-Order Sections*

In Abb 3.25 sind zwei Abschnitte eines IIR-Filters 8. Ordnung vom Typ *Direct-form II, Second-Order Sections* für das Format *double* dargestellt. Man erkennt die Koeffizienten der Abschnitte (a(2,1), b(2,1), a(3,1), a(2,2), b(2,2), a(3,2)) und die Skalierungsfaktoren s(1), s(2), mit deren Hilfe die Wertebereiche der Signale am Ausgang der Abschnitte festgelegt werden.

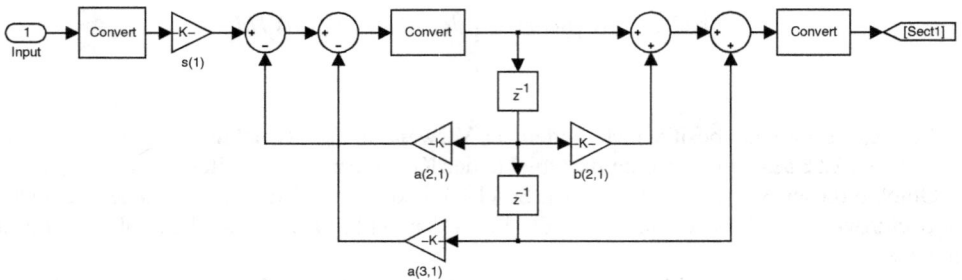

*Abb. 3.26: Erster Abschnitt des gleichen Filters in quantisierter Form (Festkomma-Format)*

Für ein Filter im Festkomma-Format werden zusätzliche Blöcke hinzugefügt, die es erlauben, die Parameter der Eingangs- und Ausgangsdaten zu spezifizieren. In Abb. 3.26 ist der erste Abschnitt des gleichen Filters, jetzt als Filter in Festkomma-Format, dargestellt. Man erkennt mehrere zusätzliche Blöcke *Convert*. Der erste *Convert*-Block spezifiziert die Parameter der Eingangsdaten des Filterabschnittes. Der zweite definiert die Ausgangsdaten nach der ersten Addition/Subtraktion dieser Strukturform und schließlich definiert der letzte *Convert*-Block das Format der Ausgangsdaten des ersten Abschnitts.

## 3.6.1 Quantisierte FIR-Filter

Für einen FIR-Tiefpass 5. Ordnung werden zwei Filterstrukturen in Abb. 3.27 dargestellt: die FIR direkte Form und die FIR direkte Form für symmetrische FIR-Filter[5].

Ein FIR-Filter realisiert die Faltungssumme zwischen den Eingangswerten $x[kT_s]$ und den Filterkoeffizienten $h[i]$ um den Ausgangswert $y[kT_s]$ zu berechnen:

$$y[kT_s] = \sum_{i=0}^{N-1} h[i]x[(k-1)T_s] \tag{3.34}$$

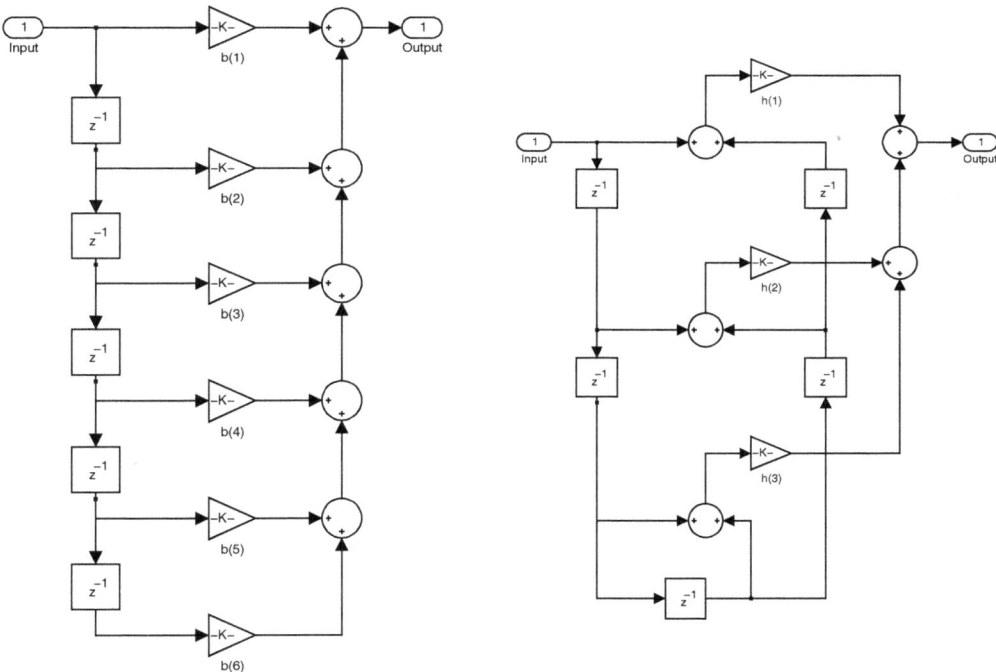

*Abb. 3.27: Direkte Form für FIR-Filter und direkte Form für symmetrische FIR-Filter*

Die Zwischenergebnisse der Faltungssumme werden häufig in arithmetischen Einheiten der Prozessoren mit doppelter Wortlänge berechnet, so dass hierbei die Gefahr eines Über- oder

---

[5]Für FIR-Filter sind die Strukturen Direct-Form I und Direct-Form II identisch und werden im Weiteren als direkte Form bezeichnet.

Unterlaufs geringer ist, doch bei der Ausgabe des Ergebnisses sind Skalierungen in der Regel unerlässlich. Ein Über- oder Unterlauf kann zwar durch Abfrage des entsprechenden Bit im Statuswort des Prozessors detektiert und damit vermieden werden, doch ist dieses Verfahren aufwändig.

Eine Alternative dazu ist, die Koeffizienten des Filters $h[i]$ und/oder die Eingangs- bzw. Ausgangsdaten zu skalieren. In [30] werden zwei Möglichkeiten empfohlen:

$$h[i] = h[i]/\sum_{k=0}^{N-1} |h[k]| \tag{3.35}$$

oder

$$h[i] = h[i]/\left[\sum_{k=0}^{N-1} |h^2[k]|\right]^{1/2} \tag{3.36}$$

Die erste Methode der Skalierung auf die Betragssumme ist eine sehr restriktive Skalierung. Bei der zweiten Methode wird auf den „Effektivwert" der Filterkoeffizienten skaliert. Sie wird in der Praxis häufiger angewandt, kann aber gelegentlich zu Über- oder Unterlauf führen. Die zu verwendende Skalierung kann in den von MATLAB angebotenen Methoden zur Filterung eingestellt werden.

In der Datenstruktur eines **dfilt**-Objektes können die Eigenschaften des quantisierten Filters angegeben werden, wie z.B. das Format der Daten und Koeffizienten, die Eigenschaften des DSP (Breite des Akkumulators, Art der Rundung), die Skalierungsmethode usw.

Methoden der **dfilt**-Objekte ermöglichen die Untersuchung der quantisierten Filter durch Ermittlung der Einheitspulsantwort, der Pol-Nullstellenverteilung, des Frequenzgangs und des Fehlerrauschens sowie die Durchführung der Filterung und die Erzeugung von Simulink-Blöcken für das Filter.

Als Beispiel für den Entwurf eines quantisierten Filters über MATLAB-Befehle wird in dem Programm quantis_filter1.m ein FIR-Tiefpassfilter entworfen. Zunächst wird mit **firpm** ein „unquantisiertes"[6] Filter entworfen:

```
fs = 1000;     % Abtastfrequenz
fr = 0.3;      % Durchlassfrequenz (relativ zur Nyquist Frequenz)
nord = 150;    % Ordnung des Filters
f = [0, fr, fr*1.15, 1];  % Vektor der Frequ. mit zwei Bereichen
m = [1 1 0 0];             % Vektor der Amplitudengangswerte
% --------- Ermittlung des nicht quantisierten Filters
b = firpm(nord, f, m);    % Remez Algorithmus
```

Daraus wird ein Filter-Objekt **dfilt** erstellt. Es wird formal die Direct-Form-II-Struktur gewählt, weil diese auch in Simulink unterstützt wird.

```
hq = dfilt.df2(b);   % df2, weil die Funktion block
              % diese Struktur in Simulink unterstützt
```

Das Feld hq.Arithmetic des Filter-Objektes wird jetzt auf 'fixed' gesetzt, um ein Festkomma-Format zu erzwingen:

---

[6]Also ein Filter mit der höchsten in MATLAB möglichen Genauigkeit.

```
hq.Arithmetic ='fixed';      % Festkomma-Format

hq
```

Die in der Datenstruktur gespeicherten Eigenschaften des Filter-Objekts kann man durch Eingabe des Variablennamens im Kommandofenster ansehen:

```
hq =
        FilterStructure: 'Direct-Form II'
             Arithmetic: 'fixed'
              Numerator: [1x151 double]
            Denominator: 1
       PersistentMemory: false
        CoeffWordLength: 16
         CoeffAutoScale: true
                 Signed: true
        InputWordLength: 16
        InputFracLength: 15
       OutputWordLength: 16
             OutputMode: 'AvoidOverflow'
        StateWordLength: 16
        StateFracLength: 15
            ProductMode: 'FullPrecision'
              AccumMode: 'KeepMSB'
        AccumWordLength: 40
          CastBeforeSum: true
              RoundMode: 'convergent'
           OverflowMode: 'wrap'
```

Die quantisierten Koeffizienten sind im Feld `hq.Numerator`, allerdings noch in dem hoch aufgelösten MATLAB-Format *double* enthalten. Wenn man Voreinstellungen ändern möchte, so muss man zuerst die dazugehörenden Bedingungen ändern. Als Beispiel sollen die mit hoher Auflösung vorliegenden Koeffizienten mit einer Mantisse der Länge 15 quantisiert werden. Dazu muss die automatische Skalierung der Koeffizienten, die mit der Option `CoeffAutoScale: true` vorgegeben ist, ausgeschaltet werden. Die Programmsequenz hierfür lautet:

```
hq.CoeffAutoScale = false;
hq.NumFracLength = 15;
hq.DenFracLength = 15;
% -------- Eigenschaften von hq
hq
```

Ähnlich wird auch die Genauigkeit der Berechnung der Produkte mit

```
hq.ProductMode = 'SpecifyPrecision';
```

zur Veränderung freigegeben. Statt `ProductMode: 'FullPrecision'` sind jetzt die Voreinstellungen

```
        ProductMode: 'SpecifyPrecision'
  ProductWordLength: 32
```

```
NumProdFracLength: 30
DenProdFracLength: 30
```

aktiv und können einzeln geändert werden. Mit dem Funktionsaufruf specifyall(hq) werden alle Eigenschaften freigegeben und können geändert werden.

Mit der Methode **zplane**(hq) kann die Pol-Nullstellenverteilung dargestellt werden (Abb. 3.28, oben links). Mit o werden dabei die Nullstellen des „unquantisierten" FIR-Filters (Wurzeln des Polynoms mit den Koeffizienten b) gekennzeichnet und mit kleinen Quadraten werden die Nullstellen des quantisierten Filters (Wurzeln des Polynoms mit den Koeffizienten hq.Numerator) angegeben. Die Polstellen des Filters werden mit x bzw. + gekennzeichnet, sie liegen bei einem FIR-Filter aber alle im Ursprung der z-Ebene.

Die Frequenzgänge des „unquantisierten" und des quantisierten Filters (überlagert dargestellt) werden mit **freqz**(hq) ermittelt (Abb. 3.28, oben rechts). Für das Filter aus dem Beispiel ist kein Unterschied zwischen den Frequenzgängen des quantisierten und unquantisierten Filters erkennbar. Ähnlich werden die Einheitspulsantworten dieser Filter mit der Funktion **impz**(hq) überlagert dargestellt (Abb. 3.28, unten links).

Den Einfluss der Quantisierung in Form eines Leistungsdichtespektrums des Fehlers kann mit der Funktion **noisepsd**(hq) ermittelt werden (Abb. 3.28, unten rechts). Sie basiert auf dem Verfahren, das in der Literatur als *Noise Loading Method* bekannt ist [50].

In dem Programm quantis_filter1.m ist auch die Filterung mit dem entworfenen Filter implementiert. Es wird ein sinusförmiges Signal im Durchlassbereich des Filters gewählt,

```
frs = (fr/2)*0.7;              % Signalfrequenz (relativ zu fs)
amp1 = 0.95;
n = 0:fix(100/frs);
x = amp1*sin(2*pi*frs*n);      % Ideales Eingangssignal
```

das quantisiert wird:

```
q = quantizer('fixed', 'ceil', 'saturate', [16 15]);
% Quantizierer
xq = quantize(q,x);            % Quantisiertes Eingangssignal
```

Mit der Funktion **quantizer** wird der Quantisierer definiert und mit **quantize** wird aus der Sequenz x die quantisierte Sequenz xq generiert. Wegen der Wahl einer Mantisse der Länge 15 bei einer Wortlänge von 16 Bit können Zahlen im Intervall $[-1, 1)$ dargestellt werden. Die binäre Darstellung von Zahlen durch den Quantisierer sieht man durch folgende Aufrufe:

```
>> num2bin(q, 0.95)
ans =
0111100110011010
>> num2bin(q, -0.95)
ans =
1000011001100111
>> num2bin(q, 2)
Warning: 1 overflow.
ans =
0111111111111111
```

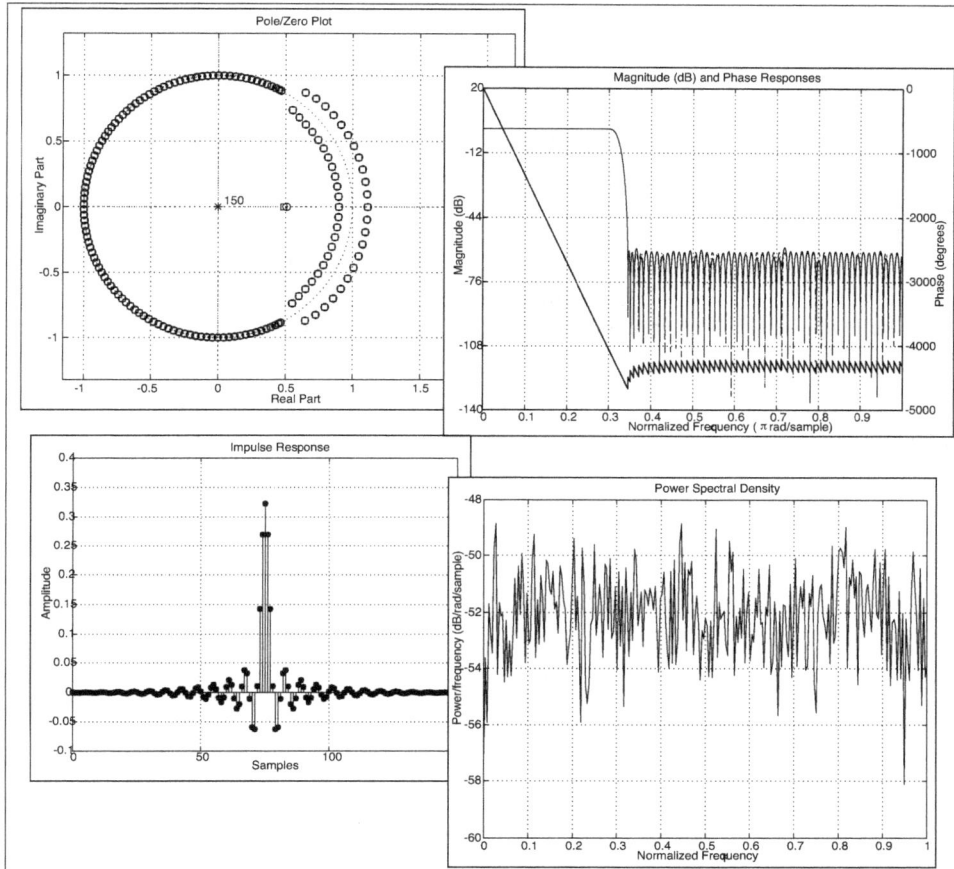

*Abb. 3.28: Eigenschaften des unquantisierten und des quantisierten Filters (*quantis_filter1.m)

So werden z.B. die Extremwerte des Signals vom Quantisierer mit dem als Antwort auf den Befehl **num2bin** dargestellten Codewort repräsentiert. Für den Wert 2 erhält man einen Überlauf und der Binärwert ist auf $1 - 2^{-15} \cong 1$ wegen der Option saturate begrenzt.

Die Filterung der unquantisierten und der quantisierten Sequenz mit dem unquantisierten bzw. quantisierten Filter wird in den Aufrufen

```
yq = filter(hq,xq);        % Quantisierter Ausgang
y = filter(b,1,x);         % Idealer Ausgang
```

durchgeführt.

Mit der Funktion **block** kann aus dem **dfilt**-Filterobjekt ein Simulink-Block erzeugt werden:

```
% Das Modell quantis_filter_1.mdl muss geöffnet sein
set(hq, 'RoundMode', 'round');
```

```
block(hq, 'Destination','Current',...
    'Blockname', 'Quant-Filter', ...
    'OverwriteBlock','on');
```

Mit der Angabe der Auswahl `Current` für die Option `Destination` wird der erzeugte Block einem geöffneten Simulink-Modell hinzugefügt. In unserem Beispiel ist es das Modell `quantis_filter_1.mdl`, das geöffnet sein muss. Der Block erhält den Namen `Quant-Filter` und er wird wegen der Option `OverwriteBlock` bei jedem Aufruf des Befehls **block** überschrieben.

Das Modell `quantis_filter_1.mdl` ist sehr einfach und enthält nur eine quantisierte sinusförmige Quelle, das Filter und Oszilloskope (*Scope Blocks*). Durch Änderung der Parameter der Quelle und des Filters können verschiedene Situationen untersucht werden.

## 3.6.2    Quantisierte IIR-Filter

Die Entwicklung und Analyse von quantisierten IIR-Filtern wird mit Hilfe des schon erwähnten Werkzeugs *Filter-Design und Analysis-Tool* (*FDATool*) vorgestellt (Abb. 3.29).

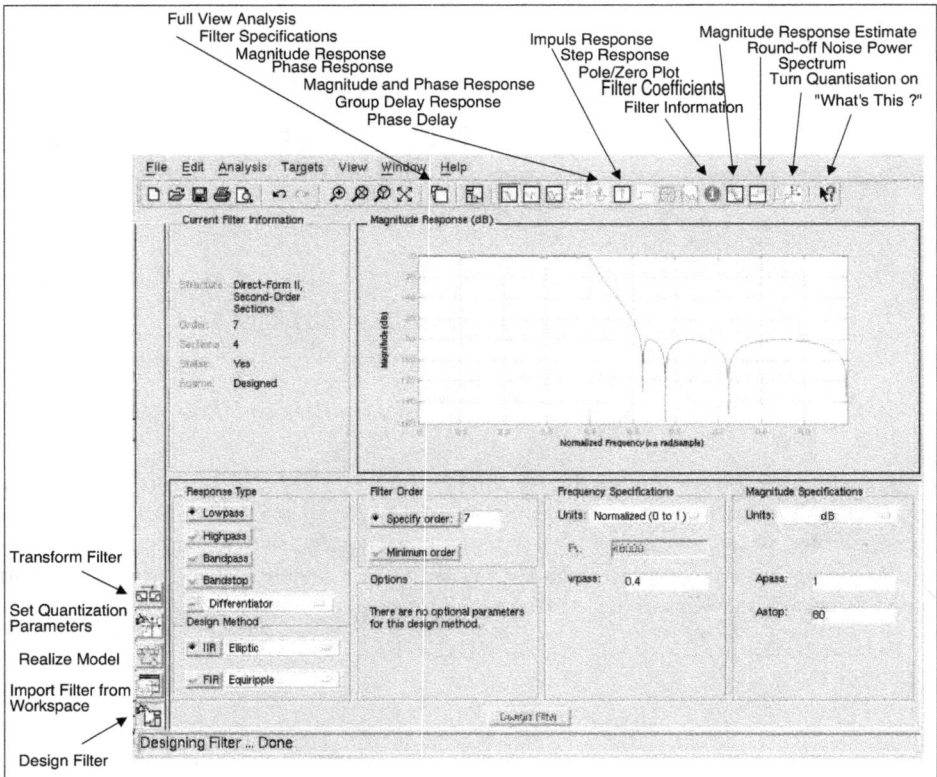

*Abb. 3.29: FDATool, initialisiert für einen elliptischen IIR-Tiefpass*

Beispielhaft soll ein elliptisches IIR-Tiefpass-Filter mit einer relativen Bandbreite $f_c/f_s = f_r = 0.4$ und der Ordnung $N = 7$ entworfen werden. Dies geschieht durch Aktivieren der Schaltfläche *Design Filter*. Da in der Menüleiste die Schaltfläche für den Amplitudengang (*Magnitude Response*) ausgewählt ist, wird dieser nach erfolgtem Filterentwurf dargestellt. Alternativ kann man über weitere Schaltflächen den Phasengang (*Phase Response*), den Amplituden- und Phasengang überlagert, die Gruppenlaufzeit (*Group Delay Response*), die Laufzeit (*Phase Delay*), die Einheitspulsantwort (*Impulse Response*), die Sprungantwort (*Step Response*), die Pol-Nullstellenverteilung (*Pole/Zero Plot*) und die Koeffizienten des Filters (*Filter Coefficients*) darstellen.

Mit der Schaltfläche *Full View Analysis* erfolgt die gewählte Darstellung in einem eigenen Fenster, in dem die Graphik auch bearbeitet werden kann. Über die Schaltfläche mit der Bezeichnung *i* erhält man Informationen zum entworfenen Filter. Zur Entwicklung von quantisierten Filtern dienen die drei auf die Informationsschaltfläche folgenden Schaltflächen.

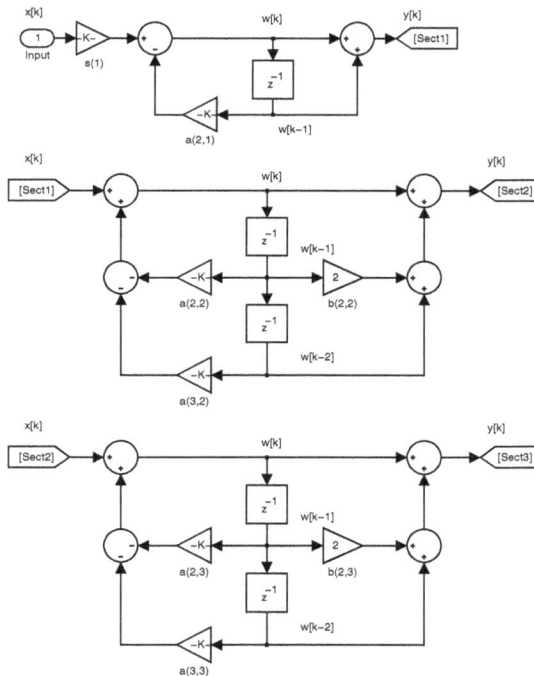

*Abb. 3.30: IIR-Filter 5. Ordnung mit der Struktur: Direct-Form II, Second-Order Section*

Über das Menü *Edit–Convert Structure* kann die Filterstruktur (Abschnitt 3.5) angegeben werden. In der Einstellung aus Abb. 3.29 wurde die Struktur *Direct-Form II, Second-Order Sections* gewählt.

In Abb. 3.30 ist beispielhaft diese Struktur für ein Filter 5. Ordnung dargestellt. Die Koeffizienten des Zählers werden mit $b_{i,n}$ und die des Nenners mit $a_{i,n}$, bezeichnet, wobei der zweite Index den Abschnitt (*section*) angibt. Das Filter besteht aus einem Abschnitt erster Ordnung und zwei Abschnitten zweiter Ordnung.

Für einen Abschnitt zweiter Ordnung (hier der erste der beiden Abschnitte zweiter Ordnung) erhält man folgende Differenzengleichungen, die den Eingang $x[kT_s]$, die Zwischenvariable $w[kT_s]$ und den Ausgang $y[kT_s]$ verbinden:

$$w[kT_s] = x[kT_s] - a(2,2)w[(k-1)T_s] - a(3,2)w[(k-2)T_s]$$
$$y[kT_s] = w[kT_s] + b(2,2)w[(k-1)T_s] + w[(k-2)T_s] \tag{3.37}$$

Sie entsprechen folgenden Übertragungsfunktionen:

$$H_{wx}(z) = \frac{W(z)}{X(z)} = \frac{1}{1 + a(2,2)z^{-1} + a(3,2)z^{-2}}$$

$$H_{yx}(z) = \frac{Y(z)}{X(z)} = \frac{1 + b(2,2)z^{-1} + z^{-2}}{1 + a(2,2)z^{-1} + a(3,2)z^{-2}} \tag{3.38}$$

In ähnlicher Form können die Differenzengleichungen und Übertragungsfunktionen für den Abschnitt 1. Ordnung ermittelt werden. Der Faktor $s(1)$ am Eingang dieses Abschnittes (Abb. 3.30) ist ein Skalierungsfaktor, so dass die gesamte Übertragungsfunktion über alle Abschnitte die Verstärkung $A = 1$ bei $\omega = 0$ besitzt.

Die Koeffizienten eines mit dem *FDATool* entwickelten Filters können über das Menü *File–Export* in die MATLAB-Umgebung (*Workspace*) übertragen werden: Man gibt das Ziel an (*Workspace, Text-file* oder *MAT-file*), die gewünschte Form (*Coefficients* oder *Objects*) und schließlich werden die Namen der Variablen für die Koeffizienten gewählt.

Beim Export in die MATLAB-Umgebung in Form von Koeffizienten muss man einen Namen für die *SOS Matrix* und für den Skalierungsfaktor *Gain* angeben. Die so genannte SOS-Matrix (*Second-Order-Sections*) enthält in jeder Zeile die Koeffizienten eines Abschnitts der Struktur. Die ersten drei Elemente stellen die Koeffizienten des Zählers und die nächsten drei Elemente die Koeffizienten des Nenners dar. Für ein IIR-Filter der Ordnung 7 erhält man z.B. folgende Werte:

```
SOS =
    1.0000    1.2907    1.0000    1.0000   -1.1693    0.6039
    1.0000    0.4793    1.0000    1.0000   -0.7969    0.7942
    1.0000    0.1465    1.0000    1.0000   -0.6030    0.9392
    1.0000    1.0000         0    1.0000   -0.7017         0
G =
    0.0264
    0.4023
    0.6225
    0.7455
    1.0000
```

Man erkennt in der letzten Zeile der Matrix SOS die Koeffizienten eines Abschnitts erster Ordnung und darüber die Koeffizienten von drei Abschnitten zweiter Ordnung, so dass man insgesamt die Ordnung 7 für das Filter erhält.

Die Übertragungsfunktionen der Abschnitte sind somit:

$$H_1(z) = \frac{1 + 1.2907z^{-1} + z^{-2}}{1 - 1.1693z^{-1} + 0.6039z^{-2}}; \quad \text{mit}$$
$$H_1(0) = (1 + 1.2907 + 1)/(1 - 1.1693 + 0,6039) = 7.5718 \tag{3.39}$$

$$H_2(z) = \frac{1 + 0.4793z^{-1} + z^{-2}}{1 - 0.7969z^{-1} + 0.7942z^{-2}}; \quad \text{mit}$$
$$H_2(0) = (1 + 0.4793 + 1)/(1 - 0.7969 + 0,7942) = 2.4860 \tag{3.40}$$

$$H_3(z) = \frac{1 + 0.1465z^{-1} + z^{-2}}{1 - 0.6030z^{-1} + 0.9392z^{-2}}; \quad \text{mit}$$
$$H_3(0) = (1 + 0.1465 + 1)/(1 - 0.6030 + 0.9392) = 1.6064 \tag{3.41}$$

$$H_4(z) = \frac{1 + z^{-1}}{1 - 0.7017z^{-1}}; \quad \text{mit}$$
$$H_4(0) = 2/(1 - 0.7017) = 6.7047 \tag{3.42}$$

Zu bemerken ist, dass die Werte der Koeffizienten im MATLAB-Format *short* ausgegeben werden und somit nicht alle Dezimalstellen, die das Arbeitsformat *double* bereithält, dargestellt sind. Wenn man im Kommando-Fenster das Format

```
>> format long e
```

wählt, erhält man die Werte in voller Auflösung dargestellt.

Der Faktor G = G(1)G(2)...G(4) = 0.0049 stellt den Kehrwert des Produktes der Übertragungsfaktoren $H_1(0)H_2(0)H_3(0)H_4(0) = 202.7383$ dar und gibt an, mit welchem Faktor man die Übertragungsfunktion des Filters multiplizieren muss, so dass bei $\omega = 0$ die Verstärkung $A = 1$ ist. Die einzelnen Faktoren G(i) führen dazu, dass in den SOS-Abschnitten kein Über- oder Unterlauf auftritt, wenn angenommen wird, dass die Abtastwerte des Eingangssignals zwischen $-1$ und $1$ liegen.

Die Arbeitssitzung mit dem *FDATool* wird unter IIR_1.fda gespeichert, um als Referenz für ein zu entwerfendes quantisiertes Filter zu dienen. In einer neuen Arbeitssitzung wird zunächst erneut dasselbe unquantisierte Filter 7. Ordnung entwickelt. Die Quantisierung wird über die Schaltfläche (*Set quantization parameters*) am linken Fensterrand eingeleitet.

Zuerst wird die Option *Filter arithmetic* auf *Fixed-point* gesetzt. Danach können über die drei Optionskarten *Coefficients, Input/Output* und *Filter Internals* die Parameter des quantisierten Filters eingestellt werden. Abb. 3.31 zeigt die Bedienoberfläche des *FDATool* mit der Optionskarte *Input/Output*, über die man das Format des Eingangs- und des Ausgangssignals festlegt (hier [16,15] bzw. [16,14]) und das Format der Signale am Eingang und Ausgang der SOS-Abschnitte (*Stage*) wählt (hier [16,14]). In den anderen beiden Optionskarten ist die Quantisierung der Filterkoeffizienten, bzw. sind die Eigenschaften der Multiplizierer und Akkumulatoren einzustellen.

Mit der Schaltfläche *Filter coefficients* aus der Menüleiste am oberen Fensterrand wurde die Anzeige der quantisierten Filterkoeffizienten und der Referenzkoeffizienten eingeschaltet. Die quantisierten Koeffizienten der SOS-Abschnitte sind:

*Abb. 3.31: Parameter für das quantisierte IIR-Filter 7. Ordnung*

```
SOS =
      0.2305      0.2975      0.2305      1.0000     -1.1693      0.6039
      0.3432      0.1645      0.3432      1.0000     -0.7969      0.7942
      0.4296      0.0630      0.4296      1.0000     -0.6030      0.9392
      0.1697      0.1697           0      1.0000     -0.7017           0
G =
      0.8552
      1.0000
      1.0000
      1.0000
      1.0000
```

Die Skalierung ist jetzt viel einfacher (automatisch gewählt worden) und kann über *Edit, Reorder and Scale Second-Order Sections...* beliebig geändert werden.

Aus dem *FDATool* kann ein Simulink-Block für das Filter erzeugt werden. Mit der Schaltfläche *Realize Model* (unterhalb der Quantisierungsschaltfläche) wählt man eine Eingabemaske, in der das Ziel (*Destination*) und der Name des zu erstellenden Blocks angeben werden. Ist von

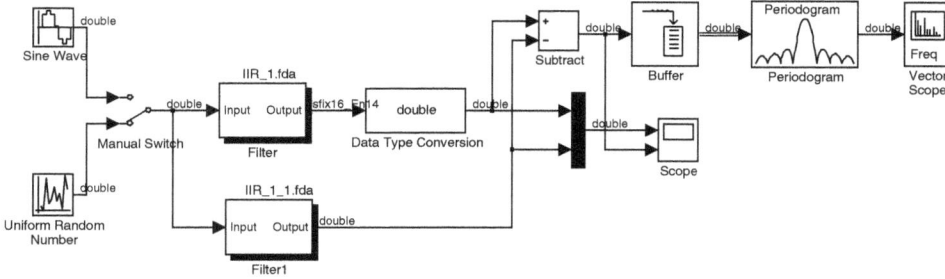

*Abb. 3.32: Simulink-Modell zum Testen des quantisierten IIR-Filters (iir1.mdl, IIR_1.fda, IIR_1_1.fda)*

Simulink bereits ein Modellfenster geöffnet, so kann als Ziel *Current* eingegeben werden und der Block wird in dem geöffneten Modellfenster erzeugt.

Im Modell IIR1.mdl (Abb. 3.32) sind die beiden Filter (quantisiertes und Referenzfilter) aus IIR_1.fda und IIR_1_1.fda so eingebunden, dass man mit einem sinusförmigen und mit einem Rauschsignal die Quantisierungsfehler untersuchen kann. Der Oszilloskop-Block *Scope* stellt die Ausgänge der Filter dar.

Wenn das Eingangssignal die Grenzen $-1$ und $\cong 1(1 - 2^{-15})$ über- oder unterschreitet, dann wird im Kommando-Fenster folgende Meldung ausgegeben:

```
Warning: Block 'iir1/Filter/ConvertIn' Saturation occurred.
iir1/Filter/ConvertIn
```

Im Modell wird auch die spektrale Leistungsdichte der Differenz der Ausgangssignale des unquantisierten und quantisierten Filters ermittelt und dargestellt (Abb. 3.33 links). Ein solches

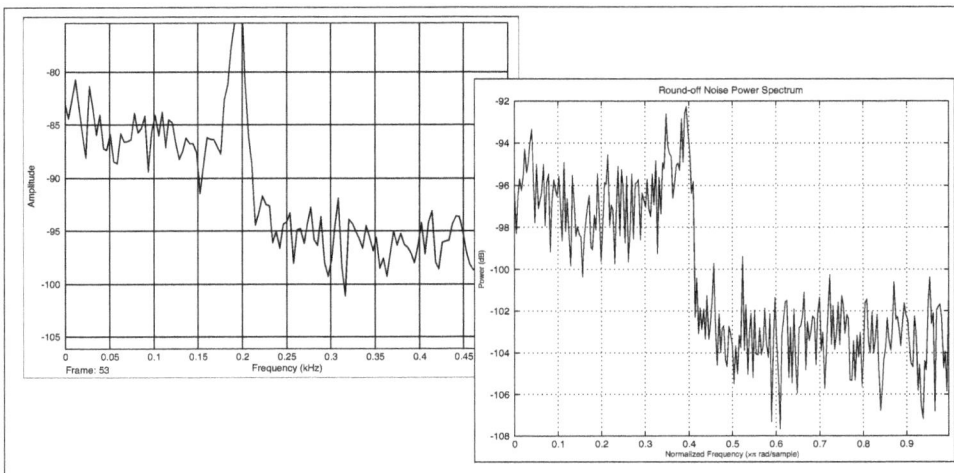

*Abb. 3.33: Spektrale Leistungsdichte der Fehler (iir1.mdl, IIR_1.fda, IIR_1_1.fda)*

Spektrum kann auch bereits vom *FDATool* für das quantisierte Filter mit Hilfe der Menüschalt-fläche *Round-off noise power spectrum* (in der Menüleiste oben, neben der Hilfe-Schaltfläche) ermittelt werden. Diese ist in Abb. 3.33 rechts dargestellt. Zwischen den beiden Leistungsdichten besteht ein Unterschied von ca. 10 dB, weil im Simulink-Modell auch die Quantisierung des Eingangssignal berücksichtigt wird.

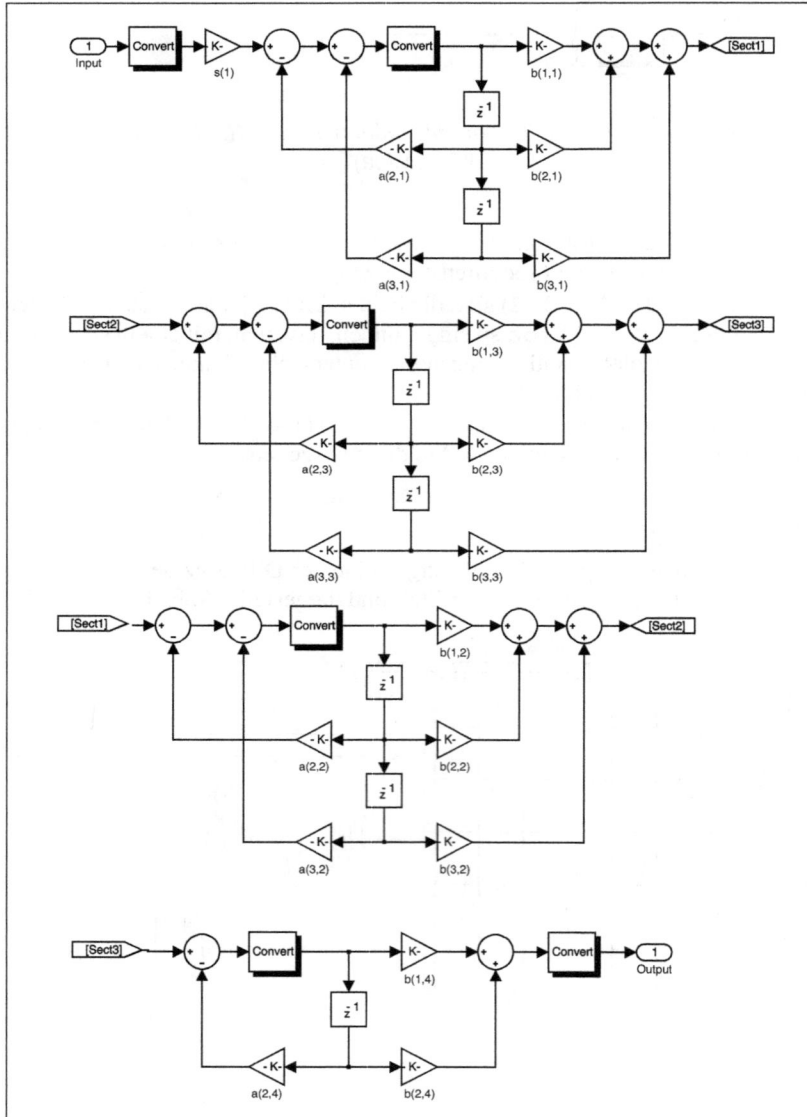

*Abb. 3.34: Die drei SOS-Abschnitte des quantisierten Filters* (iir1.mdl, IIR_1.fda)

Abb. 3.34 zeigt die drei Abschnitte des quantisierten Filters. Es wird ein einziger Skalie-rungsfaktor s(1) am Eingang benutzt. Die mit Schatten hervorgehobenen Blöcke dienen zur Konvertierung der Formate.

# 3.7 Quantisierte Filter mit **fdesign**-Filterobjekten

Während bei den **dfilt**-Filterobjekten die Filterstruktur die Entwurfsgrundlage bildet, steht bei den **fdesign**-Filterobjekten der Typ des Amplitudengangs (Tiefpass, Bandpass usw.) im Vordergrund (siehe auch Abschnitt 2.5). Durch die Erzeugung eines **fdesign**-Objektes ist somit das Filter noch nicht entworfen, sondern lediglich spezifiziert. Zum eigentlichen Entwurf und zur Implementierung des Filters sind geeignete Methoden des Objektes aufzurufen. Ein kleines Beispiel soll diesen Weg erläutern. Mit

```
d = fdesign.lowpass;
```

wird ein Tiefpassfilter-Objekt mit den voreingestellten Spezifikationen erzeugt. Über

```
>> d
d =
            ResponseType: 'Minimum-order lowpass'
       SpecificationType: 'Fp,Fst,Ap,Ast'
             Description: {4x1 cell}
      NormalizedFrequency: true
                      Fs: 'Normalized'
                   Fpass: 0.4500
                   Fstop: 0.5500
                   Apass: 1
                   Astop: 60
```

oder mit **get**(d) werden die Spezifikationen angezeigt. Die für die angenommene Spezifika-tion verfügbaren Methoden zum Filterentwurf erhält man mit dem Aufruf:

```
>> designmethods(d)
Design Methods for class fdesign.lowpass (Fp,Fst,Ap,Ast):
butter   cheby1   cheby2   ellip   equiripple   kaiserwin
```

Den Entwurf eines Elliptischen Filters und die Darstellung des Frequenzgangs erhält man dann mit folgender Programmsequenz:

```
hd = ellip(d);
fvtool(hd);
```

Die Struktur, in der das Filter implementiert ist, wird mit **get**(hd) sichtbar:

```
>> get(hd)
         PersistentMemory: 0
      NumSamplesProcessed: 0
          FilterStructure:'Direct-Form II, Second-Order Sections'
                   States: [2x3 double]
```

```
      Arithmetic: 'double'
       sosMatrix: [3x6 double]
     ScaleValues: [4x1 double]
```

Abb. 3.35 zeigt z.B. ein Schema zu Spezifikation eines Bandpassfilters, das bei der Definition des **fdesign**-Objekts berücksichtigt werden kann, wie in:

```
Fstop1 = 0.2;  Fpass1 = 0.25;  Fpass2 = 0.4;  Fstop2 = 0.45;
Astop1 = 60;   Apass = 0.1;    Astop2 = 80;
d = fdesign.bandpass(Fstop1, Fpass1, Fpass2, ...
              Fstop2, Astop1, Apass, Astop2);
get(d);
         ResponseType: 'Minimum-order bandpass'
          Description: {7x1 cell}
    SpecificationType: 'Fst1,Fp1,Fp2,Fst2,Ast1,Ap,Ast2'
   NormalizedFrequency: 1
                   Fs: 'Normalized'
               Fstop1: 0.2000
               Fpass1: 0.2500
               Fpass2: 0.4000
               Fstop2: 0.4500
               Astop1: 60
                Apass: 0.1000
               Astop2: 80
```

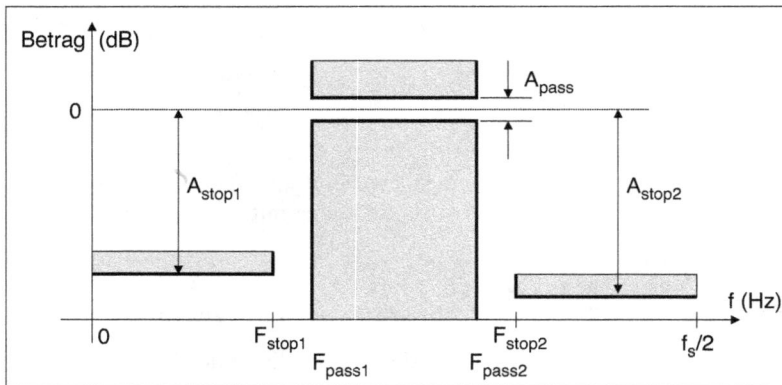

*Abb. 3.35: Spezifikationsschema für ein Bandpassfilter*

Für die Entwurfsmethode können je nach Verfahren zusätzliche Parameter angegeben werden. Man kann z.B. fordern, dass die Vorgaben im Durchlassbereich (oder auch im Sperrbereich oder in beiden Bereichen) exakt zu erfüllen sind:

```
hd = ellip(d, 'matchexactly', 'passband');
% hd = ellip(d, 'matchexactly', 'both');
get(hd)
       PersistentMemory: 0
```

```
       NumSamplesProcessed: 0
          FilterStructure: 'Direct-Form II, Second-Order Sections'
                   States: [2x8 double]
               Arithmetic: 'double'
                sosMatrix: [8x6 double]
              ScaleValues: [9x1 double]
```

Mit

```
hd.sosmatrix
ans =
    1.0000    1.4162    1.0000    1.0000   -1.0411    0.7617
    1.0000   -1.9390    1.0000    1.0000   -0.8351    0.7434
    1.0000   -1.7240    1.0000    1.0000   -1.2238    0.8351
    1.0000    0.1998    1.0000    1.0000   -0.6769    0.7990
    1.0000   -1.6075    1.0000    1.0000   -0.5919    0.8832
    1.0000   -0.1828    1.0000    1.0000   -1.3459    0.9114
    1.0000   -0.3005    1.0000    1.0000   -1.4172    0.9726
    1.0000   -1.5632    1.0000    1.0000   -0.5653    0.9624
```

erhält man die Koeffizienten der Abschnitte zweiter Ordnung (*Second Order Sections*). Diese sind im *double*-Format, in dem alle Entürfe zunächst stattfinden. Zur Quantisierung der Filterkoeffizienten im Festkomma-Format dient der Aufruf:

```
hd.arithmetic = 'fixed';
get(hd)
               PersistentMemory: 0
            NumSamplesProcessed: 0
               FilterStructure: 'Direct-Form II, Second-Order Sections'
                        States: [2x8 embedded.fi]
                    Arithmetic: 'fixed'
                     sosMatrix: [8x6 double]
                   ScaleValues: [9x1 double]
           OptimizeScaleValues: 1
               CoeffWordLength: 16
                CoeffAutoScale: 1
                        Signed: 1
                     RoundMode: 'convergent'
                  OverflowMode: 'wrap'
               InputWordLength: 16
               InputFracLength: 15
              OutputWordLength: 16
                    OutputMode: 'AvoidOverflow'
              OutputFracLength: 11
                   ProductMode: 'FullPrecision'
             ProductWordLength: 32
                     AccumMode: 'KeepMSB'
               AccumWordLength: 40
                 CastBeforeSum: 1
            NumAccumFracLength: 29
            DenAccumFracLength: 29
```

```
        NumProdFracLength: 29
        DenProdFracLength: 29
            NumFracLength: 14
            DenFracLength: 14
     ScaleValueFracLength: 15
         StateWordLength: 16
   SectionInputWordLength: 16
  SectionOutputWordLength: 16
          StateFracLength: 15
    SectionInputAutoScale: 1
    SectionInputFracLength: 10
   SectionOutputAutoScale: 1
  SectionOutputFracLength: 11
```

Die dargestellten Eigenschaften wurden bereits in Verbindung mit den **dfilt**-Objekten im Festkomma-Format besprochen. Setzt man z.B. mit

```
hd.CoeffAutoScale=0
```

die automatische Skalierung der Koeffizienten auf `false`, kann man die Radixstellen für die Koeffizienten des Zählers und des Nenners `NumFracLength` bzw. `DenFracLength` ändern.

Über `href = ` **reffilter**`(hd)` wird das dem quantisierten Filter zu Grunde liegende Referenzfilter ermittelt und man kann danach die Eigenschaften der beiden vergleichen (z.B. mit **fvtool**`(href, hd)`).

# 4  Multiraten-Signalverarbeitung

In modernen digitalen Systemen müssen Signale häufig mit verschiedenen Abtastfrequenzen verarbeitet werden. Dieses, als Multiraten-Signalverarbeitung bezeichnete Teilgebiet der digitalen Signalverarbeitung wird z.B. in den Büchern [30], [53], [59] vorgestellt. Deutschsprachig und umfangreich ist das Thema in [17] behandelt.

Die Hauptoperationen der Multiraten-Signalverarbeitung sind die Dezimierung (oder Dezimation) und die Interpolierung (oder Interpolation). Die Dezimierung reduziert die Abtastfrequenz und mit der Interpolierung wird die Abtastrate erhöht. Eine typische Anwendung ist die Interpolierung der auf einer handelsüblichen Audio-CD mit $44,1$ kHz Abtastfrequenz enthaltenen Daten, wenn man sie in einem Studio abspielen möchte, in dem eine Abtastfrequenz von 48 kHz (oder 96 kHz) verwendet wird. Oder, ein analoges Signal, das mit einer größeren Abtastrate als vom Abtasttheorem verlangt, abgetastet wird, benötigt ein viel einfacheres *Antialiasing*-Filter vor dem A/D-Wandler. Die Abtastrate des digitalen, überabgetasteten Signals wird (unter Verwendung einfacher zu realisierender digitaler Filter) danach dezimiert, um den Bearbeitungsaufwand zu verringern [3]. Ähnlich kann man kurz vor der D/A-Wandlung des Signals seine Abtastrate wieder erhöhen, um die Anforderungen an das analoge Filter am Ausgang des D/A-Wandlers gering zu halten.

Die Multiraten-Signalverarbeitung spielt auch in der effizienten Implementierung von Algorithmen der Digitalen Signalverarbeitung eine wichtige Rolle. Für digitale FIR-Filter mit sehr kleiner Bandbreite im Vergleich zur Abtastfrequenz benötigt man sehr viele Koeffizienten. Durch Dezimierung wird die relative Bandbreite erhöht und die Anzahl der Koeffizienten für die gewünschten Filtereigenschaften reduziert. Die wichtigsten Funktionen zur Multiraten-Signalverarbeitung der *Signal Processing Toolbox* sind in der Tabelle 4.1 aufgeführt.

*Tabelle 4.1: Funktionen zur Multiraten-Signalverarbeitung (Signal Processing Toolbox)*

| | |
|---|---|
| decimate | Dezimierung mit ganzzahligem Faktor |
| interp | Interpolierung mit ganzzahligem Faktor |
| intfilt | FIR-Filter zur Interpolierung (inklusive FIR-Lagrange-Filter) |
| downsample | Herabsetzung der Abtastrate mit ganzzahligem Faktor |
| upsample | Erhöhung der Abtastrate mit ganzzahligem Faktor |
| upfirdn | Überabtastung (*Upsample*), FIR-Filterung und Unterabtastung (*Downsample*) |
| resample | Änderung der Abtastrate mit einem rationalen Faktor |
| interpft | Eindimensionale Interpolierung über die FFT |
| interp1 | Eindimensionale Interpolierung (über *Table-Lookup*) |
| interp2 | Zweidimensionale Interpolierung (über *Table-Lookup*) |
| interp3 | Dreidimensionale Interpolierung (über *Table-Lookup*) |
| interpn | Multidimensionale Interpolierung (über *Table-Lookup*) |
| spline | *Cubic-Spline* Interpolierung |

Viele Multiraten-Anwendungen können auch mit Funktionen aus anderen *Toolboxen* simuliert und untersucht werden. Sehr wichtig sind die Blöcke der *DSP System Toolbox*, die es ermöglichen, Modelle aufzubauen, die man automatisch in C-Programme für verschiedene DSP-Plattformen umsetzen kann. Dadurch wird MATLAB/Simulink mit allen Erweiterungen immer mehr ein Werkzeug nicht nur zur Entwicklung, sondern auch zur industriellen Implementierung von Algorithmen der Digitalen Signalverarbeitung. In der *DSP System Toolbox* gibt es die Objektklasse **mfilt** für Multiratenfilter, welche die wichtigsten Multiraten-Filter enthält. Die Eigenschaften der Klassenobjekte sind wie bei den **dfilt**-Objekten einstellbar und es können sowohl Filter im Festkomma-, als auch im Gleitkomma-Format implementiert werden.

Die Funktionen aus Tabelle 4.1 sind leicht einzusetzen, wenn man die Grundlagen der Multiraten-Signalverarbeitung kennt [30], [17].

# 4.1    Dezimierung mit einem ganzzahligen Faktor

Eine grundlegende Operation in der Multiraten-Signalverarbeitung ist die Dezimierung. Abb. 4.1a zeigt das Blockschema der Dezimierung mit ganzzahligem Faktor M. Die Eingangssequenz $x[kT_s]$ wird mit einem digitalen *Antialiasing*-Filter mit der Grenzfrequenz (einseitige Bandbreite) $f_g = f_s/(2M)$ gefiltert und man erhält die Sequenz $w[kT_s]$, welche anschließend mit dem Faktor $M$ (im Bild $M = 3$) dezimiert wird. Bei der Dezimierung werden $M - 1$ Abtastwerte verworfen. Die neue Abtastperiode wird somit $T_s' = MT_s$.

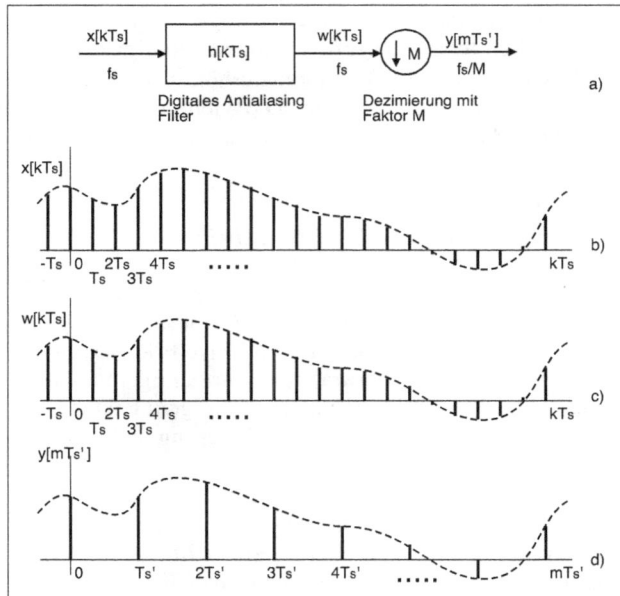

*Abb. 4.1: Blockschema und Signale der Dezimierung mit dem Faktor M*

Die Ausgangssequenz $y[mT_s']$ enthält nur jeden $M$-ten Wert der gefilterten Sequenz $w[kT_s]$

und ist durch

$$y[mT_s'] = w[mMT_s] = \sum_{k=-\infty}^{\infty} h[kT_s]x[(mM - k)T_s] \tag{4.1}$$

gegeben.

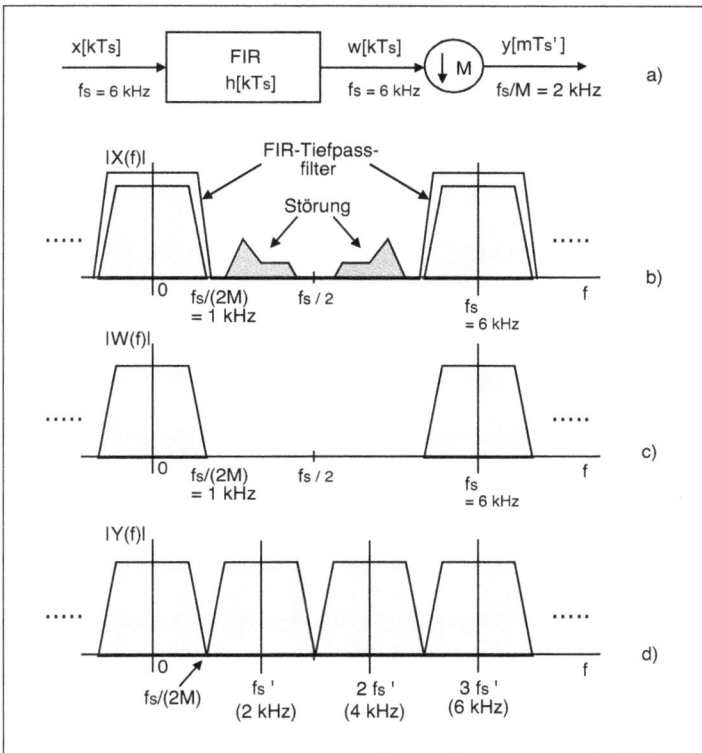

*Abb. 4.2: Spektrum des dezimierten Signals (M = 3)*

Abb. 4.2 zeigt die Interpretation der Dezimierung im Frequenzbereich. Ein Signal kann mit dem Faktor $M$ ohne Überfaltungen (*aliasing*) dezimiert werden, wenn seine einseitige Bandbreite kleiner als $f_s/(2M)$ ist. Durch die Dezimierung, in der die Abtastfrequenz von $f_s$ auf $f_s' = f_s/M$ herabgesetzt wird, verschieben sich die Spektren aus der Umgebung von $mf_s$ mit $m = 0, \pm1, \pm2...$ (Abb. 4.2c) in die Umgebung der Frequenzen $mf_s'$ mit $m = 0, \pm1, \pm2...$ (Abb. 4.2d).

Eventuelle Störungen im Bereich von $f_s/(2M)$ bis $f_s/2$ (Abb. 4.2b) oder eine Bandbreite des Nutzsignals größer als $f_s/(2M)$ führen zu *aliasing*. Das Tiefpassfilter (Antialiasing-Filter oder Dezimierungsfilter), das bevorzugt als FIR-Filter implementiert wird, begrenzt das Spektrum des Nutzsignals auf $f_s/(2M)$ und unterdrückt die Störungen (Abb. 4.2b, c).

Abb. 4.3 zeigt ein einfaches Simulink-Modell (dezim_1.mdl) zur Simulation der Dezimierung eines sinusförmigen Signals der Frequenz $f_0 = 200$ Hz, das ursprünglich mit

*Abb. 4.3: Modell einer Dezimierung (*dezim_1.mdl*)*

$f_s = 6000$ Hz abgetastet wurde. Es wird aus dem Skript dezim_1_.m aufgerufen. Mit einem Rauschsignal, das Leistung im Bereich von 1.5 kHz bis 2 kHz besitzt, simuliert man eine Störung, die durch Dezimierung zu Überfaltungen führen kann. Sie wird durch Filterung von weißem Rauschen (Block *Random Number 1*) mit einem Bandpassfilter (Block *Analog Filter Design 1*) erzeugt. Die Abtastung mit $f_s = 6000$ Hz übernimmt der Block *Zero-Order Hold*. Das Dezimierungsfilter wurde mit der Funktion **fir1** direkt im Parametrierungsfenster des Blocks *Discrete Filter* initialisiert. Das Spektrum am Eingang und am Ausgang des Dezimierungsfilters wird mit dem Block *Spektrum Scope* ermittelt und dargestellt.

Die Dezimierung mit $M = 3$ wird durch den Block *Downsample* aus der *dsplib* realisiert. Diese Bibliothek mit Simulink-Blöcken wird aus dem MATALB-Kommandofenster durch Eingabe von >> dsplib aufgerufen.Das Spektrum des dezimierten Signals wird mit dem zweiten Block *Spektrum Scope 1* ermittelt und dargestellt. Man erkennt in Abb. 4.4 das nun mit $f'_s = 2$ kHz abgetastete sinusförmige Signal, während die Störung durch das Dezimierungsfilter entfernt wurde.

Um auf dem Oszilloskop-Block *Scope* das dezimierte und das ungestörte Signal überlagert darzustellen, wird das kontinuierliche, sinusförmige Signal (vom *Sine Wave*-Block) ebenfalls mit $f_s = 6000$ Hz abgetastet und dann mit der Laufzeit des Dezimierungsfilters verzögert. Bei einer Ordnung $N = 128$ des Filters ist diese Verzögerung gleich 64 Abtastperioden. Damit wird der Block *Delay* parametriert.

Die verschiedenen Abtastfrequenzen im Modell (dezim_1.mdl) können mit Hilfe von Farben gekennzeichnet werden. Über das Modell-Menü *Format* und weiter mit *Port/Signal Displays/Sample time colors* werden die Verbindungen der Blöcke mit Farben, die den Abtastraten zugeordnet sind, dargestellt (in Abb. 4.3 nicht ersichtlich). Die kontinuierlichen Signale am Eingang bleiben schwarz, die Signale der Abtastfrequenz $f_s = 6000$ Hz werden mit roter und die der Abtastfrequenz $f'_s = 2000$ Hz werden mit grüner Farbe dargestellt.

Auf den Eingang der Blöcke *Scope* und *To Workspace* wurden sowohl Signale mit der hohen als auch mit der niedrigen Abtastfrequenz geführt. Unter der Randbedingung, dass alle Blöcke eines Simulink-Modells synchron arbeiten müssen und die kleinste Abtastperiode im System auch gleichzeitig die Schrittweite der Simulation ist, kann Simulink die Situation unterschiedlicher Abtastfrequenzen an einem Block nur so behandeln, indem es durch Wiederholung der Werte das Signal mit der niedrigen Abtastfrequenz auf die höchste vorkommende Abtastfrequenz bringt. Man kann das im ersten Signal der Struktur y, die über den Block *To Workspace* aufgenommen wurde, beobachten. Mit der Eingabe `y.signals.values` im Kommando-Fenster erhält man die Werte der vier mit dem *To Workspace*-Block aufgenommenen Signale, wovon die erste Spalte das Signal auf der niedrigen Abtastfrequenz enthält:

```
. . . . . . . . . . . . . . . . .
    0.7432      0.4069      0.6710      0.4067
    0.2078      0.2078      0.4191      0.2079
    0.2078     -0.0000     -0.3649     -0.0000
    0.2078     -0.2078     -0.1562     -0.2079
   -0.4068     -0.4068     -0.1519     -0.4067
   -0.4068     -0.5881     -0.7786     -0.5878
   -0.4068     -0.7432     -0.8078     -0.7431
   -0.8660     -0.8660     -0.7135     -0.8660
. . . . . . . . . . . . . . .
```

Dennoch hat dieses Signal, auch wenn es formal gleich viele Werte wie die mit der hohen Abtastfrequenz abgetasteten Signale besitzt, nach wie vor die niedrige Abtastfrequenz. Das kann man verifizieren, indem man das Signal einem nachfolgenden digitalen Block (wie z.B. einem digitalen Filter) zuführt. Man wird auch am Ausgang dieses Filters drei gleiche Werte beobachten, d.h. jeder Abtastwert „wirkt" nur einmal im Filter und nicht dreimal. Schlussfolgernd kann man sagen, dass alle digitalen Blöcke in Simulink als Halteglieder nullter Ordnung bezogen auf die kleinste Abtastperiode der Simulation arbeiten.

Somit erfährt auch der Block *Spectrum Scope1*, als digitaler Block, die richtige (niedrige) Abtastfrequenz des Eingangssignal und berechnet das Spektrum korrekt.

Die gewählte Struktur mit Zeit (*Structure With Time*) für das *Save format* im *To Workspace*-Block enthält auch die diskrete Zeit der diskreten Signale. Über `y.time` kann diese Zeit angezeigt werden und mit `diff(y.time)` erhält man die Zeitschrittweite von $0.1667 \cdot 10^{-3}$ Sekunden, die wiederum der Abtastfrequenz $f_s = 6000$ Hz entspricht.

Zu bemerken ist, dass die Zeitschrittweite im kontinuierlichen Teil des Modells ungleichmäßig ist und mit `diff(tout)` angezeigt werden kann. Die Variable `tout` ist in dem Fenster der Parametrierung der Simulation, Menü *Simulation* und anschließend *Configuration Parameters: dezim_1/Configuration* in der Option *Data Import/Export*, angegeben.

Beispielhaft ist auch der Zugriff auf die Struktur y angegeben:

```
fs = 6000;          fs_prim = 2000;
sim('dezim_1',[0, 1]);                  % Aufruf der Simulation
n = length(y.signals.values);      yn = zeros(n,4);

yn(:,1) = y.signals.values(:,1);    % dezimiertes Signal,
% noch mit fs abgetastet
yd = yn(1:3:end,1);                 % und jetzt mit fs_prim abgetastet

yn(:,2)=y.signals.values(:,2);   % Ausgangssignals des Filters
```

*Abb. 4.4: Spektren der Signale des Modells* dezim_1.mdl

```
yn(:,3)=y.signals.values(:,3);    % Verzögertes gestörtes Signal
yn(:,4)=y.signals.values(:,4);    % Verzögertes ungestörtes Signal

t = y.time;                       % Zeit der diskreten Schrittweite 1/fs
```

Das Spektrum einiger Signale wird mit der Funktion **pwelch** ermittelt

```
[Ps1, f]  = pwelch(yn(:,3),hamming(256), 64, 256, fs);
[Ps2, f]  = pwelch(yn(:,2),hamming(256), 64, 256, fs);
[Ps3, f_] = pwelch(yd,hamming(256), 64, 256, fs_prim);
```

und dargestellt.

Abb. 4.4 zeigt links das Spektrum des Signals am Eingang und am Ausgang des FIR-Filters. Man erkennt das Spektrum des Störsignals mit Leistung im Bereich von 1500 Hz bis 2000 Hz. Nach der Filterung wird diese Störung stark unterdrückt. Rechts ist das Spektrum des dezimierten Signals dargestellt.

In Abb. 4.5 sind oben das ungestörte und das dezimierte Signal dargestellt. Die im Verhältnis $1/3$ ($M = 3$) stehenden Abtastperioden dieser Signale werden deutlich. Darunter ist das mit Rauschen überlagerte Eingangssignal und wiederum das dezimierte Signal dargestellt, das keinen Einfluss der Störung mehr enthält, sie wurde mit dem FIR-Filter unterdrückt.

Im Modell dezim_2.mdl ist die Simulation als vollständig zeitdiskrete Simulation, ohne „zeitkontinuierliche" Quellen, gestaltet. Die Quellen für das sinusförmige Signal und für das Rauschsignal werden als diskrete Quellen mit einer Abtastperiode von $1/6000$ parametriert. Die nachfolgenden Blöcke sind jetzt alle diskret, auch das Bandpassfilter für die Erzeugung der Störung. Dieses wurde mit dem Block *Digital Filter Design* aus der *dsplib* entwickelt.

Über das Menü *Simulation* des Modells und weiter mit *Configuration Parameters* bzw. *Solver* werden die *Solver options* auf *Type: Fixed-step* und *discrete (no continuous states)* festgelegt. Im Modus *Mode: Single Tasking* akzeptieren die Blöcke *Scope* und *Spectrum Scope 1* die Eingangssignale mit verschiedenen Abtastfrequenzen, wie im Falle des vorherigen kombi-

*Abb. 4.5: Eingangssignale und dezimiertes Signal (*dezim_1.mdl, dezim_1_.m*)*

nierten Modells mit kontinuierlichen und diskreten Blöcken.

In den Modi *Mode: Auto* und *Mode: MultiTasking* verlangen einige Blöcken die gleiche Abtastfrequenz für alle Eingangssignale. Das bedeutet, dass man eine Anpassung der Abtastfrequenz z.B. mit *Rate Transition*-Blöcken (dezim_2.mdl) einbringen muss, um von der niedrigen Abtastrate $f_s' = 2000$ Hz auf $f_s = 6000$ Hz zu erhöhen. Dadurch erweitert sich der Bereich des mit dem Block *Spektrum Scope 1* dargestellten Spektrums bis $f_s = 6000$ Hz. Die ungleiche Höhe der Spektrallinien bei $f_0 = 200$ Hz, bzw.

$$m f_s' \pm 200 = 1800, 2200, 3800, 4200, 5800, ....Hz$$

sind durch den *Rate Transition*-Block bedingt, der als Halteglied nullter Ordnung funktioniert und jeden Abtastwert des dezimierten Signals dreifach wiederholt. Im Spektrum bedeutet das eine Multiplikation des ursprünglichen Spektrums mit einer Hüllkurve der Form $sin(x)/x$, was zur beobachteten Dämpfung der Spektrallinien bei höheren Frequenzen führt.

# 4.2 Interpolierung mit einem ganzzahligen Faktor

Die Interpolierung ist ein Prozess, mit dem die Abtastrate erhöht wird. Am einfachsten ist eine Interpolierung nullter Ordnung, bei der die Abtastwerte wiederholt in das Signal eingefügt werden. Besser, aber auch nicht ideal, ist die lineare Interpolierung, bei der die eingefügten Werte als Linearkombination benachbarter Abtastwerte berechnet werden.

Gemäß dem Abtasttheorem hat die ideale Interpolierung mit der $sin(x)/x$-Funktion zu erfolgen [30], also eine Filterung mit einem idealen Tiefpassfilter. Da man ideale Filter (mit unendlich langer Einheitspulsantwort) praktisch nicht einsetzen kann, werden realisierbare, kausale Filter eingesetzt.

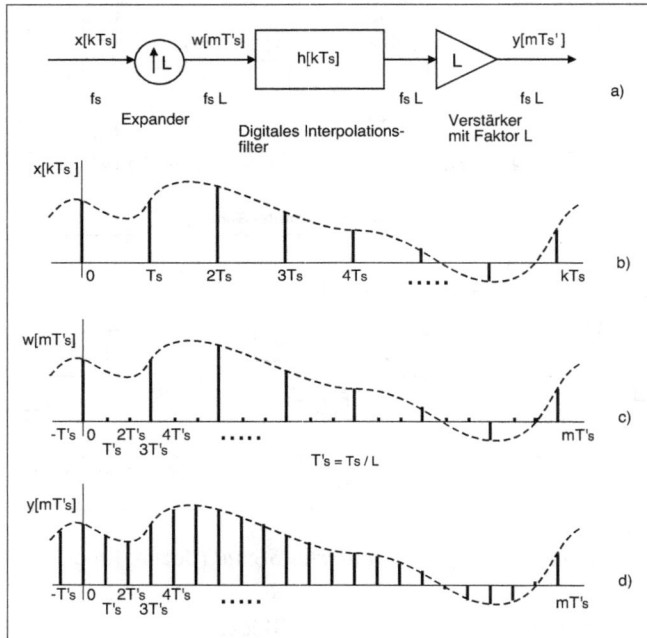

*Abb. 4.6: Blockschema und Signale einer Interpolierung mit dem Faktor L*

Abb. 4.6 zeigt das Blockschema und die Signale einer Interpolierung mit ganzzahligem Faktor L [53]. Das Eingangssignal $x[kT_s]$ der Abtastperiode $T_s$ wird durch Einfügen von $L-1$ Nullzwischenwerten expandiert. Die resultierende Sequenz $w[mT_s']$ (Abb. 4.6c) mit der neuen Abtastperiode $T_s' = T_s/L$ wird mit einem annähernd idealen Tiefpassfilter der Bandbreite $f_s'/(2L)$ gefiltert (und mit dem Faktor L verstärkt). In Abb. 4.6d ist skizzenhaft das Ergebnis der Interpolierung mit einer nichtkausalen Filterung, die keine Verzögerung bewirkt, dargestellt.

Der Interpolierungsprozess ist durch folgende Eingang-Ausgangsbeziehung beschrieben:

$$y[mT_s'] = \sum_{k=-\infty}^{\infty} h[kT_s']w[(m-k)T_s'] \tag{4.2}$$

wobei

$$w[mT_s'] = \begin{cases} x[mT_s/L], & m = 0, \pm L, \pm 2L, ... \\ 0 \end{cases} \tag{4.3}$$

Die Sachverhalte im Frequenzbereich sind in Abb. 4.7 dargestellt. Aus dem ursprünglichen

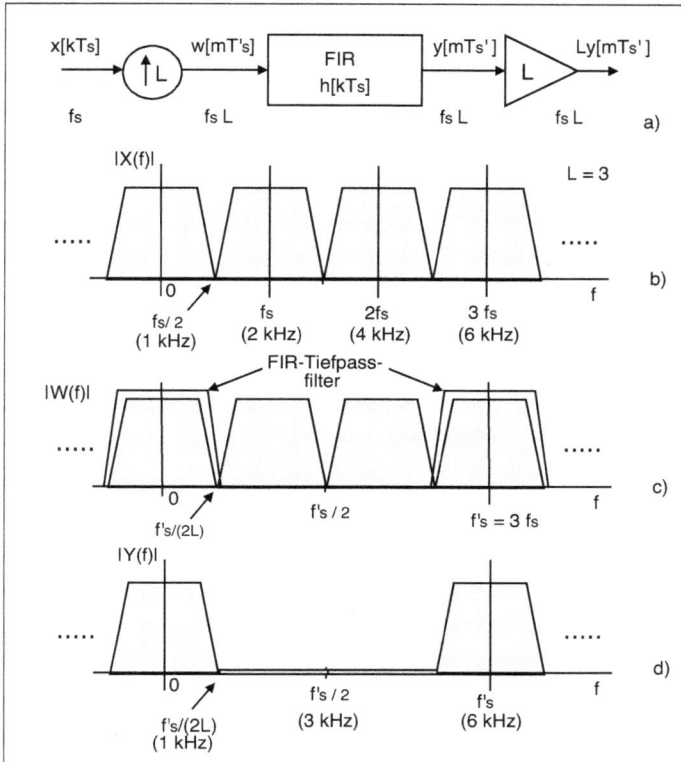

*Abb. 4.7: Spektrum des interpolierten Signals (L=3)*

Spektrum des Eingangssignals (Abb. 4.7b) erhält man das gewünschte Spektrum des interpolierten Signals, wie in Abb. 4.7d gezeigt, durch folgende Schritte:

Eine Expandierung mit $L-1$ Nullwerten erhöht die Abtastfrequenz mit dem Faktor $L$, ohne dass das Spektrum sich ändert. Allerdings befinden sich nun im Eindeutigkeitsbereich der neuen, höheren Abtastfrequenz auch periodische Fortsetzungen des ursprünglichen Spektrums. Durch Filterung werden diese im Bereich $f'_s/(2L)$ bis $f'_s - f'_s/(2L)$ entfernt (Abb. 4.7c) und man erhält das Spektrum des interpolierten Signals aus Abb. 4.7d.

Für die z-Transformation erhält man die Beziehung

$$Y(z) = \sum_{m=-\infty}^{\infty} y[mT'_s]z^{-m} = \sum_{m=-\infty}^{\infty} x[\frac{m}{L}T_s]z^{-m} = \sum_{k=-\infty}^{\infty} x[kT_s](z^L)^{-k} \qquad (4.4)$$

oder

$$Y(z) = X(z^L), \qquad \text{bzw.} \qquad Y(e^{j2\pi fT'_s}) = X(e^{j2\pi fT'_sL}) \qquad (4.5)$$

Damit die Ausgangssequenz $y[mT'_s]$ gleich der Eingangssequenz $x[mT_s/L]$ für $m =$

$0, \pm L, \pm 2L, \pm 3L, \ldots$ ist, muss man am Ausgang des Filters eine Verstärkung mit dem Faktor $L$ (Abb. 4.7a) vornehmen.

Um die mathematische Ableitung der Notwendigkeit der Verstärkung zu vereinfachen, wird aus der vorherigen Beziehung im Frequenzbereich nur der Abtastwert $y[0]$ berechnet [59]. Aus

$$y[0] = \int_{-f_s'/2}^{f_s'/2} Y(e^{j2\pi f T_s'})df = \int_{-f_s'/(2L)}^{f_s'/(2L)} Y(e^{j2\pi f T_s'})df = \int_{-f_s'/(2L)}^{f_s'/(2L)} X(e^{j2\pi f T_s' L})df \quad (4.6)$$

erhält man:

$$y[0] = \frac{1}{L} \int_{-f_s/2}^{f_s/2} X(e^{j2\pi f T_s})df = x[0]/L \quad (4.7)$$

Für die anderen Abtastwerte $y[mT_s']$ bei $m = \pm L, \pm 2L, \ldots$ ist die Beziehung ähnlich und bestätigt die Notwendigkeit der Verstärkung.

*Abb. 4.8: Modell einer Interpolierung (*interp_1.mdl*)*

Abb. 4.8 zeigt ein Simulink-Modell zur Interpolierung eines zufälligen, bandbegrenzten Signals mit dem Faktor $L = 3$. Das Eingangssignal wird aus weißem Rauschen durch Tiefpassfilterung erzeugt. Die Bandbreite des Signals wurde auf 500 Hz begrenzt, so dass die Abtastung mit $f_s = 2$ kHz das Abtasttheorem erfüllt.

Die Expandierung mit Nullwerten wird mit dem Block *Upsample* realisiert. Man erkennt weiter das FIR-Tiefpassfilter als Interpolierungsfilter mit einer relativen Bandbreite bezogen auf die neue Abtastfrequenz $f_s' = L f_s$ von $1/(2L)$ (in der Funktion **fir1** wird die relative

*Abb. 4.9: Spektrum vor und nach der Filterung (interp_1.mdl)*

*Abb. 4.10: Das expandierte Signal (oben) und das interpolierte Signal (unten) (interp_1.mdl)*

Frequenz bezogen auf $f'_s/2$ also $2/(2L)$ angegeben). Das Ausgangssignal des Filters wird mit dem Faktor $L = 3$ verstärkt und bildet das interpolierte Signal.

Das Spektrum des expandierten Signals am Eingang des Filters und das Spektrum des interpolierten Signals, ermittelt und dargestellt mit dem Block *Spectrum Scope*, sind in Abb. 4.9 gezeigt.

Man sieht die Wiederholung des Spektrums bei Vielfachen der Frequenz $f_s = 2$ kHz vor der Filterung und die Unterdrückung der Spektralanteile um 2 kHz und 4 kHz um mehr als 60 dB nach der Filterung.

Abb. 4.10 zeigt oben das mit $f_s$ abgetastete Eingangssignal und seine Expansion mit $L = 3$, die zu der neuen, erhöhten Abtastfrequenz $f'_s = Lf_s$ führt. Darunter sind das Eingangssignal und das interpolierte Signal dargestellt. Wie erwartet, sind je drei Abtastperioden des interpolierten Signals in einer Abtastperiode des ursprünglichen Signals enthalten.

Um die Qualität der Interpolierung zu zeigen, werden mit dem Block *Scope1* sowohl das interpolierte als auch das ursprüngliche Signal überlagert dargestellt. Die Verzögerung mit 64 Abtastperioden im Block *Transport Delay* ist gleich der Verzögerung durch das Interpolierungsfilter und ermöglicht die ausgerichtete Überlagerung der beiden Signale.

In der Senke *To Workspace* werden die interessierenden Signale gesammelt und stehen danach in der MATLAB-Umgebung zur Verfügung. Man kann diese Signale mit MATLAB-Funktionen bearbeiten und Darstellungen nach eigenen Wünschen gestalten. Als Beispiel kann das Programm `dezim_1_.m` aus dem vorherigen Kapitel dienen.

## 4.3  Änderung der Abtastrate mit einem rationalen Faktor

In einigen Anwendungen muss man die Abtastrate mit einem nicht ganzzahligen Faktor ändern. Die schon in der Einführung erwähnte Anwendung, die Daten einer CD mit 44.1 kHz Abtastfrequenz in Daten für eine DAT[1]-Aufzeichnung mit 48 kHz zu ändern, kann als Beispiel dienen. Das Verhältnis 48/44.1 ist keine ganze Zahl.

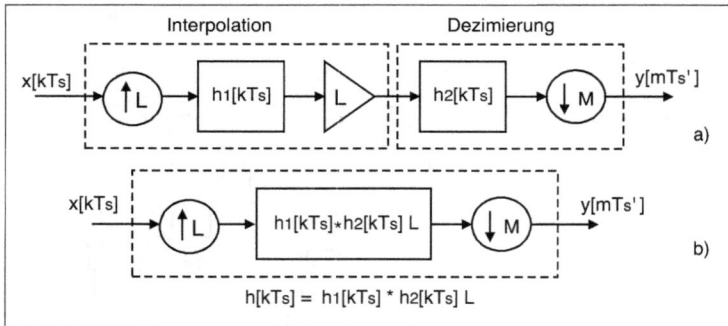

*Abb. 4.11: Änderung der Abtastrate mit rationalem Faktor*

Praktisch wird für so eine Änderung eine rationale Zahl $(L/M)$ gesucht, die durch das Verhältnis zweier ganzen Zahlen $L$ und $M$ ausgedrückt wird und so den gewünschten Faktor ergibt.

Die Abtastratenänderung erhält man dann über eine Interpolierung mit dem Faktor $L$ gefolgt von eine Dezimierung mit dem Faktor $M$ (Abb. 4.11a). Es ist zwingend notwendig, dass die Interpolierung zuerst stattfindet, sonst könnten durch die Dezimierung Komponenten mit

---

[1] *Digital Audio Tape*

gewünschtem Frequenzinhalt entfernt werden.

Das Interpolierungsfilter mit der Einheitspulsantwort $h_1[kT_s]$ und das Dezimierungsfilter mit der Einheitspulsantwort $h_2[kT_s]$ können durch ein einziges Filter ersetzt werden, dessen Einheitspulsantwort aus der Faltung der beiden Einheitspulsantworten resultiert.

Die Änderung der Abtastrate mit dem Faktor 48/44.1 könnte durch die Wahl $L = 160$ und $M = 147$ realisiert werden. Das bedeutet eine Erhöhung der Abtastrate von 44.1 kHz auf 7056 kHz und danach eine Reduktion dieser Abtastrate auf 48 kHz. Die Realisierung dieser Abtastratenänderungen in einem Schritt führt in der Praxis aber zu Problemen, die im nächsten Abschnitt besprochen werden.

# 4.4 Dezimierung und Interpolierung in mehreren Stufen

Bei der Dezimierung und Interpolierung mit großen Werten für die Faktoren M bzw. L benötigt man Filter mit sehr kleiner relativer Bandbreite. Aus Abb. 4.2b und Abb. 4.7c sieht man, dass die relative Bandbreite des Dezimierungsfilters gleich $f_p/f_s = 1/(2M)$ und die des Interpolierungsfilters gleich $f_p/f_s' = 1/(2L)$ sind.

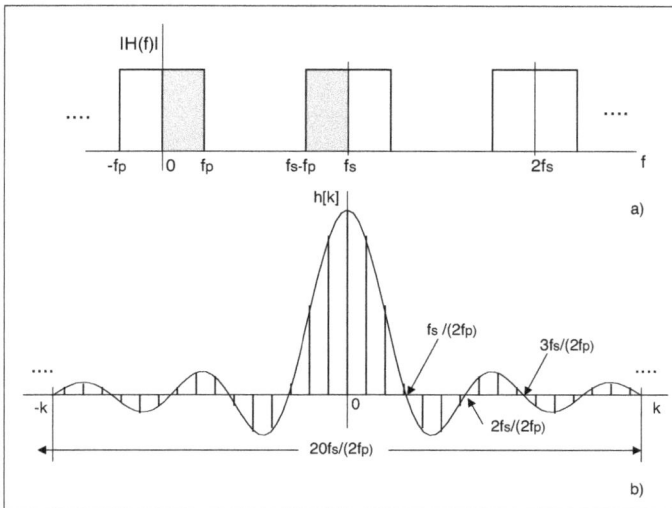

*Abb. 4.12: Einheitspulsantwort eines Tiefpassfilters*

Ist die relative Bandbreite der Filter sehr klein, so benötigt man in der Realisierung als FIR-Filter sehr viele Koeffizienten. Abb. 4.12a zeigt den periodischen Amplitudengang eines idealen Tiefpassfilters mit der Abtastfrequenz $f_s$ und der Bandbreite $f_p$. Die inverse Fourier-Reihe führt zu der idealen Einheitspulsantwort des Filters mit einer Hülle in Form einer $sin(x)/x$-Funktion. Diese belegt den gesamten Definitionsbereich von $-\infty$ bis $\infty$ und besitzt Nullstellen bei Vielfachen von $f_s/(2f_p)$ (Abb. 4.12a). Sie wird für den praktischen Einsatz mit einer Fensterfunktion in der Länge begrenzt, z.B. auf $20f_s/(2f_p)$ Werte symmetrisch um den Hauptwert, so dass die signifikanten Koeffizienten enthalten sind. Damit würde das Interpolierungsfilter $10L$ Koeffizienten und das Dezimierungsfilter $10M$ Koeffizienten besitzen.

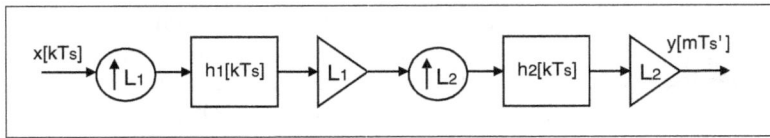

*Abb. 4.13: Interpolierung in zwei Stufen*

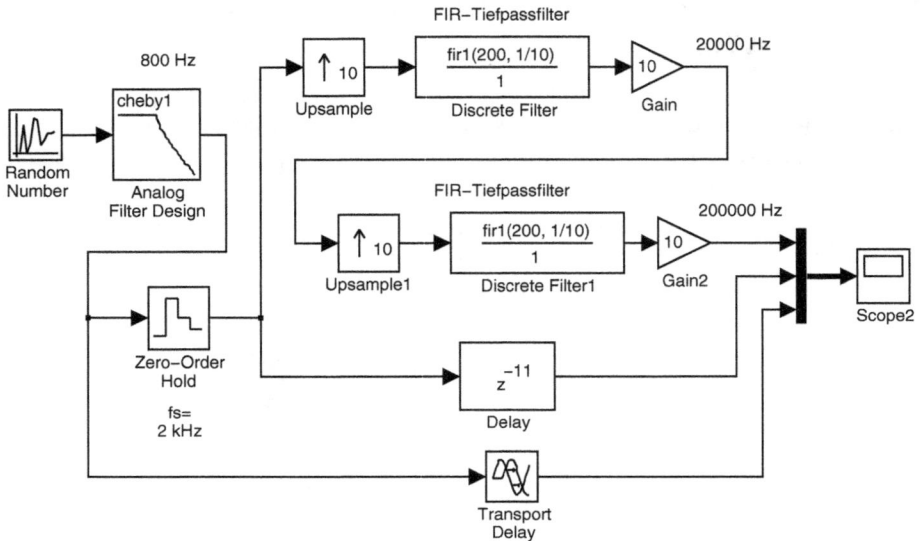

*Abb. 4.14: Beispiel für eine Interpolierung in zwei Stufen* (interp_2.mdl)

Dieser Schätzwert zeigt, wie rasch die nötige Anzahl der Koeffizienten mit steigenden Werten von $M$ oder $L$ wächst. Für die Abtastratenänderung von 44.1 kHz der Audio-CD auf 48 kHz der DAT-Aufzeichnung mit $L = 160$ und $M = 147$ würde man FIR-Filter der Länge 1600 bzw. 1470 benötigen, welche aufwändig in der Implementierung sind.

Eine deutliche Ersparnis erhält man, wenn die Interpolierung oder Dezimierung in mehreren Stufen realisiert wird. Beispielhaft soll dies an einer Interpolierung um den Faktor L = 100 gezeigt werden. Das FIR-Filter würde etwa 1000 Koeffizienten benötigen. Bei einer Lösung in zwei Stufen (Abb. 4.13) mit $L_1 = L_2 = 10$ ergeben sich zwei Filter mit je 100 Koeffizienten, zusammen also 200 Koeffizienten. Der Unterschied ist beträchtlich und die Lösung hat noch den Vorteil, dass die beiden Filter gleich sind und somit mit demselben Unterprogramm implementiert werden können.

Zu bemerken ist, dass nicht immer gleiche Faktoren für die Stufen optimal sind [53]. Abhängig von den Spezifikationen der erforderlichen Filter, kann man abwägen, ob eine andere Aufteilung geeigneter wäre. Im vorherigen Beispiel könnte man auch mit $L_1 = 5$ und $L_2 = 20$ versuchen, die Spezifikationen für die Filter mit möglichst wenig Koeffizienten zu erfüllen.

Abb. 4.15: Kontinuierliches, mit 2000 Hz abgetastetes und mit Faktor 100 interpoliertes Signal
(interp_2.mdl)

Abb. 4.14 zeigt die Simulation einer Interpolierung mit dem Faktor $L = 100$, die in zwei Stufen gestaltet ist. Die oben erwähnte Schätzung der Anzahl von Koeffizienten führt zu je 100 Koeffizienten pro Filter. Als Realisierungsmethode für die Filter wurde das einfache Fensterverfahren **fir1**(100,1/10) gewählt, wobei die Initialisierung der Filterkoeffizienten direkt im Modell stattfindet. Eine Überprüfung des Frequenzgangs ergab mit diesen Filterparametern eine relativ geringe Dämpfung des Sperrbereichs, so dass die Ordnung auf 200 (**fir1**(200,1/10)) erhöht wurde.

Es wird ein Eingangssignal der Bandbreite $B = 800$ Hz angenommen, das mit einer Abtastfrequenz $f_s = 2000$ Hz abgetastet wird. Bis zur halben Abtastfrequenz besteht somit noch ein kleiner Abstand $\Delta f = 200$ Hz, der angesichts der Tatsache, dass die Filter nicht ideal sind, erforderlich ist. Der Filterentwurf mit der **firpm**-Funktion kann den Frequenzbereich von 800 Hz bis 1000 Hz als Übergangsbereich nutzen. Dieser Filterentwurf ist eine gute Übung, die der Leser durchführen sollte.

Der Frequenzgang der einfachen Filter kann mit

```
freqz(fir1(200, 1/10), 1);
```

dargestellt werden.

Im linken Teil der Abb. 4.15 sind das kontinuierliche, das mit $f_s = 2000$ Hz abgetastete und das mit dem Faktor $L = 100$ interpolierte Signal überlagert dargestellt. Das kontinuierliche Signal der Bandbreite $B = 800$ Hz wurde durch Filterung mit einem Tschebyschev-Filter Typ I der Ordnung 8 aus weißem Rauschen erzeugt. Zwischen dem kontinuierlichen und dem interpolierten Signal sieht man in der Darstellung keinen Unterschied.

Wenn die Bandbreite des kontinuierlichen Signals auf $B_1 = 900$ Hz (und damit näher an $f_s/2 = 1000$ Hz) erhöht wird, dann ergeben sich Unterschiede zum interpolierten Signal wegen der nicht idealen Filter (Abb. 4.15 rechts).

Die Verzögerungen in den Blöcken *Delay* und *Transport Delay* müssen den Verzögerungen der beiden Interpolierungsfilter entsprechen. Das erste Filter der Ordnung $N_1 = 200$ ergibt eine Verzögerung von $100T_s'$, wobei $T_s'$ die Abtastperiode nach der ersten Expandierung mit dem Faktor $L_1 = 10$ ist, also $T_s' = 1/(10 \cdot 2000) = 1/20000$.

Über das zweite Interpolierungsfilter ist die Verzögerung auch $100T_s''$, wobei jetzt $T_s'' = 1/(100 \cdot 2000) = 1/200000$ ist. Aus

$$x/2000 = 100/20000 + 100/200000 \tag{4.8}$$

erhält man $x = 11$ als Anzahl der Abtastperioden der ursprünglichen Abtastfrequenz $f_s = 2000$ Hz, die der Gesamtverzögerung der Filter entspricht und im Block *Delay* einzusetzen ist.

## Experiment 4.1: Entwurf eines Tiefpassfilters mit sehr kleiner Bandbreite

In dieser praktischen Anwendung soll ein analoges Eingangssignal mit einer Bandbreite bis $B \leq 10$ kHz, das mit 20 kHz abgetastet wird, bis zu einer Bandbreite $B' = 1$ Hz digital tiefpassgefiltert werden.

Mit einem einzelnen FIR- oder IIR-Filter kann man diese Aufgabe nicht lösen. Das FIR-Filter mit einer relativen Bandbreite $f_p/f_s = 1/20000$ müsste nach der im vorstehenden Abschnitt verwendeten Schätzung $N = 100000$ Koeffizienten haben. Ein IIR-Filter wird Pole sehr nahe am Einheitskreis besitzen, die sich mit den heute zur Verfügung stehenden Wortbreiten der Variablen in einem DSP nicht realisieren lassen.

Abb. 4.16 zeigt, wie man die Filterung abhängig vom gewünschten Durchlassbereich gestalten muss. So soll man z.B. für die Tiefpassfilterung mit Bandbreiten von 10 Hz bis 100 Hz in zwei Stufen jeweils mit dem Faktor 100 dezimieren und danach, wie in Abb. 4.16c gezeigt, filtern. Mit $H_d(z)$ wurde die Übertragungsfunktion des Dezimierungsfilters und mit $H_k(z)$ die Übertragungsfunktion des sogenannten Kernfilters [17] bezeichnet. Das Kernfilter realisiert die gewünschte Filterung, nachdem die Abtastrate über die Dezimierung von 20 kHz auf 200 Hz herabgesetzt wurde.

In diesem Experiment wird die Tiefpassfilterung mit Bandbreiten von 1 Hz bis 10 Hz gemäß Abb. 4.16d simuliert. Mit dem Simulink-Modell aus Abb. 4.17 (`filter_1_10.mdl`) wird die Filterung mit einer Bandbreite $B = 1$ Hz simuliert.

Als „Nutzsignal" wird aus dem Block *Sine Wave* eine harmonische Schwingung mit der Frequenz $f_0 = 1$ Hz auf der gewählten Filtergrenze erzeugt. Ihm überlagert werden als Störungen Rauschen mit Leistung im Bereich 100 Hz bis 4000 Hz sowie ein sinusförmiges Signal der Frequenz $f_1 = 2$ Hz, das sehr nahe an der Grenze des gewünschten Durchlassbereichs von 1 Hz liegt.

Das mit $f_s = 20$ kHz abgetastete Signal (Block *Zero-Order Hold*) wird in zwei Stufen mit

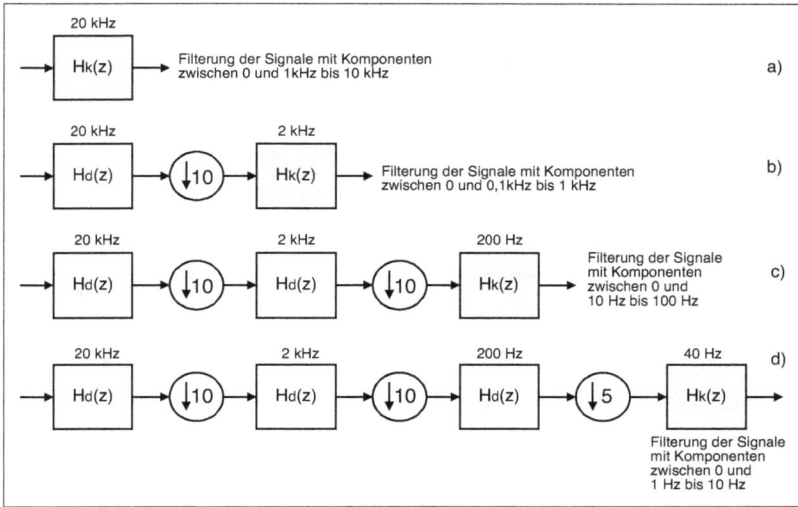

*Abb. 4.16: Filterstrukturen in Abhängigkeit des gefilterten Bereichs*

*Abb. 4.17: Tiefpassfilterung mit der Bandbreite B=1 Hz (filter_1_10.mdl)*

jeweils dem Faktor 10 und zuletzt nochmals mit dem Faktor 5 dezimiert. Damit wird insgesamt ein Dezimierungsfaktor gleich 500 erreicht, mit dem die ursprüngliche Abtastfrequenz $f_s = 20$ kHz auf $f'_s = 40$ Hz reduziert wird (Abb. 4.16d). Bei dieser Abtastfrequenz kann das Kernfilter leicht eine Bandbreite von 1 Hz oder eine relative Bandbreite von $f_p/f'_s = 1/40$ realisieren.

Die Filter werden mit dem *FDATool* entwickelt. In der Bibliothek *dsplib* und weiter in der Unterbibliothek *Filtering* und danach *Filter Designs* findet man einen *Digital Filter Design*-Block, der dieses Werkzeug zum Entwurf des Filters öffnet.

*Tabelle 4.2: Parameter der Filter*

| Filter | $f_{stop}$ | $f_{pass}$ | $2f_{stop}/f_s$ | $2f_{pass}/f_s$ | Anzahl Koeff. | Dämpfung (dB) | Welligkeit (dB) |
|--------|-----------|-----------|-----------------|------------------|---------------|---------------|-----------------|
| $H_{D1}$ | 1 kHz | 10 Hz | 0.1 | 0.001 | 56 | 60 | 0.1 |
| $H_{D2}$ | 0.1 kHz | 10 Hz | 0.1 | 0.01 | 61 | 60 | 0.1 |
| $H_{D3}$ | 20 Hz | 10 Hz | 0.2 | 0.1 | 55 | 60 | 0.1 |
| $H_K$ | 2 Hz | 1 Hz | 0.1 | 0.05 | 110 | 60 | 0.1 |

Die Spezifikationen für die Filter basieren auf den Frequenzgängen aus Abb. 4.18. Die Zeichnungen sind Skizzen ohne Maßstab, die nur als Hilfe für die Bestimmung der Parameter der Filter anzusehen sind. Die Tabelle 4.2 enthält die so abgeleiteten Spezifikationen.

Als Beispiel wird gezeigt, wie man die Spezifikationen des ersten Dezimierungsfilters erhält. Von der ursprünglichen Abtastfrequenz $f_s = 20$ kHz wird mit dem Faktor $M = 10$ die Abtastfrequenz auf $f'_s = 2$ kHz herabgesetzt. Der entsprechende Nyquist-Bereich ist dann $f'_s/2 = 1$ kHz und alle Störungen mit spektralen Komponenten zwischen 1 kHz und 10 kHz des ursprünglichen Signals führen durch die Dezimierung zu Überfaltungen (*aliasing*).

Wenn man dem Nutzsignal die Bandbreite von 10 Hz zubilligt, dann ergibt sich für das erste Dezimierungsfilter eine Durchlassfrequenz $f_{pass} = 10$ Hz. Aus der halben Abtastfrequenz nach der Dezimierung ergibt sich die Sperrfrequenz $f_{stop} = 1$ kHz. Mit einer Dämpfung von 60 dB im Sperrbereich werden eventuelle Störungen im Bereich 1 kHz bis 10 kHz genügend unterdrückt und eine Welligkeit von 0.1 dB im Durchlassbereich beeinflusst das Nutzsignal kaum.

Die relative Durchlassfrequenz bezogen auf den Nyquist-Bereich (halbe Abtastfrequenz) ist $2f_{pass}/f_s = 2 \cdot 10/20000 = 0.001$ und die relative Sperrfrequenz ebenfalls auf diesem Bereich bezogen wird zu $2f_{stop}/f_s = 2 \cdot 1000/20000 = 0,1$. Ähnlich werden die anderen Filter spezifiziert und entwickelt.

Nach Durchführung der Simulation erhält man die in Abb. 4.19 dargestellten Ergebnisse. In der oberen Graphik sind das zeitkontinuierliche, ungestörte Nutzsignal der Frequenz $f_0 = 1$ Hz zusammen mit dem gefilterten Signal dargestellt. Zum Vergleich sind in der unteren Graphik das Eingangssignal vor der Filterung, bestehend aus dem Nutzsignal überlagert mit den Störungen aus Rauschsignal und sinusförmigem Signal der Frequenz $f_1 = 2$ Hz dargestellt.

Aus der Tabelle 4.2 geht hervor, dass die Filter für diese Lösung insgesamt 282 Koeffizienten besitzen, die hauptsächlich den Aufwand bei der Implementierung in einem DSP bestimmen.

An dieser Stelle muss man sich fragen, ob es nicht eine alternative Lösung mit Filtern gibt, die weniger Koeffizienten benötigen. Diese Alternative wird im Modell aus Abb. 4.20 (`filter_1_10_1.mdl`) vorgestellt, wo für die Dezimierung IIR-Filter eingesetzt werden. In den ersten Dezimierungsstufen, in denen die Abtastfrequenz bis auf 40 Hz herabgesetzt wird, spielen die Fehler wegen des nichtlinearen Phasengangs der IIR-Filter im Bereich des Nutzsignals kaum eine Rolle. Um das zu zeigen, wurden in diesem Modell IIR-Filter verwendet, mit denen man Dämpfungen von $60 - 80$ dB bei einer geringeren Anzahl von Koeffizienten erzielt.

*Abb. 4.18: Spezifikationen der Dezimierungsfilter und des Kernfilters (*filter_1_10.mdl*)*

Die drei IIR-Filter für die Dezimierung wurden mit denselben Spezifikationen wie die FIR-Filter des vorhergehenden Modells entworfen, wobei das *FDATool* und das *Least Pth-norm*-Verfahren verwendet wurden. Für jedes der drei IIR-Filter erhält man eine Ordnung von 8, die zu 18 Koeffizienten führt (9 für den Zähler und 9 für Nenner der Übertragungsfunktion).

Das Kernfilter wird weiterhin als FIR-Filter realisiert, um keine Verzerrungen bedingt durch einen nichtlinearen Phasengang zu erhalten. Hierfür sind dann 182 Koeffizienten notwendig. Insgesamt benötigt man in dieser Lösung $3 \cdot 19 + 182 = 239$ Koeffizienten, also rund 40 Koeffizienten weniger als bei der FIR-Lösung. Der Hauptanteil liegt beim Kernfilter.

Um eventuelle Verzerrungen wegen der nichtlinearen Phase der IIR-Filter in der Simulation sichtbar werden zu lassen, ist hier als Nutzsignal ein bis 4 Hz bandbegrenztes Rauschsignal verwendet worden. Als Störsignal wird weiterhin ein Rauschsignal mit Leistungsanteilen im Bereich von 100 Hz bis 4000 Hz hinzugefügt. Im Modell filter_1_10_2.mdl ist zum

Abb. 4.19: Zeitkontinuierliches Signal ohne Störung und gefiltertes Signal bzw. Signal mit Störung (filter_1_10.mdl)

Abb. 4.20: Dezimierung mit IIR-Filtern (filter_1_10_1.mdl)

Vergleich auch das Kernfilter als ein IIR-Filter eingesetzt worden, so dass man die Verzerrungen beobachten kann.

Nur für Zwecke der graphischen Darstellung ist nach der Dezimierung das Signal mit der sehr niedrigen Abtastrate gezeigt. Man verwendet weiter eine Interpolierung, um die Abtastrate

*Abb. 4.21: Ungestörtes kontinuierliches, interpoliertes und gefiltertes Signal (filter_1_10_1.mdl)*

zu erhöhen. Im Modell aus Abb. 4.20 (`filter_1_10_1.mdl`) wird im unteren Teil eine Interpolierung mit dem Faktor 100 in zwei Etappen realisiert.

Für diese Operation werden wieder FIR-Filter eingesetzt, um eine Interpolierung mit $sin(x)/x$-Funktionen annähernd zu erhalten. Mit dem Block *Scope1* werden das interpolierte, das kontinuierliche ungestörte und das gefilterte Signal dargestellt. Zwischen dem ungestörten Eingangssignal und dem interpolierten Signal sieht man keinen Unterschied (Abb. 4.21). Die Verzögerungen in den Blöcken *Transport Delay*, *Transport Delay1* und *Delay* werden verwendet, um die zu visualisierenden Signale zeitrichtig zu überlagern.

# Experiment 4.2: Filterung von Bandpasssignalen mit sehr kleiner Bandbreite

In Anwendungen, in denen Bandpassfilter mit sehr kleiner Bandbreite notwendig sind, wird das Signal ins Basisband verschoben, hier tiefpassgefiltert und anschließend wieder in den Bandpassbereich transformiert [17], [66]. Das Signal im Basisband ist unter dem Namen äquivalentes Tiefpasssignal bekannt und man kann die Bandpass-Tiefpasstransformation mit Hilfe der Hilbert-Transformierten durchführen oder, wie nachfolgend gezeigt und in der Praxis auch meistens angewandt, mittels Verschiebung mit einem komplexen Drehvektor und anschließender Filterung.

Das Spektrum[2] $X(\omega)$ eines Signals $x(kT_s)$ kann durch Multiplikation des Signals mit dem komplexen Drehvektor $e^{-j\omega_0 kT_s}$ um $\omega_0$ nach links verschoben werden:

$$y(kT_s) = x(kT_s)e^{-j\omega_0 kT_s} \leftrightarrow X(\omega + \omega_0) \qquad (4.9)$$

Der Realteil $x(kT_s)cos(\omega_0 kT_s)$ und der Imaginärteil $-x(kT_s)sin(\omega_0 kT_s)$ des komplexwertigen Signals $y(kT)$, haben jeweils Spektren, die den Symmetrieeigenschaften der Spektren reellwertiger Signale gehorchen [34]:

$$x(kT_s)cos(\omega_0 kT_s) \leftrightarrow \frac{1}{2}[X(\omega + \omega_0) + X(\omega - \omega_0)] \qquad (4.10)$$

---

[2]Auch wenn hier aus Gründen der Notationsvereinfachung auf die Schreibweise $X(j\omega)$ verzichtet wird, sei daran erinnert, dass Spektren grundsätzlich komplexwertige Funktionen sind.

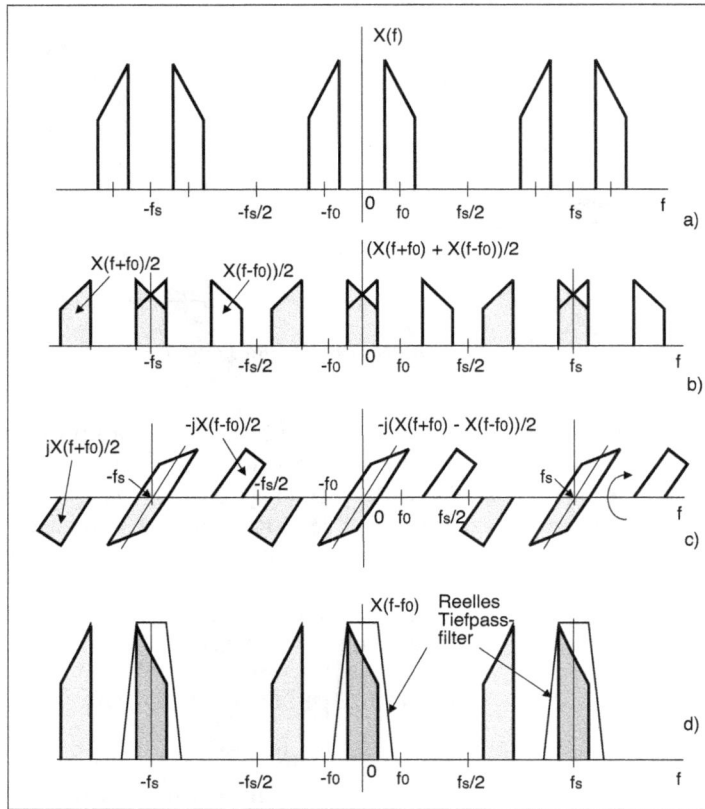

*Abb. 4.22: Verschiebung eines Signals aus dem Bandpass- in den Basisbandbereich*

und

$$-x(kT_s)sin(\omega_0 kT_s) \leftrightarrow \frac{-j}{2}[X(\omega + \omega_0) - X(\omega - \omega_0)] \tag{4.11}$$

Das Spektrum des komplexwertigen Signals $y(kT_s) = x(kT_s)e^{-j\omega_0 kT_s}$ weist jedoch im Allgemeinen keine Symmetrien auf:

$$
\begin{aligned}
x(t)cos(\omega_0 t) - jx(t)sin(\omega_0 t) \leftrightarrow \\
\tfrac{1}{2}[X(\omega + \omega_0) + X(\omega - \omega_0)] + j\frac{-j}{2}[X(\omega + \omega_0) - X(\omega - \omega_0)] = \\
X(\omega + \omega_0)
\end{aligned}
\tag{4.12}
$$

Das Spektrum des ursprünglichen reellen Signals $x[kT_s]$ ist in Abb. 4.22a dargestellt und das verschobene Spektrum des komplexen Signals $y(kT_s) = x[kT_s]e^{-j2\pi f_0 kT_s}$ ist in Abb. 4.22d dargestellt. Das symmetrische Spektrum des Realteils $x[kT_s]cos(2\pi f_0 kT_s)$ des komplexen Signals ist in Abb. 4.22b dargestellt und das ebenfalls symmetrische Spektrum des Imaginärteils des komplexen Signals $x[kT_s]sin(2\pi f_0 kT_s)$ sieht man in Abb. 4.22c. Wegen des Faktors $-j$ wird dieses Spektrum um 90° gedreht dargestellt.

Im komplexwertigen Signal führt die Multiplikation des Imaginärteils mit dem Faktor $j$ zu einer weiteren Drehung um 90°. Dabei addieren sich die grau hinterlegten Anteile, während sich die anderen aufheben (wie in Gl. (4.12)). Dadurch ergibt sich für das komplexe Signal das Spektrum aus Abb. 4.22d.

*Abb. 4.23: Simulation einer Verschiebung aus dem Bandpass- in den Basisbandbereich und zurück (band_1.mdl)*

Mit Hilfe eines reellwertigen Tiefpassfilters können die Komponenten im Basisband (grau hinterlegte Anteile) extrahiert und die restlichen Anteile unterdrückt werden. Im Zeitbereich werden sowohl der Realteil als auch der Imaginärteil des komplexwertigen Signals mit dem gleichen Filter gefiltert.

Wie bei dem vorhergehenden Experiment dargelegt, ist bei kleinen relativen Filterbandbreiten eine effiziente Implementierung nur mit Hilfe der Dezimierung möglich. Allerdings ist danach, vor der Rücktransformation in den Bandpassbereich eine Interpolierung erforderlich.

Die gezeigten Sachverhalte können mit dem Modell `band_1.mdl` (Abb. 4.23) untersucht werden. Darin wird angenommen, dass ein Signal um die Mittenfrequenz $f_0 = 1000$ Hz mit einer Bandbreite von 40 Hz zu filtern ist. Das Signal sei ein Träger bei der Frequenz $f = 1005$ Hz als Nutzsignal, gestört durch bandbegrenztes Rauschen mit Leistung im Bereich zwischen 2000 Hz und 8000 Hz. Es wird eine Abtastfrequenz von $f_s = 20000$ Hz für die Simulation gewählt.

Durch Multiplikation mit dem komplexen Träger $e^{-j2\pi f_0 t}$ wird das komplexe Signal im Basisband erhalten, dessen Spektrum mit dem Block *Spectrum Scope* angezeigt wird und in Abb. 4.24 dargestellt ist.

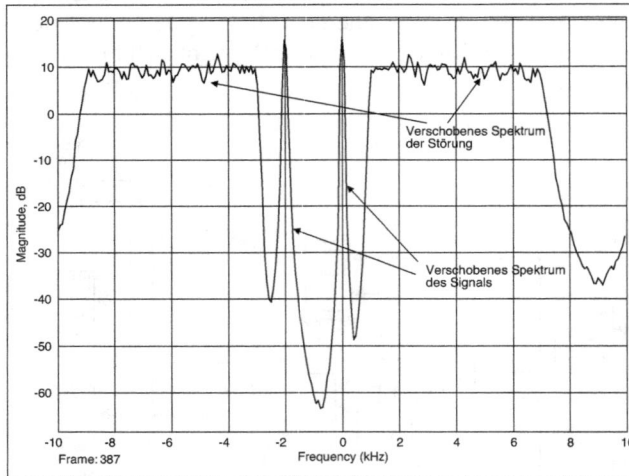

*Abb. 4.24: Spektrum des komplexen verschobenen Signals vor der Filterung* (band_1.mdl)

Man erkennt das verschobene Spektrum des Nutzsignals und der Rauschstörung. Es ist lehrreich das *Spectrum Scope* auch hinter die beiden IIR-Filter zu schalten und das Spektrum an dieser Stelle zu beobachten und zu beurteilen. Es ist ebenfalls wichtig zu verstehen, dass das Spektrum des Real- und des Imaginärteils die üblichen Symmetrien für reellwertige Signale aufweist.

Die Verschiebung zurück in den Bandpassbereich wird durch Multiplikation mit dem komplexen Träger $e^{j2\pi f_0 t}$ im Block *Product1* und Beibehaltung des Realteils nach dem Block *Complex to Real-Imag* sowie Verstärkung mit zwei realisiert. Am *Scope*-Block können das kontinuierliche, nicht gestörte und das gefilterte Signal beobachtet werden. Mit dem Block *Scope* werden das nicht verrauschte und das durch die Filterung im Tiefpassbereich von seinen Störungen weitgehend befreite Signal dargestellt. Das nicht verrauschte Signal wird dabei mit Hilfe des Blocks *Transport Delay* so verzögert, dass in der überlagerten Darstellung die Qualität der Störunterdrückung beurteilt werden kann.

An dem vereinfachten Signal einer harmonischen Schwingung ohne Störung

$$x(t) = \hat{x}cos(2\pi(f_0 + \Delta f)t) \tag{4.13}$$

kann man den Weg vom Bandpassbereich in den Tiefpassbereich und zurück auch im Zeitbereich verfolgen. Die Verschiebung ins Basisband ergibt:

$$x(t)e^{-j2\pi f_0 t} = \frac{\hat{x}}{2}[cos(2\pi\Delta ft) + cos(2\pi(2f_0 + \Delta f)t)] + $$
$$j\frac{\hat{x}}{2}[sin(2\pi\Delta ft) - sin(2\pi(2f_0 + \Delta f)t)] \tag{4.14}$$

Das Tiefpassfilter entfernt die Komponenten der Frequenz $2f_0+\Delta f$ und es bleibt ein komplexes Signal der Form:

$$y(t) = \overline{x(t)e^{-j2\pi f_0 t}} = \frac{\hat{x}}{2}[cos(2\pi\Delta ft) + jsin(2\pi\Delta ft)] \tag{4.15}$$

Dabei soll der Überstrich die Filterung symbolisieren. Die Verschiebung des Signals $y(t)$ in den Bandpassbereich ergibt nach einfachen mathematischen Operationen:

$$y(t)e^{j2\pi f_0 t} = \frac{\hat{x}}{2}[cos(2\pi(f_0 + \Delta f)t) + jsin(2\pi(f_0 + \Delta f)t)] \tag{4.16}$$

Der Realteil dieses neuen komplexen Signals entspricht (bis auf den Faktor $1/2$) dem ursprünglichen Signal.

Im Modell `band_2.mdl` wird das gleiche Experiment mit einem Nutzsignal bestehend aus bandbegrenztem Rauschen im Bereich 980 Hz bis 1020 Hz durchgeführt. Diese Modelle könne leicht mit einer Dezimierung, Kernfilterung und einer Interpolierung, in derselben Art wie im vorhergehenden Experiment, erweitert werden. So wurde in dem Modell `band_3.mdl` das Modell `band_2.mdl` mit einer Dezimierung und Interpolierung in zwei Stufen (für Faktoren von 100), in denen FIR-Filter eingesetzt werden, erweitert. Die Spezifikationen der Filter sind: Durchlassfrequenzen $f_{TP1pass} = 0.02$, $f_{TP2pass} = 0.025$ bzw. Sperrfrequenzen $f_{TP1stop} = f_{TP2stop} = 1/20 = 0.05$. Man erreicht somit eine Bandbreite von $f_{TP2pass} = 100$ Hz ausgehend von einer Abtastfrequenz $f_s = 20$ kHz.

Im Programm `band4.m` und dem Modell `band_4.mdl` wird die Verschiebung des Spektrums eines Signals (wie sie in den vorherigen Experimenten eingesetzt wurde) mit der Verschiebung des Frequenzgangs eines FIR-Filters verglichen. Die Spektren der komplexen und reellen Signale werden überlagert mit den Blöcken *Spectrum Scope* und *Spectrum Scope 1* dargestellt, um die Unterschiede hervorzuheben.

# 4.5 Dezimierung und Interpolierung mit Polyphasenfiltern

Polyphasenfilter [17], [59] sind eine elegante Methode zur Implementierung der Filterung bei der Dezimierung und Interpolierung. Solche Filter werden auch von den Blöcken *FIR Decimation* und *FIR Interpolation* der *DSP System Toolbox* verwendet.

Die grundlegenden Prinzipien der FIR-Polyphasenfilter für die Dezimierung und Interpolierung werden in den nachfolgenden Abschnitten dargestellt. Zu Beginn betrachten wir die Polyphasen-Zerlegung durch Unterabtastung der Einheitspulsantwort eines FIR-Filters, wie sie in Abb. 4.25 für den Faktor M = 3 skizziert ist.

Mit Hilfe der z-Transformation kann die Zerlegung sehr kompakt beschrieben werden. Die Übertragungsfunktion $H(z)$ des FIR-Filters (als z-Transformierte der Einheitspulsantwort)

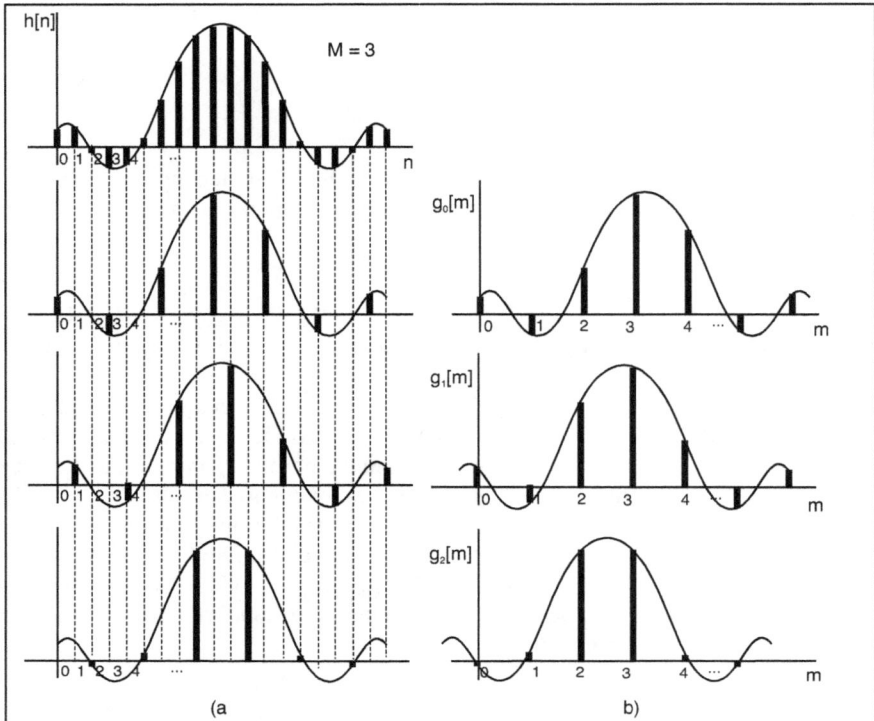

*Abb. 4.25: Polyphasenzerlegung der Einheitspulsantwort für M = 3*

wird durch folgende Gruppierung:

$$
\begin{aligned}
H(z) &= h_0 + h_1 z^{-1} + h_2 z^{-2} + \ldots \\
&= (h_0 + h_M z^{-M} + h_{2M} z^{-2M} + \ldots) + \\
&\quad + z^{-1}(h_1 + h_{M+1} z^{-M} + h_{2M+1} z^{-2M} + \ldots) + \\
&\quad \ldots \\
&\quad + z^{-(M-1)}(h_{M-1} + h_{2M-1} z^{-M} + h_{3M-1} z^{-2M} + \ldots)
\end{aligned}
\tag{4.17}
$$

in Teilfilter $G_k(z^M)$

$$
\begin{aligned}
G_k(z^M) &= h_k + h_{k+M} z^{-M} + h_{k+2M} z^{-2M} + \ldots \\
k &= 0, 1, 2, \ldots, M-1
\end{aligned}
\tag{4.18}
$$

zerlegt, so dass die Übertragungsfunktion $H(z)$ durch

$$
\begin{aligned}
H(z) &= \sum_{k=0}^{M-1} z^{-k} G_k(z^M) \\
&= G_0(z^M) + z^{-1} G_1(z^M) + \cdots + z^{-(M-1)} G_{M-1}(z^M)
\end{aligned}
\tag{4.19}
$$

ausgedrückt werden kann.

Die Polyphasenteilfilter $G_k(z^M)$

$$G_k(z) = h_k + h_{k+M}z^{-1} + h_{k+2M}z^{-2} + \ldots, \tag{4.20}$$

die für das Filter aus Abb. 4.25a angenommen werden, besitzen als Einheitspulsantworten die Werte $g_k[m] = h[k + 3m]$ mit $k = 0, 1, 2, \ldots, M - 1$ und $m = 0, 1, 2, 3, \ldots$, die aus der Zerlegung hervorgehen und in Abb. 4.25b in die Ursprungslage verschoben dargestellt sind.

Allgemein sind die Einheitspulsantworten der Polyphasenfilter in der Form nach Gl. (4.20) durch

$$g_k[m] = h[k + Mm], \qquad k = 0, 1, 2, \ldots, M - 1, \qquad m = 0, 1, 2, \ldots \tag{4.21}$$

gegeben. Dabei sind $h[n]$ bzw. $g_k[m]$ die vereinfachten Schreibweisen für die Einheitspulsantworten $h[nT_s]$ bzw. $g_k[mMT_s]$:

$$h[nT_s] = h_0\delta[nT_s] + h_1\delta[(n-1)T_s] + h_2\delta[(n-2)T_s]\ldots$$
$$g_k[mMT_s] = h_k\delta[mMT_s] + h_{k+M}\delta[(m-1)MT_s] + h_{k+2M}\delta[(m-2)MT_s] + \ldots \tag{4.22}$$

Mit $\delta[nT_s]$ wird der Kronecker-Operator [59] bezeichnet, der durch

$$\delta[nT_s] = \begin{cases} 1 & \text{für } n = 0 \\ 0 & \text{sonst} \end{cases} \tag{4.23}$$

definiert ist.

Die Differenzengleichung für eine Transformierte der Form $Y(z) = G_k(z)X(z)$ ist durch

$$y[kT_s] = g_k[0]x[kT_s] + g_k[1]x[(k-1)T_s] + g_k[2]x[(k-2)T_s] + \ldots \tag{4.24}$$

gegeben. Für die Transformierte $Y(z) = G_k(z^M)X(z)$ dagegen ist die Differenzengleichung durch

$$y[kT_s] = g_k[0]x[kT_s] + g_k[1]x[(k-M)T_s] + g_k[2]x[(k-2M)T_s] + \ldots \tag{4.25}$$

definiert.

Wenn $G_k(z)$ in MATLAB als Zeilenvektor durch

```
[gk0, gk1, gk2, ...]
```

dargestellt ist, dann wird $G_k(z^M)$ durch

```
[gk0,zeros(1,M-1),gk1,zeros(1,M-1),gk2,zeros(1,M-1), ...]
```

gegeben. Dieser Vektor enthält je $M - 1$ Nullwerte zwischen den Werten gk0, gk1, gk2, ... des Vektors für $G_k(z)$.

In der *Signal Processing Toolbox* gibt es die Funktion **firpolyphase**, mit deren Hilfe die Einheitspulsantwort eines FIR-Filter in die Teilfilter $G_k(z)$ zerlegt werden kann. So werden z.B. über

```
h = fir1(20, 0.4);     % FIR-Tiefpassfilter
g = firpolyphase(h, 4);     % Teilfilter für M oder L = 4
```

die Teilfilter $G_k(z)$ in der Matrix g als Zeilen gespeichert:

```
g =
    -0.0000     0.0201     0.0855     0.0855     0.0201    -0.0000
    -0.0035    -0.0000     0.2965    -0.0506     0.0072          0
    -0.0039    -0.0517     0.4008    -0.0517    -0.0039          0
     0.0072    -0.0506     0.2965    -0.0000    -0.0035          0
```

Um daraus die Teilfilter $G_k(z^M)$ zu erhalten, muss man zwischen den Werten der so ermittelten Teilfilter $G_k(z)$ noch $M-1$ Nullwerte platzieren.

## 4.5.1    Dezimierung mit Polyphasenfiltern

Abb. 4.26a zeigt die Struktur eines Dezimierers, in dem das Tiefpassfilter eine Übertragungsfunktion $H(z)$ besitzt. In Abb. 4.26b ist dieselbe Dezimierung realisiert, wobei aber das Tiefpassfilter $H(z)$ als Polyphasenfilter dargestellt ist, also als Parallelschaltung mehrere Filter, deren Einheitspulsantwort, wie im vorhergehenden Abschnitt gezeigt, durch geeignete Abtastung der Einheitspulsantwort des Filters $H(z)$ erhalten wird. Die Dezimierung mit dem Faktor M ist eine lineare Operation, also kann sie mit der ihr vorhergehenden Summe vertauscht und unmittelbar hinter die Ausgänge der Teilfilter $G_k(z^M)$, $k = 0, 1, 2, ..., M-1$ gebracht werden (Abb. 4.26c).

Eine Vertauschung der Dezimierung mit der Filterung ist unter Anpassung der Filterung ebenfalls möglich. In der Literatur ist die Äquivalenz aus Abb. 4.26d als *Noble Identity* [72] bekannt und mit ihrer Hilfe kann man aus der Struktur gemäß Abb. 4.26c die Struktur aus Abb. 4.26e bilden. Sie hat den Vorteil, dass die Dezimierung vor den Teilfiltern stattfindet und diese somit bei einer um den Faktor M niedrigeren Abtastrate arbeiten. Die Variante e ist auch deshalb vorteilhaft, weil der grau hinterlegte Teil ein Puffer ohne Überlappungen ist und in der Hardware oder in einem Programm einfach zu realisieren ist.

Im Programm `polydezim_1.m` wird ein FIR-Tiefpassfilter für eine Dezimierung mit dem Faktor $M = 5$ in Polyphasenfilter zerlegt, die in den Modellen `polydezim_1_.mdl`, `polydezim_2_.mdl` und `polydezim_3_.mdl` eingesetzt werden.

Das Programm beginnt mit der Entwicklung des FIR-Filters:

```
M = 5;
fr = 1/(2*M);       % Relative Frequenz des Dezimierungsfilters
nf = 128;               % Filterlänge
h = firl(nf-1, 2*fr);
```

Danach werden die Teilfilter der Polyphasenzerlegung (hier durch einfaches Unterabtasten des Vektors, ohne Verwendung der Funktion **firpolyphase**) ermittelt:

```
rn = rem(nf,M);
if rn == 0
    g = zeros(M, nf/M);   % nf ein Vielfaches von M
else
    g = zeros(M, fix(nf/M)+1); % Filterlänge zu einem
    h = [h, zeros(1,M-rn)]; % Vielfachen von M erweitert
end;
for k = 1:M
```

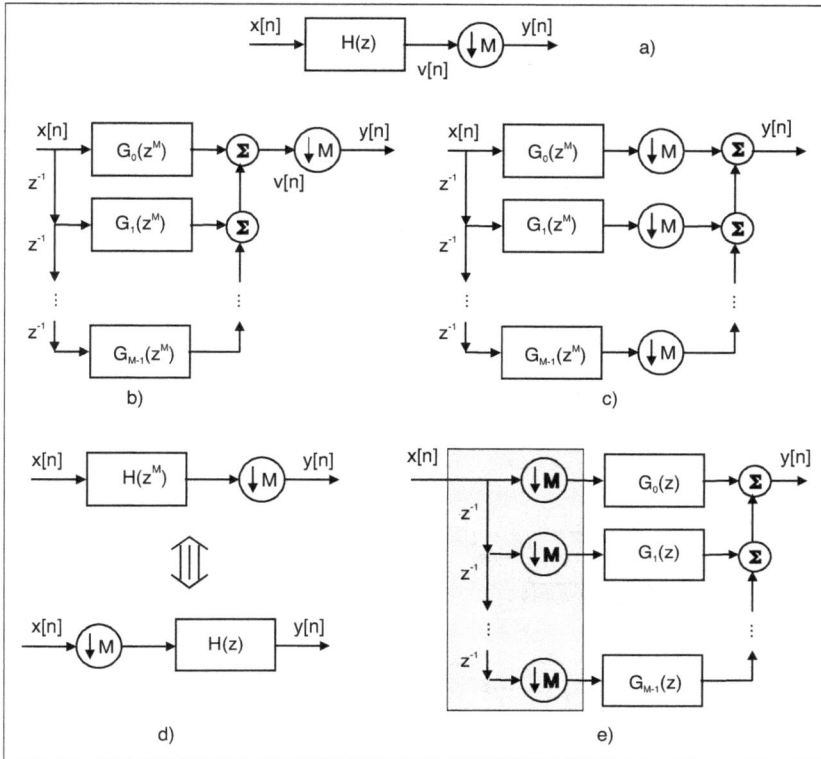

*Abb. 4.26: Polyphasenfilter für die Dezimierung*

```
     g(k,:) = h(k:M:end);  % Teilfilter des Polyphasen-
end;                        %          filters
```

Zuerst wird die Länge des Filters und die der Teilfilter auf ein Vielfaches von M gebracht und dann werden in einer **for**-Schleife die $M$ Einheitspulsantworten der Teilfilter durch Dezimierung der Einheitspulsantwort h des Filters ermittelt. Sie sind in der Matrix g mit $M$ Zeilen gespeichert. Mit **stem**(g(k,:)) und k=1,2,...,5 kann man die Einheitspulsantworten der Teilfilter, die nicht mehr symmetrisch sind, darstellen.

In Abb. 4.27 ist das Simulink-Modell der Dezimierung, die der Struktur aus Abb. 4.26e entspricht, dargestellt. Die Zähler der Übertragungsfunktionen für die Blöcke *Discrete Filter 1, 2 ... 5* werden mit den Zeilen der Matrix g initialisiert. Die Nenner der FIR-Filter sind alle gleich eins. Im oberen Teil des Modells ist die klassische Struktur der Dezimierung nachgebildet, um ihr Ergebnis mit dem Ergebnis der Polyphasenrealisierung zu vergleichen. Nach der Simulation kann man mit dem *Scope*-Block die korrekte Funktionsweise der Dezimierung mit Polyphasenfiltern überprüfen.

Das Modell polydezim_2_.mdl (Abb. 4.28) benutzt am Eingang einen *Buffer*-Block, der dem grau hinterlegten Teil aus Abb. 4.26e entspricht. Für den Parameter *Buffer overlap* des

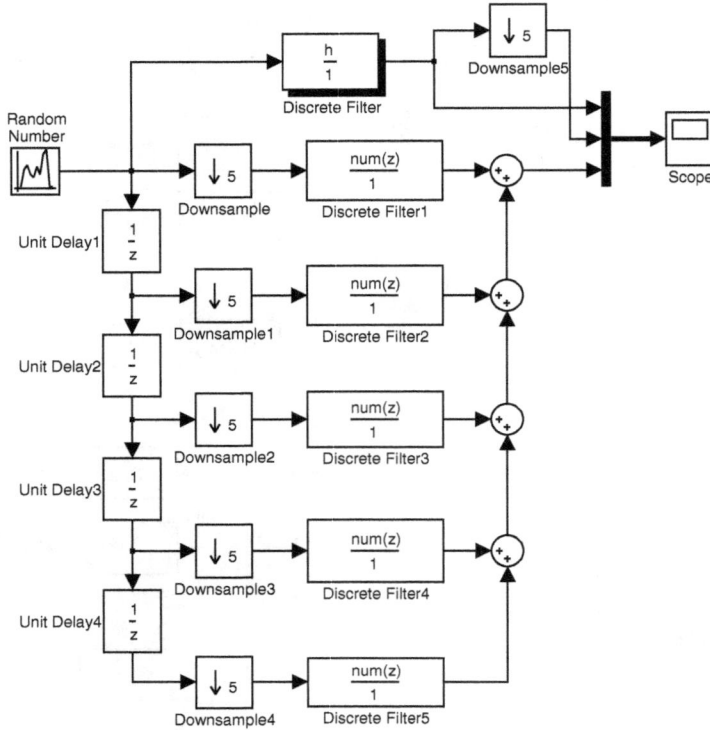

*Abb. 4.27: Simulink-Modell der Dezimierung mit Polyphasenfiltern* (polydezim_1.m, polyde-zim_1_.mdl)

Blocks wird der Wert null gewählt und die *Output buffer size (per channel)* (Puffergröße) wird auf $M$ gesetzt. Da die Reihenfolge der gepufferten Werte nicht der erwarteten Form *Last In First Out* entspricht, wird der Vektor der Größe $M$ mit dem Block *Flip* gedreht. Der *Buffer*-Block liefert die Ausgangsvektoren als *Frames* (siehe Abschnitt 6.3). Man erkennt dies durch die doppelten Verbindungslinien, wenn im Menü des Modell unter *Format-Port/Signal Displays* die Option *Wide nonscalar lines* aktiviert ist. Der *Mux*-Block und die Filter benötigen ihre Eingangsdaten allerdings als einzelne Abtastwerte, so dass mit dem Block *Frame Status Conversion* eine Umwandlung von *Frames* in einzelne Abtastwerte vorgenommen wird.

Im Modell polydezim_3_.mdl wird die Dezimierung mit dem Block *FIR Decimation* aus der *dsplib* realisiert (Abb. 4.29). Im Skript polydezim_4.m ist eine Dezimierung mit Polyphasenfiltern in MATLAB programmiert. Zusätzlich wird hier auch ein Modell (polydezim_4_.mdl) aufgerufen, in dem mit Matrixoperationen die Filterung durchgeführt wird.

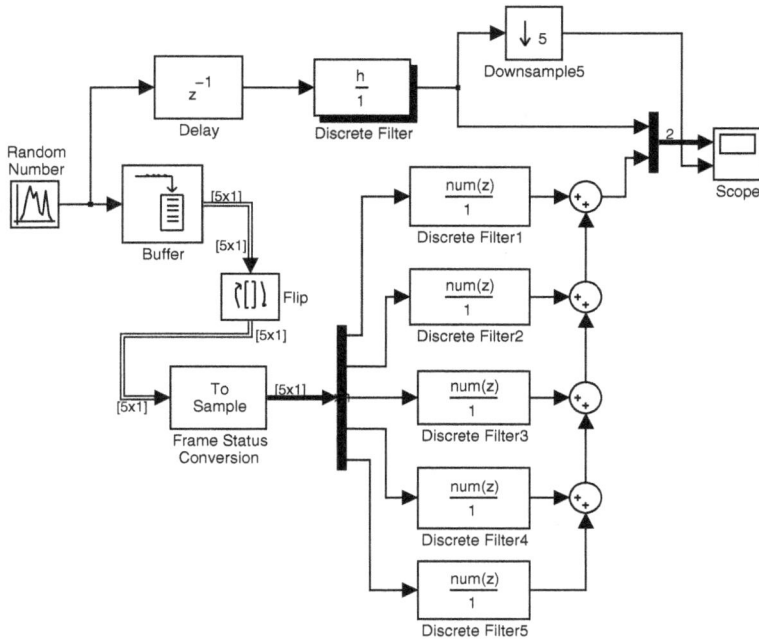

*Abb. 4.28: Simulink-Modell der Dezimierung mit Buffer-Block am Eingang* (polydezim_1.m, polydezim_2_.mdl)

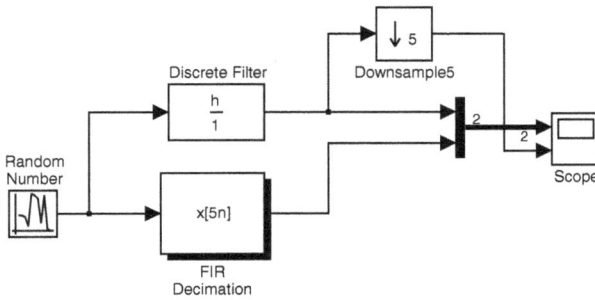

*Abb. 4.29: Simulink-Modell der Dezimierung mit dem Block FIR Decimation, in dem eine Polyphasenstruktur implementiert ist* (polydezim_1.m, polydezim_3_.mdl)

## 4.5.2    Interpolierung mit Polyphasenfiltern

Für die Interpolierung gibt es auch eine Lösung mit Polyphasenfiltern, die in Abb. 4.30 dargestellt ist. Oben (Abb. 4.30a) ist die klassische Lösung der Interpolierung mit Expandieren und Filterung dargestellt. In Abb. 4.30b ist die Interpolierung mit Polyphasenstruktur realisiert. Die Verzögerungen $z^{-1}$ am Eingang können auch hinter die Teilfilter verlegt werden (Abb. 4.30c). Die *Noble Identity* für diesen Fall ist in Abb. 4.30d dargestellt und sie führt schließlich zur Lösung aus Abb. 4.30e. Der grau hinterlegte Teil stellt eine parallel-seriell-Konversion dar.

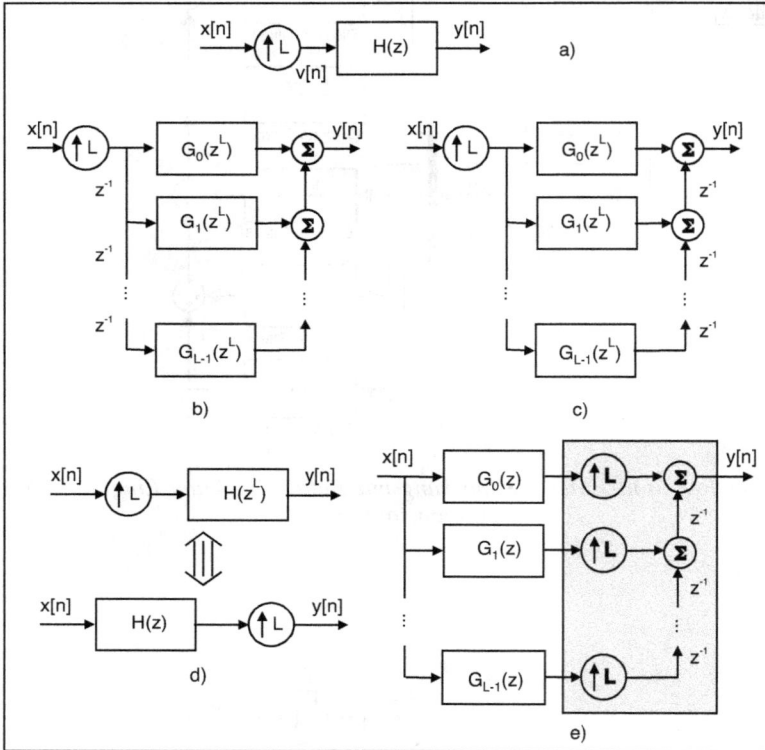

*Abb. 4.30: Strukturen zur Interpolierung mit Polyphasenfiltern*

In Abb. 4.31 ist die direkte Implementierung der Struktur aus Abb. 4.30e in einem Simulink-Modell (`polyinterp_1_.mdl`) für $L = 5$ dargestellt. Im Programm `polyinterp_1.m` wird das normale FIR-Interpolierungsfilter in Polyphasenteilfilter zerlegt. Es wird ähnlich vorgegangen, wie bei der Zerlegung für die Dezimierung. Die Koeffizienten der Teilfilter aus der Matrix g bilden die Zähler der Filter *Discrete Filter 1, Discrete Filter 2, ...* usw. Das MATLAB-Programm `polyinterp_1.m` muss zur Durchführung der Initialisierungen vor dem Start der Simulation ausgeführt werden. Anhand von bandbegrenztem Rauschen kann man die Funktion der Polyphaseninterpolierung untersuchen und sie mit der normalen Interpolierung vergleichen.

Das Modell `polyinterp_2_.mdl` zeigt ebenfalls eine Lösung für die Struktur aus

Abb. 4.30e, wobei der grau hinterlegte Teil durch einen *Unbuffer*-Block simuliert wird. Weil die *Discrete Filter*-Blöcke SIMO[3]-Blöcke sind, kann man dieses Modell stark vereinfachen, wie Abb. 4.32 zeigt. Der *Unbuffer*-Block verlangt *Frame*-Daten am Eingang und deswegen muss die Umwandlung einzelner Abtastwerte in *Frame*-Daten eingefügt werden.

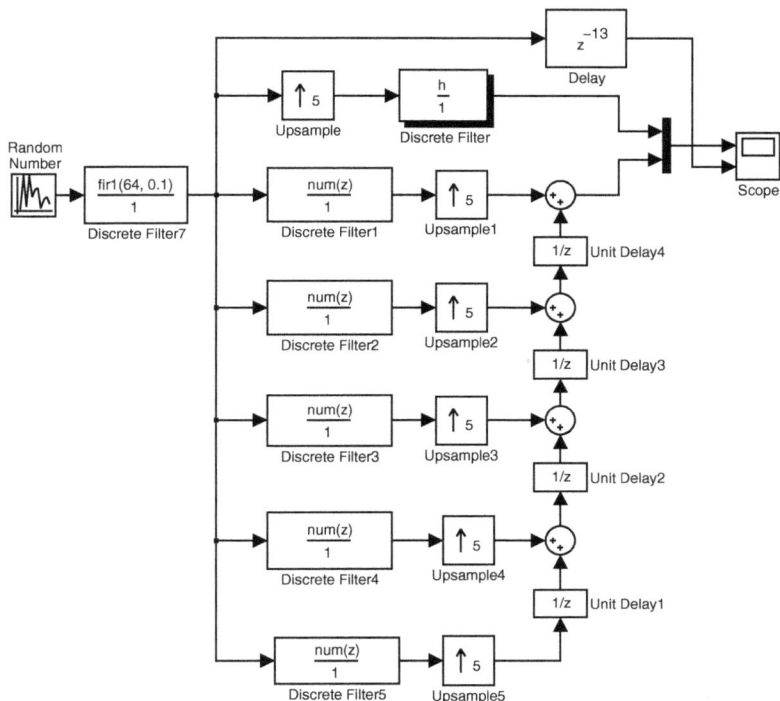

*Abb. 4.31: Modell der Interpolierung mit Polyphasenfiltern* (polyinterp_1.m, polyinterp_1_.mdl)

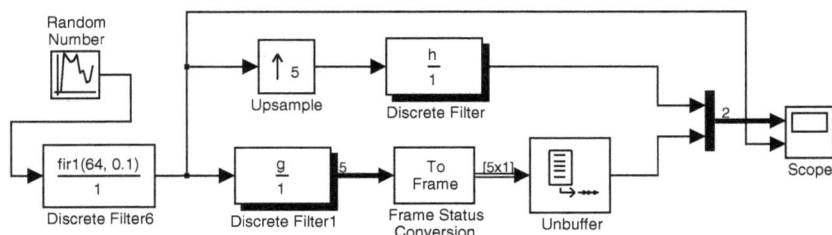

*Abb. 4.32: Modell der Interpolierung mit Polyphasenfiltern und Unbuffer-Block* (polyinterp_1.m, polyinterp_3_.mdl)

Das Programm `polyinterp_3.m` zeigt die Implementierung der Interpolierung in MAT-LAB. Die Zerlegung des FIR-Interpolierungsfilter in Polyphasenfilter entspricht der im Pro-

---

[3] *Single Input Multi Output*

gramm `polyinterp_1.m` verwendeten Zerlegung. Danach wird das bandbegrenzte Eingangssignal erzeugt und notwendige Variablen (`y`, `xi`) werden initialisiert:

```
ns = 1000;                          % Länge Signal
x = randn(1,ns);                    % Bandbegrenztes Eingangs-
x = filter(fir1(64,0.1),1,x);       % signal

n_buffer = ng;              % Frame-Größe (Puffer)
y = zeros(1, ns*L);         % Interpoliertes Signal
xi = y;                     % Mit FIR-Filter interpoliertes Signal
```

*Abb. 4.33: Änderung der Abtastrate mit dem Faktor 8/3* (int_dezim1.mdl)

Die Filterung wird durch die Multiplikation der Matrix `g`, die die Teilfilter als Zeilen enthält, mit dem aktualisierten Eingangsvektor `x_temp` realisiert, dessen Länge gleich der Länge der Teilfilter ist:

```
k = 1;    i = 1;
x_temp = zeros(1,ng);
while k < ns-n_buffer
    x_temp = [x(k), x_temp(1:end-1)];  % Frame Bildung
    y_temp = g*(x_temp)';    % Polyphase-
    y(i:i+L-1) = y_temp';    % Filterung
    i = i + L;               % Index für Ausgang
    k = k + 1;               % Index für neuen Frame
end;
```

Das Ergebnis der Multiplikation (Vektor `y_temp`) enthält die interpolierten Werte für ein Abtastintervall des nicht interpolierten Eingangssignal. Die im Vektor enthaltenen Abtastwerte müssen serialisiert werden, was der *Unbuffer*-Funktion entspricht.

Im Modell `int_dezim1.mdl` (Abb. 4.33) werden schließlich die Dezimierung und Interpolierung mit Polyphasenfiltern kombiniert, um die Abtastfrequenz mit dem Faktor 8/3 zu ändern. Hierbei werden jetzt die Simulink-Blöcke *FIR-Interpolation* und *FIR-Decimation* eingesetzt.

# Experiment 4.3: Dezimierung mit Polyphasenfiltern im Festkomma-Format

Die Blöcke der *DSP System Toolbox* aus der *dsplib* können auch für das Festkomma-Format parametriert werden. Im vorliegenden Experiment wird eine Dezimierung mit dem Block *FIR Decimation* im Festkomma-Format vorgestellt und mit der Dezimierung unter Verwendung eines Filters mit Koeffizienten hoher Genauigkeit (*double*) verglichen.

*Abb. 4.34: Simulink-Modell der Dezimierung* (poly_festk1.mdl)

Abb. 4.34 zeigt das Simulink-Modell `poly_festk1.mdl`, in dem eine Dezimierung mit dem Faktor M = 5 untersucht wird. Als Eingangssignal soll ein Zufallssignal mit einer relativen Bandbreite von $B_n = 1/(7 \times 2f_s)$ dienen. Diese Bandbreite ist kleiner als die gewählte relative Bandbreite des Dezimierungsfilters im Block *FIR-Decimation* von $B_D = 1/(6 \times 2f_s)$. Und die Bandbreite des Dezimierungsfilters ist wiederum geringer als die maximal zulässige Bandbreite von $B_5 = 1/(5 \times 2f_s)$ bei einer Dezimierung um den Faktor 5. Diese konservative Wahl der Bandbreiten wurde getroffen, um den nicht ideal steilen Übergängen zwischen Durchlass- und Sperrbereich der Filter Rechnung zu tragen.

Der Block *FIR Decimation* wurde mit dem Festkomma-Format mit 16 vorzeichenbehafteten Bit und der Dezimalpunktstelle nach dem Vorzeichenbit initialisiert. Somit liegt der Wertebereich für die Filterkoeffizienten zwischen $-1$ und $\cong 1$ (genauer $1 - 2^{-15}$). Das Ausgangssignal des Dezimierers wird so parametriert, dass es im gleichen Format geliefert wird. Mit dem Block *Gain1* mit der Verstärkung $G = 1$ werden die Signale wieder in das Format *double* umgewandelt. Damit kann nun die Differenz zwischen dem mit dem Festkomma-Filter und dem mit einem Filter mit *double*-Koeffizienten dezimierten Signal gebildet werden. Dieser durch

*Abb. 4.35: Signal und dezi-
miertes Signal bzw. Fehler
(poly_festk1.mdl)*

*Abb. 4.36: Spektrum vor und
nach der Dezimierung (po-
ly_festk1.mdl)*

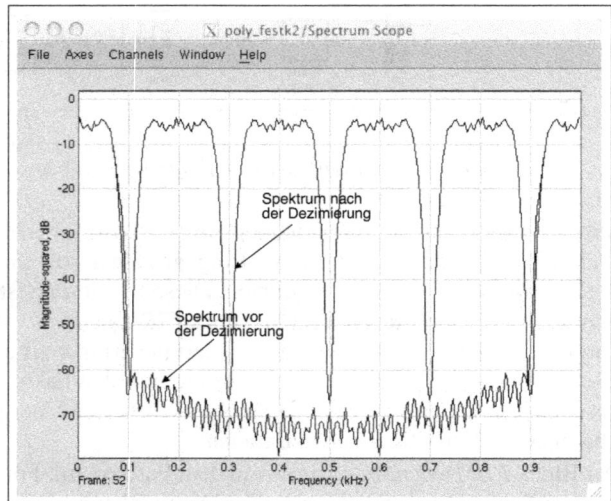

die Koeffizientenquantisierung verursachte momentane Fehler wird im unteren Oszilloskop-
fenster des *Scope*-Blockes angezeigt (Abb. 4.35). Der mittlere quadratische Fehler sowie die
Leistung des dezimierten Signals werden ebenfalls ermittelt und mit dem Block *Display* ange-

zeigt. Daraus kann man den Signal-Rausch-Abstand (*Signal to Noise Ratio* kurz SNR) berechnen und eine äquivalente Anzahl von Bit $n_b$ für die Quantisierung dieser Dezimierung durch $n_b \cong SNR_{dB}/6$ ermitteln.

Weiterhin werden im oberen Teil des Oszilloskopfensters (Abb. 4.35 oben) das dezimierte und das ursprüngliche, nicht dezimierte Signal überlagert dargestellt. Ebenso werden das Spektrum des Signals vor und nach der Dezimierung mit dem Block *Spectrum Scope* zum Vergleich dargestellt (Abb. 4.36). Das dezimierte Signal wurde dazu mit einem *Upsample*-Block auf die Abtastrate des Eingangssignal expandiert und im *Gain2*-Block verstärkt. Selbstverständlich sind dann im Spektrum bei der hohen Abtastfrequenz die periodischen Fortsetzungen des Spektrums des ursprünglichen Signals sichtbar. Der Leser kann die Abtastratenanpassung auch über den (oft fälschlicherweise verwendeten) Block *Zero-Order-Hold* (Halteglied nullter Ordnung) implementieren und dabei die Tiefpasswirkung der Halte-Operation beobachten und bewerten.

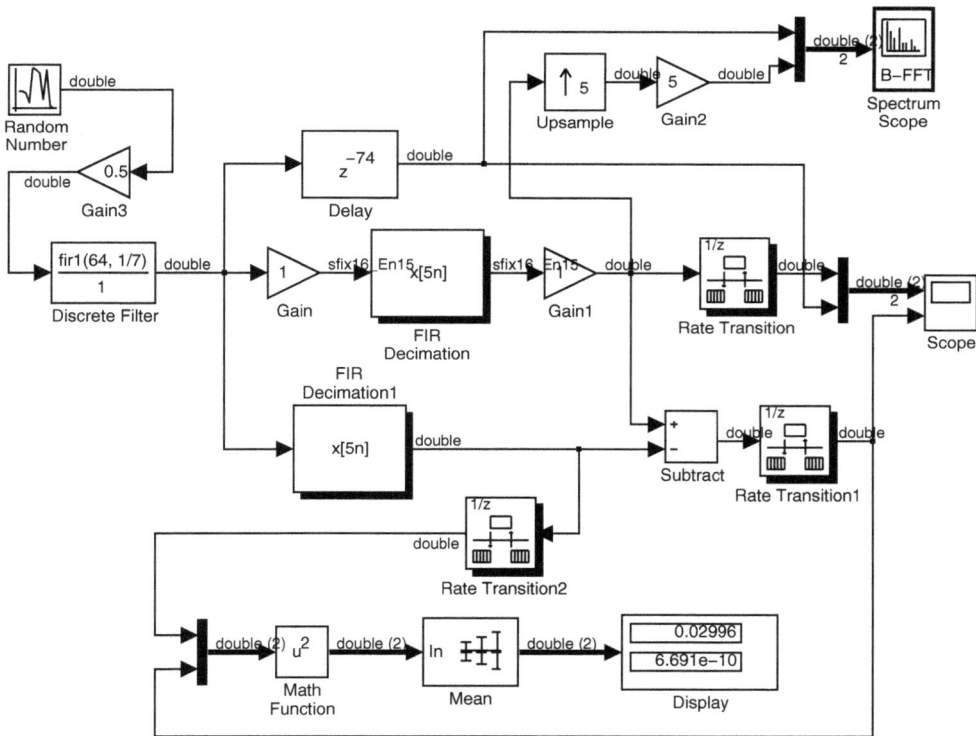

*Abb. 4.37: Simulink-Modell der Dezimierung mit Fixed-step Solver* (poly_festk3.mdl)

Bei der Durchführung der Simulation erscheint im Kommandofenster der Hinweis:

```
Warning: The model 'poly_festk1' does not have continuous
states, hence using the solver 'VariableStepDiscrete' instead
of solver 'ode45'. You can disable this diagnostic by
```

explicitly specifying a discrete solver in the solver
tab of the Configuration Parameters dialog, or
setting 'Automatic solver parameter selection' diagnostic
to 'none' in the Diagnostics tab of the Configuration
Parameters dialog.

Dieser Hinweis besagt, dass Simulink zum Lösen der Differenzialgleichungen ein anderes Verfahren (*VariableStepDiscrete*) ausgewählt hat als das voreingestellte Verfahren (*ode45*), da keine zeitkontinuierlichen Signale simuliert werden sollen. Man kann diesen Hinweis ignorieren. Diesen Hinweis erhält man nicht, wenn man wie im Modell `poly_festk2.mdl` (hier nicht besprochen, aber Teil des Zusatzmaterials, das unter www.oldenbourg-wissenschaftsverlag.de als download abrufbar ist) für die Lösungsverfahren den Typ *Variable-step* und als *Solver: discrete (no continuous states)* einstellt. Alternativ kann man auch, wie im Modell `poly_festk3.mdl` (Abb. 4.37) geschehen, den Typ *Fixed-step* einstellen. Allerdings sind dann *Rate Transition*-Blöcke zur Anpassung der Abtastraten erforderlich und es gilt die Einschränkung, dass die verwendeten Abtastraten in einem ganzzahligen Verhältnis zueinander stehen müssen.

## 4.6  Interpolierung mit der Funktion `interpft`

Es werden die spektralen Eigenschaften einer Zeitsequenz $y[iT_s']$ betrchtet, die durch Expansion mittels Einfügen von Nullen aus einer anderen Zeitsequenz $x[kT_s]$ gewonnen wird. Werden $L - 1$ Nullen zwischen die Abtastwerte von $x[kT_s]$ eingefügt, so gilt $T_s' = T_s/L$ und

$$y[iT_s'] = \begin{cases} x[kT_s] & \text{für} \quad i = kL, \\ 0 & \text{sonst} \end{cases} \tag{4.26}$$

Die DFT der ursprünglichen $x[kT_s]$ Sequenz ist:

$$X_m = \sum_{k=0}^{n-1} x[kT_s]e^{-j2\pi km/N}, \qquad m = 0, 1, 2, \ldots, N-1 \tag{4.27}$$

und die DFT der expandierten Sequenz $y[iT_s']$ ist:

$$Y_m = \sum_{k=0}^{LN-1} y[iT_s']e^{-j2\pi im/(LN)} = \sum_{k=0}^{N-1} x[kT_s]e^{-j2\pi km/N} = X_m \tag{4.28}$$

$$m = 0, 1, 2, \ldots, Ln - 1$$

Das Spektrum $X_m$ der Sequenz $x[kT_s]$ wiederholt sich $L$ mal und bildet das Spektrum der expandierten Sequenz $y[iT_s']$.

Mit einer kurzen Programmsequenz, kann man diese Eigenschaft der Expansion veranschaulichen:

```
L = 5;
x = filter(fir1(64,0.2),1,randn(1,200));  % Bandbegrenzte Sequenz
x = x(101:end);      % ein Ausschnitt
```

```
X = fft(x);    % DFT der Sequenz
%
y = zeros(1, length(x)*L);
y(1:L:end) = x;    % Expandierte Sequenz
Y = fft(y);    % DFT der expandierten Sequenz
%
figure(1);
subplot(221), stem(0:length(x)-1, x);
   title('Sequenz x');    grid;
subplot(223), plot(0:length(X)-1, abs(X));
   title('DFT von x');    grid;
subplot(222), stem(0:length(y)-1, y);
   title('Expandierte Sequenz y');    grid;
subplot(224), plot(0:length(Y)-1, abs(Y));
   title('DFT von y');    grid;
```

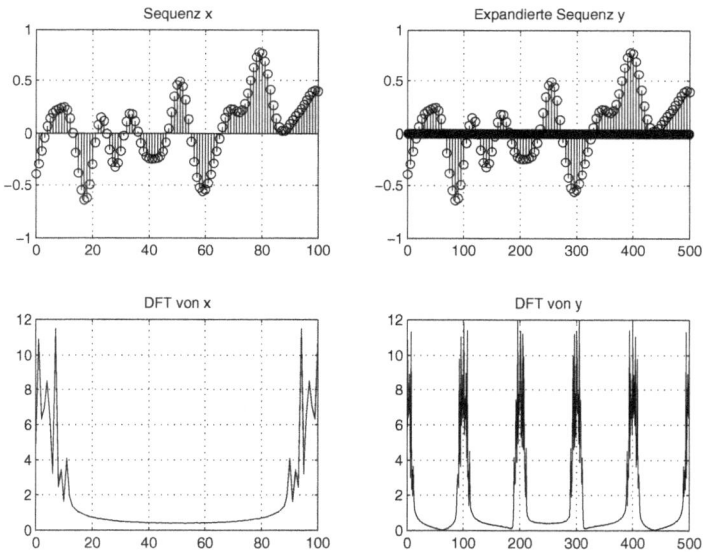

*Abb. 4.38: Sequenzen x und y sowie der Betrag ihrer Spektren*

Abb. 4.38 zeigt oben links die ursprüngliche Zeitsequenz und darunter den Betrag ihrer DFT. Rechts ist die expandierte Sequenz zusammen mit dem Betrag ihrer DFT dargestellt. Man sieht die Wiederholung des Spektrums der ursprünglichen Sequenz. Wenn die inneren $L-1$ Wiederholungen des Spektrums entfernt werden, entspricht die resultierende DFT der DFT einer Sequenz, die durch Abtastung des kontinuierlichen Signals mit der erhöhten Abtastrate $L \cdot f_s$ abgetastet wurde und die $L \cdot N$ Werte enthält. Sie ist gleichzeitig auch die interpolierte zur ursprünglichen Sequenz. Die inneren $L-1$ Wiederholungen des Spektrums werden entfernt, indem in der DFT $Y$ der expandierten Sequenz $y[iT'_s]$ die entsprechenden Werte zu Null gesetzt werden, oder einfacher und aufwandsgünstiger, indem das Spektrum $Y$ aus dem Spektrum $X$

der ursprünglichen Sequenz durch Einfügen von Nullen konstruiert wird:

```
n = length(X);    % n gerade Zahl
Y = [X(1:n/2), zeros(1,L*n-1), X(n/2+1:n)];
```

Die interpolierte Sequenz $y[iT_s']$ erhält man als Realteil der inversen FFT:

```
yi = L*real(ifft(Y));    % Interpolierte Sequenz
```

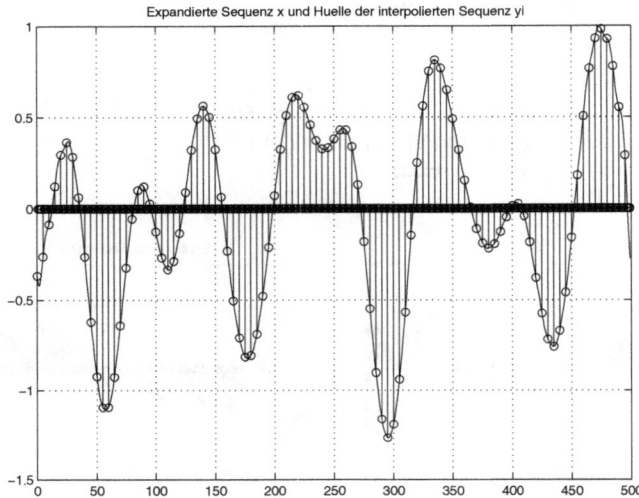

Abb. 4.39: Interpolierung über die FFT (int_fft1.m)

*Abb. 4.40: Die Interpolierung mit Filterung in Frequenzbereich über die FFT*

Die Entfernung der inneren Spektralwiederholungen entspricht einer idealen Filterung im Frequenzbereich (Abb. 4.40).

Im Programm int_fft1.m sind die vorgestellten Programmabschnitte zusammengefasst und es wird auch Abb. 4.39 erzeugt, in der einerseits die expandierte Sequenz und anderseits die Hülle der interpolierten Sequenz dargestellt werden. In dieser Form ist die Güte der Interpolierung besser sichtbar.

Die MATLAB-Funktion **interpfr** verwendet dieses Verfahren zur Interpolierung. Sie hat eine sehr einfache Syntax. Für eine Sequenz x und für den Interpolierungsfaktor L erhält man die interpolierte Sequenz yi mit:

```
yi = interpfr(x,L)    % Interpolierte Sequenz
```

# 4.7    Lagrange-Interpolierung mit der Funktion `intfilt`

Die Lagrange-Interpolierung ist in der Mathematik und in der Technik weit verbreitet [40], [49]. Sie kann auch für die Interpolierung zeitdiskreter Signale über FIR-Filter realisiert werden.

Das Lagrange-Theorem zeigt, dass $n + 1$ unterschiedliche reelle oder komplexe Punkte $x_0, x_1, \ldots, x_n$ mit $n + 1$ reellen oder komplexen Werten $w_0, w_1, \ldots, w_n$ über ein Polynom $p_n(x)$ verbunden werden können, so dass:

$$p_n(x_i) = w_i, \quad i = 0, 1, 2, \ldots, n \tag{4.29}$$

Die Koeffizienten $a_j$ des Polynoms $p_n(x)$ vom Grad $n$ werden mit dem Gleichungssystem

$$a_0 + a_1 x_i + a_2 x_i^2 + \cdots + a_n x_i^n = w_i, \quad i = 0, 1, 2, \ldots, n \tag{4.30}$$

ermittelt.

Eine andere Form des Polynoms ist zur Auswertung besser geeignet. Mit den Lagrange-Polynomen

$$l_k(x) = \frac{(x - x_0)(x - x_1) \ldots (x - x_{k-1})(x - x_{k+1}) \ldots (x - x_n)}{(x_k - x_0)(x_k - x_1) \ldots (x_k - x_{k-1})(x_k - x_{k+1}) \ldots (x_k - x_n)}, \tag{4.31}$$

wobei $k = 0, 1, 2, \ldots, n$, erhält man für das Polynom $p_n(x)$ die Form:

$$p_n(x) = \sum_{k=0}^{n} w_k l_k(x) \tag{4.32}$$

Die Funktionen $l_k(x)$, $k = 0, 1, 2, \ldots, n$ haben die Eigenschaft:

$$l_k(x_j) = \delta_{k,j} = \begin{cases} 0 & \text{wenn } k \neq j \\ 1 & \text{wenn } k = j \end{cases} \tag{4.33}$$

Das bedeutet, dass das interpolierende Polynom $p_n(x)$ für $x = x_k$ den Wert $w_k$ annimmt und somit genau durch die Stützpunkte geht.

Ein Beispiel für eine Implementierung der Lagrange-Interpolation ist auf den Webseiten der Fa. MathWorks gegeben:

```
function pn = polyinterp_2(xk,wk,x)
% POLYINTERP  Polynomial interpolation.
% Use Lagrangian representation.
% xk, wk = Stützpunkte
% x = an diesen Stellen soll interpoliert werden
```

```
n = length(xk);
pn = zeros(size(x));
for k = 1:n
   lk = ones(size(x));
   for j = [1:k-1, k+1:n]              % es fehlt j = k
      lk= (x-xk(j))./(xk(k)-xk(j)).*lk;
   end
   pn = pn + lk*wk(k);
end
```

In der Parameterliste sind xk und wk die Stützpunktvektoren. Das Ergebnis der Interpolation an den Stellen x wird in der Variablen pn geliefert. Mit

```
>> pn = polyinterp1([0, 1, 2, 3],[5, 4, -1, 0.5],0:0.1:3)
>> figure(1);
>> stem([0, 1, 2, 3],[5, 4, -1, 0.5])
>> hold on
>> plot(0:0.1:3, pn)
```

erhält man Abb. 4.41.

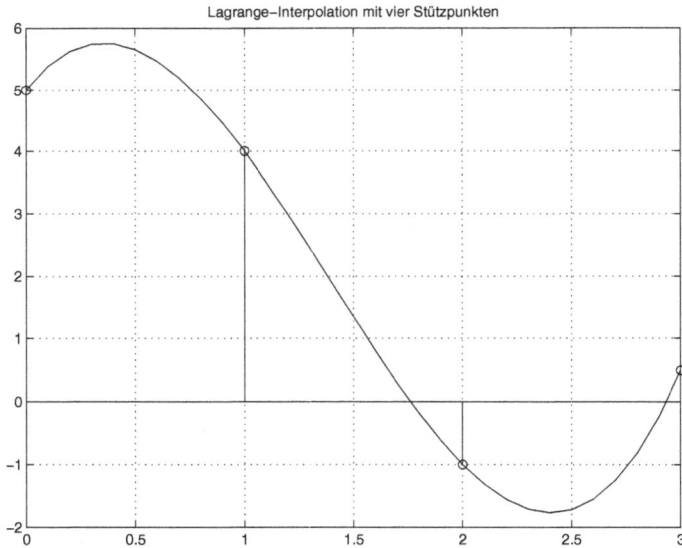

*Abb. 4.41: Beispiel für eine Lagrange-Interpolierung mit vier Stützpunkten*

Für den Fall, dass die Zahlen $w_k$ die Werte einer Funktion $f(x)$ an den Stellen $x_k$ sind ($w_k = f(x_k)$) und die Funktion $f(x)$ ein Polynom vom Grad $n$ ist, erhält man die triviale Beziehung:

$$f(x) = \sum_{k=0}^{n} f(x_k) l_k(x) \tag{4.34}$$

Für die Interpolierung zeitdiskreter Signale um den Faktor $L$ werden die vorhandenen Abtastwerte als Werte $w_k$ eines bandbegrenzten Signals für $x_k = kT_s$ angenommen. Für das Interpolationspolynom muss ein Grad $n$ gewählt werden (oftmals $n = 3$), dann können die Zwischenwerte zu den Zeitpunkten $x_k = \frac{kT_s}{L}$ berechnet werden. Im Falle äquidistanter Zwischenpunkte lässt sich die Interpolierung als eine Filterung mit einem FIR-Filter darstellen [49].

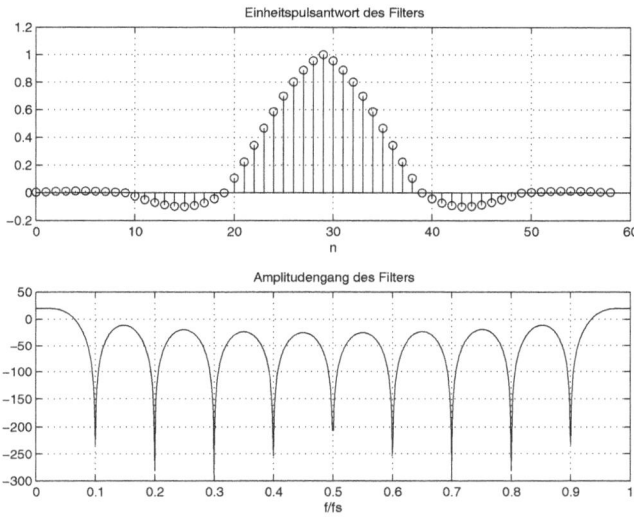

*Abb. 4.42: Einheitspulsantwort und Amplitudengang des Lagrange FIR-Filters (lagrange_int1.m)*

In der *Signal Processing Toolbox* gibt es die Funktion `intfilt`, mit deren Hilfe man FIR-Filter entwickeln kann, die zur Lagrange-Interpolierung führen. Die Syntax ist sehr einfach:

```
b = intfilt(L, N,'Lagrange');
```

Der Parameter L stellt den Interpolierungsfaktor dar und mit N wird die Ordnung der Lagrange-Interpolierung (Grad des Polynoms) gewählt. Für die Interpolierung wird die Eingangssequenz mit L-1 Nullwerten zwischen den ursprünglichen Abtastwerten expandiert und dann mit dem Filter der Einheitspulsantwort b gefiltert. Einer der Parameter L oder N muss eine ungerade Zahl sein, um ein FIR-Filter mit linearer Phase zu erhalten.

Im Programm `lagrange_int1.m` wird als Beispiel eine Interpolierung mit dem Lagrange-Filter gezeigt. Das Filter erhält man mit:

```
L = 10;        N = 5;
b = intfilt(L, N, 'Lagrange'); % Lagrange-FIR-Filter
nb = length(b);
```

In Abb. 4.42 sind die Einheitspulsantwort und der Amplitudengang des Filters dargestellt. Der Amplitudengang ähnelt dem Amplitudengang eines Kammfilter mit $L - 1$ Nullstellen.

Das zu interpolierende, bandbegrenzte Signal x wird durch Filterung einer Zufallssequenz erzeugt:

*Abb. 4.43: Ursprüngliches und interpoliertes Signal für L = 10, N = 5 (*lagrange_int1.m*)*

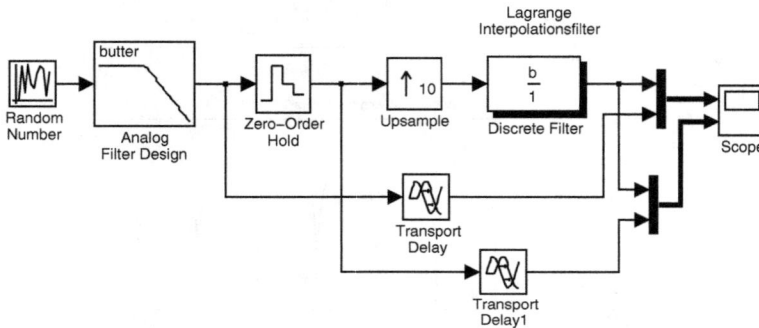

*Abb. 4.44: Modell der Interpolierung mit Lagrange FIR-Filter (*lagrange_int1.m*, lagran-ge_int_1.mdl*)

```
% Bandbegrenzte Sequenz
ns = 100;              randn('state', 12567);
hTP = fir1(40, 0.5);
x = filter(hTP,1,randn(ns, 1)); % Sequenz
nx = length(x);
```

Die Expandierung mit Nullwerten kann mit

```
xr = zeros(nx*L,1);   % Expandierte Sequenz
xr(1:L:end) = x;
```

realisiert werden oder eleganter durch:

```
xr = reshape([x, zeros(length(x), L-1)]', L*length(x), 1);
```

Die Interpolierung erhält man durch Filterung mit dem Lagrange-Filter:

```
y = filter(b,1,xr);                     ny = length(y);
```

Abb. 4.43 zeigt das ursprüngliche und das interpolierte Signal (für $L = 10, N = 5$).

Im Modell lagrange_int_1.mdl (Abb. 4.44) wird das Lagrange-Interpolierungsfilter eingesetzt, um ein auf 200 Hz bandbegrenztes Signal, das mit 1000 Hz abgetastet wurde, zu interpolieren. Das Filter kann auch als Polyphasenfilter implementiert werden, wie im Programm `polylagrange_1.m` und im Modell `polylagrange_1_.mdl` gezeigt. Die Teilfilter des Polyphasefilters sind eigentlich die Funktionen $l_k(x)$.

# 4.8    Entwurf von *Fractional-Delay*-Filter

Mit Hilfe von *Fractional-Delay*-Filter kann man ein Signal um beliebige, auch nicht ganzzahlige Vielfache der Abtastperiode verzögern oder die Abtastfrequenz eines Signals auch mit anderen als rationalen Faktoren ändern. Diese Filter sind auch unter dem Namen *Farrow*-Filter bekannt [45], [53] und ihre Implementierung erfolgt oftmals mittels Polynom-Interpolation, welche, wie gezeigt, die Berechnung von Zwischenwerten an beliebigen Stellen erlaubt. Die Auswertung des Polynoms erfolgt mit dem Horner-Schema [40], welches durch die rekursive Berechnungsvorschrift einen Aufwand erfordert, der nur linear mit dem Grad des Polynoms ansteigt.

Die Wahl des Grades für das Interpolationspolynom ist grundsätzlich frei, wobei in der Praxis meistens nur Polynome ersten oder dritten Grades eingesetzt werden. Selbstverständlich steigt die Interpolationsgüte mit dem Grad des verwendeten Polynoms. Zum leichteren Verständnis der bei der Interpolation auftretenden Filterstrukturen soll zunächst beispielhaft die lineare Interpolation (Polynom ersten Grades) besprochen werden.

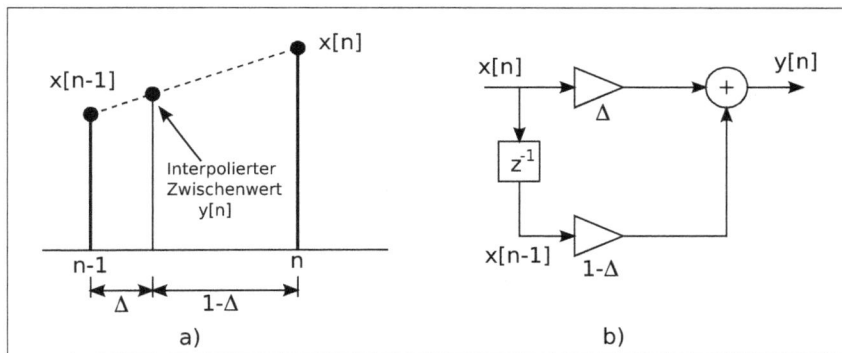

*Abb. 4.45: a) Lineare Interpolation b) Struktur des Interpolationsfilters*

In Abb. 4.45a ist die lineare Interpolation eines Signalabtastwertes dargestellt, welcher sich im zeitlichen Abstand $\Delta T_s$ nach dem Abtastwert $x[(n-1)T_s]$ befindet. Es gilt $\Delta \in [0,1]$. Der Parameter $\Delta$ wird auch als *Voraus-Parameter* oder englisch *advance parameter* bezeichnet. Alternativ kann man die Lage des zu interpolierenden Wertes auch relativ zum nachfolgenden Abtastwert mittels $1-\Delta$ angeben, was als *Verspätungsparameter* oder englisch *delay parameter* bezeichnet wird. Zur Vereinfachung der Gleichungen wird im Folgenden die Abtastperiode normiert angenommen: $T_s = 1$.

Mit dem Strahlensatz kann man den zu interpolierenden Wert $y[n]$[4] aus den benachbarten

---

[4]Die Notation $y[n]$ ist im Gegensatz zu der bei $x[n]$ verwendeten Notation nicht so zu verstehen, dass der Wert $y$ sich an der Zeitposition $nT_s$ befindet, sondern sie soll besagen, dass er sich im Abtastintervall $[(n-1)T_s, nT_s]$ im Abstand $1 - \Delta$ zu $nT_s$ befindet.

Werten $x[n]$ und $x[n-1]$ berechnen und erhält nach einigen Umformungen die Gleichung:

$$y[n] = (1 - \Delta)x[n-1] + \Delta x[n] \tag{4.35}$$

mit der dazugehörigen Filterstruktur aus Abb. 4.45b. Nach Gruppierung der Terme erhält man die Form:

$$y[n] = x[n-1] + \Delta(x[n] - x[n-1]) \tag{4.36}$$

welche zur Filterstruktur aus Abb. 4.46a führt. Der Parameter $\Delta$ kann jetzt als ein zusätzlicher Eingang angesehen werden, mit dessen Hilfe in jeder Abtastperiode die Lage des zu interpolierenden Wertes geändert werden kann.

Ähnlich kann die Differenzengleichung des Filters abhängig von $1-\Delta$ ausgedrückt werden:

$$y[n] = (1 - \Delta)(x[n-1] - x[n]) + x[n] \tag{4.37}$$

Diese ergibt die Struktur aus Abb. 4.46b, wobei jetzt am zusätzlichen Eingang $1 - \Delta$ anliegt.

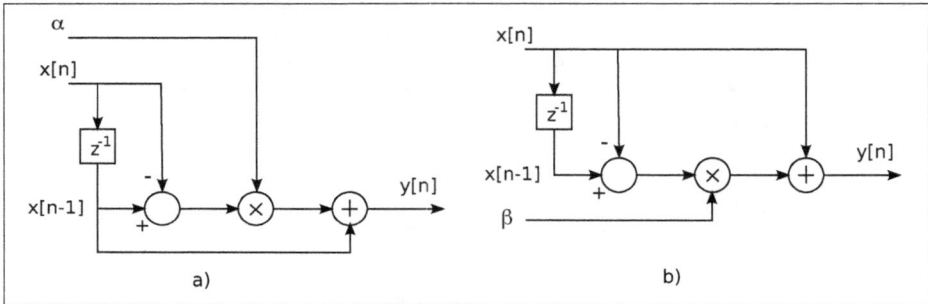

Abb. 4.46: a) Advance-*Interpolation* b) *Verzögerungsinterpolation*

## 4.8.1    Kubische Interpolation

Bessere Ergebnisse erhält man mit einer kubischen Interpolation. Zur Bestimmung der vier Parameter des Polynoms dritten Grades werden vier Abtastwerte benötigt, die wie in Abb. 4.47 ersichtlich, je zwei links und rechts des zu interpolierenden Wertes angeordnet sind. Um eine kausale Implementierung des Filters zu erzielen, befinde sich der zu interpolierende Wert $y[n]$[5] auf dem Zeitpunkt $(n-2) + \Delta$.

Wenn die Lagrange-Interpolation benutzt wird, kann man das Interpolationspolynom gemäß Gl. 4.31 und Gl. 4.32 ermitteln. Statt der Variablen $x_k, x$ sind jetzt die Abtastzeitpunkte $n, n-1, \ldots, n-3$ bzw. $n-2+\Delta$ einzusetzen. Die Abtastwerte $x[n]$, $x[n-1]$, $x[n-2]$, $x[n-3]$ stellen jetzt die Werte $w_k$ aus Gl. 4.32 dar. Dadurch sind die erwähnten Gleichungen für diese Interpolation wie folgt zu schreiben:

$$l_k[t]\big|_{t=n-2+\Delta} = \prod_{\substack{j=0 \\ j \neq k}}^{n} \frac{t - t_j}{t_k - t_j}\bigg|_{t=n-2+\Delta} \quad \text{mit } t_j, t_k = (n-3), (n-2), (n-1), n \tag{4.38}$$

---

[5]Erneut soll aus Gründen der Notationsvereinfachung $n$ nur den Zeitpunkt anzeigen, zu dem die Berechnungen *ausgeführt* werden, nicht jedoch die Lade des interpolierten Wertes.

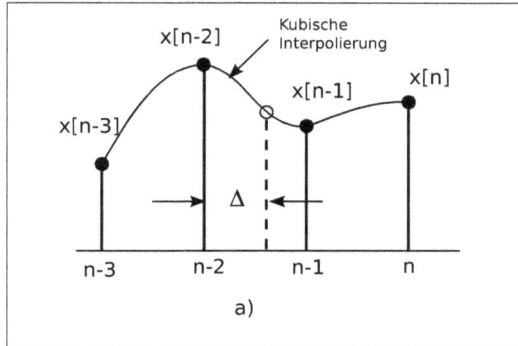

*Abb. 4.47: a) Kubische Interpolation*

Der gesuchte interpolierte Wert $y[n]$ zum Zeitpunkt $n - 2 + \Delta$ wird dann durch

$$y[n] = \sum_{k=n-3}^{n} x[k] l_k[n - 2 + \Delta] = \sum_{k=0}^{3} x[n - k] h_{n-k} \tag{4.39}$$

gegeben. Diese Gleichung stellt eigentlich eine Faltung der Signalabtastwerte $x[k]$ mit der Einheitspulsantwort eines FIR-Filters mit den Koeffizienten $h_k = l_{n-k}[n-2+\Delta]$ für $k = 0, 1, 2, 3$ dar.

Diese Koeffizienten für die kubische Interpolierung können als Funktion von $\Delta$ ermittelt werden. Für $k = n - 3$ erhält man:

$$
\begin{aligned}
l_{(n-3)}&[n - 2 + \Delta] = \\
&\frac{((n - 2 + \Delta) - (n - 2))((n - 2 + \Delta) - (n - 1))((n - 2 + \Delta) - n)}{((n - 3) - (n - 2))((n - 3) - (n - 1))((n - 3) - n)} = \\
&\frac{\Delta(\Delta - 1)(\Delta - 2)}{(-1)(-2)(-3)} = \frac{\Delta^3 - 3\Delta^2 + 2\Delta + 0}{-6} = \\
&-0.1667\Delta^3 + 0.5\Delta^2 - 0.3333\Delta + 0
\end{aligned} \tag{4.40}
$$

Ähnlich ergibt sich für $k = n - 2$:

$$
\begin{aligned}
l_{(n-2)}&[n - 2 + \Delta] = \\
&\frac{((n - 2 + \Delta) - (n - 3))((n - 2 + \Delta) - (n - 1))((n - 2 + \Delta) - n)}{((n - 2) - (n - 3))((n - 2) - (n - 1))((n - 2) - n)} = \\
&\frac{(\Delta + 1)(\Delta - 1)(\Delta - 2)}{(1)(-1)(-2)} = \frac{\Delta^3 - 2\Delta^2 - \Delta + 2}{2} = \\
&0.5\Delta^3 - \Delta^2 - 0.5\Delta + 1
\end{aligned} \tag{4.41}
$$

Für die anderen zwei Koeffizienten seien nur die Endergebnisse angegeben:

$$
\begin{aligned}
l_{(n-1)}[n - 2 + \Delta] &= -0.5\Delta^3 + 0.5\Delta^2 + \Delta + 0 \\
l_{(n)}[n - 2 + \Delta] &= 0.1667\Delta^3 + 0\Delta^2 - 0.1667\Delta + 0
\end{aligned} \tag{4.42}
$$

Die Koeffizienten der vier Polynome dritten Grades $l_k$ für $k = n - 3, n - 2, n - 1, n$ kann man zeilenweise in eine Matrix $\mathbf{C}$ schreiben:

```
-0.1667      0.5000     -0.3333            0
 0.5000     -1.0000     -0.5000       1.0000
-0.5000      0.5000      1.0000            0
 0.1667           0     -0.1667            0
```

Die Auswertung der Polynome $l_k$ an der Stelle $[n - 2 + \Delta]$ für $k = n - 3, n - 2, n - 1, n$ erhält man dann als Multiplikation der Koeffizientenmatrix $\mathbf{C}$ mit dem Spaltenvektor $\boldsymbol{\Delta}$:

$$\mathbf{l} = \mathbf{C}\,\boldsymbol{\Delta} \quad \text{mit} \quad \boldsymbol{\Delta} = [\Delta^3, \Delta^2, \Delta, 1]' \tag{4.43}$$

Die Werte seien in dem Spaltenvektor $\mathbf{l}$ zusammengefasst. Damit erhält man schließlich den zu interpolierenden Wert $y[n]$ mit:

$$y[n] = [x[n-3], x[n-2], x[n-1], x[n]]\,\mathbf{l} = \mathbf{x}\,\mathbf{l} \tag{4.44}$$

Wendet man zur Auswertung der Polynome $l_k$ anstatt der direkten Implementierung der Gl. 4.43 das Horner-Schema an, so erhält man die in Abb. 4.48 dargestellte Filterstruktur, welche nach C.W. Farrow [16] benannt ist. Die Spaltenvektoren $\mathbf{C}_i$, $i = 1, 2, 3, 4$ sind die Spalten der Matrix $\mathbf{C}$ und $\mathbf{x}$ ist ein Zeilenvektor mit den Werten $\mathbf{x} = [x[n-3], x[n-2], x[n-1], x[n]]$. Die Struktur aus Abb. 4.48 hat zwei Eingänge: den laufenden Abtastwert $x[n]$ und den Parameter $\Delta$ der die Stelle des zu interpolierenden Wertes bestimmt. Dieser kann in jedem Schritt einen neuen Wert $0 \leq \Delta \leq 1$ annehmen.

*Abb. 4.48: Struktur der kubischen Interpolation mit einem Farrow-Filter*

Im Skript `farrow_1.m` ist eine solche kubische Interpolation programmiert. Es beginnt mit der Entwicklung des Filter mit Hilfe des `fdesign`-Objektes `fracdelay`:

```
% Skript farrow_1.m
clear;
del = 0.8;      % Verspätung
Hf_cub = fdesign.fracdelay(del,3);    % Kubische Interpolation
Hcub = design(Hf_cub, 'Lagrange');    % Typ Lagrange
```

Wie bereits aus Abschnitt 2.5 bekannt, wird zunächst das `fdesign`-Objekt `Hf_cub` mit Angabe des Interpolationszeitpunktes `del` und der Wahl der kubischen Interpolation (Grad

3) erzeugt. Mit `design` wird schließlich das Filterobjekt `Hcub` entworfen, welches folgende Eigenschaften besitzt:

```
>> get(Hcub)
         PersistentMemory: 0
     NumSamplesProcessed: 0
          FilterStructure: 'Farrow Fractional Delay'
                   States: [3x1 double]
               Arithmetic: 'double'
                FracDelay: 0.8000
             Coefficients: [4x4 double]
```

Mit

```
% ------- Einheitspulsantwort
C = Hcub.Coefficients
lcub = C*[del^3, del^2, del, 1]';    % Parameter lk
hcub = flipud(lcub)';                % Einheitspulsantwort FIR-Filter
figure(1);    clf;
stem(0:length(hcub)-1, hcub);
   title('Einheitspulsantwort des Kubischen-Filters');
   xlabel('Index');    grid on;
```

werden die Koeffizienten der Matrix $\mathbf{C}$ berechnet. Mit Hilfe dieser Matrix werden dann die Werte $l_k[n-2+\Delta]$, $k = n-3, n-2, n-1, n$ (im Skript im Vektor `lcub`) ermittelt. Die Einheitspulsantwort `hcub` des FIR-Interpolationsfilter ist durch diese Werte in gespiegelter Reihenfolge gegeben:

```
hcub =    -0.0480    0.8640    0.2160    -0.0320
```

Im weiteren Verlauf wird der Frequenzgang dieses Filter ermittelt und dargestellt (Abb. 4.49):

```
% ------- Frequenzgang
[Hfcub, w] = freqz(hcub,1);
figure(2);    clf;
subplot(211), plot(w/(2*pi), 20*log10(abs(Hfcub)));
   title('Amplitudengang');
   xlabel('Relative Frequenz');    grid on;
subplot(212), plot(w/(2*pi), angle(Hfcub));
   title('Phasengang');
   xlabel('Relative Frequenz');    grid on;
```

Besondere Beachtung verdient dabei der Phasengang des Interpolationsfilters, welches in Abb. 4.49 unten dargestellt ist. Der Phasengang ist näherungsweise linear, somit verzögert das Filter das Signal um die Gruppenlaufzeit. Die Gruppenlaufzeit ist die Steigung des Phasengangs und ist wegen der hier vorliegenden Linearität überall dieselbe. Der leichten Ablesbarkeit wegen betrachten wir die Phase bei $f/f_s = 0,2$ und ermitteln den Wert $\phi = -1,5$ rad. Daraus kann man die Verzögerung berechnen:

$$\tau_g = -\frac{d\phi(\omega)}{d\omega} \cong \frac{-1.5}{2\pi 0.2 f_s} = 1.1937\, T_s \tag{4.45}$$

*Abb. 4.49: Frequenzgang des Interpolationsfilters (*farrow_1.m*)*

Wie in Abb. 4.47 dargestellt, wurde die Interpolation für den Zeitpunkt berechnet, welcher sich um $\Delta = 0.8$ Abtastperioden nach dem Abtastwert an der Stelle $n-2$ befindet. Die Verzögerung bezogen auf den Berechnungszeitpunkt ist somit:

$$\tau_i = (n - (n - 2 + \Delta))\, T_s = (2 - \Delta)\, T_s = 1,2\, T_s \tag{4.46}$$

und wird durch die Schätzung nach Gl. (4.45) treffend wiedergegeben.

Die kubische Interpolation nach Farrow wir in dem folgenden Skript mit der Interploation nach der Methode von Lagrange verglichen. Letztere ist in der `polyinterp_lagrange_2`-Routine durch direkte Auswertung der Formeln von Lagrange implementiert. Wie in Abb. 4.50 ersichtlich, liefern beide Methoden dasselbe Ergebnis.

```
% ------- Beispiel für eine Interpolierung
tk = [0, 1, 2, 3];          % Stützpunkte tk
xk = [1, 2, 1.6, -0.5];     % Funktonswerte an den Stützpunkten
yint = xk*lcub;             % Interpolierter Wert
% ------- Lagrange-Interpolation mit polyinterp_lagrange_2
dt = 3/30;
t = 0:dt:3;
nt = length(t);
y = polyinterp_lagrange_2([0,1,2,3],[1,2,1.6,-0.5],t);
figure(3);    clf;
stem(tk, xk);              grid on;              hold on;
stem([0,1,1+del,2,3],[0, 0, yint, 0, 0],'*','Linewidth',2);
plot(t, y, 'r');    hold off;
title(['Lagrange Interpolation (Delta = ',num2str(del),' )']);
xlabel('Abtastintervalle');        grid on;
```

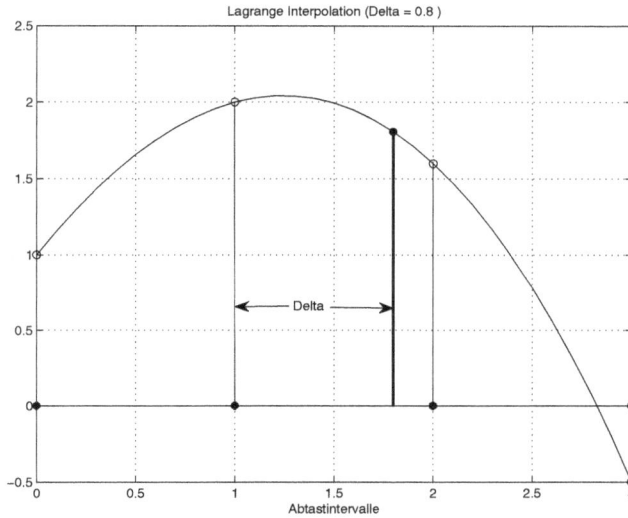

*Abb. 4.50: Interpolierter Wert* (farrow_1.m)

# Experiment 4.4: Verzögerung mittels Farrow-Filter

Wie im vorstehenden Abschnitt gezeigt, können Farrow-Filter zur Verzögerung um nicht ganzzahlige Abtastperioden eingesetzt werden. Das wird im Folgenden mit dem Skript farrow_2.m vorgestellt. Dabei wird auch ein Filter-Block für Simulink mit der Funktion **realizemdl** erzeugt und mit dem Modell farrow2.mdl wird die Filterung durchgeführt.

Am Anfang wird, wie im Skript farrow_1.m, das *Fractional-Delay*-Filter mit einer Verschiebung von $\Delta = 0.5$ bezüglich des um zwei Takte vergangenen Abtastwertes (somit eine Verzögerung $\tau = 1.5T_s$) entwickelt und die Einheitspulsantwort sowie der Frequenzgang dargestellt. Danach wird ein bandbegrenztes Signal erzeugt und seine Filterung mit dem entwickelten Filter durchgeführt:

```
......
% ------- Beispiel für eine Filterung mit Fractional-Delay-Filter
Ts = 2;      Tfinal = 500;
t = 0:Ts:Tfinal-Ts;
nt = length(t);

% ------- Bandbegrenztes Eingangssignal
randn('seed', 9375);
noise = randn(1,nt);
nord = 128;
x = filter(fir1(nord,0.1), 1, noise);   % Eingangssignal
% ------- Fractional-delay Filterung
y = filter(hcub, 1, x);
figure(3);   clf;
```

```
nd = 100:110;
subplot(211), stem(t(nd), x(nd));
   hold on;
   stem(t(nd), y(nd), 'r*');
   title(['Kubische Lagrange Interpolation mit den Werten an den',...
   ' Berechnungsstellen  (Delta = ',num2str(del),' )']);
   xlabel(['Zeit in s (Ts = ',num2str(Ts),' s)']);      grid on;
   hold off
subplot(212), stem(t(nd), x(nd));
   hold on;
   stem(t(nd)-(2*Ts-del*Ts), y(nd), 'r*')
   title(['Kubische Lagrange Interpolation mit den Werten korrekt',...
      ' platziert   (Delta = ',num2str(del),' )']);
   xlabel(['Zeit in s (Ts = ',num2str(Ts),' s)']);      grid on;
   hold off
```

*Abb. 4.51: Verzögerung mit Farrow-Filter* (farrow_2.m, farrow2.mdl)

Dazu wird die Einheitspulsantwort des Filters (hcub) mit der Filterfunktion **filter** eingesetzt. In Abb. 4.51 sind die Abtastwerte des ursprünglichen Signals mit Kreisen und die interpolierten Werte mit Sternchen dargestellt. Im oberen Bild sind die interpolierten Werte zu den Zeitpunkten dargestellt, zu denen sie berechnet wurden - und somit wurde eine Verzögerung des Signals realisiert. Um die Richtigkeit der Berechnungen überprüfen zu können, sind im unteren Bild die interpolierten Abtastwerte an ihrem ursprünglichen Zeitpunkt dargestellt.

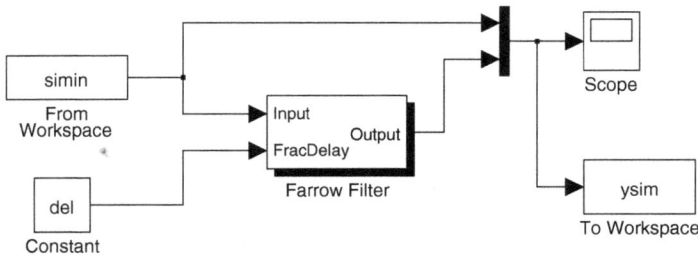

*Abb. 4.52: Simulink-Modell mit automatisch erzeugtem Filter-Block (*farrow_2.m, farrow2.mdl*)*

Am Ende des Skripts wird ein Simulink-Block für das Filter mit dem Befehl **realizemdl** automatisch erzeugt und die Filterung wird mit dem Simulink-Modell farrow2.mdl durchgeführt (Abb. 4.52). Als Anregung wird dasselbe Signal wie im MATLAB-Skript auch über den Block *From Workspace* zugeführt. Die Signale werden mit der Senke *To Workspace* als Struktur mit Zeit gespeichert, so dass diese zur Darstellung im Skript verwendet werden kann.

```
% -------- Erzeugung eines Modells
realizemdl(Hcub, 'Destination', 'current', 'OverwriteBlock', 'on',...
    'Blockname','Farrow Filter');
% -------- Aufruf der Simulation
simin = [t', x'];        % Anregung im Simulink-Modell farrow2.mdl
sim('farrow2', [0, Tfinal]);
ts = ysim.time;
xs = ysim.signals.values(:,1);
ys = ysim.signals.values(:,2);
figure(4);      clf;
subplot(211), stairs(ts, xs);
hold on;        stairs(ts,  ys, 'r');
title(['Kubische Lagrange-Interpolation mit den Werten an den ',...
    ' Berechnungsstellen   (Delta = ',num2str(del),' )']);
xlabel(['Zeit in s (Ts = ',num2str(Ts),' s)']);      grid on;
hold off
subplot(212), stairs(ts, xs);
hold on;        stairs(ts -(2*Ts-del*Ts),  ys, 'r');
axis tight;
title(['Kubische Lagrange-Interpolation mit den Werten korrekt',...
    ' platziert   (Delta = ',num2str(del),' )']);
xlabel(['Zeit in s (Ts = ',num2str(Ts),' s)']);      grid on;
hold off
```

In Abb. 4.53 sind jeweils das Originalsignal und das interpolierte Signal dargestellt. In der oberen Abbildung ist das interpolierte Signal mit den Abtastwerten zum Berechnungszeitpunkt, also verzögert um $\tau = (2 - \Delta)T_s$ dargestellt, während unten zwecks besserem Vergleich das interpolierte Signal zu seinen ursprünglichen Zeitpunkten, also zeitrichtig zum Originalsignal dargestellt ist.

*Abb. 4.53: a) Verzögerung des Signals b) Interpoliertes Signal zu seinem ursprünglichen Zeit-punkt* (farrow_2.m, farrow2.mdl)

# Experiment 4.5: Abtastfrequenzänderung mit dem Farrow-Filter

Als eine weitere Anwendung der Farrow-Filter soll die Abtastfrequenzänderung mit ei-nem (hier) rationalen, aber prinzipiell beliebigen Faktor untersucht werden. In diesem Beispiel wählen wir eine Dezimierung der Abtastfrequenz mit dem Faktor $\frac{3}{5}$, welche dazu führt, dass anders als beim vorherigen Experiment die Abstände $\Delta$ der zu interpolierenden Werte zu den bekannten Abtastwerten in jeder Abtastperiode unterschiedlich sind – und in manchen Abtast-intervallen gar keine Werte zu interpolieren sind. Im Skript farrow_3.m wird dazu das Ob-jekt **fdesign.polysrc** verwendet. Dieses erzeugt ein *Fractional-Delay*-Filter mit Farrow-Struktur, speziell für eine Abtastfrequenzänderung mit dem Faktor $\frac{L}{M}$. Als Argumente werden der Interpolierungsfaktor $L$ und der Dezimierungsfaktor $M$ übergeben. In diesem Experiment ist zunächst $L = 3$ und $M = 5$.

Die Abstände der zu interpolierenden Werte zu den Abtastwerten des Ursprungssignals werden mit:

$$\Delta_m = \left( \frac{m f_s}{f_s'} \bmod 1 \right) \qquad \text{mit} \qquad m = 0, 1, 2, 3, \dots \qquad (4.47)$$

berechnet [45]. Dabei ist $f_s$ die ursprüngliche und $f_s'$ ist die neue Abtastfrequenz. Es ergeben

sich somit die Abstände $\Delta_1 = 0$, $\Delta_2 = \frac{2}{3}$, dann folgt eine Abtastperiode ohne zu interpolierenden Wert und schließlich $\Delta_3 = \frac{1}{3}$. In Abb. 4.54 sind die zu interpolierenden Zwischenwerte
(gekennzeichnet mit einem Kreuz) im Raster der ursprünglichen Abtastwerte dargestellt.

*Abb. 4.54: Lage der interpolierten Zwischenwerte für $f'_s = 3f_s/5$*

```
% Skript farrow_3.m in dem ein Farrow-Filter
% zur Interpolation mit rationalem Faktor untersucht wird
clear;
% ------- Entwicklung des Filters
L = 3;      M = 5;                  % Faktoren zur Abtastratenaenderung
f = fdesign.polysrc(L,M);           % Filterobjekt
f.PolynomialOrder = 3;              % kubische Interpolation
H = design(f, 'lagrange');          % Filterentwurf

% ------- Beispiel für eine Filterung
Ts = 2;         Tfinal = 500;
t = 0:Ts:Tfinal-Ts;
nt = length(t);
% ------- Bandbegrenztes Eingangssignal
randn('seed', 9375);
noise = randn(1,nt);
nord = 128;
x = filter(fir1(nord,0.1), 1, noise);   % Eingangssignal
% ------- Fractional-delay Filterung
y = filter(H, x);               % Filterung
ny = length(y);
figure(1);   clf;
stem(t, x);            hold on;
plot(t, x);
stem((0:ny-1)*5*Ts/3-2*Ts, y,'r*');
   hold off;
   title('Signal und interpoliertes Signal mit fs'' = 3fs/5');
   xlabel('Zeit in s');      grid on;
```

Signal und interpoliertes Signal mit Ts' = 5Ts/3

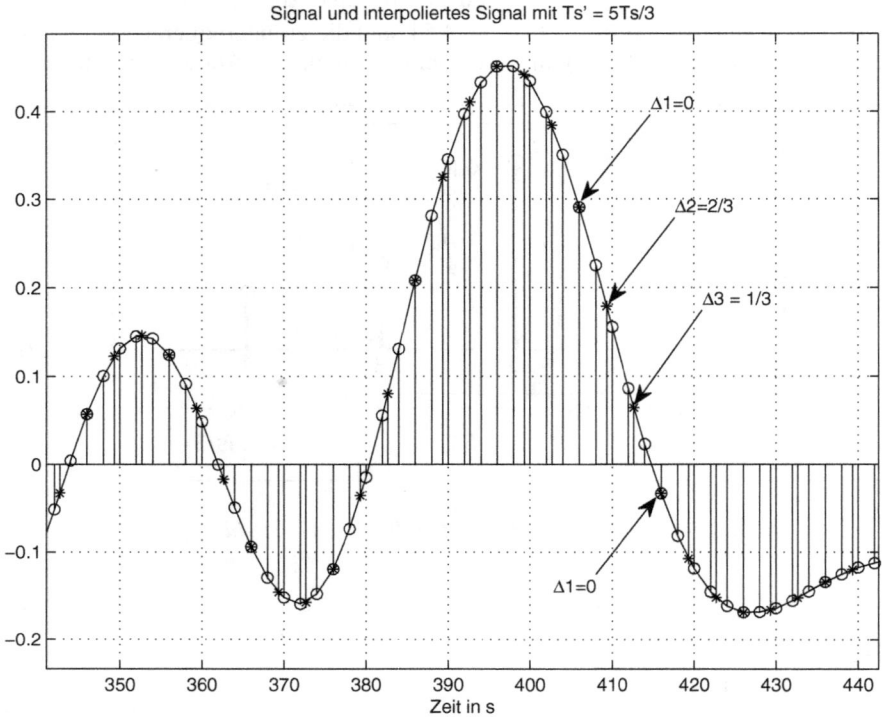

*Abb. 4.55: Ursprüngliche Abtastwerte 'o' und interpolierte Abtastwerte '\*' mit $f_s' = 3f_s/5$*
*(farrow_3.m)*

In Abb. 4.55 sind die mit Kreisen gekennzeichneten Abtastwerte des Eingangssignals und die mit Kreuzen gekennzeichneten interpolierten Werte dargestellt. Wegen der Dezimierung mit dem Faktor $\frac{3}{5}$ entsprechen fünf Perioden des ursprünglichen Signals drei Perioden des interpolierten Signals.

Im Skript `farrow_4.m` wird eine Abtastfrequenzänderung von $f_s = 44,1$ kHz auf $f_s' = 48$ kHz durchgeführt. Die dazu erforderlichen Faktoren sind $L = 480$ und Faktor $M = 441$. Die Abstände der zu interpolierenden Werten zu den ursprünglichen Abtastwerten werden mit Gl. (4.47) berechnet und es ist nicht sofort ersichtlich, wann sie sich zu wiederholen beginnen. Die Berechnung der Abstände in MATLAB ergibt:

```
m = 0:1000;
del =  mod(m*L/M, 1);     % Verspätungen
k = find(del == 0)
k = 1   148   295   442   589   736   883
```

und man sieht, dass der Abstand Null zu einem Abtastwert nach 148, 295 usw. Abtastintervallen auftaucht, die Periode der Abstände in diesem Fall also 147 ist.

Wie in Abschnitt 4.8.1 dargestellt, ist die Matrix **C** einzig und allein durch den Grad (hier drei) des Lagrange-Polynoms bestimmt und nicht von den Werten $\Delta$ abhängig. Das für diese

Abtastfrequenzänderung entwickelte `fdesign`-Objekt erhält man mit:

```
>> get(H)
       PersistentMemory: 0
    NumSamplesProcessed: 220
        FilterStructure: 'Farrow Sample-Rate Converter'
                 States: [3x1 double]
              Arithmetic: 'double'
           Coefficients: [4x4 double]
      InterpolationFactor: 480
         DecimationFactor: 441
```

und die Koeffizienten der Matrix $\mathbf{C}$ sind in `>>H.Coefficients` gespeichert.

Gegenüber der klassischen Lösung der Abtastfrequenzänderung über eine Interpolierung mit $L = 480$ gefolgt von einer Dezimierung mit $M = 441$ ist der Aufwand bei Verwendung eines Farrow-Filters gemäß Abb. 4.48 deutlich geringer. Für letzteres beötigt man für jeden Abtastwert 4x4 Multiplikationen und 4x4 Additionen zur Berechnung der Skalprodukte zwischen den Spaltenvektoren der Matrix $\mathbf{C}$ und dem Zeilenvektor des Eingangssignals sowie weitere drei Multiplikationen und drei Additionen für die Durchführung des Horner-Schemas zur Berücksichtigung von $\Delta$. Das sind insgesamt 19 Multiplikationen und 19 Additionen – ein Wert der selbst beim Einsatz von Polyphasenfilter in der klassischen Abfolge von Interpolierung und Dezimierung nicht erreichbar ist. Es darf allerdings nicht verschwiegen werden, dass die kubische Interpolation auf einer Annäherung der idealen Interpolationsfunktion $\frac{sin(x)}{x}$ mit einem Polynom dritten Grades beruht und von Fall zu Fall zu bewerten ist, ob die erzielte Interpolationsgüte ausreichend ist.

# 4.9    Multiratenfilterbänke

Die Signalverarbeitung mit Filterbänken wird in vielen Bereichen eingesetzt: Kompression von Audiosignalen (z.B. im MPEG-Verfahren), Entstörung verrauschter Signale, Analyse von mechanischen Schwingungen, Biosignalanalyse in der Medizintechnik, Mehrträgermodulationsverfahren in der Kommunikationstechnik, Bildverarbeitung und andere.

Abb. 4.56 zeigt das Blockschaltbild eines $N$-Kanal-Multiratenfilterbanksystems, das in vielen der gezeigten Anwendungen als grundlegendes System dient. Auf der Analyseseite wird das Eingangssignal $x[kT_s]$ mit Hilfe der Filterbank $H_i(z), i = 0, 1, 2, ..., N - 1$ in $N$ Subbänder zerlegt. Wenn die Teilfilter $H_i(z)$ bestimmte Bedingungen erfüllen, können die Subbandsignale mit dem Faktor $M$ dezimiert werden, ohne das Verluste bei der Rekonstruktion auftreten. Bei $M = N$ spricht man von kritisch abgetasteten Filterbänken.

Nach geeigneter Verarbeitung der Subbandsignale erfolgt die Rekonstruktion auf der Syntheseseite durch Expandierung mit dem Faktor $M$ und Filterung über die Teilfilter $G_i(z), i = 0, 1, 2, ..., N - 1$, was einer Interpolierung entspricht. Die Subbandverarbeitung zwischen der Analyse- und Syntheseseite wird z.B. benutzt, um nicht signifikante Frequenzanteile des Eingangssignals für die Rekonstruktion zu entfernen und so eine Kompression der Eingangsdaten zu erzwingen. Ähnlich können Rauschanteile des Eingangssignals mit der Subbandverarbeitung unterdrückt werden.

Beim Entwerfen der Filter $H_i(z)$ und $G_i(z), i = 0, 1, 2, ..., N - 1$ muss die Bedingung erfüllt sein, dass ohne Subbandverarbeitung (Analyse- und Syntheseseite durchgeschaltet) eine

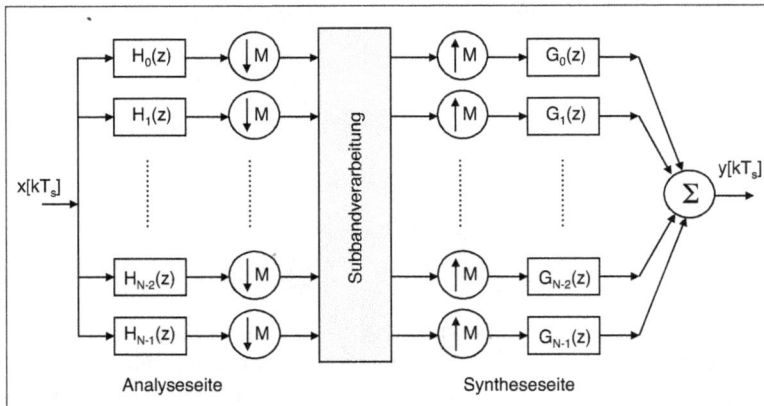

*Abb. 4.56: Blockschaltbild eines N-Kanal-Multiratenfilterbanksystems*

perfekte oder fast perfekte Rekonstruktion des Eingangssignals (abgesehen von der Verzögerung durch die Filter) gewährleistet ist.

## 4.9.1    Die DFT als Bank von Bandpassfiltern

Es wird angenommen, dass das erste Filter $H_0(z)$ der Analysefilterbank aus Abb. 4.57 ein FIR-Filter mit der Einheitspulsantwort

$$h_0(k) = \begin{cases} 1/N & \text{für } 0 \leq k \leq (N-1) \\ 0 & \text{sonst} \end{cases} \tag{4.48}$$

ist. Die Einheitspulsantwort hat also die Form eines rechteckigen Zeitfensters mit Werten gleich $1/N$, wobei $N$ die Länge des Filters ist.

Der Ausgang $y_0(kT_s)$ ist durch die Faltung

$$y_0[kT_s] = \sum_{n=0}^{N-1} x[(k-n)T_s]h_0(n) = \frac{1}{N} \sum_{n=0}^{N-1} x[(k-n)T_s] \tag{4.49}$$

gegeben. Er stellt einen gleitenden Mittelwert über $N$ Abtastwerte der Eingangssequenz $x[kT_s]$ dar. Der Frequenzgang dieses Filters ist in Abb. 4.57 rechts dargestellt. Er wurde mit dem Programm dft_bank1.m ermittelt. Man erkennt, dass das Filter ein Tiefpassfilter ist, zugegeben nicht sehr gut und weit entfernt von dem mit gestrichelter Linie eingezeichneten Frequenzgang eines idealen Tiefpassfilters mit der relativen Bandbreite $f_p/f_s = 1/(2N)$.

Die anderen Filter mit den Frequenzgängen $H_i(f), i = 1, 2, ..., N-1$ werden aus dem Frequenzgang $H_0(f)$ des Tiefpassprototyps durch Verschiebung im Frequenzbereich erhalten [65]:

$$H_i(f) = H_0(f - f_i) \qquad \text{mit} \qquad f_i = i\frac{f_s}{N}$$
$$i = 1, 2, 3, ..., N-1 \tag{4.50}$$

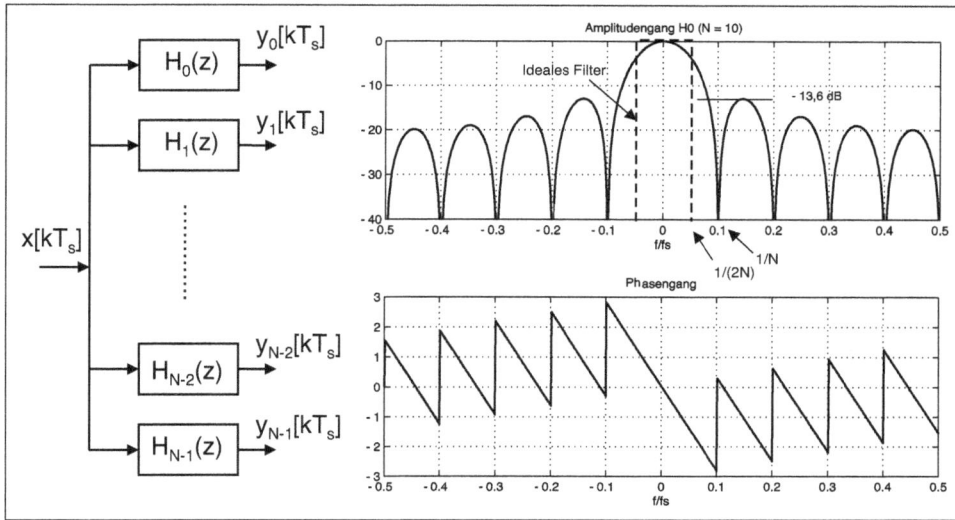

*Abb. 4.57: Multibandpassfilterung und Frequenzgang des Filters $H_0(z)$* (dft_bank1.m)

Die Verschiebung im Frequenzbereich bedeutet eine Multiplikation im Zeitbereich mit $e^{j2\pi f_i k}$ und somit sind die Einheitspulsantworten dieser Filter durch

$$h_i(k) = h_0(k)e^{j2\pi f_i k} = h_0(k)e^{j2\pi ik/N} \tag{4.51}$$

gegeben. Mit $i = 1, 2, ..., N-1$ wird das jeweilige Filter gewählt und $k = 0, 1, 2, ..., N-1$ stellt den Index der Werte der Einheitspulsantworten dieser Filter dar.

Abb. 4.58 zeigt oben die Belegung des Frequenzbereichs von $f = 0$ bis $f_s$ mit den Frequenzgängen von $N$ idealen Filtern. Darunter sind die realen Frequenzgänge für den Fall $N = 10$ gezeigt. Die Frequenzgänge aus Abb. 4.58 wurden mit dem Programm `dft_bank1.m` ermittelt und dargestellt. Das Tiefpassprototypfilter und dessen Frequenzgang wird durch

```
N = 10;
h0 = ones(1,N)/N;     % Fenster oder gleitender Mittelwert-Filter
nfft = 1024;
H0 = fftshift(fft(h0, nfft));   % Frequenzgang von h0
```

berechnet. Die weiteren Bandpässe der Filterbank werden mit folgender Sequenz nach Gl. (4.51) entwickelt und in der Matrix `hi` zeilenweise gespeichert:

```
hi = zeros(N,N);
for i = 1:N
    hi(i,:) = h0.*exp(j*2*pi*(0:N-1)*i/N);
end;
Hi = fft(hi,nfft);   % Frequenzgänge von hi
```

Die Bandpässe der Filterbank (mit Ausnahme von $H_0(z)$) haben jetzt komplexe Koeffizi-

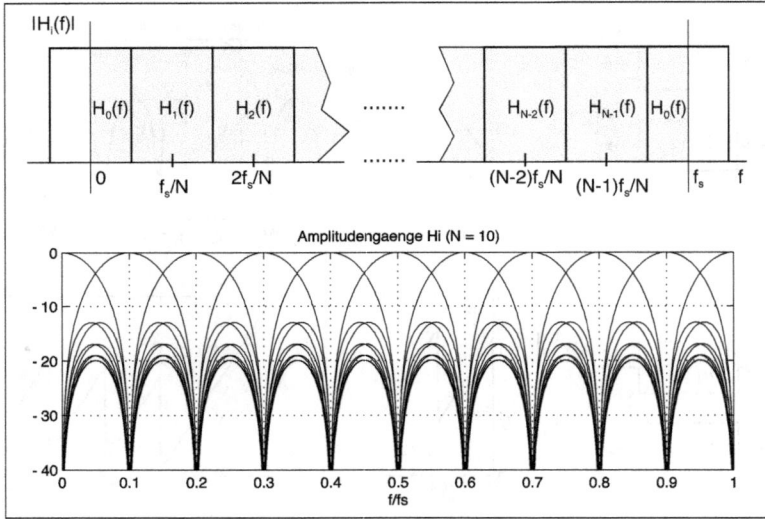

*Abb. 4.58: Ideale und reale Belegung des Frequenzbereichs von 0 bis $f_s$ (dft_bank1.m)*

enten und der Ausgang des Filters $i$ wird:

$$y_i[kT_s] = \frac{1}{N}\sum_{n=0}^{N-1} x[(k-n)T_s]h_i(n) = \frac{1}{N}\sum_{n=0}^{N-1} x[(k-n)T_s]e^{j2\pi nk/N} \tag{4.52}$$

Diese Faltung kann auch als Matrixoperation geschrieben werden. Dafür werden die Ausgänge der Filterbank zum Zeitpunkt $kT_s$ im Vektor **y** und die Sequenz der Eingänge

$$x[kT_s], x[(k-1)T_s], ..., x[(k-N+1)T_s]$$

im Vektor **x** zusammengefasst. Daraus folgt

$$\mathbf{y} = W_N\mathbf{x}, \tag{4.53}$$

wobei $W_N$ die Matrix der inversen DFT ist, die folgende Elemente

$$W_{ik} = \frac{1}{N}e^{j2\pi ik/N}$$

besitzt.

Abb. 4.59 zeigt zwei Blockschaltbilder für die zwei möglichen Vorgehensweisen. Das erste entspricht einer Filterbank, bei der der Eingangsvektor mit je einem Abtastintervall gleitet. Das Ausgangssignal besitzt die gleiche Abtastfrequenz wie das Eingangssignal. Die zweite Möglichkeit stellt die Analyseseite eines Filterbanksystems dar, bei dem zusätzlich eine Dezimierung mit dem Faktor $N$ stattfindet. Das Ausgangssignal, als Vektor der Länge $N$ über die Filter aufgefasst, stellt die (inverse) Fourier-Transformierte des Eingangssignals (Eingangsvektor über die Filter) dar. Die Vektoren gleiten mit $N$ Abtastintervallen, das Ausgangssignal eines

Filters besitzt also eine um den Faktor $N$ kleinere Abtastfrequenz als das Eingangssignal. Es ist zu beachten, dass die Filter der Filterbank komplexe Koeffizienten besitzen und somit sind die Ausgänge der Struktur aus Abb. 4.59a und b komplex.

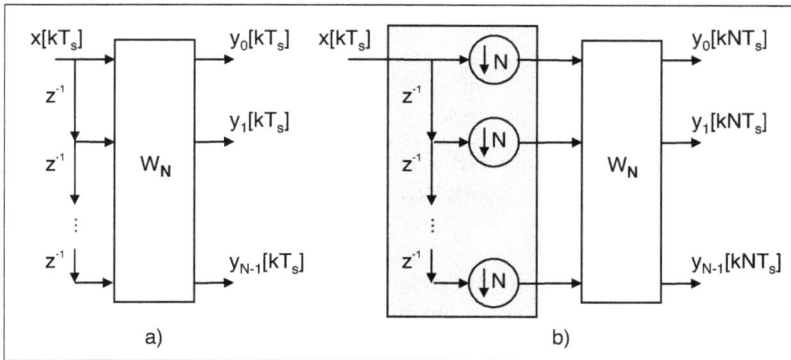

Abb. 4.59: a) DFT-Filterbank; b) DFT-Analyseseite für ein Multiratenfilterbanksystem

## DFT–Filterbänke

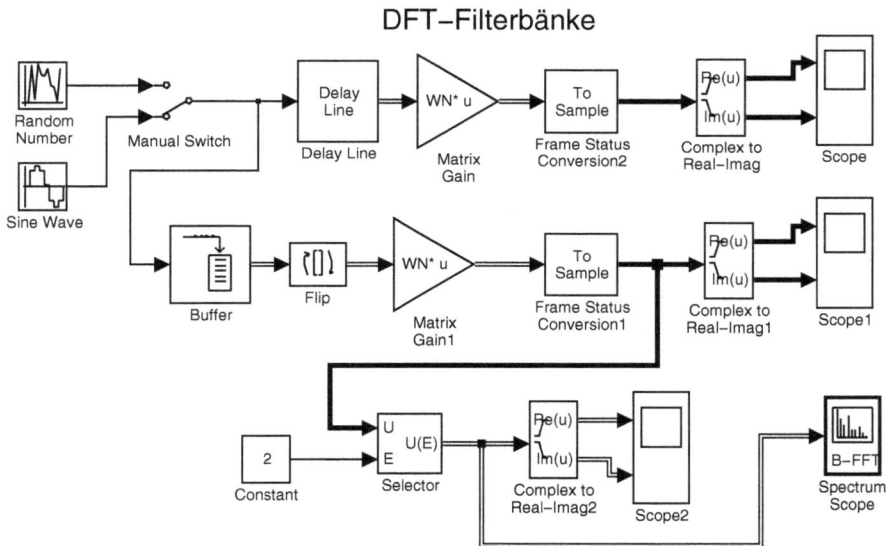

Abb. 4.60: DFT-Filterbänke realisiert mit Delay-Line- und Buffer-Block (dft_bank2.m, dft_bank_2.mdl)

Beide Strukturen können leicht in Simulink nachgebildet werden. Die Vektoren der Struktur a) werden mit Hilfe einer Verzögerungsleitung gebildet. Dafür kann man den Block *Delay Line* mit einer Verzögerung gleich $N$ oder den Block *Buffer*, bei dem der *overlap* Parameter auf $N - 1$ gesetzt wird, verwenden.

Abb. 4.60 zeigt beide Möglichkeiten im Modell `dft_bank_2.mdl`, das mit dem Programm `dft_bank2.m` initialisiert wird. Die Matrix $W_N$, (im Programm die Variable `WN`), wird wie folgt berechnet:

```
WN = zeros(N,N);
for p = 1:N
    WN(p,:) = exp(j*2*pi*(p-1)*(0:N-1)/N)/N;
end;
% WN = dftmtx(N)/N;    % Eine andere Möglichkeit
```

Der Vektor am Ausgang des *Buffer*-Blocks muss noch von rechts nach links gespiegelt werden, bevor er mit der Matrix `WN` multipliziert wird. Die Blöcke *Scope* und *Scope1* zeigen gleichzeitig die Real- bzw. Imaginärteile am Ausgang aller Filter und man kann feststellen, dass beide Blöcke gleiche Signale ergeben.

Mit dem *Selector*-Block kann jeder der 10 komplexen Ausgänge (für N = 10) der Filterbank selektiert und als Real- bzw. Imaginärteil am Block *Scope2* angezeigt werden. Das Spektrum des komplexwertigen Signals am Ausgang des so gewählten Bandpassfilters kann mit dem Block *Spectrum Scope* dargestellt werden.

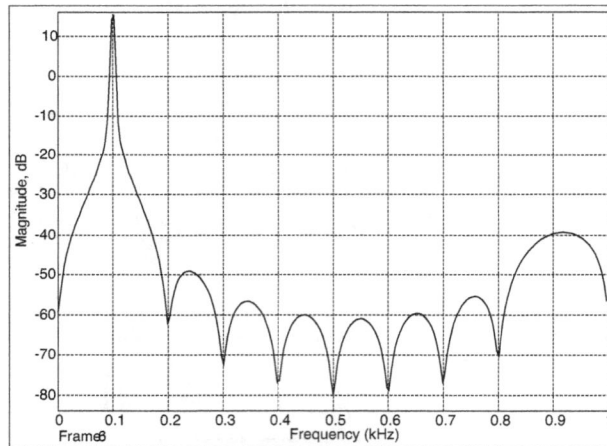

*Abb. 4.61: Spektrum des komplexen Signals* (dft_bank2.m, dft_bank_2.mdl)

Speist man das Modell z.B. mit einem Signal der Frequenz 100 Hz (bei $f_s = 1000$ Hz ist die relative Frequenz $f/f_s = 0.1$) so reagiert nur das zweite Filter der Filterbank, wie aus Abb. 4.58 unten zu entnehmen ist, da alle anderen Filter im Amplitudengang bei dieser Frequenz eine Nullstelle besitzen. Am Block *Scope2* sieht man in der Darstellung für Real- und Imaginärteil jeweils eine harmonische Schwingung der Frequenz 100 Hz, die gegeneinander um $\pi/2$ phasenverschoben sind und deren Amplituden jeweils den Wert 0.5 haben, genau so, wie das aus der DFT eines sinusförmigen Signals zu erwarten ist. Am *Spectrum Scope* wird das Spektrum des komplexwertigen Signals dargestellt (Abb. 4.61). Man bemerkt das Signal bei der Frequenz $f = 100$ Hz und die fehlende Symmetrie des Spektrums.

Wählt man für dasselbe Eingangssignal Filter 10 aus, so erhält man die gleiche harmonische Schwingung mit $f = 100$ Hz im Realteil und im Imaginärteil, wobei Letzterer dem Ersteren um $\pi/2$ voreilt. Das Spektrum des komplexwertigen Signals ist ebenfalls einseitig, allerdings nun bei $f = 900$ Hz (oder $f = -100$ Hz). Betrachtet man hingegen nur das Spektrum des Real- oder des Imaginärteils, so sieht man ein Spektrum mit der bekannten Symmetrie für reelle Signale.

Für die Lösung aus Abb. 4.59b kann der grau hinterlegte Teil am Eingang mit Hilfe des *Buffer*-Blocks, wobei der Parameter *overlap* auf null gesetzt wird, nachgebildet werden.

Die Syntheseseite des DFT-Multiratenfilterbanksystems enthält eine Multiplikation mit der Transjugierten (transponierte und konjugiert komplexe Matrix) der Matrix $W_N$ (die direkte DFT), gefolgt von einer Serialisierung des Ergebnisvektors (Abb. 4.62). In Simulink wird die Serialisierung mit Hilfe eines *Unbuffer*-Blocks realisiert.

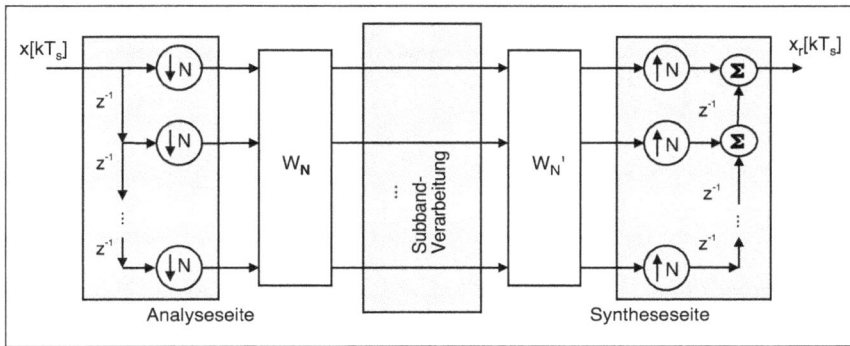

*Abb. 4.62: DFT-Multiraten Filterbanksystem*

Abb. 4.63 zeigt das Modell eines DFT-Multiratenfilterbanksystems mit $N = 10$. Im *Buffer*-Block wird der Parameter *overlap* auf null gesetzt, so dass der linke grau hinterlegte Ausschnitt der Analyseseite nachgebildet wird. Nach der Multiplikation mit der Matrix WN erhält man die inverse DFT des jeweiligen Eingangsvektors, der $N = 10$ Elemente besitzt. Auf dem Block *Scope2* werden der Betrag (*Magnitude*) und der Winkel (*Angle*) der inversen DFT dargestellt. Wenn das Eingangssignal sinusförmig ist, z.B. mit $f = 100$ Hz und der Amplitude $A = 1$, und man mit einer Abtastfrequenz $f_s = 1000$ Hz arbeitet, dann enthalten die Eingangsvektoren in ihren 10 Abtastwerten genau eine Periode des Signals und nur zwei Werte des Vektors der inversen DFT sind verschieden von null und gleich 0.5. Es sind dies die Ausgänge des zweiten und zehnten Filters, wenn die Filter der Filterbank von 1 bis 10 nummeriert werden.

Mit Hilfe der Amplitudengänge der Filter, die in Abb. 4.58 dargestellt sind, sieht man, dass das Signal der relativen Frequenz $f/f_s = 100/1000 = 0.1$ (und Spiegelfrequenz $1 - 0.1 = 0.9$) nur das zweite und zehnte Filter anregt, weil alle anderen Filter bei diesen Frequenzen Nullstellen besitzen.

Bei Signalen mit anderen Frequenzen, wie z.B. $f = 150$ Hz, werden mehrere Filter aus dem Bereich $0 \leq f/f_s \leq 0.5$ angeregt. Wegen der Eigenschaft der DFT und ihrer Inversen, dass für reellwertige Signale $X_i = X_{N-i}^*$ gilt, werden auch die Filter aus dem Bereich $0.5 \leq f/f_s \leq 1$ eine Antwort liefern.

Die Subbandverarbeitung im Modell (Abb. 4.63) ist einfach gestaltet und auf eine Multiplikation mit einer Matrix (Ksub) reduziert. Wenn diese Matrix die Einheitsmatrix ist, werden die Subbandsignale der Analyseseite zur Syntheseseite weitergeleitet. Subbandsignale können von

*Abb. 4.63: Modell des DFT-Multiratenfilterbanksystems* (dft_bank3.m, dft_bank_3.mdl)

der Rekonstruktion ausgeschlossen werden, wenn an den entsprechenden Stellen der Matrix die Werte auf null gesetzt werden.

Die Syntheseseite stellt eine Interpolierung dar, die der Struktur aus Abb. 4.30c entspricht, und die wie in Abb. 4.62 realisiert wurde. Die Matrix $W'_N$ ist die Transjugierte der inversen DFT-Matrix $W_N$ und somit die Matrix der direkten DFT.

Wegen numerischen Fehlern ist der Imaginärteil der Vektoren nach der Multiplikation mit der Matrix $W'_N$ nicht null. Deshalb wird der Realteil mit dem Block *Complex to Real-Imag3* abgetrennt. Der grau hinterlegte Teil der Syntheseseite aus Abb. 4.62 wird im Modell mit dem Block *Unbuffer* implementiert. Ohne Manipulation der Subbandsignale mit der Matrix Ksub sind das Eingangssignal und das rekonstruierte Signal gleich.

Im Modell dft_bank_4.mdl, das mit dem Programm dft_bank4.m initialisiert wird, wird breitbandiges Rauschen im Eingangssignal unterdrückt. Es wird eine Filterbank mit $N = 30$ und $f_s = 1000$ Hz angenommen. Eine harmonische Schwingung mit $f = 100$ Hz fällt in den Bereich des vierten Filters und entsprechend symmetrisch in den Bereich des Filters mit dem Index 28 (wenn die Nummerierung der Filter mit eins beginnt). Die Matrix Ksub wird mit jeweils einer Eins auf der Hauptdiagonale in den Zeilen vier und 28 initialisiert, die anderen Werte werden zu null gesetzt. Damit wird die harmonische Schwingung durchgelassen, während das Rauschen in den Frequenzbereichen außerhalb dieser beiden Filter unterdrückt wird.

# Experiment 4.6: Cosinusmodulierte Filterbänke

Cosinusmodulierte Filterbänke [14], [72] erhält man ausgehend von einem Tiefpassprototypfilter, dessen Frequenzgang durch Verschiebung zu Bandpässen führt, die den Bereich $0 \leq f/f_s \leq 1$ symmetrisch belegen (Abb. 4.64c). Diese Symmetrie führt zu reellen Filtern.

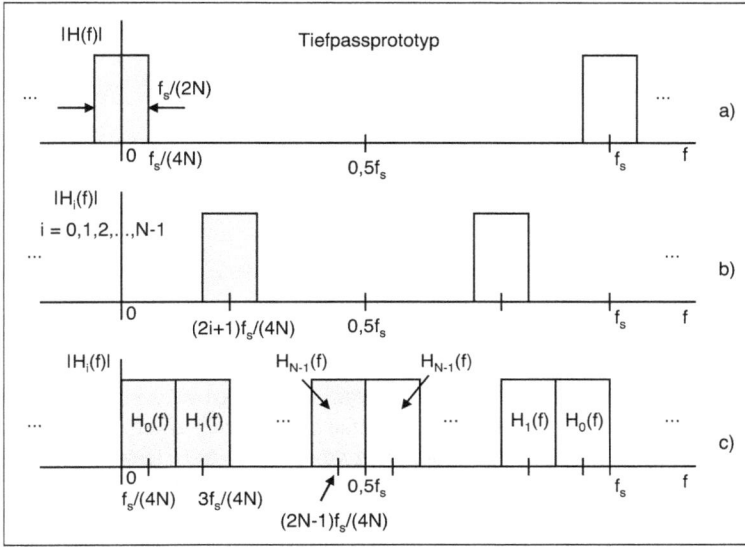

*Abb. 4.64: Cosinusmodulierte Filterbank*

Das Prototyptiefpassfilter $H(z)$ muss eine Bandbreite $B = f_s/(4N)$ haben, um $N$ Bandpässe im Bereich $0 \leq f/f_s \leq 0.5$ zu erhalten. Die Mittenfrequenzen dieser Bandpässe sind dann:

$$f_i = (2i + 1)f_s/(4N) \qquad i = 0, 1, 2, ..., N - 1 \tag{4.54}$$

Für das Bandpassfilter $H_i(f)$ wird der Frequenzgang des Prototypfilters $H(f)$ sowohl nach links als auch nach rechts um $f_i$ verschoben (Abb. 4.64b), so dass:

$$H_i(f) = H(f - f_i) + H(f + f_i) \qquad i = 0, 1, 2, ..., N - 1 \tag{4.55}$$

Im Zeitbereich erhält man dadurch für die Einheitspulsantwort $h_i[k]$ des Bandpasses $i$ die Form:

$$h_i[k] = h[k][e^{j2\pi f_i T_s k} + e^{-j2\pi f_i T_s k}] = 2h[k]cos[\pi(2i + 1)k/(2N)]$$
$$i = 0, 1, 2, ..., N - 1; \qquad k = 0, 1, 2, ..., L - 1 \tag{4.56}$$

Hier ist $h[k]$ die Einheitspulsantwort der Länge $L$ des FIR-Tiefpassprototyp-Filters.

In einem Filterbanksystem mit Analyse- und Syntheseseite folgt nach der Filterung mit diesen Bandpassfiltern die Dezimierung mit dem Faktor $N$, die zu Überfaltungen und Amplituden- bzw. Phasenverzerrungen wegen der nichtidealen Frequenzgänge der Filter führen kann.

Als Synthesefilter werden die gespiegelten Analysefilter benutzt [72]:

$$h_{ir}[k] = h_i[L - k] \tag{4.57}$$

Auch wenn die Analysefilter nicht symmetrisch sind und somit keine lineare Phase besitzen, ergibt diese Wahl bei der Faltung des jeweiligen Analyse- und Synthesefilters

$$t_i[k] = h_i[k] * h_{ir}[k] = \sum_{n=0}^{k} h_i[n]h_{ir}[k - n]$$

ein Filter mit linearer Phase. Es wurde angenommen, dass die Filter kausal mit $k = 0, 1, ...,$ $L - 1$ sind. Die Spiegelung nach Gl. (4.57) wird in MATLAB mit der Funktion **fliplr** und die Faltung zweier Vektoren wird mit der Funktion **conv** realisiert.

Das Filter $T(z)$ definiert durch

$$T(z) = \frac{1}{N} \sum_{i=0}^{N-1} H_i(z)H_{ir}(z) \tag{4.58}$$

stellt die so genannte *Distortion Function* dar und kann als Gesamtübertragungsfunktion des Filtersystems angesehen werden. Idealerweise müsste sie einer Verzögerung $T(z) = z^{-(L-1)}/N$ entsprechen und der Amplitudengang von $NT(z)$ müsste somit konstant 1 sein.

Um Überfaltungen zu kompensieren, wird für die Bandpassfilter eine Korrektur der Impulsantwort mit Hilfe einer zusätzlichen Phasenverschiebung vorgenommen. Nach [14] wird diese Korrektur durch

$$h_i(k) = 2h(k)cos[\pi(2i + 1)(k - \frac{L - 1 + N}{2})/(2N)]$$
$$i = 0, 1, 2, ..., N - 1; \qquad k = 0, 1, 2, ..., L - 1 \tag{4.59}$$

realisiert oder alternativ, nach [72], durch:

$$h_i(k) = 2h(k)cos[\pi(2i + 1)(k - N/2)/(2N) + (-1)^i\pi/4]$$
$$i = 0, 1, 2, ..., N - 1; \qquad k = 0, 1, 2, ..., L - 1 \tag{4.60}$$

Die Synthesefilter werden weiterhin durch Spiegelung gemäß Gl. (4.57) ermittelt.

Zusätzlich kann die Einheitspulsantwort des Tiefpassprototypfilters, als Vektor **h** zusammengefasst, so optimiert werden, dass die Bedingung

$$T_t(\mathbf{h}, f/f_s) = \left[H(\mathbf{h}, f/f_s) + H(\mathbf{h}, f/f_s - 1/(2N))\right]^2 = 1 \tag{4.61}$$

erfüllt ist. Diese Bedingung sichert eine nahezu perfekte Rekonstruktion durch das Filterbanksystem. In [14] wurde eine MATLAB-Funktion unicombf entwickelt, mit der diese Optimierung iterativ durchgeführt werden kann. Wie die Simulation zeigen wird, ist diese Optimierung sehr gut und die Fehler bei der Synthese sind entsprechend klein.

Im Programm cos_bank1.m wird ein Filterbanksystem für $N = 32$ berechnet sowie auch einige der Parameter für das Modell cos_bank_1.mdl initialisiert. Es beginnt mit dem Entwurf des Tiefpassprototypfilters:

```
L = 512;      % Anzahl Koeffizienten des Filters
h = fir1(L-1, 1/(2*N), kaiser(L, 6));     % Einheitspulsantwort
```

Danach werden die Bandpassfilter für die Analyse- und Syntheseseite ermittelt:

```
hi = zeros(N,L);   % Initialisierung
hir = hi;
for i = 0:N-1
    %hi(i+1,:) =2*h.*cos(pi*(2*i+1)*((0:nf-1)-(L-1)/2)/(2*N));
        % Einfache Modulation
    %hi(i+1,:) =2*h.*cos(pi*(2*i+1)*((0:L-1)-(L-1+N)/2)/(2*N));
        % Doblinger Cosine-Modulationsfilter
    hi(i+1,:) =2*h.*cos(pi*(2*i+1)*((0:L-1)-(L-1)/2)/...
                (2*N)+((-1)^i)*pi/4);
        % Vaidyanathan Cosine-Modulationsfilter
end;
hir=fliplr(hi);           % Synthese Filter
hit = hir';               % Für das Simulink-Modell
```

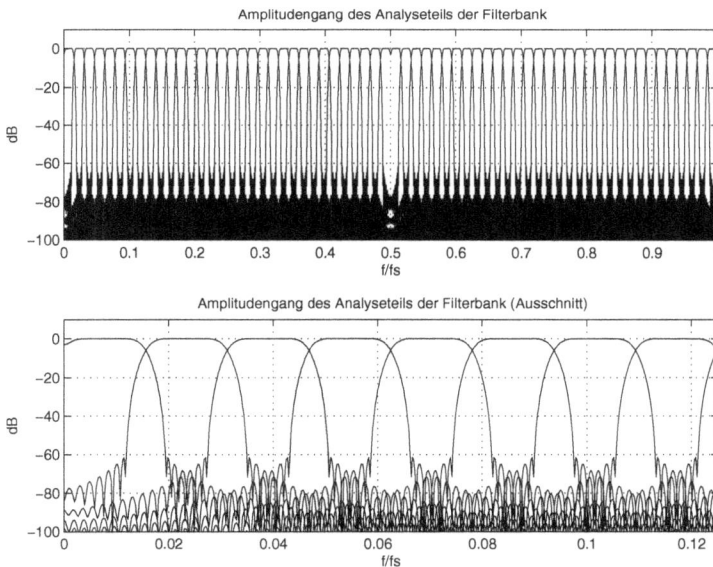

*Abb. 4.65: Amplitudengänge der Bandpassfilter und Ausschnitt daraus*
(cos_bank1.m, cos_bank_1.mdl)

Die Einheitspulsantworten $h_i[k]$ der Bandpassfilter können mit einem der in der **for**-Schleife angegebenen Befehle berechnet werden. Die erste Möglichkeit entspricht der einfachen Form aus Gl. (4.56) und die beiden anderen Formen enthalten die Korrektur nach Gl. (4.59) oder Gl. (4.60).

Abb. 4.65 zeigt oben die Amplitudengänge der 32 Bandpassfilter und darunter in einem Ausschnitt die ersten 8 Amplitudengänge vergrößert. Durch die Überfaltungen der Amplitudengänge entstehen, wenn keine Optimierung eingesetzt wird, Fehler bei der Rekonstruktion, wie die Simulation mit dem Modell `cos_bank1_1.mdl` zeigt. In diesem, hier nicht abgebildeten Modell, werden die Bandpässe der Analyseseite mit dem SIMO[6]-Block *Discrete Filter* realisiert. Die Syntheseseite muss jedoch aus Einzelblöcken zusammengesetzt werden, da kein MIMO[7]-Filterblock verfügbar ist. In zwei *Display*-Blöcken werden die Leistung des Signals und die des Fehlers angezeigt und man stellt fest, dass der Signalrauschabstand bei lediglich 16 dB liegt, was in der Regel nicht toleriert werden kann.

Abb. 4.66: *Amplitudengang der Distortion Function und Einheitspulsantwort des Filterbanksystems* (cos_bank1.m, cos_bank_1.mdl)

Mit der Programmsequenz:

```
figure(3);    clf;
nfft = 4096;
subplot(211),plot((0:nfft-1)/nfft,...
        20*log10(sum(abs(Hi.*Hir),2)));
.....
t = zeros(N, 2*L-1);
for p = 1:N
    t(p,:) = conv(hi(p,:), hir(p,:));
end;
tt = sum(t);
subplot(212), stem(0:length(tt)-1, tt);
....
```

---

[6] *Single-Input-Multiple-Output*
[7] *Multi-Input-Multiple-Output*

wurden der Amplitudengang und die Einheitspulsantwort des Filterbanksystems gemäß Gl. (4.58) in Abb. 4.66 dargestellt. Man bemerkt die Abweichungen von dem idealen Wert 0 dB im Amplitudengang, bzw. von dem Einheitspuls in der Einheitspulsantwort, die für die Rekonstruktionsfehler verantwortlich sind.

Das Modell cos_bank_12.mdl, das aus dem Modell cos_bank_1.mdl durch Ersetzen der Signalquelle mit einer Quelle vom Typ *From Workspace* hervorgeht, wird zur Messung des Amplitudengangs und der Einheitspulsantwort des gesamten Filterbanksystems eingesetzt.

Mit dem Programm cos_bank_transfer1.m wird als Eingangssignal für dieses Modell ein Gemisch von sinusförmigen Signalen der Amplitude eins und zufälligen, gleichmäßig verteilten Nullphasen erzeugt [50]:

```
nN = 2000;         phi = rand(1,nN/2-1)*2*pi;
phi = [0, phi, 0, -phi(nN/2-1:-1:1)];   % Symmetrie für
X = exp(j*phi);         % reelles Signal
x = real(ifft(X));         % Sinusförmige Signale
xt = [x,x];
% ------- Eingangssequenz für das Modell
simin = [((0:length(xt)-1)*Ts)',xt'];
```

Abb. 4.67: *Amplitudengang und Einheitspulsantwort des Filterbanksystems, das mit dem Verfahren aus [14] entwickelt wird* (cos_bank2.m, cos_bank_2.mdl)

Das Eingangssignal xt besteht aus zwei gleichlangen Sequenzen x, so dass man vom Ausgangssignal y des Modells als Antwort auf xt die erste Hälfte mit dem Einschwingvorgang entfernen kann und nur die zweite Hälfte benutzt:

```
% ------- Aufruf der Simulation
sim('cos_bank_12',[((0:length(xt)-1)*Ts)']);
```

```
y = squeeze(simout)';      % Entfernen der Singleton-Dimensionen
% ------- Ermittlung der Übertragungsfunktion
y = y(nN+1:1:2*nN);        % Ausgang ohne Einschwingsteil
Y = fft(y);                % FFT des Ausgangs (zweiter Teil)
Ht = Y./X;                 % Gesamte Übertrgaungsfunktion
```

Die Einheitspulsantwort des gesamten Filterbanksystems wird einfach durch

```
ht = real(ifft(Ht));
```

berechnet. Der derart experimentell ermittelte Amplitudengang, bzw. die Einheitspulsantwort, sind identisch mit dem berechneten Amplitudengang, bzw. der Einheitspulsantwort aus Abb. 4.66.

Im Programm cos_bank2.m wird das Filterbanksystem mit der Funktion unicmfb.m nach [14] entwickelt, welches die Resynthese-Fehler minimiert:

```
L = 512;       % Anzahl Koeffizienten des Filters
[h, hi, hir] = unicmfb(N,L,1/(2*N),1e5,L,0,0);
                         % Doblinger Verfahren
h = h/sqrt(N);           % Tiefpassprototypfilter
hi = hi'/sqrt(N);        % Analysefilter
hir = hir'/sqrt(N);      % Synthesefilter
hit = hir;           % Parameter für das Modell cos_bank_2.mdl
```

Mit dem Modell cos_bank_2.mdl kann dieses Filterbanksystem getestet werden. Man sieht praktisch keinen Unterschied zwischen dem Eingangs- und dem rekonstruierten Ausgangssignal. Die mittlere Leistung der Differenz dieser beiden Signale ist im Bereich $5 \cdot 10^{-10}$ für weißes Rauschen der Leistung 1 am Eingang.

Diese sehr guten Eigenschaften gehen auch aus dem berechneten Amplitudengang und aus der Einheitspulsantwort des Filterbanksystems hervor, die in Abb. 4.67 dargestellt sind. Der Amplitudengang besitzt nur sehr kleine Abweichungen von ca. $4 \cdot 10^{-4}$ zu dem idealen Wert von 0 dB und die Einheitspulsantwort ist eins bei $k = 512$ und stellt nur eine Verzögerung dar. Diese Eigenschaften werden auch mit dem Programm cos_bank_transfer2.m und dem Modell cos_bank_21.mdl durch Simulation wie bei der vorherigen Filterbank bestätigt.

Dasselbe Modell wird über das Programm cos_bank_test2.m mit einigen Takten der fünften Symphonie von Beethoven angeregt und die spektralen Komponenten der Analyseseite werden in der Senke *To Workspace 1* in der Variablen spk gespeichert. Abb. 4.68 zeigt die Eingangssequenz und die ersten sechs spektralen Komponenten.

Eine Wav-Datei (Beeth5th.wav) kann in MATLAB sehr einfach als Eingangssignal für einen Block *From Workspace* eingesetzt werden:

```
fs = 11025;    % Abtastfrequenz der Wav-Datei
Ts = 1/fs;     nN = fix(1/Ts);
[x,fs,nbit] = wavread('Beeth5th', nN);
% ------- Eingangssequenz für das Modell  (Block From Workspace)
simin = [((0:length(x)-1)*Ts)',x];
```

Die Matrix Ksub steuert die Subbandverarbeitung. Mit der Matrix Ksub = eye(N,N) wird das Signal unverändert rekonstruiert. Verwendet man aber z.B. die Matrix:

```
Ksub = diag([1,1,1,zeros(1,N-3)]);
```

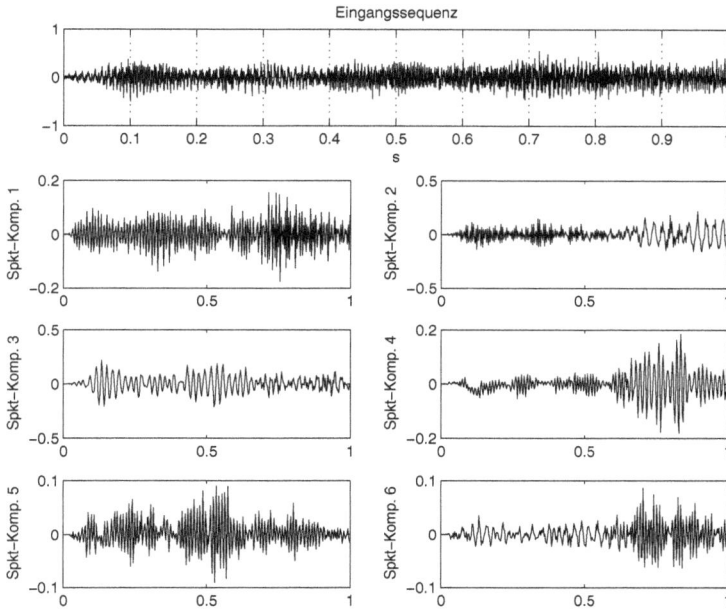

Abb. 4.68: *Eingangssequenz und die ersten sechs spektralen Komponenten* (cos_bank_test2.m, cos_bank_21.mdl)

Abb. 4.69: *Eingangssequenz und synthetisiertes Signal basierend auf den ersten drei spektralen Komponenten* (cos_bank_test2.m, cos_bank_2.mdl)

so werden nur die ersten drei spektralen Komponenten zur Rekonstruktion eingesetzt. Das synthetisierte Signal enthält somit nur tiefe Frequenzen (Abb. 4.69). Ähnlich kann versucht werden, nur die Komponenten mit einer Leistung, die eine vorgegebene Schwelle überschreitet, in die Synthese einzubeziehen, in der Annahme, dass die unterschwelligen Komponenten nur Rauschen enthalten.

Die Codierung von Audiosignalen nach dem Standard MPEG-1 Layers 1-3 arbeitet mit einem Filterbanksystem mit $N = 32$, deren Anteile für die Synthese mit Hilfe eines psychoakustischen Modells bewertet werden. Das Prototypfilter und damit die Bandpässe haben eine Länge $L = 512$ und die Implementierung ist als Polyphasenfilter realisiert [32].

## 4.9.2    Zweikanal-Analyse- und Synthesefilterbänke

Die Bedingungen für eine perfekte oder fast perfekte Rekonstruktion von Filterbänken werden mit Hilfe der Zweikanal-Analyse- und Synthesefilterbänken [14], [72], [1] untersucht und mit Versuchen begleitet.

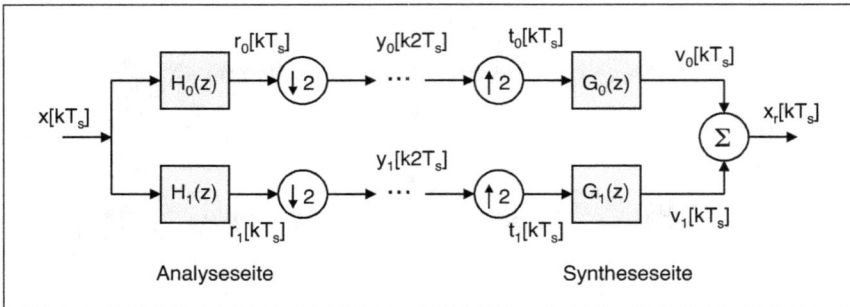

*Abb. 4.70: Zweikanal-Analyse- und Synthesefilterbank*

Abb. 4.70 zeigt eine Zweikanal-Analyse- und Synthesefilterbank, die aus der allgemeinen Filterbank aus Abb. 4.56 für $N = 2$ hervorgeht. Für die perfekte Rekonstruktion muss die Ausgangssequenz $x_r[kT_s]$ eine verzögerte Version der Eingangssequenz $x[kT_s]$ sein:

$$x_r[kT_s] = x[(k - M)T_s] \quad \text{oder} \quad X_r(z) = X(z)z^{-M} \tag{4.62}$$

Abb. 4.71 zeigt den Frequenzgang des Tiefpassfilters $H_0(z)$ und des Hochpassfilters $H_1(z)$, die allgemein nicht sehr steile Flanken besitzen. Die z-Transformation des Signals $y_0[k2T_s] = y_0[kT_s']$ ist wegen der Dezimierung [59]:

$$\begin{aligned} Y_0(z) &= \frac{1}{2}\left[R_0(z^{1/2}) + R_0(-z^{1/2})\right] \\ &= \frac{1}{2}\left[H_0(z^{1/2})X(z^{1/2}) + H_0(-z^{1/2})X(-z^{1/2})\right] \end{aligned} \tag{4.63}$$

Mit $T_s' = 2T_s$ wurde die Abtastperiode der dezimierten Sequenz bezeichnet.

Im Frequenzbereich, wenn der Einfachheit halber die komplexen Funktionen wie z.B. $Y_0(e^{j\omega T_s'})$ durch $Y_0(\omega T_s')$ bezeichnet werden, erhält man:

$$Y_0(\omega T_s') = \frac{1}{2}\left[H_0(\omega T_s'/2)X(\omega T_s'/2) + H_0(\omega T_s'/2 - \pi)X(\omega T_s'/2 - \pi)\right]$$

oder

$$\begin{aligned} Y_0(2\pi f T_s') = \frac{1}{2}\big[&H_0(2\pi f T_s)X(2\pi f T_s) + \\ &H_0(2\pi(f - 1/T_s')T_s)X(2\pi(f - 1/T_s')T_s)\big] \end{aligned} \tag{4.64}$$

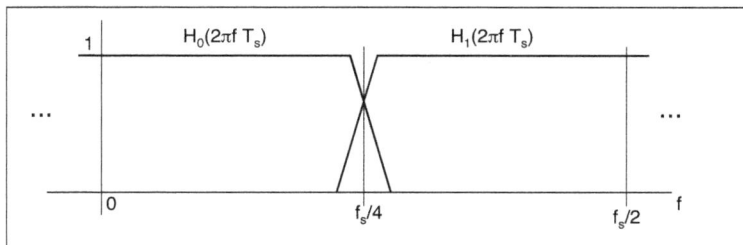

*Abb. 4.71: Frequenzgänge der Filter $H_0(z)$ und $H_1(z)$*

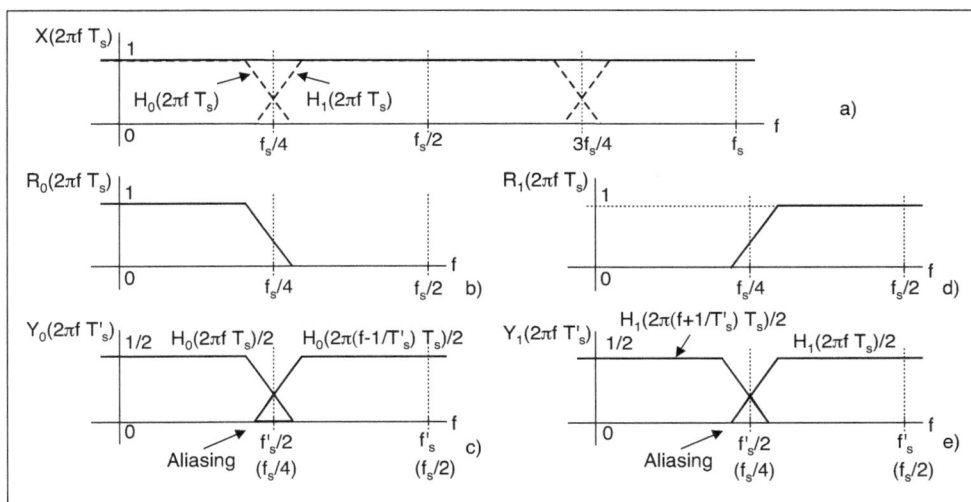

*Abb. 4.72: Spektrum nach der Dezimierung für den Tiefpass- und den Hochpasspfad*

Wenn für das Eingangssignal $x[kT_s]$ weißes Rauschen angenommen wird, also $X(\omega T_s) = 1$ ist (Abb. 4.72a), dann ist das Spektrum der Sequenz $r_0[kT_s]$ durch $R_0(\omega T_s) = H_0(\omega T_s)$ gegeben (Abb. 4.72b) und ähnlich ist das Spektrum der Sequenz $r_1[kT_s]$ durch $R_1(\omega T_s) = H_1(\omega T_s)$ gegeben (Abb. 4.72d). Für die dezimierte Sequenz $y_0[kT_s']$ ergibt sich dann gemäß Gl. (4.64) ein Spektrum $Y_0(2\pi f T_s')$, das in Abb. 4.72c gezeigt ist.

In ähnlicher Art kann man feststellen, dass das Spektrum $Y_1(2\pi f T_s')$ der Sequenz $y_1[kT_s']$ des Hochpasspfads wie in Abb. 4.72e aussieht. Es entstehen in beiden Pfaden Überfaltungen, so dass die Rekonstruktion fehlerhaft sein kann.

Das Ziel ist nun, die Synthesefilter $G_0(z)$ und $G_1(z)$ so zu wählen, dass die Bedingung

$$V_0(z) + V_1(z) = z^{-M} X(z) \tag{4.65}$$

erfüllt ist und das rekonstruierte Signal eine mit $MT_s$ verzögerte Version des Eingangssignals wird. Mit

$$V_0(z) = G_0(z)T_0(z) = G_0(z)Y_0(z^2) \qquad \text{(wegen der Expandierung)}$$

$$= \frac{1}{2}G_0(z)\big[H_0(z)X(z) + H_0(-z)X(-z)\big] \tag{4.66}$$

$$V_1(z) = \frac{1}{2}G_1(z)\big[H_1(z)X(z) + H_1(-z)X(-z)\big]$$

erhält man für die Bedingung der perfekten Rekonstruktion gemäß Gl. (4.65) die Form:

$$\frac{1}{2}\big[G_0(z)H_0(z) + G_1(z)H_1(z)\big]X(z) +$$

$$\frac{1}{2}\big[G_0(z)H_0(-z) + G_1(z)H_1(-z)\big]X(-z) = z^{-M}X(z) \tag{4.67}$$

Der Vergleich der linken und rechten Seite führt zu zwei Bedingungen, welche die Filter erfüllen müssen. Die erste

$$\frac{1}{2}\big[G_0(z)H_0(z) + G_1(z)H_1(z)\big] = z^{-M} \tag{4.68}$$

stellt sicher, dass keine Verzerrungen entstehen, und die zweite Bedingung

$$\frac{1}{2}\big[G_0(z)H_0(-z) + G_1(z)H_1(-z)\big] = 0 \tag{4.69}$$

fordert, dass keine Überfaltungen auftreten. Damit diese erfüllt ist, muss man die Synthesefilter wie folgt wählen:

$$G_0(z) = H_1(-z) \qquad \text{und} \qquad G_1(z) = -H_0(-z) \tag{4.70}$$

oder

$$G_0(z) = -H_1(-z) \qquad \text{und} \qquad G_1(z) = H_0(-z) \tag{4.71}$$

Im Weiterem wird die zweite Wahl angenommen. Die Ausgangs-Eingangs-Beziehung für die Zweikanal-Filterbank wird jetzt durch

$$X_r(z) = \frac{1}{2}\big[G_0(z)H_0(z) + G_1(z)H_1(z)\big]X(z) =$$

$$\frac{1}{2}\big[-H_0(z)H_1(-z) + H_0(-z)H_1(z)\big]X(z) \tag{4.72}$$

gegeben. Das entspricht einer Übertragungsfunktion $T(z)$ der Form:

$$T(z) = X_r(z)/X(z) = \frac{1}{2}\big[H_0(-z)H_1(z) - H_0(z)H_1(-z)\big]X(z) \tag{4.73}$$

**Orthogonale Filter.** Eine mögliche Wahl der Filter geht von der Annahme aus, dass $H_0(z)$ und $H_1(z)$ kausale FIR-Filter der Länge $L$ sind, wobei $L$ gerade ist, und dass:

$$H_1(z) = z^{-(L-1)} H_0(-z^{-1}) \tag{4.74}$$

Das bedeutet im Zeitbereich:

$$h_1(n) = (-1)^{n+1} h_0(L-1-n) \tag{4.75}$$

In MATLAB erhält man diese Beziehung durch:

```
h1 = (-1).^(0:L-1).*fliplr(h0);
```

Die Synthesefilter können jetzt definiert werden. Aus

$$G_0(z) = -H_1(-z) = z^{-(L-1)} H_0(z^{-1})$$

ergibt sich für die Einheitspulsantwort des FIR-Tiefpassfilters $g_0(n)$ der Syntheseseite (mit $n = 0, ..., L-1$) die Form

$$g_0(n) = h_0(L-1-n), \tag{4.76}$$

oder in MATLAB:

```
g0 = fliplr(h0);
```

Ähnlich erhält man die Einheitspulsantwort des FIR-Hochpassfilters $g_1(n)$ der Syntheseseite. Aus

$$G_1(z) = H_0(-z)$$

ergibt sich im Zeitbereich:

$$g_1(n) = (-1)^n h_0(n), \tag{4.77}$$

oder in MATLAB:

```
g1 = (-1).^(0:L-1).*h0;
```

Mit dieser Wahl der Filter wird die Übertragungsfunktion $T(z)$ durch

$$T(z) = \frac{X_r(z)}{X(z)} = \frac{1}{2} z^{-(L-1)} \left[ H_0(z) H_0(z^{-1}) + H_0(-z) H_0(-z^{-1}) \right] \tag{4.78}$$

gegeben, und sie ist nur vom Filter $H_0(z)$ abhängig.

Wenn das Produkt $H_0(z) H_0(z^{-1})$ durch

$$P_0(z) = H_0(z) H_0(z^{-1}) \tag{4.79}$$

bezeichnet wird, dann ist die Bedingung, dass keine Verzerrungen entstehen (Gl. (4.68)), durch

$$P_0(z) + P_0(-z) = c = konstant \tag{4.80}$$

ausgedrückt. Die Übertragungsfunktion der Zweikanal-Filterbank ist dann:

$$T(z) = \frac{X_r(z)}{X(z)} = \frac{1}{2} z^{-(L-1)} c \qquad (4.81)$$

Sie stellt eine Verzögerung mit $L - 1$ Abtastintervallen dar, wobei $L$ die gerade Anzahl der Koeffizienten der Filter ist. Dadurch erhält man für die Konstante $M$ aus Gl. (4.65) den Wert $M = L - 1$.

Für $H_0(z)$ als FIR-Filter wird $P_0(z)$ folgende Form besitzen:

$$P_0(z) = p_{L-1} z^{L-1} + p_{L-2} z^{L-2} + ... + p_0 z^0 + ... + p_{L-1} z^{-(L-1)} \qquad (4.82)$$

Dass bedeutet für $P_0(-z)$ die Form:

$$P_0(-z) = -p_{L-1} z^{L-1} + p_{L-2} z^{L-2} - ... + p_0 z^0 - p_1 z^{-1} + ... - p_{L-1} z^{-(L-1)} \quad (4.83)$$

Die Bedingung nach Gl. (4.80) ist erfüllt, wenn alle Faktoren der geraden Potenzen von $z$ in $P_0(z)$ und in $P_0(-z)$ null sind, mit Ausnahme des Faktors $p_0$. Der Faktor $p_0$ muss gleich $c/2$ sein, so dass $2p_0 = c$ wird.

Die gezeigte Form für $P_0(z)$ erhält man mit FIR-Filtern $H_0(z)$, welche die Bedingung

$$\sum_{k=0}^{L-1} h_0[k] h_0[k + 2n] = \begin{cases} 0 & \text{für } n \neq 0 \\ c/2 & \text{für } n = 0 \end{cases} \qquad (4.84)$$

erfüllen. Für $c = 2$ müssen die Koeffizienten des Filters wie folgt normiert sein:

$$\sum_{k=0}^{L-1} |h_0(k)|^2 = 1 \qquad \text{und} \qquad \sum_{k=0}^{L-1} h_0(k) = \sqrt{2} \qquad (4.85)$$

Im Frequenzbereich muss dann folgende Beziehung gelten:

$$\begin{aligned} &P_0(2\pi f T_s) + P_0(2\pi (f - f_s/2) T_s) = \\ &|H_0(2\pi f T_s)|^2 + |H_0(2\pi (f - f_s/2) T_s)|^2 = \\ &|H_0(2\pi f T_s)|^2 + |H_1(2\pi f T_s)|^2 = 2 \end{aligned} \qquad (4.86)$$

Sie stellt die Bedingung für die so genannten *Half-Band-* und *Power Complementary*-Filter dar [17], [1]. FIR-Filter, welche die Bedingung (4.84) erfüllen, sind auch als orthogonale Filter bekannt und werden ausführlich in der Wavelet-Theorie [70] behandelt.

**Biorthogonale Filter.** Eine andere Möglichkeit, die Filter der Zweikanal-Filterbank zu wählen, geht von derselben Bedingung für $P_0(z)$ gemäß Gl. (4.82) bzw. Gl. (4.83) aus, lässt aber für $P_0(z)$ die Form

$$P_0(z) = G_0(z) H_0(z), \qquad (4.87)$$

zu, die direkt aus Gl. (4.68) hervorgeht.

Man muss jetzt das Polynom $P_0(z)$, das nach wie vor die im vorstehenden Abschnitt genannten Bedingungen erfüllen muss, in die beiden Faktoren $G_0(z)$ und $H_0(z)$ zerlegen. Als Beispiel sei das Polynom:

$$P_0(z) = \frac{1}{16}(-z^3 + 9z + 16 + 9z^{-1} - z^{-3}) \tag{4.88}$$

angenommen. Es ist leicht zu überprüfen, dass:

$$P_0(z) + P_0(-z) = 2 \tag{4.89}$$

und

$$P_0(2\pi f T_s) + P_0(2\pi(f - f_s/2)T_s) = 2 \tag{4.90}$$

Eine Möglichkeit für die Wahl der Faktoren $G_0(z)$ und $H_0(z)$ sind die orthogonalen symmetrischen Filter, die den Filtern des vorherigen Abschnitts entsprechen, wie z.B. folgende Filter:

$$G_0(z) = \frac{\sqrt{3} - 1}{4\sqrt{2}}(1 + z^{-1})^2(2 + \sqrt{3} - z^{-1})$$
$$H_0(z) = \frac{-\sqrt{2}}{4(\sqrt{3} - 1)}(1 + z^{-1})^2(2 - \sqrt{3} - z^{-1}) \tag{4.91}$$

Die dazugehörigen Einheitspulsantworten der Filter, als Zeilenvektoren geschrieben, sind:

$$g_0 = \frac{1}{4\sqrt{2}}[1 + \sqrt{3} \quad 3 + \sqrt{3} \quad 3 - \sqrt{3} \quad 1 - \sqrt{3}] \simeq$$
$$[0.4830 \quad 0.8365 \quad 0.2241 \quad -0.1294]$$
$$h_0 = \frac{1}{4\sqrt{2}}[1 - \sqrt{3} \quad 3 - \sqrt{3} \quad 3 + \sqrt{3} \quad 1 + \sqrt{3}] \simeq$$
$$[-0.1294 \quad 0.2241 \quad 0.8365 \quad 0.4830] \tag{4.92}$$

Die anderen beiden Filter $h_1(n)$ und $g_1(n)$ werden unter Beachtung der Bedingung zur Vermeidung von Überfaltungen (Gl. (4.71)) mit Gl. (4.75) und Gl. (4.77) ermittelt. Alle vier Filter können in MATLAB mit der Funktion **wfilters** aus der *Wavelet Toolbox* berechnet werden:

```
[h0,h1,g0,g1] = wfilters('db2');
```

Es gibt weitere Zerlegungen von $P_0(z)$ in die Faktoren $G_0(z)$ und $H_0(z)$, die zu verschiedenen Filtern führen. Als Beispiel ergibt die Zerlegung mit

$$G_0(z) = \frac{1}{2}(1 + z^{-1})$$
$$H_0(z) = \frac{-1}{8}(1 + z^{-1})^3(2 + \sqrt{3} - z^{-1})(2 - \sqrt{3} - z^{-1}) \tag{4.93}$$

die Filter:

$$g_0 = \frac{1}{\sqrt{2}}[1 \quad 1]$$
$$h_0 = \frac{1}{8\sqrt{2}}[-1 \quad 1 \quad 8 \quad 8 \quad 1 \quad -1] \tag{4.94}$$

Diese Zerlegung führt zu Filtern aus der Kategorie der biorthogonalen Filter [70]. Die vier Filter $(h_0(n), h_1(n), g_0(n)$ und $g_1(n))$ werden in MATLAB durch den Aufruf

```
[h0,h1,g0,g1] = wfilters('bior1.3');
```

erhalten. Die Zahl 1 bedeutet, dass eines der Filter, z.B. $G_0(z)$, eine Nullstelle bei $z = -1$ besitzt und dass das andere Filter (z.B. $H_0(z)$) 3 Nullstellen bei $z = -1$ besitzt (Gl. (4.93)).

Die allgemeine Form für $P_0(z)$, die eine perfekte Rekonstruktion sichert, ist gegeben durch [70]:

$$P_0(z) = (1 + z^{-1})^{2p} \frac{1}{2^{2p-1}} \sum_{k=0}^{p-1} \binom{p+k-1}{k} (-1)^k z^{-(p-1)+k} \left( \frac{1-z^{-1}}{2} \right)^{2k} \qquad (4.95)$$

$P_0(z)$ besitzt $2p$ Nullstellen gleich $-1$, was für die Stabilität der iterierten Filterbank wichtig ist und die Summe aus der Beziehung ergibt die perfekte Rekonstruktion durch Annullierung der ungeraden Potenzen von $z$ mit Ausnahme von $z^{-(2p-1)}$. Der Wert $p = 2$ führt zum Polynom nach Gl. (4.88).

Mit $p = 4$ gibt es eine Zerlegung in orthogonale Filter mit je 8 Koeffizienten, die in der *Wavelet Toolbox* von MATLAB in der Kategorie der Daubechies-Filter angesiedelt sind [70], und unter der Bezeichnung db4 geführt werden.

Derselbe Wert für $p$ führt zu biorthogonalen Filtern bior4.4 mit 9 Koeffizienten für ein Filter (z.B. $G_0(z)$) und 7 Koeffizienten für das zweite Filter ($H_0(z)$). Aus den Koeffizienten der Filter $G_0(z)$ und $H_0(z)$ werden die Koeffizienten der Filter $G_1(z)$ und $H_1(z)$ über die Bedingung der Gl. (4.71) ermittelt.

Die Bedingung gemäß Gl. (4.86) für die orthogonalen Filter muss bei den biorthogonalen Filtern (für die die Annahme (4.74) nicht gilt), durch

$$H_0(z)G_0(z) + H_1(z)G_1(z) = 2$$
$$|H_0(2\pi f T_s)G_0(2\pi f T_s)| + |H_1(2\pi f T_s)G_1(2\pi f T_s)| = 2 \qquad (4.96)$$

ersetzt werden. Im Zeitbereich erhält man somit

$$h_0(n) * g_0(n) + h_1(n) * g_1(n) = 2\delta(n - ((L_1 + L_2)/2 - 1)), \qquad (4.97)$$

was einem Puls bei $n = M = (L_1 + L_2)/2 - 1$ entspricht, wobei $L_1, L_2$ die Filterlängen von $G_0(z)$ bzw. von $H_0(z)$ sind.

In MATLAB können mit der Funktion **wfilters** folgende Filter, die von einem Polynom $P_0(z)$ der Form aus Gl. (4.95) hervorgehen, ermittelt werden:

```
[h0, h1, g0, g1] = wfilters('bior4.4');
%    Available wavelet names 'wname' are:
%    Daubechies: 'db1' or 'haar', 'db2', ... ,'db12'
%    Coiflets  : 'coif1', ... ,  'coif5'
%    Symlets   : 'sym2' , ... ,  'sym8', ... ,'sym12'
%    Discrete Meyer wavelet: 'dmey'
%    Biorthogonal:
%         'bior1.1', 'bior1.3' , 'bior1.5'
%         'bior2.2', 'bior2.4' , 'bior2.6', 'bior2.8'
%         'bior3.1', 'bior3.3' , 'bior3.5', 'bior3.7'
```

```
%        'bior3.9', 'bior4.4' , 'bior5.5', 'bior6.8'.
%        Reverse Biorthogonal:
%        'rbio1.1', 'rbio1.3' , 'rbio1.5'
%        'rbio2.2', 'rbio2.4' , 'rbio2.6', 'rbio2.8'
%        'rbio3.1', 'rbio3.3' , 'rbio3.5', 'rbio3.7'
%        'rbio3.9', 'rbio4.4' , 'rbio5.5', 'rbio6.8'.
```

Im Programm `zwei_kanal1.m` wird diese Funktion aufgerufen und die Einheitspulsant-worten bzw. die Frequenzgänge der Filter dargestellt. Abb. 4.73 zeigt die Einheitspulsantworten der biorthogonalen Filter vom Typ `bior2.4`. Die Frequenzgänge dieser Filter sind links oben

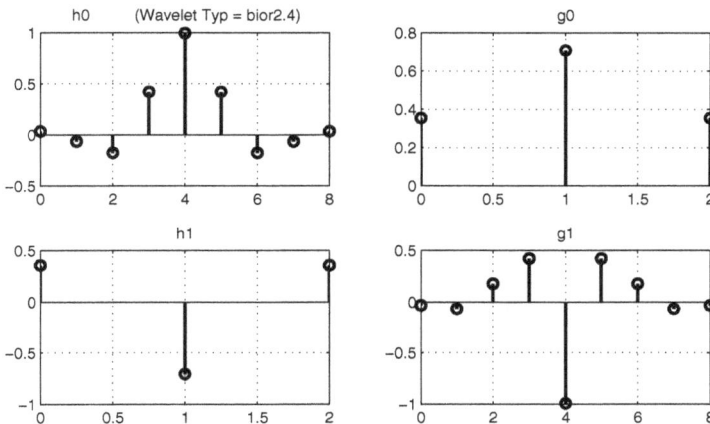

Abb. 4.73: *Einheitspulsantworten für die Analyse- bzw. Synthesefilter (Typ bior2.4)*
(zwei_kanal1.m)

in Abb. 4.74 dargestellt. Sie entsprechen einer Normierung der Filter, so dass $\sum h_0(n) = \sqrt{2}$. Darunter sind die Frequenzgänge für die Normierung $\sum h_0(n) = 1$ dargestellt, die man in MATLAB durch

```
h0 = h0/sqrt(2);      h1 = h1/sqrt(2);
g0 = g0/sqrt(2);      g1 = g1/sqrt(2);
```

erhält.

Die Frequenzgänge werden mit folgenden Programmzeilen ermittelt:

```
nfft = 1024;
H0 = fft(h0,nfft);    H1 = fft(h1,nfft);
G0 = fft(g0,nfft);    G1 = fft(g1,nfft);
```

Zusätzlich werden im Programm die Polynome $P_0(z)$ im Frequenzbereich berechnet und dargestellt. Für die erste Koeffizientennormierung erhält man den Wert 2 und für die zweite Art der Normierung erhält man den Wert 1. In MATLAB werden diese Darstellungen mit

```
plot((0:nfft-1)/nfft, abs(H0.*G0 + H1.*G1));
```

erhalten.

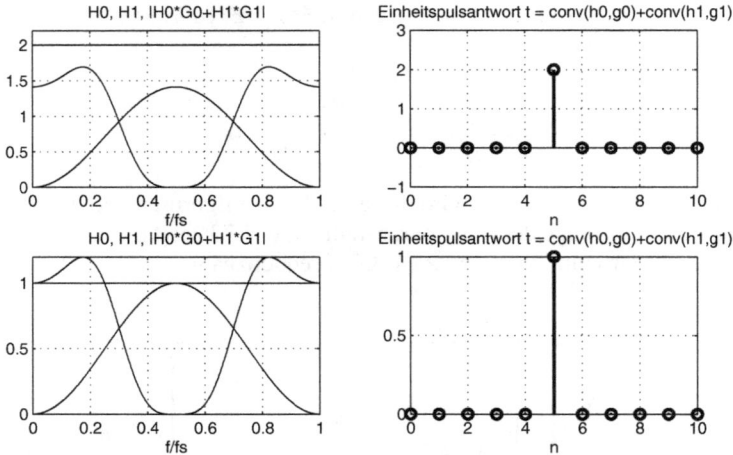

*Abb. 4.74: Frequenzgänge der Filter und Einheitspulsantwort der Filterbank (zwei_kanal1.m)*

In Abb. 4.74 rechts sind die Einheitspulsantworten der Filterbank für die beiden Normierungen dargestellt. Wie man sieht, besitzt die Filterbank die Eigenschaft der perfekten Rekonstruktion. Diese Darstellungen ermöglichen auch die Bestimmung der Verzögerung, welche die Filterbank wegen der kausalen Filter bewirkt. Mit $L_1 = 9$ und $L_2 = 3$ muss $M = (L_1 + L_2)/2 - 1 = 5$ sein, was aus der Darstellung auch hervorgeht. Mit folgender Programmzeile werden die Einheitspulsantworten ermittelt:

```
t = conv(h0,g0)+conv(h1,g1);
```

Es wird dem Leser empfohlen, mit verschiedenen Filtern zu experimentieren, beginnend mit den orthogonalen Filtern, die über die Funktion **wfilters** mit Parameter 'db1', 'db2', ... usw. erzeugt werden.

In einigen Anwendungen ist die Zerlegung des Frequenzbereichs in zwei Bänder in der Form wie z.B. in Abb. 4.74 dargestellt, nicht geeignet. Man erwartet eine klare Trennung des Tiefpass- und des Hochpassbereichs mit steilen Flanken. Für diese Fälle muss man Filter mit viel mehr Koeffizienten einsetzen, die über andere Methoden [14], [1] entwickelt werden. In der *DSP System Toolbox* gibt es die Funktion **firpr2chfb** mit deren Hilfe solche Filter zu berechnen sind. Als Beispiel erhält man mit

```
nord = 99;
[h0,h1,g0,g1] = firpr2chfb(nord,.45);
fvtool(h0,1,h1,1,g0,1,g1,1);
```

die Einheitspulsantworten der vier Filter und stellt die entsprechenden Amplitudengänge dar. Die Eigenschaft der perfekten Rekonstruktion kann durch folgende Darstellung überprüft werden:

```
stem(0:2*nord, 1/2*conv(h0,g0)+1/2*conv(h1,g1))
```

Sie stellt einen Einheitspuls an Stelle $n = 99$ dar.

# Experiment 4.7: Simulation des Hochpasspfades einer Zweikanal-Filterbank

Die theoretischen Betrachtungen des vorherigen Kapitels sollen mit einer Simulation des Hochpasspfades der Zweikanal-Filterbank begleitet werden. Es werden alle Signale und deren Spektren entlang des Hochpasspfades der Blockschaltung aus Abb. 4.70 untersucht und erläutert.

Im Programm `audio_test1.m` wird die Simulation mit MATLAB-Funktionen durchgeführt und gleichzeitig werden auch die Parameter für die Simulation mit dem Modell `audio_test_1.mdl` initialisiert. Mit

```
fs = 10000;        Ts = 1/fs;
f1 = 250;          f2 = 4500;
a1 = 2;            a2 = 3;

tfinal = 3;        t = 0:Ts:tfinal;
x = a1*sin(2*pi*f1*t) + a2*cos(2*pi*f2*t+pi/3);
```

wird ein Signal bestehend aus zwei sinusförmigen Komponenten gebildet. Für die gewählte Abtastfrequenz erfolgt die Trennung der beiden Bänder bei $f = f_s/4 = 2500$ Hz. Somit wird eines der gewählten Signale im Tiefpassband und das andere im Hochpassband liegen. Die vier Filter des Systems werden mit der Funktion `unicmfb` aus [14] mit der Programmsequenz

```
L = 64;          % Anzahl Koeffizienten
[htp, han, gsy] = unicmfb(2,L,1/32,1,4*L,0,0);
h0 = han(:,1);          h1 = han(:,2);
g0 = gsy(:,1);          g1 = gsy(:,2);
```

berechnet. Das Filter $H_0(z)$, aus dem die anderen Filter ermittelt werden, ist ein Halbbandfilter mit gerader Anzahl von Koeffizienten, das über ein Optimierungsverfahren die Bedingungen für eine nur annähernd perfekte Rekonstruktion erfüllt.

Alternativ kann auch die Funktion **firpr2chfb** aus der *Filter Design Toolbox* eingesetzt werden. Sie liefert alle vier Filter der Zweiband-Filterbank:

```
L = 64;          % Anzahl Koeffizienten
[h0, h1, g0, g1] = firpr2chfb(L-1, 0.45);
```

Abb. 4.75 zeigt links oben die Frequenzgänge der Filter $H_0(z)$ und $H_1(z)$ und die des Systems $(H_0(z)G_0(z)+H_1(z)G_1(z))$ und die entsprechenden Einheitspulsantworten der Filter, die mit der Funktion `unicmfb` entwickelt wurden.

Folgende Programmzeilen erzeugen die Signale entlang des Hochpasspfades, wobei `r1` das mit dem Analysefilter $h_1[n]$ gefilterte Signal ist, `y1` das Signal nach der Dezimierung mit dem Faktor 2 ist, `t1` ist die Expansion der Sequenz `y1` mit dem Faktor 2 und schließlich ist `v1` die mit dem Synthesefilter $g_1[n]$ gefilterte Sequenz:

```
r1 = filter(h1,1,x);        % Mit Analysefilter gefiltertes Signal
y1 = downsample(r1,2);      % Dezimiertes Signal
t1 = upsample(y1,2);        % Expandiertes Signal
v1 = filter(g1,1,t1);       % Mit Synthesefilter gefiltertes Signal
```

*Abb. 4.75: Frequenzgänge und Einheitspulsantworten der Filter* (audio_test1.m, au-dio_test_1.mdl)

Für dieses Beispiel sind die Signale entlang des Hochpasspfades in Abb. 4.76 dargestellt. Die linke Spalte zeigt die diskreten Sequenzen, die mit der Funktion **stem** dargestellt wurden und rechts sind die gleichen Signale, die mit der **plot**-Funktion dargestellt wurden. Diese Funktion verbindet zur Darstellung die Abtastwerte mit Geradenstücken, so dass die Gestalt der Signale leichter erkennbar ist.

Mit Hilfe der Skizze aus Abb. 4.77 werden die Signale aus Abb. 4.76 erläutert. Abb. 4.77a zeigt die Spektren der beiden sinusförmigen Komponenten bei $f_1 = 250$ Hz und $f_2 = 4500$ Hz und deren Spiegelungen bei 9750 Hz und 5500 Hz. Das Hochpassfilter $H_1(z)$ lässt nur die Komponente der Frequenz $f_2 = 4500$ Hz durch und unterdrückt die Komponente bei $f_1 = 250$ Hz. In Abb. 4.77a ist der Amplitudengang des Filters $H_1(z)$ im Nyquistbereich von $0 \leq f \leq f_s/2$ grau hinterlegt. In Abb. 4.76 ist das Signal $r_1[kT_s]$ nach der Hochpassfilterung in der zweiten Zeile dargestellt. Die Komponente mit der niedrigen Frequenz ist unterdrückt.

Die Dezimierung führt zu einer neuen Abtastfrequenz $f_s' = f_s/2$ und die Schwingung der Frequenz $f = 4500$ Hz wird in eine Schwingung der Frequenz $f' = 500$ Hz transformiert. Das erkennt man in Abb. 4.77b. Das entsprechende Zeitsignal $y_1[kT_s']$ ist in der dritten Zeile von Abb. 4.76 dargestellt.

Mit der Expandierung werden Nullwerte zwischen die Abtastwerte des Signals $y_1[kT_s']$ eingefügt, man erhält das Signal $t_1[kT_s]$ (vierte Zeile von Abb. 4.76). Das Spektrum dieses Signals ist in Abb. 4.77c dargestellt. Es enthält zwei Spektrallinien und zwar bei $f' = 500$ Hz und die daraus durch Expansion resultierende bei $f_2 = 4500$ Hz. Die Letztere stellt das rekonstruierte Signal $v_1[kT_s]$ des Hochpasspfades dar, das in Abb. 4.76 in der letzten Zeile

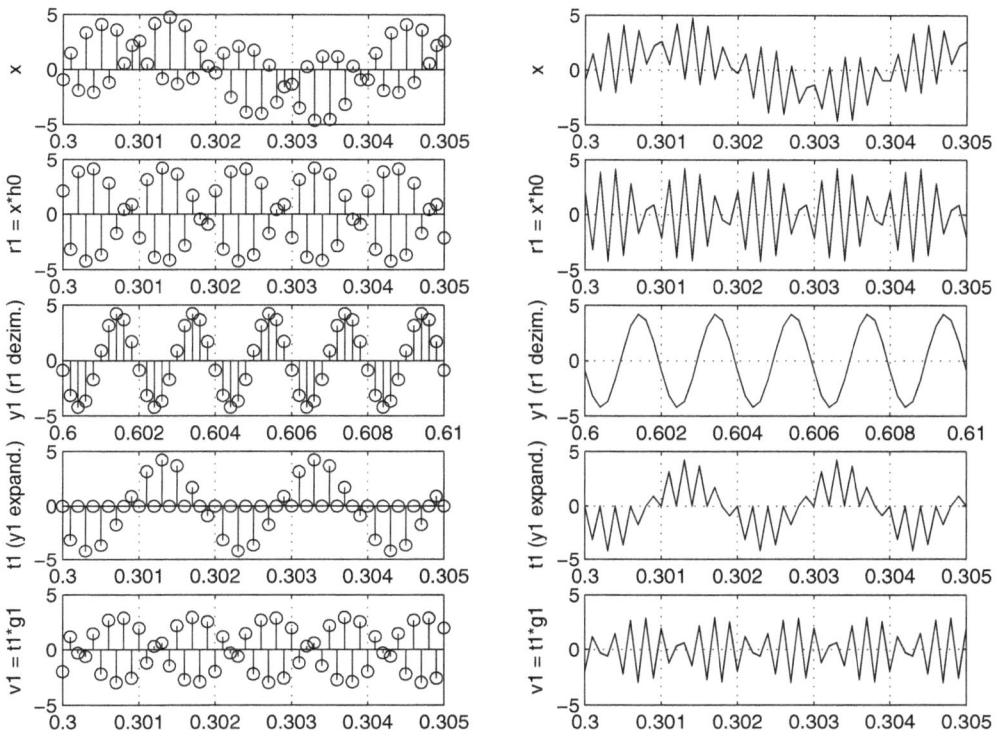

*Abb. 4.76: Signale des Hochpasspfades der Zweikanal-Filterbank*
(audio_test1.m, audio_test_1.mdl)

dargestellt ist, und das über das Hochpassfilter der Syntheseseite $G_1(z)$ extrahiert wird. Wenn man im Programm die Komponente mit der niedrigen Frequenz weglässt (durch al = 0), sieht man, dass das rekonstruierte Signal gleich dem Eingangssignal ist.

Im Programm werden auch die spektralen Leistungsdichten der Signale mit

```
[X,fx]  = pwelch(x, hamming(256), 64, 256, fs);
[R1,fr] = pwelch(r1, hamming(256), 64, 256, fs);
[Y1,fy] = pwelch(y1, hamming(256), 64, 256, fs/2);
[T1,ft] = pwelch(t1, hamming(256), 64, 256, fs);
[V1,fxr] = pwelch(v1, hamming(256), 64, 256, fs);
```

ermittelt und dargestellt.

Die Spektrallinien der Darstellung aus Abb. 4.78 bestätigen die durch theoretische Überlegungen erstellten Skizzen aus Abb. 4.77. Im Programm werden aus den erzeugten Sequenzen auch .wav-Dateien gebildet, um einen Höreindruck zu gewinnen.

Das Programm kann geändert werden (audio_test2.m), so dass in derselben Art der Tiefpasspfad untersucht wird. In diesem Fall ist das Signal nach der Tiefpassfilterung und nach der Dezimierung das gleiche. Sie unterscheiden sich nur durch die Abtastperiode, die nach der

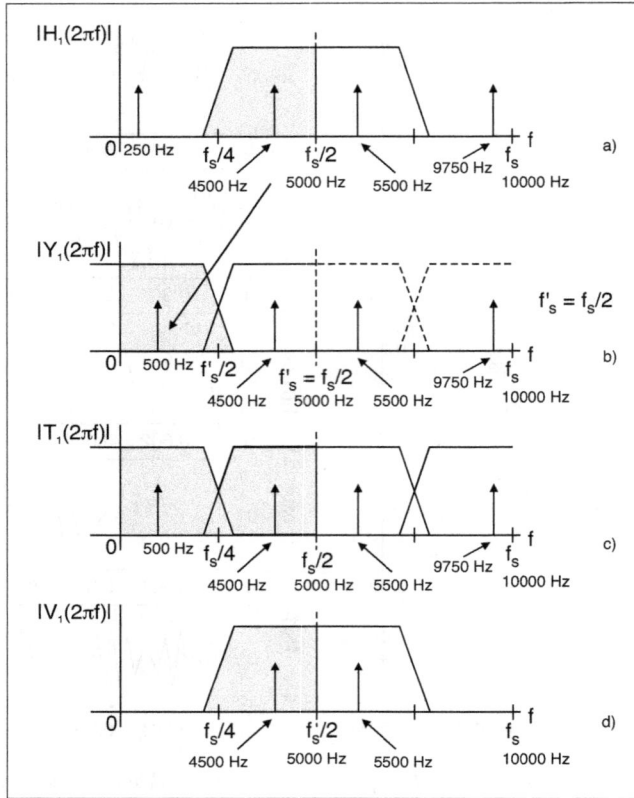

*Abb. 4.77: Signale des Hochpasspfades der Zweikanal-Filterbank*

Dezimierung doppelt so groß ist.

Im Hochpasspfad findet durch die Dezimierung eine Verschiebung im Frequenzbereich statt, so dass das gefilterte Signal z.B. der Frequenz $f_2 = 4500$ Hz nach der Dezimierung bei der Frequenz $f' = 500$ Hz erscheint. Ohne die prinzipiellen Überlegungen mit den Spektren wie in Abb. 4.77 durchgeführt, sind die Zusammenhänge oftmals nur schwer zu erkennen. Nur die Expandierung und Filterung mit dem Synthesefilter führt zum rekonstruierten Signal dieses Pfades bei $f_2 = 4500$ Hz.

Die Sequenzen nach der Dezimierung können als Koeffizienten einer (mathematischen) Zerlegung angesehen werden, die man benutzen kann, um die ursprünglichen Signale der Pfade durch Interpolierung zu rekonstruieren. Die Sequenz des Tiefpasspfades nach der Dezimierung wird in der Literatur [1], [17] als Koeffizienten der *Approximation* und die Sequenz des Hochpasspfades nach der Dezimierung als Koeffizienten der *Details* bezeichnet. Diese Bezeichnungen spiegeln die Tatsachen wider, dass ein tiefpassgefiltertes Signal eine Approximation des urspünglichen Signals darstellt und eine Hochpassfilterung die Details wiedergibt.

Im Modell `audio_test_1.mdl` ist auch der Tiefpasspfad des Zweikanal-Filters enthalten und nach der Initialisierung mit den MATLAB-Programmen `audio_test1.m` oder

*Abb. 4.78: Spektrale Leistungsdichten der Signale des Hochpasspfades (*audio_test1.m*, au-dio_test_1.mdl)*

audio_test2.m kann die Simulation mit dem Modell duchgeführt werden. Der Block *Scope* zeigt das Signal vor und nach der Dezimierung und die Blöcke *Spectrum Scope5* und *Spectrum Scope6* stellen die spektralen Leistungsdichten dieser Signale dar.

Der Leser wird ermutigt, die vorgestellten Programme zu ändern und mit Wavelet-Filtern, die man mit der Funktion **wfilters** entwerfen kann, diese Untersuchung zu wiederholen. Bei diesen Filtern ist die Trennung der beiden Frequenzbereiche allerdings nicht so gut.

## Experiment 4.8: Simulation der Zweikanal-Filterbank für die Audio-Komprimierung

Die ITU[8]-Empfehlung G.722 beschreibt eine Komprimierung für Audiosignale mit einer Bandbreite von 50 Hz bis 7 kHz auf eine Bitrate von 64 kBit/s. Im ISDN-Netz werden die Sprachsignale mit einer Bandbreite lediglich von 50 Hz bis ca. 4 kHz mit derselben Bitrate von 64 kBit/s komprimiert.

Die erhöhte Bandbreite wird durch eine Subband-Codierung über zwei Bänder, deren Struktur in Abb. 4.79 dargestellt ist, erreicht. Das Audiosignal $x[kT_s]$ am Eingang wird mit $f_s = 16$ kHz abgetastet und mit 14 Bit Auflösung quantisiert. Anschließend wird es in zwei Subbänder mit Hilfe der Filter $H_0(z)$ und $H_1(z)$ zerlegt. Nach der Filterung über $H_1(z)$ und Dezimierung mit dem Faktor 2 wird der Hochpassanteil ADPCM[9]-codiert [66], [33], [12]. Da Sprache eher

---

[8]*International Telecommunication Union*
[9]*Adaptive Differential Pulse Code Modulation*

tieffrequente Anteile enthält, genügt es, die Abtastwerte des Hochpassanteils mit nur zwei Bit zu quantisieren.

Der Tiefpassanteil, der für die Verständlichkeit der Sprache verantwortlich ist, wird nach der Filterung über $H_0(z)$ und Dezimierung mit dem Faktor 2 ebenfalls ADPCM-codiert, die resultierenden Abtastwerte aber mit 6 Bit quantisiert.

*Abb. 4.79: Prinzip der Audio-Komprimierung nach der ITU-Empfehlung G.722*

Nach der Dezimierung der beiden Pfade beträgt die Abtastrate nur noch 8 kHz und somit werden die 8 Bit der zwei Subbänder (2 Bit für den Hochpassanteil und 6 Bit für den Tiefpassanteil) mit der üblichen Bitrate eines ISDN-Kanals von 64 kBit/s (8 Bit $\times$ 8 kHz) übertragen.

Beim Empfänger werden die beiden Kanäle ADPCM-decodiert, mit dem Faktor zwei expandiert und dann mit den Filtern $G_1(z)$ und $G_0(z)$ gefiltert. Die Summe ergibt das rekonstruierte Ausgangssignal.

In diesem Experiment wird das Zweikanal-System ohne ADPCM-Codierung und -Decodierung simuliert und es wird angenommen, dass die Signale die volle Auflösung von MATLAB besitzen. Die Trennung des Eingangssignals in die beiden Frequenzbänder soll mit steilen Flanken und ohne Verzerrungen erfolgen, um auch bei getrennter Betrachtung der Kanäle gute Signale zu haben. Aus diesem Grund wird hier ein symmetrisches QMF[10]-Filter als Filter $H_0(z)$ eingesetzt [1].

Die Empfehlung G.722 sieht folgende Koeffizienten für das symmetrische FIR-Tiefpassfilter vor:

```
h0=[3 -11 -11 53 12 -156 32 362 -210 -805 951 3876 ...
        3876 951 -805 -210 362 32 -156 12 53 -11 -11 3]/(2^13);
```

Die anderen Filter des Systems werden nach den Regeln der perfekten Rekonstruktion gebildet. Da das Filter $H_0(z)$ symmetrisch ist, sind die Filter einfach zu berechnen:

```
h1=(-1).^(0:L-1)*h0;
g0 = h0;                          g1 = fliplr(h1);
```

---

[10]*Quadratur Mirror Filter*

*Abb. 4.80: Eigenschaften der Filter für die Empfehlung G.722 (G722_1.m, G7221.mdl)*

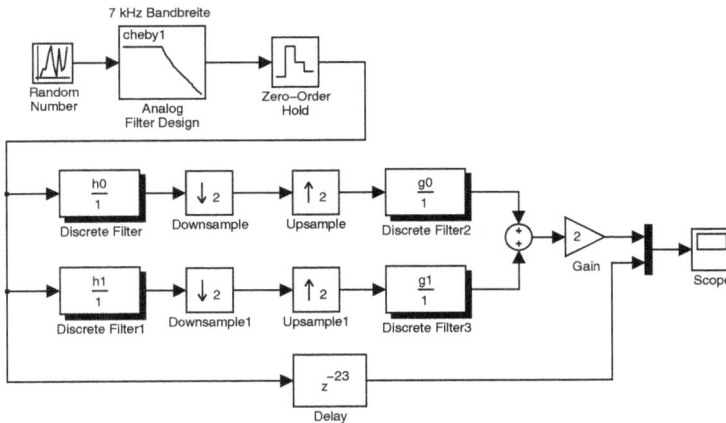

*Abb. 4.81: Simulation des Filtersystems aus der Empfehlung G.722 (G722_1.m, G7221.mdl)*

Abb. 4.80 zeigt links die Einheitspulsantworten des Tiefpassfilters $H_0(z)$, des Hochpass-filters $H_1(z)$ und des Systems $P_0(z) = H_0(z)G_0 + H_1(z)G_1(z)$. Wenn man mit der Zoom-Funktion die Einheitspulsantwort des Systems vergrößert betrachtet, sieht man, dass nicht alle Werte die in der Abbildung als null erscheinen, tatsächlich null sind.

Auf der rechten Seite sind die Frequenzgänge der drei Filterfunktionen überlagert darge-stellt. Im vergrößerten Ausschnitt sieht man die kleinen Abweichungen vom idealen Wert 1

*Abb. 4.82: Modell mit Blöcken aus der Multiraten-Bibliothek* (G722_1.m, G7222.mdl)

des Frequenzgangs des Gesamtsystems. Dadurch wird deutlich, dass die Rekonstruktion nur annähernd perfekt sein wird.

Die Darstellungen aus Abb. 4.80 wurden mit dem Programm G722_1.m erzeugt, das auch die Parameter des Modells G7221.mdl (Abb. 4.81) initialisiert. Das Modell benutzt Blöcke aus der Grundbibliothek von Simulink.

Im oberen Teil wird ein Zufallssignal mit einer Bandbreite bis 7 kHz gebildet. Das Modell des Zweikanal-Filtersystems entspricht dem Blockschaltbild aus Abb. 4.79. Am Block *Scope* wird das Ausgangssignal des Systems mit dem mit $M = L - 1 = 24 - 1 = 23$ Abtastperioden verzögerten Eingangssignal überlagert dargestellt. Bei der gegebenen Auflösung des *Scope*-Blocks sieht man keinen Unterschied zwischen den beiden Signalen.

In der Bibliothek *dsplib* gibt es in der Unterbibliothek *Filtering* bzw. *Multirate Filters* die beiden Blöcke *Two-Channel Analysis Subband Filter* und *Two-Channel Synthesis Subband Filter*, mit denen das System auch aufgebaut werden kann. Im Simulink-Modell G7222.mdl werden diese Blöcke eingesetzt (Abb. 4.82).

Die Blöcke können auch blockweise, also mit *Frames*, arbeiten. Weil im Modell G7222.mdl die Verarbeitung Abtastwert für Abtastwert erfolgen soll, muss der Parameter *Framing* auf *Maintain input frame size* statt *Maintain input frame rate* gesetzt werden. Bei der Normierung, die in diesen Filtern auf $\sum h_0(n) = 1$ vorgenommen wurde, muss man am Schluss den Ausgang des Filtersystems mit dem Faktor 2 multiplizieren, um die Signale, die verglichen werden, mit gleicher Amplitude zu erhalten.

## 4.9.3 Multikanal-Analyse- und Synthesefilterbänke

In diesem Abschnitt werden die asymmetrischen und symmetrischen dyadischen Analyse- und Synthesefilterbänke untersucht [1], [17], [70], die in den Blöcken *Dyadic Analysis Filter Bank* bzw. *Dyadic Synthesis Filter Bank* aus der Bibliothek *dsplib* implementiert sind. Abb. 4.83a zeigt das Blockschaltbild einer dyadischen asymmetrischen Filterbank mit zwei

Stufen und in Abb. 4.83b ist die symmetrische Filterbank dargestellt.

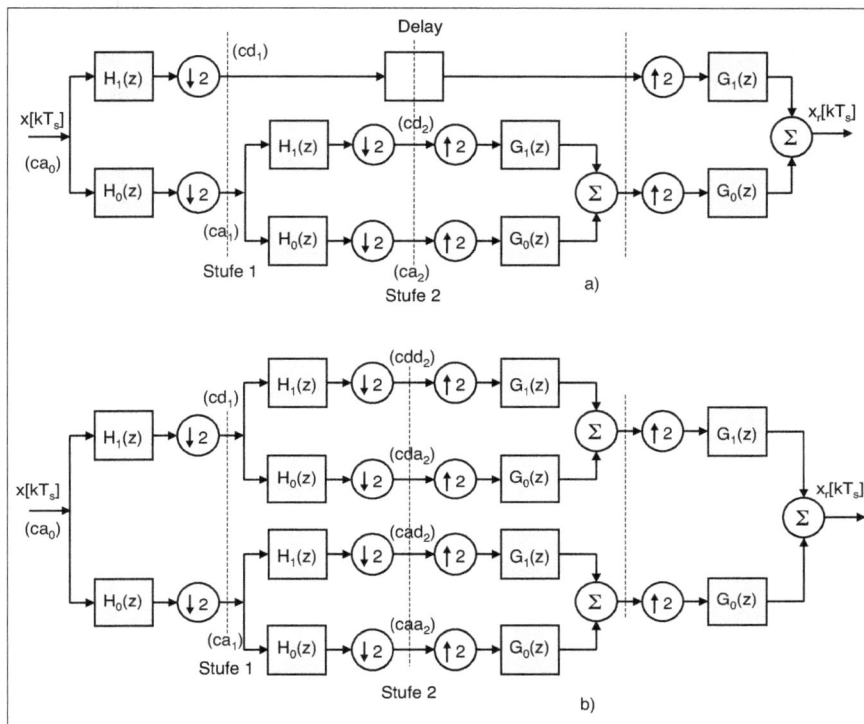

*Abb. 4.83: Dyadische asymmetrische und symmetrische Filterbank in zwei Stufen*

In der asymmetrischen Filterbank wird das Eingangssignal in den Hochpass- und Tiefpassanteil zerlegt und mit dem Faktor zwei dezimiert. Nach der Dezimierung erhält man die Koeffizienten $cd_1$ der Details und die Koeffizienten $ca_1$ der Approximation der ersten Zerlegungsstufe. Die Detail-Koeffizienten werden für die Rekonstruktion zwischengespeichert und die Koeffizienten der Approximation werden in einer weiteren Stufe erneut zerlegt. Der Hochpasspfad, der dasselbe Analysefilter $H_1(z)$ wie in Stufe 1 einsetzt, ergibt nach der Dezimierung die Koeffizienten der Details $cd_2$ und der Tiefpasspfad, der wie in Stufe 1 das Analysefilter $H_0(z)$ benutzt, führt zu den Koeffizienten der Approximation $ca_2$ der zweiten Stufe.

Die Analyseseite hat somit drei Sequenzen von Werten erzeugt: $cd_1$, $cd_2$ und $ca_2$. Aus diesen kann man jetzt die Eingangssequenz perfekt rekonstruieren, wenn die Filter entsprechend entwickelt wurden. Die Rekonstruktion (Abb. 4.83a) geschieht wie bei den Zweikanal-Filterbänken. Da man kausale Filter in der Realisierung einsetzt, muss man die Verzögerung der inneren Zweikanal-Filterbank im oberen Pfad hinzufügen, um die Signale für die Rekonstruktion zeitrichtig zusammenzufügen. Aus dem vorherigen Abschnitt ist bekannt, dass diese Verzögerung gleich $M = L - 1$ für Filter gleicher Länge $L$ ist, oder $M = (L_1 + L_2)/2 - 1$ für Analyse- und Synthesefilter der Längen $L_1$ bzw. $L_2$. Wenn nun eine Stufe hinzukommt, dann ist die Verzögerung des oberen Pfades gleich $(2 + 1)M = 3M$ wegen der unterschiedlichen

Abtastperiode. Eine weitere Stufe erfordert somit eine Verzögerung $(2+1)3M = 9M$ usw. In den Simulationen müssen diese Verzögerungen immer hinzugefügt werden.

Durch gezielte Veränderung der Koeffizienten $cd_1$, $cd_2$ und $ca_2$ vor der Rekonstruktion kann das ursprünglichen Signal manipuliert werden. So kann man z.B. annehmen, dass die Werte der Koeffizienten der Details $cd_1$, $cd_2$, die unter einer bestimmten Schwelle liegen, Rauschwerte seien und man kann diese bei der Rekonstruktion ausschließen. Das führt zu einer flexiblen, nichtlinearen Filterung des dem Signal überlagerten Rauschens.

Der Vorgang kann in derselben Art weiter geführt werden, indem die Koeffizienten der Approximationen $ca_2$ wieder in zwei Teile mit denselben Filtern, gefolgt von Dezimierungen, zerlegt werden. Als Zwischenwerte sind jetzt die vorherigen Details $cd_1, cd_2$ und die neuen Werte $cd_3$ bzw. $ca_3$ vorhanden.

*Abb. 4.84: Modell einer dyadischen asymmetrischen Filterbank in drei Stufen*
(mra1.m, mra_1.mdl)

In der diskreten Wavelet-Transformation DWT wird diese Zerlegung/Rekonstruktion als *Multi Resolution Analysis* MRA bezeichnet. Dabei wird von einer in der Länge begrenzten

Eingangssequenz ausgegangen [70]. Die Datenmenge in jeder Stufe der Analyse und Synthese bleibt dieselbe. Ausgehend von einer gegebenen Länge $N$ der Eingangssequenz ist die Anzahl der Stufen der Zerlegungen $p$ durch die Bedingung $N \geq 2^p$ begrenzt, denn die letzte Zerlegung muss naturgemäß mindestens einen Koeffizienten für die Approximation und einen für die Details ergeben.

Mit dem Programm `mra1.m` und dem Modell `mra_1.mdl` wird eine dyadische, asymmetrische Filterbank in drei Stufen untersucht. Dabei werden keine speziellen Blöcke aus der *dsplib* benutzt, sondern die Filterbank wird aus herkömmlichen Simulink-Blöcken aufgebaut.

Abb. 4.84 zeigt das Modell, das der Struktur aus 4.83a entspricht, allerdings eine zusätzliche Stufe enthält. Als Eingangssignal wird ein bandbegrenztes Zufallssignal mit einer Bandbreite von 100 Hz angelegt. Über einen *Gain*-Block wird eine Störung in Form von auf den Bereich 200 Hz bis 400 Hz bandbegrenztem Rauschen hinzugefügt. Das Modell benutzt eine Abtastfrequenz von $f_s = 1000$ Hz.

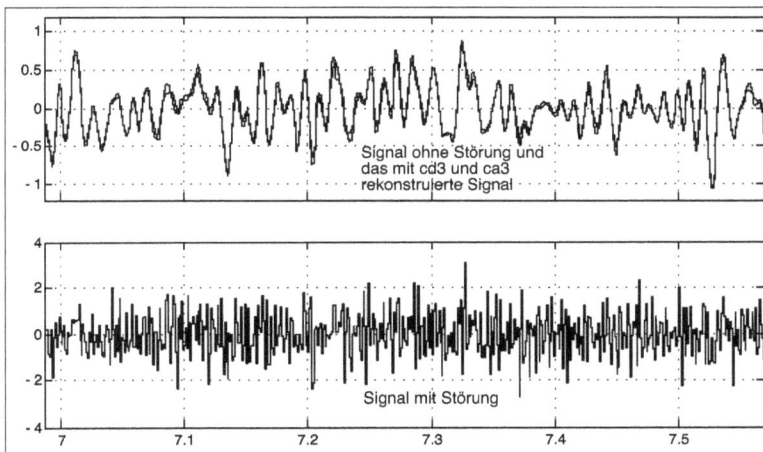

Abb. 4.85: *Signal ohne Störung und das aus $cd_3$ und $ca_3$ rekonstruierte Signal bzw. Signal mit Störung (*mra1.m, mra_2.mdl*)*

Die Filter wurden mit der Funktion **wfilters** aus der *Wavelet Toolbox* entwickelt:

```
wname = 'db8';
[h0,h1,g0,g1] = wfilters(wname)
```

Im Programm werden auch die Verzögerungen für die *Delay*-Blöcke berechnet:

```
L1 = length(h0);        L2 = length(g0);
L = (L1+L2)/2
delay1 = L-1;           delay2 = delay1*3;
delay3 = delay2*2+L-1
```

Sie werden in den Blöcken `Delay`, `Delay1`, `Delay2` und `Delay3` eingesetzt. Es sei erwähnt, dass weder Dezimierung, noch Expandierung die Dauer der Signale verändern. Mit der Dezimierung wird nur die Abtastperiode um den Faktor zwei vergrößert und die Expansion verkürzt durch Einfügen von Nullwerten die Abtastperiode um dem Faktor zwei.

Zunächst sollte man die Simulation ohne Rauschstörung durchführen, indem man den *Gain*-Faktor auf den Wert null setzt. In der Darstellung des Blocks *Scope* sieht man dann die perfekte Rekonstruktion. Wenn die Rauschstörung wieder hinzugefügt wird, wird die Summe des Nutz- und Rauschsignals rekonstruiert.

Um das Rauschen zu unterdrücken müssen die Detail-Koeffizienten der Zerlegung $cd1$, $cd2$, $cd3$ verändert werden. Im Modell `mra_2.mdl` werden die ersten zwei Detail-Koeffizienten mit den Blöcken *Dead Zone1* und *Dead Zone2* durch einen geeigneten Schwellwert unterdrückt. Die Rekonstruktion (Synthese) findet nur mit den Koeffizienten der Details $cd3$ und den Koeffizienten der Approximation $ca3$ statt.

*Abb. 4.86: Die Anteile des Signals im Frequenzbereich*

Abb. 4.85 zeigt oben das Eingangssignal ohne Störungsanteil und überlagert das aus $cd_3$ und $ca_3$ rekonstruierte Signal. Zum Vergleich ist in Abb. 4.85 unten das Signal mit Störung dargestellt, wobei die Störung so groß gewählt wurde, dass man das Nutzsignal nicht mehr erkennt.

Die dyadische Zerlegung entspricht einer Unterteilung des Frequenzbereichs in Oktaven, die in Abb. 4.86 skizziert ist. Der Nyquist-Bereich $0 \leq f \leq f_s/2$ wird in der ersten Stufe halbiert und die Anteile des Signals in der unteren Hälfte werden mit Hilfe der Koeffizienten $ca_1$ und die der oberen Hälfte mit Hilfe der Koeffizienten $cd_1$ dargestellt.

Danach wird die untere Hälfte weiter halbiert und die Anteile werden mit den Koeffizienten $cd_2$ bzw. $ca_2$ dargestellt. Diese Unterteilung entspricht der zweiten Stufe. Ähnlich werden in der dritten Stufe die Anteile der weiteren Halbierung mit den Koeffizienten $cd_3$ und $ca_3$ dargestellt.

Die aus der Analyseseite erhaltenen Anteile des Signals sind mit den Koeffizienten $cd_1$, $cd_2$, $cd_3$ und $ca_3$ dargestellt. Um diese Anteile zu sehen, muss man die Rekonstruktion auffächern, wie in Abb. 4.87 für die Zerlegung mit zwei Stufen gezeigt ist. Die Summe dieser Anteile ergibt das rekonstruierte Signal, allerdings ist in der aufgefächerten Form der Rekonstruktion der Aufwand größer.

Im Modell `mra_3.mdl` wird die Rekonstruktion in der aufgefächerten Form durchgeführt. Ohne Rauschstörung (*Gain*-Faktor null) sieht man dann am *Scope2*-Block die Anteile in den Oktavbändern der Zerlegung.

In Abb. 4.88 sind diese Anteile von oben nach unten in der Reihenfolge $d_1[kT_s]$, $d_2[kT_s]$, $d_3[kT_s]$, $a_3[kT_s]$ dargestellt. Das Signal besitzt signifikante Details nur in den Anteilen $d_2[kT_s]$ und $d_3[kT_s]$. Die Anteile $d_1[kT_s]$ sind in diesem Beispiel relativ klein (man beachte die Skala) und können bei der Rekonstruktion vernachlässigt werden.

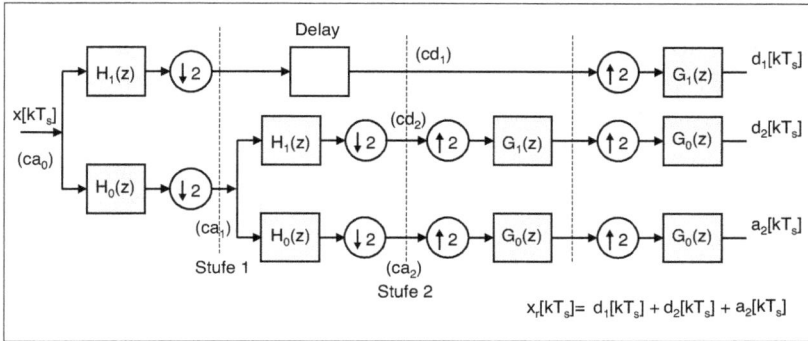

*Abb. 4.87: Rekonstruktion der Anteile, die den Frequenzbereichen entsprechen*

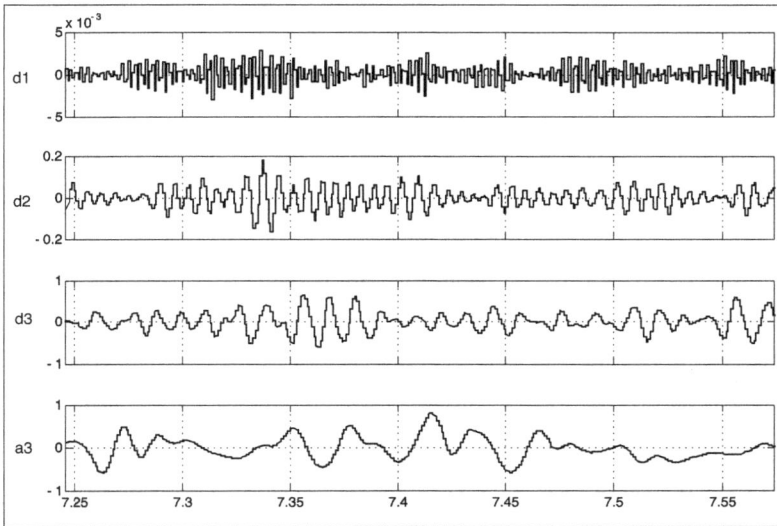

*Abb. 4.88: Anteile des Signals $d_1$, $d_2$, $d_3$ und $a_3$ (mra1.m, mra_3.mdl)*

Wenn man dieses Signal zu übertragen wünschte, müsste man nur die Koeffizienten der Details $cd_2$, $cd_3$ und die Koeffizienten der Approximation $ca_3$ übertragen. Für ein Signal mit z.B. 1000 Abtastwerten erhält man für die Koeffizienten $cd_1$ 500 Werte, für die Koeffizienten $cd_2$ 250 Werte und für die Koeffizienten $cd_3$ und $ca_3$ je 125 Werte. Für den Fall, dass man die Koeffizienten $cd_1$ nicht übertragen muss, spart man die 500 Werte dieser Koeffizienten: das Signal wurde komprimiert. Von den ursprünglichen 1000 Werten bleiben nur 500 zu übertragen oder zu speichern.

Um eine bessere Vorstellung zu erhalten, wie sich die Anteile im Ausgangssignal aus den Koeffizienten einer Zerlegung bilden, werden die Einheitspulsantworten jedes Pfades bis zum Ausgang ermittelt. In der Skizze aus Abb. 4.87 sind das die Pfade von $cd_1$ bis $d_1$, von $cd_2$ bis

$d_2$ und von $ca_2$ bis $a_2$.

Es ist klar, dass die Einheitspulsantwort des Pfades von $cd_1$ bis $d_1$ gleich der Einheitspulsantwort des Filters $G_1(z)$ ist, also $g_1(n)$. Für den Pfad von $cd_2$ bis $d_2$ erhält man als Zwischenantwort zunächst $g_1(n)$, die danach durch Expandierung und Filterung mit $G_0(z)$ interpoliert wird.

Der letzte Pfad aus Abb. 4.87 enthält zweimal das Synthese-Tiefpassfilter $G_0(z)$. Die Einheitspulsantwort $g_0(n)$ des ersten Synthese-Tiefpassfilters wird, wie im Pfad zuvor, durch Expandierung und Filterung mit $G_0(z)$ interpoliert.

*Abb. 4.89: Einheitspulsantworten der Rekonstruktionspfade* (sc_wa1.m, scale_wavelet.m)

Obwohl die Koeffizienten mit verschiedenen Abtastperioden aus der Analyse hervorgehen, wird durch die Interpolierung sichergestellt, dass die aus den Pfaden erhaltenen Anteile die ursprüngliche Abtastperiode des Eingangssignals besitzen. Wenn man mit $T_s$ die Abtastperiode des Eingangssignals bezeichnet, so besitzen die Koeffizienten (Teilsignale) aus Abb. 4.87 folgende Abtastperioden:

| | | |
|---|---|---|
| $cd_1$ | besitzt die Abtastperiode | $2T_s$ |
| $cd_2$ | besitzt die Abtastperiode | $4T_s$ |
| $ca_2$ | besitzt die Abtastperiode | $4T_s$ |

Im Programm sc_wa1.m werden für eine asymmetrische Filterbank mit drei Stufen die Einheitspulsantworten für orthogonale Filter ermittelt. Das Programm benutzt die Funktion `scale_wavelet`, die für gegebene Filter h0, h1, g0, und g1 die Einheitspulsantworten der Pfade mittels Iteration über die Anzahl der Stufen berechnet. Dabei treten als Zwischenergebnisse sogenannte `phi`- und `psi`-Antworten [70] auf. Bei einer `phi`-Antwort erfolgt zunächst eine Expansion gefolgt von einer Filterung mit $G_0(z)$ und weiter für jede Iteration eine Expansion und Filterung mit $G_0(z)$, während bei einer `psi`-Antwort die erste Iteration aus einer Expansion gefolgt von einer Filterung mit $G_1(z)$ besteht und die folgenden Iterationen, wie bei den `phi`-Antworten auch, aus Expansion und Filterung mit $G_0(z)$ bestehen (vgl. auch Abb. 4.87).

Abb. 4.89 zeigt in der ersten Spalte die Einheitspulse am Eingang der Rekonstruktionspfade für die Koeffizienten $cd_1$, $cd_2$, $cd_3$ und $ca_3$ und in der mittleren Spalte die entsprechenden Einheitspulsantworten. Für die gezeigte Reihenfolge besitzen die Koeffizienten die Abtastperioden $2T_s$, $4T_s$, $8T_s$ und nochmals $8T_s$.

Die ersten drei Einheitspulsantworten, deren Summe über alle Abtastwerte gleich null ist, entsprechen Hochpassfiltern. Wenn die Anzahl der Iterationen groß wird, erhält man als Hülle die Funktion rechts oben, die in der Wavelet-Theorie [70] durch $\psi(t)$ bezeichnet ist und die sogenannte *Wavelet*-Funktion darstellt. Die ersten drei Einheitspulsantworten kann man als Abtastwerte von ausgedehnten $\psi(t)$ Funktionen betrachten. Die erste Einheitspulsantwort entspricht der Funktion $\psi(2^{-1}t)$, die zweite entspricht der Funktion $\psi(2^{-2}t)$ und die dritte entspricht der Funktion $\psi(2^{-3}t)$ und hat die größte Ausdehnung.

Die letzte Einheitspulsantwort, deren Summe über alle Abtastwerte verschieden von null und in diesem Fall gleich acht ist, entspricht einem Tiefpassfilter. Für sehr viele Iterationen erhält man als Hülle die in der Abbildung rechts unten dargestellte Funktion, die in der Wavelet-Theorie mit $\phi(t)$ bezeichnet wird und die sogenannte *Scaling*-Funktion darstellt. Die letzte Einheitspulsantwort erhält man durch Abtasten der *Scaling*-Funktion $\phi(2^{-3}t)$.

Die *Wavelet*- und die *Scaling*-Funktion sind nur von den eingesetzten Filtern abhängig und in dem gezeigten Fall entsprechen sie den Daubechies-Funktionen, die in der *Wavelet Toolbox* mit `'db4'` bezeichnet sind.

Formelmäßig erhält man die Abtastwerte des rekonstruierten Signals durch folgende Beziehung:

$$x_r(t)|_{t=kT_s} = \sum_{k=0} ca_3(k2^3T_s)\phi(2^{-3}t - kT_s) + $$

$$\sum_{i=1}^{3}\sum_{k=0} cd_i(k2^iT_s)\psi(2^{-i}t - kT_s)\big|_{t=kT_s} \qquad (4.98)$$

Die Summe mit dem Index $k$ erstreckt sich über alle Koeffizienten. Diese Beziehung unterscheidet sich ein wenig von der üblicherweise in der Literatur angegebenen Form, indem hier der Bezug zur Abtastperiode $T_s$ des Eingangssignals dargestellt wird. So ist z.B. die Abtastperiode der Koeffizienten $cd_2$, die gleich $2^2T_s$ ist, explizit angegeben.

Abb. 4.90a zeigt als Beispiel, wie sich aus den Koeffizienten $ca_3$ die entsprechende Komponente im Ausgangssignal mit Hilfe der *Scaling*-Funktion bildet. Ähnlich sieht man in Abb. 4.90b die Zusammensetzung der *Wavelet*-Funktionen für die Komponente, die aus den Koeffizienten $cd_2$ hervorgeht.

Die Funktionen $\phi(2^{-i}t)$ und $\psi(2^{-i}t)$ mit $i \in \mathbb{Z}$ sind gedehnte ($i \geq 0$) oder gestauchte ($i < 0$) Versionen der Funktionen $\phi(t)$ und $\psi(t)$. Die Abtastwerte des Eingangssignals betrachtet man als Koeffizienten einer Approximation $ca_0$, bei der die *Scaling*-Funktion die Impuls-

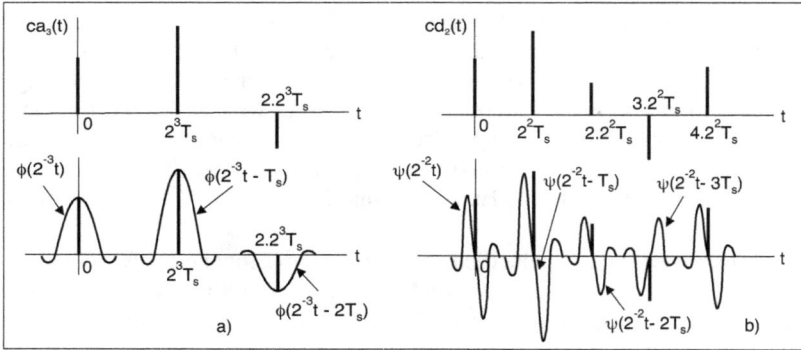

*Abb. 4.90: Beispiel für die Bildung der Anteile (der Komponenten) mit Hilfe der Koeffizienten*

funktion ist.

Abb. 4.90 ist nur eine Skizze, mit der gezeigt wird, wie die Koeffizienten über die *Scaling-* bzw. *Wavelet*-Funktionen die Komponenten in dem Ausgangssignal ergeben. Die *Scaling*-Funktionen sind interpolierende Funktionen und daher muss man sich die realen *Scaling*-Funktionen viel ausgedehnter vorstellen als die, die in Abb. 4.90a gezeigt sind. Praktisch arbeitet man nur mit den Filtern und der Bezug zu den *Wavelet-* und *Scaling*-Funktionen wird nicht explizit benötigt.

Die Programme `sc_wa1.m` und die Funktion `scale_wavelet.m` werden nicht weiter kommentiert. Sie enthalten Funktionen, die schon vorher eingeführt wurden.

Die symmetrischen Filterbänke, für die in Abb. 4.83b ein Beispiel mit zwei Stufen gezeigt ist, werden ähnlich behandelt. Die Komponenten, die durch die Koeffizienten $cdd_2$, $cda_2$, $cad_2$, $caa_2$ dieses Beispiels dargestellt werden, entsprechen einer gleichförmigen Unterteilung des Nyquist-Bereichs wie in Abb. 4.91 dargestellt.

*Abb. 4.91: Frequenzbänder der Komponenten einer symmetrischen Filterbank mit zwei Stufen*

In der *DSP System Toolbox* und der *dsplib* gibt es in der Unterbibliothek *Filters/Multirate Filters/Multirate Filtering/Demos* einige Demonstrationen mit den Filterbänken dieses Blocksets. So wird z.B. im Modell `dspwdnois` eine Rauschunterdrückung mit einer Filterbank gezeigt und im Modell `dspwpr` eine perfekte Rekonstruktion mit einer Filterbank simuliert.

# Experiment 4.9: Signalkonditionierung mit Filterbänken

In diesem Experiment wird mit MATLAB-Funktionen eine Rausch- und Artefaktunterdrückung mit Hilfe einer asymmetrischen Filterbank der Form aus Abb. 4.83a entwickelt. Die MATLAB-Funktionen stammen aus der *Wavelet Toolbox*. Das zu verbessernde Signal stellt Messungen der Kohlenmonoxid-Konzentrationen in einer Stadt dar [28]. Abb. 4.92 zeigt ein typisches, normiertes Signal bestehend aus Messungen im Abstand von 6 Sekunden über 8 Stunden.

Im Programm `co_1.m` wird das Signal exemplarisch mit einer asymmetrischen Filterbank konditioniert. Damit das Programm einfach und leicht verständlich bleibt, wird die Zerlegung über 6 Stufen festgelegt.

*Abb. 4.92: Typisches Signal* (`co_1.m`)

Das Programm beginnt mit dem Einlesen des Signals:

```
load('cs2');     % Signal cs2.mat
ncs2 = length(cs2);
```

Nach der Darstellung (Abb. 4.92) werden die Koeffizienten der Zerlegung mit der Funktion **wavedec** und mit den Wavelet-Filtern Typ `db4` ermittelt:

```
N = 6;              wave_name = 'db4';
[C,L] = wavedec(cs2,N,'wave_name');% Koeffizienten der Zerlegung
```

Im Vektor C werden die Koeffizienten der Zerlegung in der Reihenfolge und der Größe, die im Vektor L beschrieben sind, gespeichert. Diese Parameter bilden die Argumente für die nachfolgenden Funktionen.

Die Approximations- und Detail-Endkomponenten der Zerlegung (nicht die Koeffizienten) können mit der Funktion **wrcoef** ermittelt werden:

```
a1 = wrcoef('a',C,L,'wave_name',1);    % Approximationskomponente
a2 = wrcoef('a',C,L,'wave_name',2);
......
d1 = wrcoef('d',C,L,'wave_name',1);    % Detailkomponenten
d2 = wrcoef('d',C,L,'wave_name',2);
......
```

In der Erläuterung der Funktion (über **help wrcoef** erhalten),

```
WRCOEF Reconstruct single branch from 1-D wavelet coefficients.
WRCOEF reconstructs the coefficients of a 1-D signal,
given a wavelet decomposition structure (C and L) and either a
specified wavelet ('wname', see WFILTERS for more information)
or specified reconstruction filters (Lo_R and Hi_R).
```

führt die Aussage, dass hier die Koeffizienten berechnet werden, zu Verwirrung, da die Abtastwerte der Endkomponenten (*single branch*) auch als Koeffizienten in der *Wavelet Toolbox* bezeichnet werden.

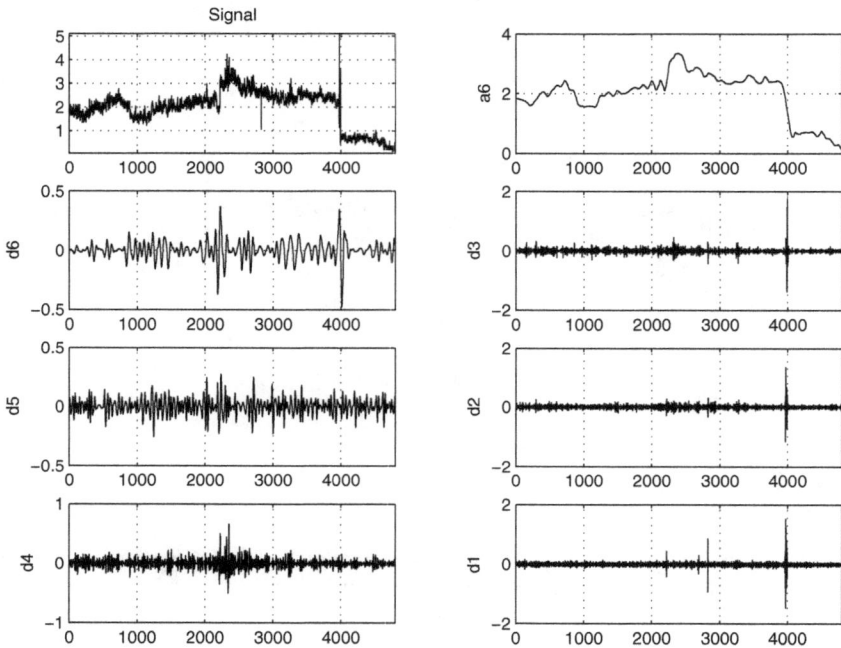

*Abb. 4.93: Die Endkomponenten der asymmetrischen Zerlegung (co_1.m)*

Abb. 4.93 zeigt das Signal und die Endkomponenten der asymmetrischen Zerlegung. Sie haben die gleiche Länge wie das ursprüngliche Signal und entsprechen den Endkomponenten $d_1[kT_s], d_2[kT_s], a_2[kT_s]$ aus Abb. 4.87a für den Fall einer Zerlegung mit zwei Stufen. Die letzte End-Approximationskomponente $a_6$ stellt eine Tiefpasskomponente dar. Die End-Detailkomponenten sind Bandpasskomponenten ($d_2, d_3, d_4, d_5, d_6$) bzw. eine Hochpasskomponente ($d_1$), ähnlich den Komponenten der Skizze aus Abb. 4.86, die für 3 Stufen gilt.

Die Korrelationskoeffizienten [5], [4] zwischen dem Signal und der Approximationskomponente bzw. dem Signal und den Detailkomponenten werden mit der Funktion **corrcoeff** ermittelt:

```
rcoef_sa = corrcoef([cs2,a1,a2,a3,a4,a5,a6]);
rcoef_sd = corrcoef([cs2,d1,d2,d3,d4,d5,d6]);
```

Abb. 4.94 zeigt die Werte dieser Korrelationskoeffizienten. Wie man sieht, sind die Approximationen sehr stark mit dem Signal korreliert. Die entsprechenden Werte liegen zwischen 0.98 und 0.99. Das Signal und die Details sind weniger korreliert (Werte von ca. 0.1) und die Details untereinander sind praktisch nicht korreliert (Werte unter 0.0001). Man kann also die Details als Rauschen ansehen.

```
rcoef_sa =
   1.0000   0.9958   0.9918   0.9856   0.9798   0.9759   0.9703
   0.9958   1.0000   0.9960   0.9898   0.9839   0.9800   0.9744
   0.9918   0.9960   1.0000   0.9938   0.9879   0.9840   0.9784
   0.9856   0.9898   0.9938   1.0000   0.9941   0.9902   0.9845
   0.9798   0.9839   0.9879   0.9941   1.0000   0.9961   0.9904
   0.9759   0.9800   0.9840   0.9902   0.9961   1.0000   0.9943
   0.9703   0.9744   0.9784   0.9845   0.9904   0.9943   1.0000
                         (a₂,a₆)            (a₄,a₅)

rcoef_sd =
   1.0000   0.0917   0.0890   0.1104   0.1070   0.0845   0.0985
   0.0917   1.0000   0.0003   0.0000   0.0000   0.0000   0.0000
   0.0890   0.0003   1.0000   0.0004   0.0000   0.0001   0.0000
   0.1104   0.0000   0.0004   1.0000  -0.0001   0.0001   0.0000
   0.1070   0.0000   0.0000  -0.0001   1.0000   0.0012   0.0005
   0.0845   0.0000   0.0001   0.0001   0.0012   1.0000  -0.0011
   0.0985   0.0000   0.0000   0.0000   0.0005  -0.0011   1.0000
                         (d₆,d₁)            (d₃,d₄)
```

*Abb. 4.94: Die Korrelationskoeffizienten zwischen Signal und Approximationen bzw. zwischen Signal und Details (co_1.m)*

*Abb. 4.95: Das Signal und die Koeffizienten $cd_1$, $cd_2$, $cd_6$ und $ca6$ (co_1.m)*

Mit der Funktion **appcoef** werden die Koeffizienten der Approximationen und mit **detcoef** werden die Koeffizienten für die Details ermittelt. Das sind praktisch die Komponenten der Zerlegung mit den entsprechenden Dezimierungen (wie in Abb. 4.83a für nur zwei Stufen gezeigt ist).

Für die Rekonstruktion benötigt man die Koeffizienten der letzten Approximation und alle Koeffizienten der Details:

```
ca6 = appcoef(C,L,wave_name,6);  % Koeff. der Approximation a6
[cd1,cd2,cd3,cd4,cd5,cd6] = detcoef(C,L,[1,2,3,4,5,6]);
                                 %Koeff. der Details
```

Abb. 4.95 zeigt das ursprüngliche Signal und einige der Koeffizienten ($cd_1, cd_2$ und $cd_6$ bzw. $ca_6$) der Zerlegung. In der Darstellung ist durch die unterschiedliche Fensterlänge auch angedeutet, dass sich die Anzahl der Koeffizienten nach jeder Stufe (wegen der Dezimierung mit dem Faktor 2) halbiert.

Um das Rauschen zu unterdrücken genügt es, die Rekonstruktion ohne die Koeffizienten der Details $cd_1, cd_2, cd_3, cd_4$ und $cd_5$ zu realisieren. Mit den Koeffizienten der Details $cd_6$ kann man einige Details in die Rekonstruktion einbringen.

*Abb. 4.96: Das ursprüngliche und das aus den begrenzten Koeffizienten $cd_6$ und Koeffizienten $ca_6$ rekonstruierte Signal (co_1.m)*

Um die Artefakte, die nach Weglassen der Details $cd_1, \ldots, cd_5$ noch geblieben sind, zu unterdrücken, muss man die großen Werte der Koeffizienten $cd_6$ begrenzen. Mit

```
schwelle = 1.0;     % Begrenzung der Details cd6
k = find(cd6 > schwelle | cd6 < -schwelle);
cd6(k) = sign(cd6(k))*schwelle;
```

wird die Begrenzung realisiert. Die restlichen Koeffizienten der Details werden auf null gesetzt:

```
cd1 = zeros(length(cd1),1);    cd2 = zeros(length(cd2),1);
cd3 = zeros(length(cd3),1);    cd4 = zeros(length(cd4),1);
cd5 = zeros(length(cd5),1);
```

Die Rekonstruktion wird mit der Funktion **waverec** vollzogen:

```
sr = waverec([ca6;cd6;cd5;cd4;cd3;cd2;cd1],L,wave_name);
```

Abb. 4.96 zeigt oben das ursprüngliche und unten das rekonstruierte Signal bei einer Begrenzungsschwelle von eins.

In der *Wavelet Toolbox* gibt es die Funktion **ddencmp** für die Bestimmung der Parameter, die man in die Funktion **wdencmp** einsetzen kann, um eine Unterdrückung des Rauschens oder eine Kompression zu erhalten. Am Ende des Programms co_1.m werden diese Funktionen exemplarisch für das gleiche Signal eingesetzt und das Ergebnis wird dargestellt. Die eingesetzten Schwellen werden automatisch berechnet [47] oder sie können vorgegeben werden.

*Abb. 4.97: Die Bedienoberfläche für die Analyse von 1-D Wavelet-Zerlegungen*

Der Leser wird ermutigt, sich über das Hilfesystem mit den Parametern der Befehle **ddencmp** und **wdencmp** vertraut zu machen und dann mit diesen Funktionen zu experimentieren. Eine andere Möglichkeit bietet die Bedienoberfläche der *Wavelet Toolbox*. Über den Aufruf

**wavemenu** startet man die Bedienoberfläche, um mit den *Wavelet*-Funktionen zu arbeiten. In diesem Fenster wählt man dann *Wavelet 1-D*, um das Fenster zu öffnen, das die Analyse und Synthese mit asymmetrischen *Wavelet*-Filterbänken erlaubt. Über *File/Load* kann ein beliebiges Signal (als mat-Datei, wie z.B. `cs2.mat`) geladen werden.

Danach wählt man die *Wavelet*-Funktion , wie z.B. `'db'` Typ 4, und die Anzahl der Stufen der Zerlegung, z.B. *Level* = 6. Mit *Analyse* wird die Zerlegung gestartet und die Endkomponenten der Zerlegung werden dargestellt, wie in Abb. 4.97 gezeigt.

Wenn die Option *De-noise* aktiviert wird, öffnet sich ein neues Fenster (Abb. 4.98) in dem links die Koeffizienten der Details zusammen mit horizontalen Linien dargestellt sind. Die Linien entsprechen den Schwellen, mit denen man signifikante Werte für die Rekonstruktion angibt. Sie lassen sich direkt mit der Maus oder über Schieberegler verändern.

*Abb. 4.98: Die Bedienoberfläche für die Einstellung der Rauschunterdrückung*

In der Mitte oben sind das ursprüngliche Signal in rot und das rekonstruierte Signal in gelb überlagert dargestellt. Man kann so gleich das Ergebnis beurteilen. Darunter sind die Koeffizienten der Zerlegung in einer 3-D Darstellung gezeigt, wobei die hellen Balken große absolute Werte repräsentieren. Die *Level number* zeigt mit $1, 2, ..., 6$ für welche Koeffizienten der Details ($cd_1, cd_2, ..., cd_6$) die Balken in den horizontalen Bereichen gelten. Weitere Optionen und

Funktionen der Bedienoberfläche können durch Experimentieren leicht erkundet werden.

# 4.10 CIC-Dezimierungs- und Interpolierungsfilter

CIC-[11]-Filter [29], [53], [42] bieten eine Lösung zur Dezimierung und Interpolierung an, bei der man ohne Multiplikationen auskommt und die in FPGAs[12] relativ einfach zu implementieren ist. In diesem Abschnitt werden die Grundlagen der CIC-Filter beschrieben und mit Experimenten erläutert. Danach wird auf ein Modell mit CIC-Blöcken aus dem *Signal Processing Blockset* eingegangen.

## 4.10.1 Das laufende Summierungsfilter

Das einfachste FIR-Filter ist das laufende Summierungsfilter, in der Literatur als *Recursive-Running-Sum-* oder *Boxcar*-Filter bekannt. Im Zeitbereich wird der Ausgang einfach als Summe über $M$ Eingangswerte ermittelt. Aus

$$y[k] = x[k] + x[k-1] + x[k-2] + \dots x[k-M+1] \tag{4.99}$$

und

$$y[k-1] = x[k-1] + x[k-2] + x[k-3] + \dots x[k-M] \tag{4.100}$$

kann eine rekursive Form für dieses Filter abgeleitet werden:

$$y[k] - y[k-1] = x[k] - x[k-M] \tag{4.101}$$

Nach der z-Transformation wird das Filter mit folgender Übertragungsfunktion beschrieben:

$$Y(z) = \frac{1 - z^{-M}}{1 - z^{-1}} X(z) = \left(\frac{1}{1 - z^{-1}}\right)(1 - z^{-M})X(z) \tag{4.102}$$

Der erste Faktor $H_1(z) = 1/(1 - z^{-1})$ aus Gl. (4.102) stellt einen Integrierer dar und der zweite Faktor $H_2(z) = (1 - z^{-M})$ ist ein Kamm- oder *Comb*-Filter [53]. Der Name Kammfilter bezieht sich auf den typischen, kammförmigen Amplitudengang dieses Filters, der z.B. für $M = 10$ in Abb. 4.99 dargestellt ist und durch folgende Programmsequenz (kamm_1.m) erzeugt wird:

```
M = 10;
zaehler = [1, zeros(1,M-1),-1];    nenner = 1;
nfft =256;
[H,w]= freqz(zaehler, nenner, nfft, 'whole');
figure(1);    clf;
subplot(211), plot(w/(2*pi), 20*log10(abs(H)));
    title(['Amplitudengang, M = ',num2str(M)]);
    xlabel('f/fs');    grid;
subplot(212), plot(w/(2*pi), angle(H));
    title(['Phasengang']);
    xlabel('f/fs');    grid;
```

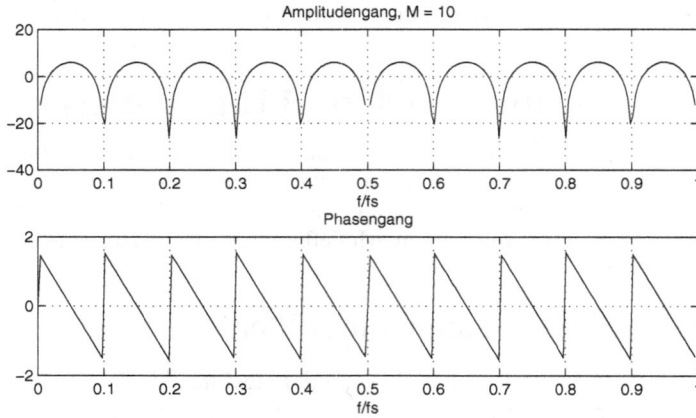

*Abb. 4.99: Frequenzgang des Kammfilters (M = 10) (kamm_1.m)*

Der Amplitudengang besitzt für $M = 10$ zehn Kammzähne mit einer Verstärkung $A = 2$ für jeden Zahn. Wenn die Übertragungsfunktion so verändert wird, dass der Koeffizient von $z^{-M}$ positives Vorzeichen hat, also $H_2'(z) = 1 + z^{-M}$, so erhält man ebenfalls ein Kammfilter, jetzt aber mit Tiefpasscharakter. Das Programm kamm_1.m kann leicht geändert werden, um dieses Verhalten nachzubilden. Der Frequenzgang besitzt für $M = 10$ auch zehn Kammzähne, die aber bei $f = 0$ mit einem halben Zahn beginnen, der dann bei $f = f_s$ mit der anderen Hälfte vervollständigt wird (kamm_2.m).

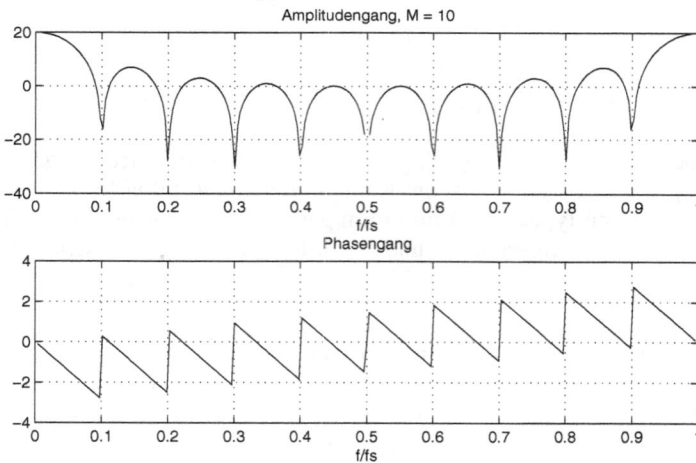

*Abb. 4.100: Frequenzgang des laufenden Summierers (M = 10) (lauf_summ1.m)*

---

[11] *Cascaded-Integrator-Comb*
[12] *Field-Programmable-Gate-Array*

Das Kammfilter bildet zusammen mit dem Integrierer nach Gl. (4.102) ein Tiefpassfilter (*Running-Summ*-Filter) mit einem Frequenzgang, der in Abb. 4.100 für $M = 10$ dargestellt ist. Er wurde mit dem Programm `lauf_summ1.m` erzeugt. Die erste Nebenkeule ist unabhängig von $M$ um nur 13 dB gedämpft und somit ist dieses Tiefpassfilter relativ schlecht. Es hat aber den großen Vorteil, dass es mit Abschnitten implementiert werden kann, in denen keine Multiplikationen vorkommen, weil die Koeffizienten alle den Wert eins haben. Abb. 4.101 zeigt die Struktur eines laufenden Summierungsfilters mit $M = 4$, das also die laufende Summe über 4 Eingangswerte ermittelt.

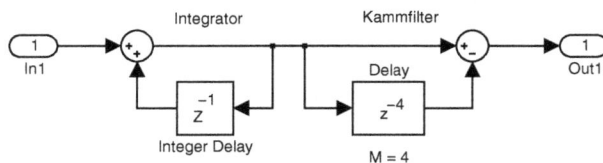

*Abb. 4.101: Running-Sum-Filter*

Um höhere Flexibilität zu haben, wird die Anzahl der Eingangswerte $M$ für die laufende Summe durch $M \cdot R$ ersetzt, wobei $R$ ebenfalls eine natürliche Zahl ist. Im Bereich der z-Transformation wird das Filter jetzt mit folgender Übertragungsfunktion dargestellt:

$$Y(z) = \frac{1 - z^{-MR}}{1 - z^{-1}} X(z) \qquad (4.103)$$

Prinzipiell hat sich dadurch nichts geändert, es wird aber später gezeigt, wie man diese Zerlegung der Anzahl der summierten Eingangswerte geschickt beim Einsatz dieses Filters für die Dezimierung und Interpolierung benutzen kann.

## 4.10.2 Die Dezimierung mit CIC-Filtern

Abb. 4.102 zeigt die äquivalenten Strukturen einer Dezimierung, die auf der *Noble Identity* basiert [1]. Im CIC-Filter ist die Übertragungsfunktion des Kammfilters eine Funktion von $z^{MR}$: $H_C(z) = (1 - z^{MR})$ und erlaubt die Anwendung der *Noble Identity*. Eine Dezimierung um den Faktor $R$ kann zwischen Integrierer und Kammfilter vorgezogen werden und führt dazu, dass das Kammfilter ein Verzögerungsglied um $M$ Abtastperioden statt um $M \cdot R$ Abtastperioden benötigt. Gleichzeitig wird es bei einer um den Faktor $R$ niedrigeren Abtastfrequenz arbeiten.

In Abb. 4.103a ist beispielhaft die gewöhnliche Struktur einer Dezimierung mit einem laufenden Summierungsfilter für $M = 4, R = 4$ dargestellt, während in Abb. 4.103b die äquivalente Struktur dargestellt ist, bei der das Kammfilter mit der dezimierten Abtastfrequenz ($f'_s = f_s/R$) arbeitet und somit Rechenaufwand spart.

Bei der Dezimierung kommt es zu Überfaltungen, da der Tiefpasscharakter des laufenden Summierungsfilters, wie bereits erwähnt, bescheiden ist. Allerdings ist durch die Wahl von $R$ als Teiler der Filterordnung $M \cdot R$ sichergestellt, dass sich um die Frequenz $f = 0$ die Nullstellen des Amplitudengangs zurückfalten. Da in einem kleinen Bereich um diese Nullstellen der Amplitudengang sehr steil ist, hat man dort wenig Überfaltungen. Man kann diese Bereiche

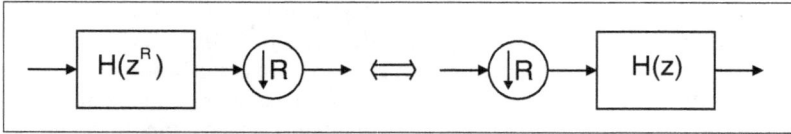

*Abb. 4.102: Äquivalente Formen der Dezimierung ( „Noble Identity")*

vernachläßigbarer Überfaltung vergrößern, indem mehrere Stufen von Integrierern und Kamm-filtern kaskadiert werden. In Abb. 4.104 ist ein Beispiel für Kammfilter mit $M = 4, R = 4$, die in drei Stufen ($N = 3$) angeordnet sind, dargestellt.

*Abb. 4.103: a) Dezimierung mit CIC-Filter als Tiefpassfilter; b) Äquivalente Form*

Die allgemeine Übertragungsfunktion für $N$ Stufen ist dann:

$$Y(z) = \left(\frac{1 - z^{-MR}}{1 - z^{-1}}\right)^N X(z) \tag{4.104}$$

Die Struktur aus Abb. 4.104 trägt den Namen *Cascaded-Integrator-Comb*-Dezimierer (kurz CIC-Dezimierer). Eine ähnliche Struktur gibt es auch für den *Cascaded-Integrator-Comb*-Interpolierer, kurz CIC-Interpolierer.

Der Frequenzgang des Dezimierungsfilters mit einer Stufe ($N = 1$) kann leicht aus der Übertragungsfunktion (4.103) ermittelt werden. Die Variable $z$ wird durch $e^{j2\pi f/f_s}$ ersetzt und mit Hilfe der Euler-Formel erhält man:

$$H(e^{j2\pi f/f_s}) = e^{-j\pi f/f_s(MR-1)} \frac{sin(\pi f/f_s MR)}{sin(\pi f/f_s)} \tag{4.105}$$

Wenn $N$ Stufen eingesetzt werden, dann potenziert sich dieser Frequenzgang:

$$H_N(e^{j2\pi f/f_s}) = e^{-j\pi(f/f_s)(MR-1)N} \frac{sin^N(\pi(f/f_s)MR)}{sin^N(\pi(f/f_s))} \tag{4.106}$$

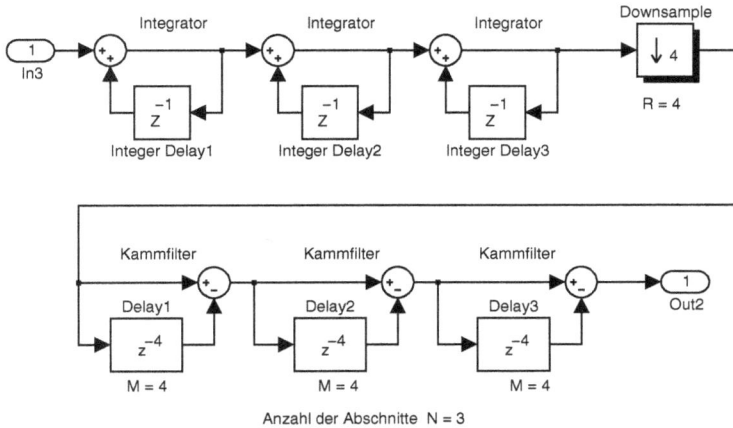

*Abb. 4.104: CIC-Dezimierungsfilter mit N = 3 Stufen*

Für kleine Werte der relativen Frequenz $f/f_s$, für die $sin(\pi(f/f_s)) \cong \pi(f/f_s)$ ist, entspricht der Frequenzgang einer $(sin(x)/x)^N$-Funktion, die zu einer besseren Dämpfung in der Umgebung der Nullstellen im Vergleich zur Dämpfung der $sin(x)/x$-Funktion führt.

Das Ergebnis kann auch mit Hilfe von $sin(x)/x$-Funktionen, die in MATLAB als **sinc** verfügbar sind, ausgedrückt werden:

$$H_N(e^{j2\pi f/f_s}) = (MR)^N e^{-j\pi(f/f_s)(MR-1)N} \left( \frac{sinc(\pi(f/f_s)MR)}{sinc(\pi(f/f_s))} \right)^N \qquad (4.107)$$

Wie man im Exponentialterm erkennt, besitzt das Filter lineare Phase und der Frequenzgang kann durch die drei Parameter $R, M$ und $N$ gesteuert werden. Mit dem MATLAB-Programm `cic_freq1.m` kann man den Amplitudengang abhängig von diesen Parametern darstellen. Die Funktion stellt auch überlagert den Frequenzgang des Filters mit $N + 1$ Stufen dar, um den Gewinn in der Dämpfung durch eine zusätzliche Stufe hervorzuheben (Abb. 4.105a).

Die Darstellungen sind relativ zur Verstärkung bei $f = 0$:

$$H_N(1) = (MR)^N \qquad (4.108)$$

skaliert.

Der Frequenzgang wird mit folgenden Programmzeilen berechnet:

```
fr = 0:0.001:1;              % Relative Frequenz
gain = (M*R)^N;              % Verstärkung bei f = 0
H=gain*exp(-j*pi*fr*(M*R-1)*N).*...
      ((sinc(fr*M*R)./sinc(fr)).^N);
betrag = abs(H);            phase = angle(H);
```

Abb. 4.105a zeigt den Amplitudengang eines CIC-Dezimierungsfilters mit $R = 4, M = 4$ und $N = 3$ zusammen mit dem Amplitudengang des Filters, das $N + 1 = 4$ Stufen besitzt. Mit steigender Anzahl $N$ der Stufen verbessert sich die Dämpfung der Nebenkeulen. Die Frequenzen der Nullstellen des Amplitudengangs sind Vielfache der Frequenz der ersten Nullstelle

*Abb. 4.105: a) Amplitudengang eines CIC-Dezimierungsfilters* (cic_freq1.m); *b) Struktur einer Dezimierung mit CIC-Filter; c) Frequenzgänge mit Aliasing-Bereichen; d) Zusammensetzung der Frequenzgänge von CIC- und FIR-Filter*

bei $f/f_s = 1/(MR)$. Für das als Beispiel verwendete Filter ist diese relative Frequenz gleich $f/f_s = 1/16 = 0.0625$.

Durch die Dezimierung entstehen Überfaltungen (*Aliasing*). Diese sind wegen der besonderen Lage der Nullstellen des CIC-Filters in einer engen Umgebung der Frequenz $f = 0$ klein. Sie sind umso kleiner, je höher $N$ ist. Dennoch ist der nutzbare Frequenzbereich (in Abb. 4.105 grau hinterlegt) durch ein dem CIC-Filter nachgeschaltetes FIR-Filter zu begrenzen.

Ein hoher Wert für $N$ hat aber auch den Nachteil, dass die Frequenzen am oberen Rand des Durchlassbereichs eine größere Dämpfung erfahren. Das nachgeschaltete FIR-Filter muss damit auch die Aufgabe übernehmen, diese Dämpfungen zu kompensieren. Dieses Filter wird daher auch *Compensation*-FIR oder kurz CFIR-Filter genannt.

Für $M = 1$ ist die erste Nullstelle des CIC-Filters genau bei der Frequenz $f_s/R$, die auch die neue Abtastfrequenz $f'_s$ nach dem Dezimierer ist (Abb. 4.105b). Um Aliasing zu vermeiden, muss die relative Bandbreite des FIR-Filters $f_p$ deutlich kleiner als $f'_s/2$ oder $f_s/(2R)$ sein. Sie ist in Abb. 4.105c grau hinterlegt.

Abb. 4.105d zeigt die Zusammensetzung der Frequenzgänge des CIC- und des FIR-Filters bezogen auf die Abtastfrequenz $f_s$. Wie Abb. 4.105c und d zeigen, ergibt sich abhängig von der entstandener Lücke im Amplitudengang nach der Filterung mit dem FIR-Filter eine weitere Möglichkeit zur Dezimierung, gewöhnlich mit einem Faktor 2 bis 4.

## Experiment 4.10: CIC-Dezimierung und FIR-Kompensationsfilter

Im Programm `CIC_dezim1.m` wird das CIC-Filter als Multiraten-Objekt `Hm` mit der Funktion **mfilt.cicdecim** aus der *DSP System Toolbox* erzeugt:

```
R = 10;        % Dezimierungsfaktor
M = 1;         % Verzoegerung im Kammfilter (Differential-Delay)
N = 5;         % Anzahl der Stufen
% -------- CIC-Filter über die Funktion mfilt.cicdecim
Hm = mfilt.cicdecim(R,M,N);    % Hm ein Objekt
```

Danach wird die Verstärkung `gain` bei $f = 0$ abgefragt und der Frequenzgang wird mit der Funktion **freqz** ermittelt und dargestellt.

```
gain = Hm.gain;    % Verstärkung des Filters
nfft = 2048;
[Hcic,w]=freqz(Hm,nfft,'whole');    % Frequenzgang des Filters
```

Für das Nutzsignal wird eine relative Durchlassfrequenz am Eingang der Dezimiererstruktur von $f_p/f_s = 0.01$ (`fnutz = 0.01`) angenommen. Das CFIR-Kompensationsfilter, das bei der dezimierten Abtastfrequenz $f'_s = f_s/R$ arbeitet, wird mit einer relativen Durchlassfrequenz `fp` bezogen auf dem Nyquist-Bereich von $f/f'_s = 0$ bis $f/f'_s = 0.5$ spezifiziert:

```
fp = 2*fnutz*R;
```

Durch Versuche wird dieser Wert mit dem Faktor 1.4 korrigiert, so dass im Frequenzgang des Gesamtfilters die gewünschte relative Durchlassfrequenz von 0.01 entsteht. Das Kompensationsfilter wird mit der Funktion **firceqrip** ermittelt:

```
fnutz = 0.01;    % Nutzbandbreite relativ zur hohen Abtastfrequenz
fp = 2*fnutz*R*1.4;    % Durchlassfrequenz des CFIR-Filters
% (mit Korrektur von 40%);
nord = 32;
hc = firceqrip(nord,fp,[0.001 0.005],'invsinc',[0.5,N]);
```

Sie erzeugt ein FIR-Tiefpassfilter vom Typ *equiripple*, das im Durchlassbereich bis $f = $ `fp` einen Amplitudengang entsprechend einer inversen `sinc`-Funktion hoch $N$ besitzt. Mit dem Faktor 0.5 wird das Argument der sinc-Funktion beeinflusst.

Amplitudengang des CIC– und CFIR–Filters (R = 10; M = 1; N = 5)

Amplitudengang der Zusammensetzung CIC– und CFIR–Filters

*Abb. 4.106: Amplitudengänge des CIC- und CFIR-Filters* (cic_dezim1.m)

Für die überlagerte Darstellung der Frequenzgänge des CIC- und des Kompensationsfilters muss man die beiden unterschiedlichen Abtastfrequenzen der Filter berücksichtigen. Wenn angenommen wird, dass sich die Darstellung auf die Abtastfrequenz am Eingang bezieht, dann wiederholt sich der Frequenzgang des Kompensationsfilters $R$ mal im Frequenzbereich von $f/f_s = 0$ bis $f/f_s = 1$. Er wird mit der Programmsequenz

```
fn = 0:R/(nfft-1):R;    % Frequenzbereich für das CFIR-Filter
wn = exp(j*2*pi*fn);    % bis R.fs'
Hc = polyval(hc,wn)';   % Frequenzgang von 0 bis R.fs' (fs' = fs/R)
```

berechnet. Mit

```
plot(w/(2*pi), 20*log10(abs(Hcic)/gain));
...
hold on
plot(fn/R, 20*log10(abs(Hc)));
hold off
```

erhält man dann die Frequenzgänge aus Abb. 4.106 oben.

Der Gesamtfrequenzgang (Abb. 4.106 unten) der beiden Filter wird mit folgender Programmsequenz ermittelt und dargestellt:

```
Hg = (Hcic/gain).*Hc;   % Gesamt Frequenzgang
subplot(212);
plot(fn/R, 20*log10(abs(Hg)));
```

Im Programm (cic_dezim1) wird auch die Darstellung aus Abb. 4.107 erzeugt. Links oben ist der Amplitudengang des Kompensationsfilters bezogen auf die dezimierte Abtastfrequenz $f'_s = f_s/R$ dargestellt. Rechts ist ein Ausschnitt des Amplitudengangs des CIC-, des Kompensationsfilters und deren Zusammensetzung dargestellt, aus dem die Kompensation ersichtlich ist.

*Abb. 4.107: Amplitudengang des CFIR-Filters und Ausschnitte der Amplitudengänge des CIC-, CFIR und des Gesamtfilters* (cic_dezim1.m)

Links unten wird noch ein Ausschnitt des zusammengesetzten Amplitudengangs im Bereich $f/f_s = 0$ bis $f/f_s = 0.1$ bezogen auf die Abtastfrequenz am Eingang dargestellt. Die vertikalen Linien markieren die Grenzen des angenommenen Durchlassbereichs und des ersten Überfaltungsbereichs bei $f/f_s = 1/R - f_p/f_s = 0.1 - 0.01$, der mit ca. $-100$ dB gedämpft ist, was für viele Anwendungen ausreichend ist. Die weiteren Überfaltungsbereiche um $f/f_s = 0.1; 0.2; 0.3; \ldots; 0.9$ sind stärker gedämpft (siehe Abb. 4.106 unten).

Das Kompensationsfilter der Ordnung `nord` = 32 führt noch zu einem relativ hohen Implementierungsaufwand. In [55] wird ein einfacheres Kompensationsfilter, *ISOP*[13] genannt, eingesetzt. Im Programm `cic_dezim2.m` wird das gleiche CIC-Filter mit dem ISOP-Filter kompensiert.

Das Kompensationsfilter ist durch folgende z-Transformation definiert:

$$P(z) = \frac{1}{|c+2|}(1 + cz^{-I} + z^{-2I}) \tag{4.109}$$

Mit der rationalen Zahl $c < -2$ wird die Steigung für die Kompensation gesteuert und mit $I = kQ$ als natürliche Zahl wird die Anzahl der Nullstellen des Amplitudengangs im Bereich

---

[13]*Interpolated-Second-Order-Polynomial*

$f/f'_s = 0$ bis $f/f'_s = 1$ festgelegt. Für $I = 1, (Q = 1, k = 1)$ gibt es keine Nullstelle im gezeigten Frequenzbereich (Abb. 4.108 links oben). Bei $I = 2$ erhält man eine Nullstelle bei $f/f'_s = 0.5$, bei $I = 3$ sind es zwei Nullstellen usw.

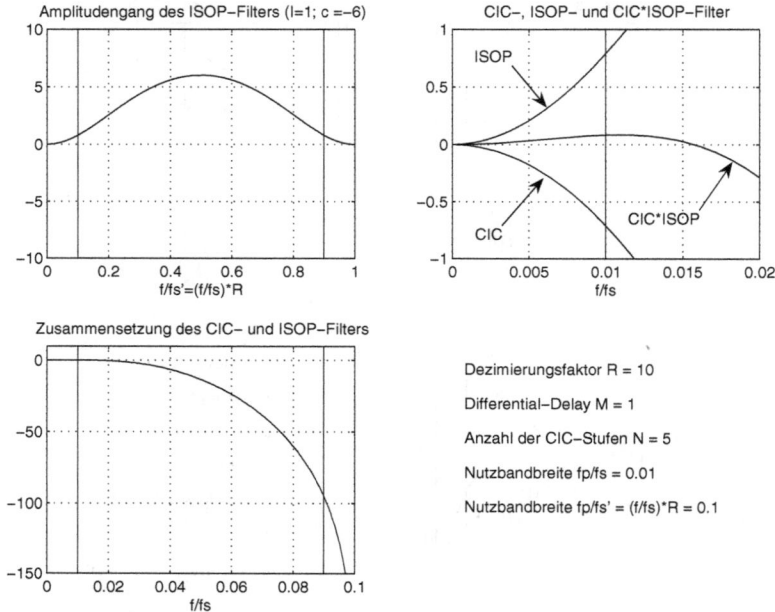

*Abb. 4.108: Amplitudengang des ISOP-Filters und Ausschnitte der Amplitudengänge des CIC-, ISOP- und des Gesamtfilters* (cic_dezim2.m)

Der Programmabschnitt, in dem das ISOP-Filter initialisiert und dessen Frequenzgang ermittelt wird, ist:

```
I = 1;          c = -6;
hc=[1,zeros(1,I-1),c,zeros(1,I-1),1]/abs(c+2);
         % Einheitspulsantwort
...
fn = 0:R/(nfft-1):R;   % Frequenzbereich für das ISOP-Filter
wn = exp(j*2*pi*fn);   % bis R.fs'
Hc = polyval(hc,wn)';  % Frequenzgang von 0 bis R.fs' (fs' = fs/R)
```

Das ISOP-Filter mit nur drei von null verschiedenen Koeffizienten ergibt eine ähnliche Kompensation und Unterdrückung der Überfaltungskomponenten bei $f/f_s = 0.1 - 0.01$ wie beim CFIR-Filter der Ordnung `nord = 32` mit 33 Koeffizienten (Abb. 4.108).

## 4.10.3   Die Interpolierung mit CIC-Filtern

Auch für die Interpolierung können CIC-Filter im Hinblick auf eine effiziente Implementierung in FPGAs eingesetzt werden. Abb. 4.109a zeigt die Struktur einer Interpolierung, in der das FIR-Filter die Nutzbandbreite festlegt und eine Kompensation der Dämpfung durch das CIC-Filter in diesem Bereich realisiert.

Die *Noble Identity* die in Abb. 4.109b dargestellt ist, erlaubt es auch hier, die normale Struktur des CIC-Filters aus Abb. 4.109c in die neue Struktur gemäß Abb. 4.109d umzuwandeln. Hier werden die Kammfilterstufen auf die Seite der niedrigen Abtastfrequenz vor die Expandierung gebracht.

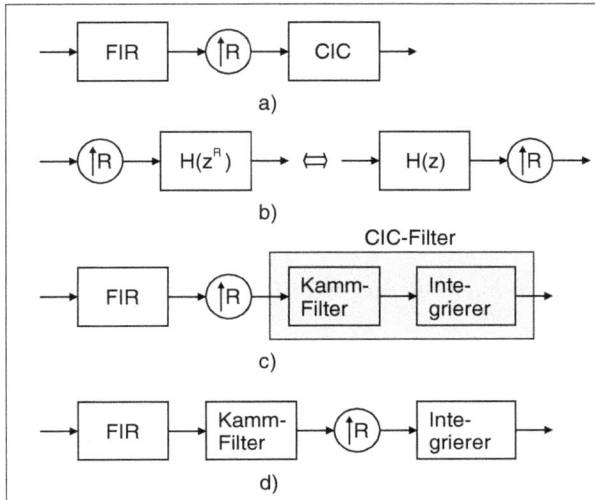

*Abb. 4.109: a) Interpolierung mit CIC-Filter; b) „Noble Identity"; c) Normale Struktur; d) Neue Struktur*

Abb. 4.110a zeigt das CIC-Filter in einer Stufe für $R = 4, M = 4$. Die äquivalente Form basierend auf der *Noble Identity* ist in Abb. 4.110b dargestellt. Ein CIC-Filter mit $N = 3$ Stufen für die Interpolierung ist in Abb. 4.111 für $R = 4, M = 4$ gezeigt.

Zur Kompensation der Verzerrung im Durchlassbereich durch das CIC-Filter und zur Unterdrückung der Überfaltungen kann auch hier das FIR-Filter (Abb. 4.109a) als CFIR- oder ISOP-Kompensationsfilter realisiert werden.

Die Frequenzgänge des CIC-, CFIR- und des Gesamtfilters, die in Abb. 4.106, Abb. 4.107 und Abb. 4.108 für das vorherige Experiment dargestellt wurden, gelten auch für die Interpolierung. Der Unterschied zur Dezimierung besteht lediglich darin, dass sie jetzt bezogen auf die Abtastfrequenz am Ausgang (die um den Faktor $R$ höhere Abtastfrequenz) betrachtet werden müssen.

## 4.10.4   Implementierungsdetails

Bei einer Dezimierung mit CIC-Filtern ist die Verstärkung $G$ am Ausgang der letzten Kammstufe nach Gl. (4.108) gleich $(M \cdot R)^N$ und kann sehr hohe Werte erreichen. So erhält man z.B. bereits für die relativ geringe Dezimierung mit dem Faktor $R = 4$ bei $M = 4, N = 3$ für die Verstärkung den Wert $G = 4096$. Wenn angenommen wird, dass eine Zweierkomplement-Arithmetik benutzt wird, kann man die erforderliche Anzahl der Bit für die

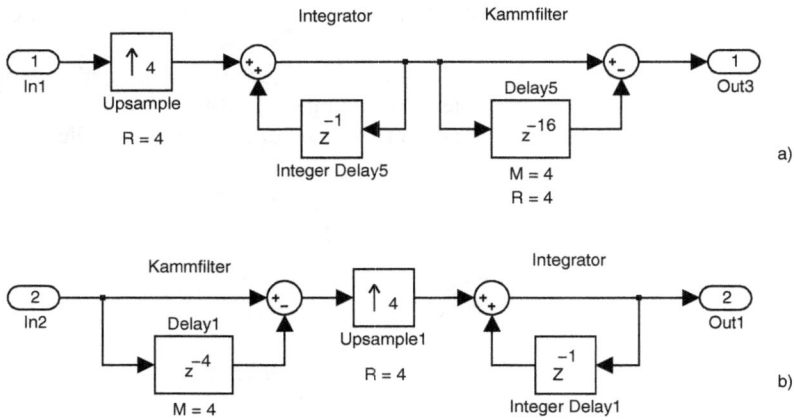

Abb. 4.110: a) Interpolierung mit CIC-Filter; b) Äquivalente Form

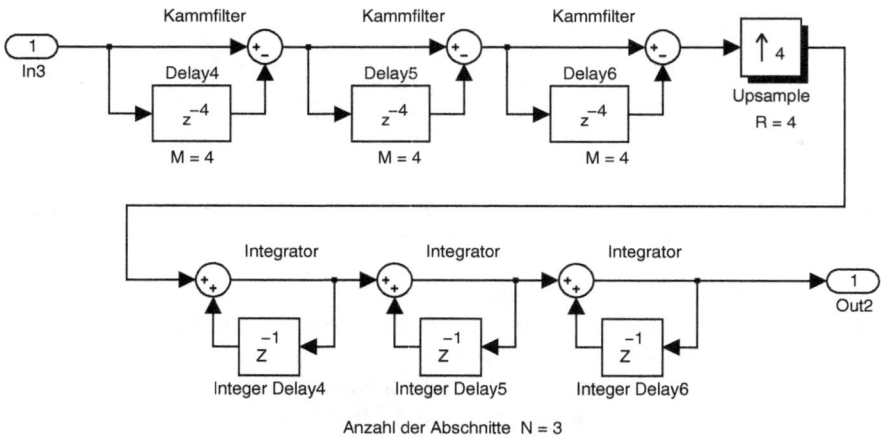

Abb. 4.111: CIC-Interpolierungsfilter mit N = 3 Stufen

letzte Kammstufe mit Hilfe dieser Verstärkung ermitteln. Für $B_{in}$ Bit am Eingang werden $B_{out}$ Bit nach folgender Gleichung am Ausgang notwendig [29], [22]:

$$B_{out} = B_{in} + \lceil N \log_2(M \cdot R) \rceil \tag{4.110}$$

Die Klammer $\lceil \ \rceil$ bedeutet die Rundung nach oben. Da bei der Dezimierung die Integrierer sich am Anfang der Signalverarbeitungskette befinden und hier der größte Gewinn erzielt wird, sind die Datenwortbreiten nach Gl. (4.110) bereits ab der ersten Integrierer-Stufe und für alle nachfolgenden Stufen notwendig.

Einen gewisse Aufwandsreduktion kann man erzielen, wenn man eine Skalierung des Ausgangssignals des CIC-Filters auf dieselbe Datenwortbreite wie die des Eingangssignals vorneh-men möchte. Dann wird man nicht erst am Ausgang des Filters die Skalierung durch Entfer-nung der niederwertigsten Bit vornehmen, sondern man kann, unter Beachtung des durch die Bit-Entfernung eingefügten Rauschens, bereits zwischen den einzelnen Stufen nach und nach niederwertige Bit entfernen [22].

Die Datenwortbreite nach Gl. (4.110) sichert ein korrektes Ergebnis am Ausgang des CIC-Dezimierers, also nach der letzten Kammstufe. Sie gewährleistet aber nicht, dass auch die Zwi-schenergebnisse richtig sind. Vielmehr wird wegen den hohen Verstärkungen der Integrierer an deren Ausgang ein Überlauf auftreten. Verwendet man jedoch das Zweierkomplement-Format für die Berechnungen, so sind die von den Kammfiltern berechneten Differenzen richtig, auch wenn bei den Integrierern zwischenzeitlich ein Überlauf eintritt [22], [42].

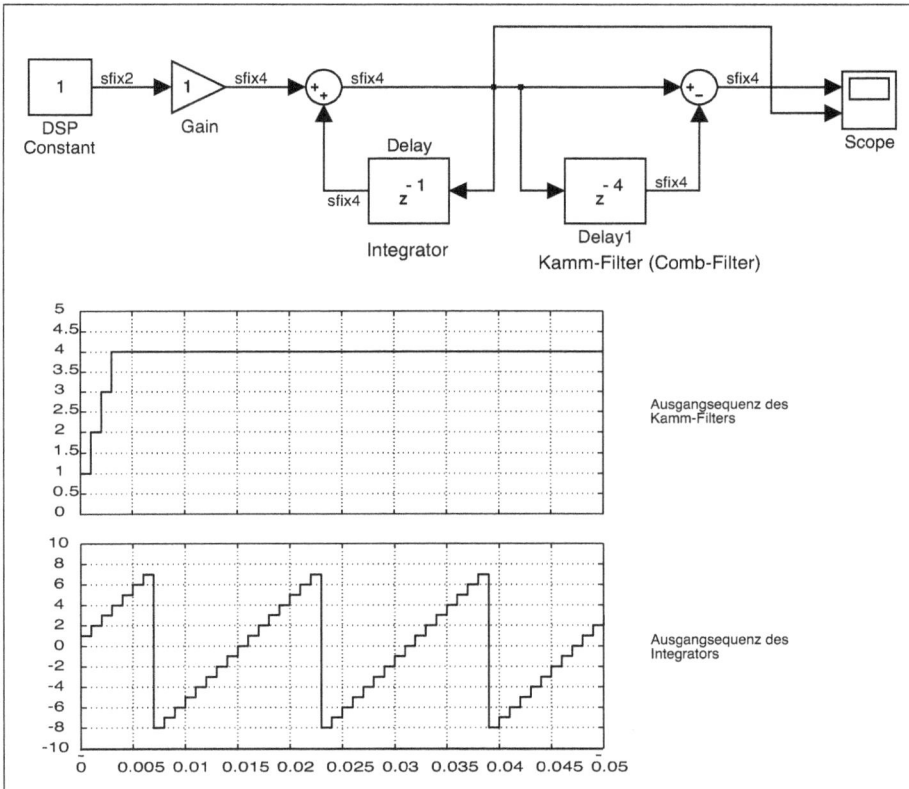

*Abb. 4.112: CIC-Struktur und Signal des Kammfilters und des Integrierers (fixed_2.mdl)*

Um das zu veranschaulichen, wird das Modell `fixed_2.mdl` aus Abb. 4.112 oben verwendet. Es ist das einfache Modell eines einstufigen CIC-Filters mit M = 4, wie es bereits in Abb. 4.101 verwendet wurde, jedoch werden die Abtastwerte im ganzzahligen Zweierkomplement-Format mit nur wenigen Bit dargestellt. Auf die Abtastratenänderung wur-de verzichtet. Am Eingang wird eine konstante Sequenz gleich 1 angenommen, für deren Darstellung 2 Bit vorgesehen wurden. Für die CIC-Struktur mit einer maximalen Verstärkung M = 4 werden weitere 2 Bit angesetzt und im *Gain*-Block für dessen Ausgangsdaten initialisiert. Insgesamt ergibt sich so eine Darstellung mit 4 Bit für das Ausgangssignal der CIC-Struktur.

*Tabelle 4.3: Signalwerte der einfachen CIC-Struktur mit M = 4*

| Ausgangssequenz des Integrierers (binär) | Ausgangssequenz des Integrierers (dezimal) | mit M = 4 verzögerte Sequenz | Differenz |
|---|---|---|---|
| 0000 | 0 | 0 | 0 |
| 0001 | 1 | 0 | 1 |
| 0010 | 2 | 0 | 2 |
| 0011 | 3 | 0 | 3 |
| 0100 | 4 | 0 | 4 |
| 0101 | 5 | 1 | 4 |
| 0110 | 6 | 2 | 4 |
| 0111 | 7 | 3 | 4 |
| 1000 | $-8$ | 4 | $-12 \Rightarrow 4$ |
| 1001 | $-7$ | 5 | $-12 \Rightarrow 4$ |
| 1010 | $-6$ | 6 | $-12 \Rightarrow 4$ |
| 1011 | $-5$ | 7 | $-12 \Rightarrow 4$ |
| 1100 | $-4$ | $-8$ | 4 |
| 1101 | $-3$ | $-7$ | 4 |
| 1110 | $-2$ | $-6$ | 4 |
| 1111 | $-1$ | $-5$ | 4 |
| 0000 | 0 | $-4$ | 4 |
| 0001 | 1 | $-3$ | 4 |
| ... | ... | ... | ... |

In der ersten Spalte der Tabelle 4.3 sind die Werte am Ausgang des Integrierers als Festkomma-Werte in Zweierkomplement-Darstellung mit 4 Bit dargestellt. Wenn der Integrierer zu Beginn mit null initialisiert war, so erhält man an seinem Ausgang die Sequenz $0_D = 0000_2, 1_D = 0001_2, 2_D = 0010_2, \ldots$. Der größte positive Wert ist $7_D = 0111_2$ und durch Addition von eins im nächsten Abtastschritt erhält man die Binärzahl $1000_2$, die für das gewählte Datenformat einen Überlauf darstellt und wegen der Zweierkomplement-Darstellung als $-8_D = 1000_2$ interpretiert wird. Nach weiteren Schritten ergeben sich die Werte $-7_D = 1001_2, -6_D = 1010, \ldots, -1_D = 1111_2, 0_D = 0000_2, 1_D = 0001_2 \ldots$ usw., die Werte wiederholen sich also. In der zweiten Spalte der Tabelle sind diese Werte als Dezimalzahlen dargestellt.

Die dritte Spalte der Tabelle zeigt die mit M = 4 Abtastintervallen verzögerte Sequenz und die vierte Spalte stellt die Differenz der beiden Sequenzen als Ausgang des Kammfilters dar. Der erwartete Wert von 4 ergibt sich auch beim Überlauf des Integrierers, wie z.B. bei

$-8 - 4 = -12$:

$$-8_D = 1000_2$$
$$-4_D = 1100_2$$
$$\overline{\phantom{-4_D = }}$$
$$-12_D = 10100_2$$

Der Wert $-12_D = 10100_2$ stellt den Wert 4 dar, wenn nur die 4 zur Darstellung verwendeten Bit betrachtet werden.

In Abb. 4.112 sind oben das Modell der einfachen CIC-Struktur und unten das Ausgangssignal des Kammfilters (die Differenzen aus der Tabelle 4.3) und das Signal am Ausgang des Integrierers dargestellt. Die akkumulierten Werte des Integrierers erfahren Überlauf und liegen im Bereich von $-8$ bis 7, so wie aus der ersten und zweiten Spalte der Tabelle ersichtlich.

Mit dem vorgestellten Modell können weitere Experimente durchgeführt werden. So kann man z.B. über den *Gain*-Block 5 Bit für die Daten der CIC-Struktur parametrieren (Modell `fixed_3.mdl`) und die Sequenzen untersuchen. Die Differenzen sind dieselben, nur der Integrierer liefert jetzt Werte zwischen $-16$ und 15.

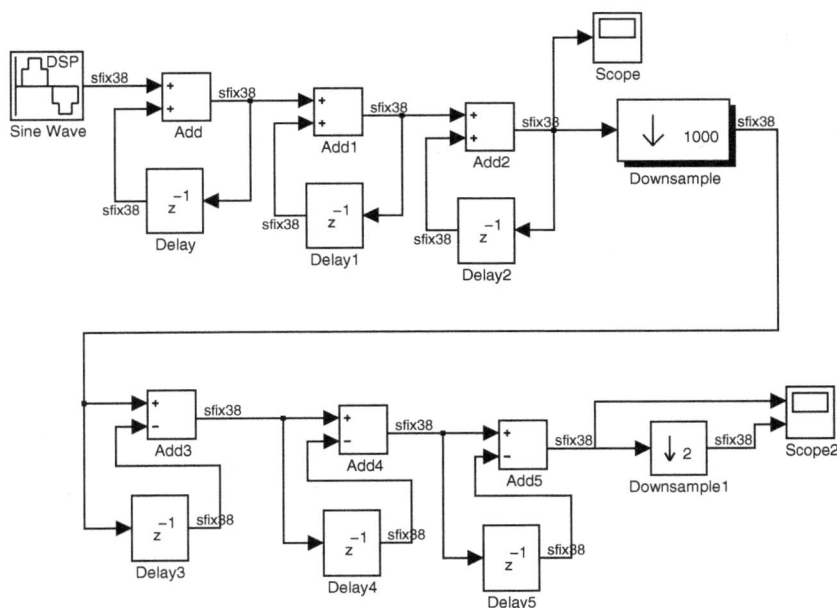

*Abb. 4.113: CIC-Dezimierung mit dem Faktor 1000 × 2 (cic_1000.mdl)*

Ein etwas aufwändigeres Modell (`cic_1000.mdl`) ist in Abb. 4.113 dargestellt. Hier wird eine CIC-Dezimierung mit dem Faktor $1000 \times 2$ im Festkomma-Format durchgeführt. Die Eingangsdaten wurden mit einem Wertebereich von $-128$ bis 127 gewählt und mit acht Bit ganzzahlig dargestellt. Es werden drei Stufen von CIC-Strukturen (N = 3) mit dem Dezimierungsfaktor R = 1000 und der Verzögerung M = 1 angenommen. Die Verstärkung der Anordnung ist somit

$$G = (RM)^N = 10^9, \tag{4.111}$$

was zu einer Wortlänge nach Gl. (4.110) von 38 Bit für alle Blöcke führt. So wurde auch das Format der Ausgangsdaten gewählt.

Als Eingangssignal wurde eine harmonische Schwingung mit $f_0 = 0.5$ Hz bei einer Abtastfrequenz $f_s = 10$ kHz gewählt. Damit ist die Abtastfrequenz nach der Dezimierung durch das CIC-Filter $f'_s = 10$ Hz, so dass eine weitere Dezimierung mit dem Faktor 2 vorgenommen wird.

Am *Scope*-Block nach der Integriererkette sieht man die Über- und Unterläufe der Werte, die wegen der Eigenschaften der Zweierkomplement-Rechnung aber nicht zu Fehlern im Ausgangssignal des CIC-Filters führen. Der Block *Scope2* zeigt oben das Signal nach der Dezimierung mit dem Faktor 1000 und unten nach der zusätzlichen Dezimierung mit dem Faktor 2. Weil die Amplitude des Eingangssignals zu $\hat{u}_{ein} = 127$ gewählt wurde, hat das Ausgangssignal die Amplitude $\hat{u}_{aus} = 127 \cdot G = 1.27 \cdot 10^{11}$.

Für eine Interpolierung mit CIC-Filtern und $N$ Stufen ($N$ Kammfilter und $N$ Integrierer) ist die Verstärkung für jede Stufe durch

$$G_k = \begin{cases} 2^k & k = 1, 2, \ldots, N \\ \dfrac{2^{2N-k}(RM)^{k-N}}{R} & k = N+1, \ldots, 2N \end{cases} \tag{4.112}$$

gegeben [22]. Somit benötigt man bei der Stufe $k$ Wortlängen $B_k$ nach:

$$B_k = \lceil B_{in} + log_2 G_i \rceil \tag{4.113}$$

Wenn M = 1 ist, dann ist $B_N = B_{in} + N - 1$.

Im Modell `cic2_1000.mdl` ist eine Interpolierung mit dem Faktor 1000 simuliert, in dem die Vergabe der Bit nach Gl. (4.113) vorgenommen wurde. Im Unterschied zur Dezimierung findet allerdings bei der Interpolierung kein Überlauf der Integrierer statt. Dafür sorgt die Differenzbildung durch die Kammstufen und die Expandierung mit Nullwerten bei der Abtastratenerhöhung.

Mit den Modellen `cic_dezim1_.mdl`, `cic_dezim3_.mdl`, `cic_dezim4_.mdl`, `cic_interp1_.mdl`, `cic_interp2_.mdl` und den dazugehörenden MATLAB-Programmen `cic_dezim_11_.m`, `cic_dezim_13_.m`, `cic_dezim_14_.m` sowie `cic_interp_1_.m`, in denen die Parameter der Modelle für die Dezimierung bzw. für die Interpolierung initialisiert werden, können die hier besprochenen numerischen Eigenschaften ebenfalls simulativ nachvollzogen werden.

## Experiment 4.11: Simulation mit CIC-Filterblöcken

In der *Filtering/Multirate Filters*-Bibliothek der *dsplib* gibt es zwei Blöcke zur Simulation der Dezimierung und Interpolierung mit CIC-Filtern

Abb. 4.114 zeigt das Modell (`CIC_dezim_interp1.mdl`), in dem auf die Dezimierung eine Interpolierung mit gleichen Parametern ($R = 4$, $M = 1$, $N = 5$) folgt.

Das Eingangssignal ist ein bandbegrenztes zufälliges Signal, das man durch Filterung von Zufallszahlen erhält. Der hierfür verwendete Block *Discrete Filter* implementiert ein FIR-

*Abb. 4.114: Simulink-Modell mit CIC-Dezimierer und CIC-Interpolierer*
(cic_dezim_interp1.mdl)

Tiefpassfilter mit einer relativen Bandbreite $f/f_s = 0.02$, was bei der verwendeten Abtastfrequenz $f_s = 10$ kHz einer absoluten Bandbreite von 200 Hz entspricht.

Der *CIC Decimation*-Block benötigt am Eingang *Frame*-Daten im Festkomma-Format. Somit müssen die *double*-Werte am Ausgang des Filters, die im Bereich $-1 \leq x \leq 1$ liegen, mit dem *Gain1*-Block auf einen Wertebereich gebracht werden, der dem Datentyp *int16* entspricht. Die Umwandlung der *double*- in *int16*-Daten geschieht im Block *Data Type Conversion1* und die *Frames* werden mit Hilfe des *Buffer*-Blocks gebildet.

Der *CIC-Decimation*-Block wird mit den Parametern $R, M, N$ initialisiert und zusätzlich wird die Wortlänge der Register jeder Stufe gemäß Gl. (4.110), die einen Wert von 28 Bit ergibt, mit dem Vektor [28,28,28,28,28,28,28,28,28,16] belegt.

Nach der Dezimierung wird die Interpolierung mit dem Block *CIC Interpolation* realisiert. Aus den *Frames* der Größe 100 am Eingang des *CIC Decimation*-Blocks werden durch Dezimierung mit dem Faktor $R = 5$ *Frames* der Größe 20, die dann als Eingänge für den *CIC Interpolation*-Block dienen. Ihr Format ist jetzt sfix16 E12, was einem Festkomma-Format mit 16 Bit und einer Skalierung mit $2^{12}$ entspricht.

Die Initialisierung des *CIC Interpolation*-Blocks ist ähnlich der Initialisierung des *CIC Decimation*-Blocks und enthält die Parameter $R, M, N$ und ebenfalls die Wortlängen der Register

*Abb. 4.115: Eingangssignal sowie Ausgangssignal nach der Dezimierung und nach der Inter-
polierung* (cic_dezim_interp1.mdl)

für die Stufen gemäß Gl. (4.112):

$$W_i = [17, 18, 19, 20, 21, 21, 22, 23, 24, 26]$$

Abb. 4.115 zeigt die Signale am Eingang, am Ausgang des Dezimierers und am Ausgang
des Interpolierers, aus denen man auch die Veränderung der Wertebereiche und die Verzögerungen der Filter entnehmen kann.

Die *Frame*-Daten können mit Blöcken vom Typ *Vector Scope* aus der *DSP Sinks*-Bibliothek
des *Signal Processing Blockset* dargestellt werden. Um sie auf dem normalen *Scope*-Block
darzustellen, muss man sie in einzelne Abtastwerte umwandeln, z.B. mit Hilfe von *Unbuffer*-
Blöcken.

Die Simulation der CIC-Filter für die Dezimierung und Interpolierung im Format *double*
kann mit den Simulink-Blöcken der Grundbibliothek realisiert werden, so wie in der Abb. 4.103
und Abb. 4.104 für die Dezimierung und Abb. 4.110 und Abb. 4.111 für die Interpolierung
gezeigt wurde.

# 4.11    Entwurf der *Interpolated*-FIR Filter

Die *Interpolated*-FIR-Filter (kurz IFIR-Filter) [17], [53] werden für die Realisierung von
Tiefpassfiltern mit sehr kleiner Bandbreite und von Hochpassfiltern mit sehr großer Bandbreite
und steilem Übergangsbereich eingesetzt, weil sie weniger Koeffizienten und somit eine redu-
zierte Anzahl von Multiplikationen im Vergleich zu den konventionellen FIR-Filtern benötigen.

Beim klassischen Filterentwurf steigt die Anzahl der Koeffizienten mit der Steilheit des

Übergangsbereichs und Reduzierung der Bandbreite. Bei den IFIR-Filtern wird zuerst ein FIR-Filter mit einer Übergangsbandbreite entwickelt, die um den Faktor $L$ größer ist als der gewünschte Wert. Ein solches Filter wird relativ wenige Koeffizienten benötigen. Danach werden die Koeffizienten mit $L-1$ Zwischen-Nullwerten expandiert, was eine Vergrößerung der Anzahl der Koeffizienten bedeutet, mit dem Vorteil, dass sich die Anzahl der notwendigen Multiplikationen nicht ändert. Die Expansion im Zeitbereich führt zu einer Stauchung des Frequenzgangs, so dass die ursprünglichen Spezifikationen erfüllt werden, ohne die Anzahl der Multiplikationen und damit den Aufwand zu erhöhen.

Die Expansion der Koeffizienten hat allerdings den Nachteil, dass im Frequenzbereich $f/f_s = 0$ bis $f/f_s = 1$ genau $L-1$ zusätzliche, gestauchte Repliken des gewünschten Frequenzgangs erscheinen. Diese Repliken werden danach mit einem sogenannten *Image-Suppressing*-Filter unterdrückt. Da die Repliken im Abstand $f_s/L$ liegen, reicht in der Regel ein Filter mit einem relativ breiten Übergangsbereich zu ihrer Unterdrückung aus. Damit benötigt man für das *Image-Suppressing*-Filter nur wenige Koeffizienten und man erhält insgesamt eine Einsparung verglichen mit dem klassischen Entwurf.

Das zu expandierende Filter der Übertragungsfunktion $H(z)$, die durch

$$H(z) = h_0 + h_1 z^{-1} + h_2 z^{-2} + \dots h_m z^{-m} \qquad (4.114)$$

gegeben ist, wird durch die Expandierung mit $L-1$ Nullwerten zu einer Übertragungsfunktion $H(z^L)$ führen:

$$H_{exp}(z) = h_0 + h_1 z^{-L} + h_2 z^{-2L} + \dots h_m z^{-mL} = H(z^L). \qquad (4.115)$$

Zu bemerken ist, dass bei der Implementierung der IFIR-Filter die beiden Filter separat implementiert werden müssen, weil nur so die Einsparung in der Anzahl der Multiplikationen zustande kommt. Wenn man die Einheitspulsantworten der beiden Filter falten würde, um nur ein Filter zu erhalten, dann gibt es keine Nullkoeffizienten mehr. Das Gesamtfilter hätte in dieser Form die Länge des expandierten Filters plus die Länge des *Image-Suppressing*-Filters.

Im Programm `ifir_1.m` wird das Prinzip der IFIR-Filter an einem Beispiel erläutert. Es wird angenommen, dass ein IFIR-Tiefpassfilter mit der relativen Durchlassfrequenz `fp = 0.05`, der relativen Sperrfrequenz `fs = 0.065`, der Dämpfung im Sperrbereich von $a = -75$ dB und einer Welligkeit im Durchlassbereich kleiner als `0.025` dB gewünscht ist. Zunächst wird das zu expandierende Filter mit einer Durchlassfrequenz von `fp*L` und einer Sperrfrequenz von `fs*L` spezifiziert und mit der Funktion **firpm** entworfen:

```
L = 5;
nord_exp = 50;
h=firpm(nord_exp,[0,fp*L,fs*L,0.5]*2,[1,1,0,0],[1,10]);
```

Die Ordnung des Filters und die Wichtigkeit des Durchlass- und des Sperrbereichs werden durch Versuche bestimmt.

Abb. 4.116 zeigt oben den Amplitudengang dieses Filters in linearen Koordinaten und in Abb. 4.117 oben ist derselbe Amplitudengang in logarithmischen Koordinaten dargestellt.

Durch Expandierung der Koeffizienten dieses Filters mit je $L-1$ Nullwerten

```
hexp=zeros(1,length(h)*L);
hexp(1:L:end)=h;
```

*Abb. 4.116: Amplitudengang des zu expandierenden, des expandierten und des Image-Suppressing-Filters* (ifir_1.m)

erhält man die Koeffizienten des expandierten Filters, dessen Frequenzgang die $L - 1 = 4$ inneren Spiegelungen (*Images*) zwischen $f/f_s = 0$ und $f/f_s = 1$ enthält. Diese sind im mittleren Diagramm der Abb. 4.116 und Abb. 4.117 zu sehen. Der ursprüngliche Frequenzgang (in der Umgebung von $f = 0$ und $f = f_s$) ist gestaucht und erfüllt jetzt die Spezifikationen. Mit

```
nord_image = 60;
himage = firpm(60, [0,fp,2.7*fp,0.5]*2, [1,1,0,0],[10,1]);
```

wird das *Image-Suppressing*-Filter spezifiziert und entworfen. Sein Amplitudengang ist im mittleren Diagramm der Abb. 4.116 bzw. Abb. 4.117 zusammen mit dem Amplitudengang des expandierten Filters dargestellt. Eine andere Form für das *Image-Suppressing*-Filter

```
nord_image = 60;
himage = firpm(60, [0,fp, 2.7*fp, 5.2*fp, 6.6*fp, 0.5]*2,...
       [1,1,0,0,0,0],[10,1,1]);
```

enthält einen nicht näher spezifizierten Bereich (*don't-care*-Bereich) in der Zone, in der das expandierte Filter von sich aus gute Dämpfung realisiert. Die Amplitudengänge des Gesamtfilters sind in den unteren Diagrammen der Abb. 4.116 bzw. Abb. 4.117 linear und logarithmisch dargestellt.

Das Gesamtfilter benötigt 51 Multiplikationen für das expandierte Filter der Ordnung 50 und 61 Multiplikationen für das *Image-Suppressing*-Filter, insgesamt also 112 Multiplikationen. Um die Ersparnis in der Anzahl der notwendigen Multiplikationen hervorzuheben, wird mit

Abb. 4.117: *Logarithmischer Amplitudengang des zu expandierenden, des expandierten und des Image-Suppressing-Filters* (ifir_1.m)

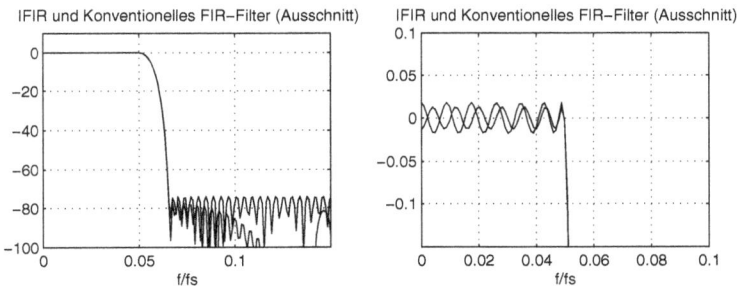

Abb. 4.118: *Logarithmischer Amplitudengang des IFIR- und des konventionellen FIR-Filters (Ausschnitte)* (ifir_1.m)

```
nord = 240;
hkonv = firpm(nord, [0,fp,fs,0.5]*2,[1,1,0,0],[1,10]);
```

ein konventionelles FIR-Filter so entworfen, dass dieselben Spezifikationen erfüllt werden. Durch Versuche ergibt sich eine erforderliche Filterordnung von 240, entsprechend 241 Multiplikationen. Abb. 4.118 zeigt Ausschnitte des Amplitudengangs des IFIR- und des konventionellen FIR-Filters, um die Erfüllung der Spezifikationen durch beide Filter zu dokumentieren.

In der *DSP System Toolbox* gibt es die Funktion **ifir** mit deren Hilfe man *Interpolated*-FIR-Filter entwickeln kann. Sie liefert das expandierte und das *Image-Suppressing*-Filter. Als Beispiel wird ein IFIR-Hochpassfilter mit einer relativ niedrigen Durchlassfrequenz (hohe

Bandbreite!) entworfen, das in einer konventionellen Entwicklung zu einer größeren Anzahl von Koeffizienten führen würde.

*Abb. 4.119: Expandiertes FIR-Tiefpassfilter, Image-Suppressing-Tiefpassfilter, IFIR-Tiefpass- und komplementäres IFIR-Hochpassfilter* (ifir_high1.m)

Im Programm `ifir_high1.m` wird ein IFIR-Hochpassfilter mit der Sperrfrequenz `fs = 0.06` und der Durchlassfrequenz `fp = 0.075` entwickelt. Die Funktion ermittelt eigentlich ein komplementäres IFIR-Tiefpassfilter, so dass die parallele Zusammensetzung mit einer reinen Verzögerung zu dem gewünschten Hochpassfilter führt.

Mit folgender Programmzeile werden das expandierte FIR-Tiefpassfilter `hup` und das *Image-Suppressing*-Filter `hsupp` ermittelt:

```
L = 5;
[hup, hsupp, d]=ifir(L, 'high',[fs, fp]*2,[0.0001, 0.001]);
disp(['Verzoegerung fuer den parallelen Pfad = ',...
    num2str(length(d)-1)]);
```

Das dritte Argument `d` ist ein Vektor, der aus Nullwerten und einem Wert eins besteht, so dass `length(d)-1` die Verzögerung für die parallele Zusammensetzung ergibt.

Abb. 4.119 zeigt links oben den Amplitudengang des IFIR-Tiefpassfilters und darunter das *Image-Suppressing*-Filter, die zusammen in Reihe geschaltet zu einem IFIR-Tiefpassfilter führen, dessen Amplitudengang rechts oben dargestellt ist. Die Differenz der Signale am Ausgang des IFIR-Tiefpassfilters und am Ausgang der angegebenen Verzögerung führt zu einem Hochpassfilter, dessen Amplitudengang rechts unten dargestellt ist.

Im Programm werden auch die Einheitspulsantworten der beiden Filter dargestellt und die Anzahl der von null verschiedenen Koeffizienten ermittelt: 59 für das expandierte Filter und 65 für das *Image-Suppressing*-Filter.

## Experiment 4.12: Dezimierung und Interpolierung mit IFIR-Filtern

Wenn das IFIR-Tiefpassfilter für eine Dezimierung eingesetzt wird, kann man statt der konventionellen Form gemäß Abb. 4.120a auch die äquivalente Form aus Abb. 4.120b benutzen. Für die Interpolierung gibt es eine ähnliche äquivalente Form.

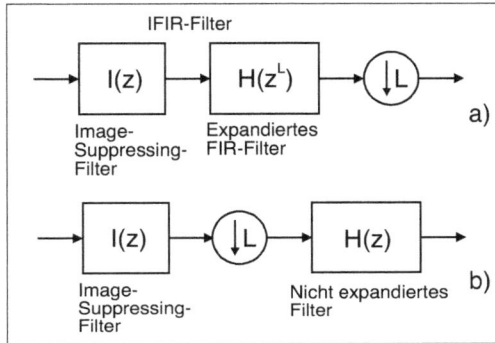

*Abb. 4.120: Äquivalente Formen der Dezimierung mit IFIR-Filtern*

*Abb. 4.121: Simulink-Modell einer Dezimierung mit einem IFIR-Filter* (ifir_dezim1.m, ifir_dezim_1.mdl)

In diesem Experiment werden eine Dezimierung und eine Interpolierung mit dem Faktor $L = 10$ und IFIR-Filter in den äquivalenten Formen simuliert.

Das Modell ifir_dezim_1.mdl (Abb. 4.121) für die Dezimierung wird über das Programm ifir_dezim1.m initialisiert. Es wird dasselbe IFIR-Filter benutzt, das im Programm ifir_1.m entwickelt wurde. Als Eingangssignal wird ein bandbegrenztes, zufälliges Signal benutzt, das durch Filterung mit dem FIR-Filter der Einheitspulsantwort hsig im Block *Discrete Filter* realisiert wird. Bei einer relativen Bandbreite des Eingangssignals von $f_{sig}/f_s = 0.02$ muss die Bandbreite des Dezimierungsfilters etwas größer sein, z.B. $f_p/f_s = 0.05$. Das nicht expandierte Filter wird, wie schon gezeigt, mit dem Aufruf

```
p = 0.05; fs = 0.065;  % Durchlassfrequenz und Sperrbereich
L = 5;            nord_exp = 50;
h=firpm(nord_exp,[0,fp*L,fs*L,0.5]*2,[1,1,0,0],[1,10]);
```

und das *Image-Suppressing*-Filter mit

```
nord_image = 60;
himage = firpm(60, [0,fp,2.7*fp,0.5]*2, [1,1,0,0],[10,1]);
```

entworfen.

*Abb. 4.122: Signal und dezimiertes Signal* (ifir_dezim1.m, ifir_dezim_1.mdl)

*Abb. 4.123: Äquivalente Formen der Interpolierung mit IFIR-Filtern*

Die Verzögerung `delay` für den *Delay*-Block, die es ermöglicht, das Eingangssignal und das dezimierte Signal zeitrichtig überlagert darzustellen (Abb. 4.122), wird aus der Ordnung der beiden Filter unter Berücksichtigung ihrer unterschiedlichen Abtastfrequenzen berechnet:

```
delay = fix((length(himage)-1)/2 + L*(length(h)-1)/2);
```

IFIR-Filter können auch für die Interpolierung eingesetzt werden. Eine der konventionellen (Abb. 4.123a) äquivalente Form, die in Abb. 4.123b dargestellt ist, führt zu dem Modell `ifir_interp_1.mdl`, das durch das Programm `ifir_interp1.m` initialisiert wird. Die Verzögerung für die überlagerte Darstellung der Signale ist jetzt durch

```
delay = fix((length(h)-1)/2 + (length(himage)-1)/(2*L));
```

gegeben.

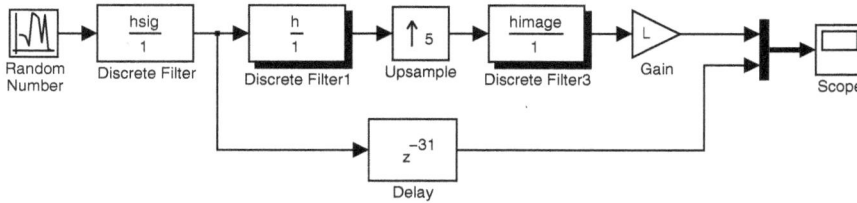

*Abb. 4.124: Simulink-Modell einer Interpolierung mit einem IFIR-Filter* (ifir_interp1.m, ifir_interp_1.mdl)

Obwohl das IFIR-Filter kein Multiraten-Filter ist, ergeben sich im Einsatz für die Dezimierung und Interpolierung Multiratenstrukturen.

# 4.12 Multiraten-Objekte aus der *DSP System Toolbox*

Die *DSP System Toolbox* stellt auch Multiraten-Filterobjekte zur Verfügung. Es werden hier einige Eigenschaften dieser Objekte besprochen und es wird der Umgang mit den Objekten anhand von Beispielen erläutert.

Das einfachste Filter ist das **mfilt.holdinterp**-Interpolierungsfilter, das die interpolierten Werte durch Wiederholung vorangehender Abtastwerte bestimmt. Man muss als Argument nur den Interpolierungsfaktor angeben:

```
hm = mfilt.holdinterp(4);
```

Mit

```
hm.arithmetic ='fixed';
```

wird das Filter als Festkomma-Filter definiert. Die Objekteigenschaften sind für das Festkomma- und Gleitkommaformat unterschiedlich. Mit **get**(hm) können seine Eigenschaften (ebenso wie die eines jeden **mfilt**-Objektes) dargestellt werden:

```
        PersistentMemory: 0
     NumSamplesProcessed: 0
         FilterStructure: 'FIR Hold Interpolator'
                  States: [0x1 embedded.fi]
               Numerator: [1 1 1 1]
     InterpolationFactor: 4
              Arithmetic: 'fixed'
         InputWordLength: 16
         InputFracLength: 15
        OutputWordLength: 16
        OutputFracLength: 15
```

Das Format der Eingangssequenz kann ähnlich geändert werden:

```
hm.InputWordLength = 32;
hm.InputFracLength = 31;
```

Diese Änderung führt dazu, dass auch die Ausgangssequenz das gleiche Format erhält, wie man leicht über den erneuten Anruf **info**(hm) feststellen kann.

Von größerer praktischer Bedeutung als **mfilt.holdinterp** ist das Multiraten-Filterobjekt **mfilt.fftfirinterp**. Es ist ein FIR-Filterobjekt, das die *overlap-add* Methode [56], [30] für die Implementierung der Interpolierung mit Polyphasenfiltern einsetzt. Um diese Interpolierung zu verstehen, wird im nächsten Abschnitt die *overlap-add* Methode kurz beschrieben und mit einer Simulation veranschaulicht.

## 4.12.1 Die *overlap-add* Methode zur Filterung einer unendlichen, zeitdiskreten Sequenz

Das Ausgangssignal $y[k]$ der zeitdiskreten Filterung einer Sequenz $x[k]$ mit einem FIR-Filter der Einheitspulsantwort $h[k]$ erhält man bekanntlich über die Faltungssumme:

$$y[k] = \sum_{n=0}^{M-1} h[n]x[k-n] \tag{4.116}$$

Hier ist $M$ die Länge der Einheitspulsantwort des FIR-Filters. Wenn die Eingangssequenz $x[k]$ eine begrenzte Länge $N$ hat, dann führt die Faltung zu einer Ausgangssequenz der Länge $M + N - 1$. Wenn man von dieser, auch von den kontinuierlichen Signalen bekannten Faltung in Zusammenhang mit der im nächsten Absatz zu besprechenden Durchführung der Faltung mit Hilfe der DFT spricht, so fügt man oft das Attribut „aperiodisch" (oder linear) hinzu, um den Unterschied zu der Faltung über die DFT zu betonen.

Eine Eigenschaft der Fourier-Transformation besagt, dass der Faltung im Zeitbereich eine Multiplikation im Frequenzbereich entspricht. Da die Multiplikation weniger aufwändig als die Faltung ist, kann diese Eigenschaft, trotz dafür erforderlicher DFT und inverser DFT, zur Rechenzeitersparnis ausgenutzt werden. Allerdings muss man dabei beachten, dass die DFT wegen der Diskretisierung im Frequenzbereich ein Signal repräsentiert, das die periodische Fortsetzung des ursprünglichen Zeitsignals ist. Somit realisiert man bei der Durchführung der Faltung als inverse DFT des Produktes der DFT der beiden Signale nicht die gewünschte aperiodische Faltung, sondern eine Faltung der periodisch fortgesetzten Signale [36]. Das Ergebnis ist ebenfalls periodisch und darum trägt diese Implementierung der Faltungsoperation den Namen periodische Faltung oder zirkuläre Faltung [56], [30].

Allerdings kann man durch Erweiterung der beiden Sequenzen bis zur Länge $L = M + N - 1$ mit Nullwerten erreichen, dass eine Periode des Ergebnisses der periodischen Faltung dem Ergebnis der aperiodischen Faltung entspricht. Derart kann man die in vielen Fällen aufwandsgünstigere periodische Faltung für die aperiodische Faltung nutzen. Ein einfaches Programm (overl_add1.m) zeigt diesen Sachverhalt.

Mit:

```
N = 50; M = 10;
x = randn(1,N);   % Sequenz der Länge N
h = ones(1,M);    % Einheitspulsantwort der Länge M
y1 = conv(x,h);   % Lineare Faltung
```

wird die aperiodische Faltung mit der Funktion **conv** ermittelt. In den folgenden Programmzeilen wird die periodische Faltung zur Berechnung des Ergebnisses der aperiodischen Faltung verwendet:

```
L = N+M-1;
Xe = fft(x, L); % DFT der erweiterten Sequenz x
He = fft(h, L); % DFT der erweiterten Sequenz h
ylfft = real(ifft(Xe.*He)); % lineare Faltung über DFT
```

Die Erweiterung bis zur Länge $L$ wird automatisch durch den Aufruf der **fft**-Funktion der Länge $L$ erhalten. Abb. 4.125 zeigt oben das Ergebnis der Faltung über **conv** und unten über die DFT, wobei hiervon nur eine Periode dargestellt ist.

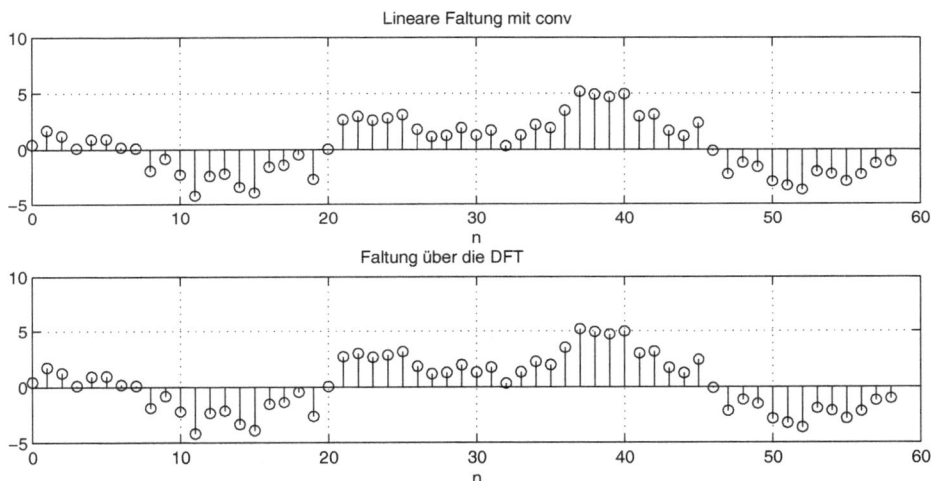

*Abb. 4.125: Ergebnis der Faltung mit conv und über die DFT* (overlap_add1.m)

Um die Vorteile der periodischen Faltung auch für sehr lange Sequenzen zu nutzen, wird die Eingangssequenz $x[k]$ in angrenzende Blöcke der Länge $N >> M$ unterteilt. Für jeden Block wird mit der Methode der periodischen Faltung das Ergebnis berechnet. Weil der laufende Block mit $M - 1$ Nullwerten erweitert wurde, fehlen den letzten $M - 1$ Werten des Ergebnisses die Beiträge der Anfangswerte des nachfolgenden Blocks. Diese Beiträge befinden sich jedoch in den ersten $M - 1$ Ergebniswerten des nachfolgenden Blocks. Man erhält also das richtige Ergebnis, wenn man zu den letzten $M - 1$ Ergebniswerten eines Blocks die ersten $M - 1$ Ergebniswerte des nachfolgenden Blocks addiert. Daher auch der Name *overlap-add* für diese Methode [36]. Es existiert noch eine weitere, duale Methode zur Faltung langer Sequenzen unter Verwendung der periodischen Faltung: *overlap-save*. Sie bietet keinen prinzipiellen Gewinn zur *overlap-add*-Methode und wird hier nicht weiter betrachtet.

Im Programm `overl_add2.m` wird dieses Verfahren simuliert:

```
Nt = 300;   % Gesamt Länge der Eingangssequenz
N = 100;    % Länge der Blöcke für die Eingangssequenz
M = 10;     % Länge der Einheitspulsantwort
```

```
x = randn(1,Nt);  % Sequenz der Länge Nt
h = ones(1,M);    % Einheitspulsantwort der Länge M

yl = conv(x,h);   % Lineare Faltung

% -------- Filterung über die DFT
L = M+N-1;        % Länge der erweiterten Blöcke
y_fft = [];
p = Nt/N;
for k = 1:p       % Faltung der Blöcke
    x_temp = x((k-1)*N+1:k*N);
    Xe = fft(x_temp, L);  % DFT des laufenden Blocks
    He = fft(h, L);  % DFT der erweiterten Sequenz h
    ylfft = real(ifft(Xe.*He));  % lineare Faltung über DFT
    if k==1
        y_fft = ylfft;
    else
        y_fft(end-M+2:end) = y_fft(end-M+2:end) + ylfft(1:M-1);   %% add
        y_fft = [y_fft, ylfft(M:L)];% weitere Zusammensetzung
    end
end;
```

*Abb. 4.126: Ergebnis der Faltung mit conv und über die overlap-add Methode* (overlap_add2.m)

In Abb. 4.126 ist oben die aperiodische (oder lineare) Faltung gezeigt, die mit der Funktion

**conv** ermittelt wird und unten ist die Faltung, die über die *overlap-add* Methode ermittelt wurde, dargestellt. In der *Signal Processing Toolbox* gibt es die Funktion **fftfilt**, die diese Methode implementiert.

## 4.12.2  Das Mutiraten-Objekt `mfilt.fftfirinterp`

Mit dem Objekt **mfilt.fftfirinterp** wird die Interpolierung mit Polyphasenfiltern realisiert, wobei für die Faltungen die *overlap-add* Methode verwendet wird. Die Syntax für den Konstruktor dieses Objekts ist:

```
hm = mfilt.fftfirinterp(L, num, bl);
```

Das Argument `L` stellt den Interpolierungsfaktor dar und muss eine ganze Zahl sein. Der Vektor `num` kann die Koeffizienten des FIR-Tiefpassfilters enthalten, das zur Interpolierung verwendet wird. Wenn dieser Vektor im Aufruf nicht enthalten ist, wird ein Nyquist-FIR-Tiefpassfilter [53] mit einer relativen Bandbreite (*cutoff*-Frequenz) gleich $1/L$ bezogen auf den Nyquist-Bereich (d.h. die halbe Abtastfrequenz des interpolierten Signals) verwendet.

Mit dem letzten Argument `bl` kann die Länge der Blöcke festgelegt werden, die im *overlap-add* Verfahren für die Filterung mit Polyphasenfiltern eingesetzt werden. Wird nichts spezifiziert, so wird der Wert 100 benutzt. Die Länge der Polyphasenfilter ist die Länge des Vektors `num` geteilt durch $L$ und somit ist es vorteilhaft, dass die Blocklänge so gewählt wird, dass

```
bl+ceil(length(num)/L)-1
```

eine ganze Potenz von 2 ist. Dadurch werden die DFTs aus den *overlap-add* Verfahren effizient als FFTs berechnet.

Die Nyquist-Filter werden auch als L-Bandfilter bezeichnet [1]. Im speziellen Fall $L = 2$ sind sie auch als Halbband-Filter bekannt. In der *DSP System Toolbox* gibt es die Funktionen **firhalfband** und **firnyquist** zur Entwicklung solcher Filter.

Wenn man das Verhalten des idealen Interpolierungsfilters im Zeitbereich untersucht, kann man sagen, dass für jeden Eingangsabtastwert $L$ Ausgangsabtastwerte erzeugt werden, wobei einer exakt gleich dem Eingangswert ist. Diese exakte Kopie wird von dem Teilfilter des Polyphasenfilters erzeugt, das als Einheitspulsantwort den Einheitspuls besitzt. Nyquist-Filter besitzen diese Eigenschaft, dass in der Polyphasen-Zerlegung ein Teilfilter den Einheitspuls als Einheitspulsantwort hat. Mit

```
h = firnyquist(32,4,.2);
```

wird die Einheitspulsantwort eines Nyquist-FIR-Tiefpassfilters der Ordnung 32 (sie muss gerade sein), mit dem Interpolierungsfaktor $L = 4$ und dem *Roll-Off*-Faktor 0.2 ermittelt. Der *Roll-Off*-Faktor mit Werten zwischen 0 und 1 steuert den Übergang vom Durchlass- in den Sperrbereich.

Die Zerlegung in Polyphasenfilter mit

```
p = firpolyphase(h,4);
```

ergibt die Einheitspulsantworten der vier Teilfilter, die in Abb. 4.127 dargestellt sind. Die Abbildung wird mit dem Programm `nyquist_filt1.m` erzeugt.

Für dieses Nyquist-Filter ist das erste Polyphasen-Teilfilter das Allpass-Filter mit dem Einheitspuls als Einheitspulsantwort. Wenn man die Einheitspulsantwort des Nyquist-Filters als

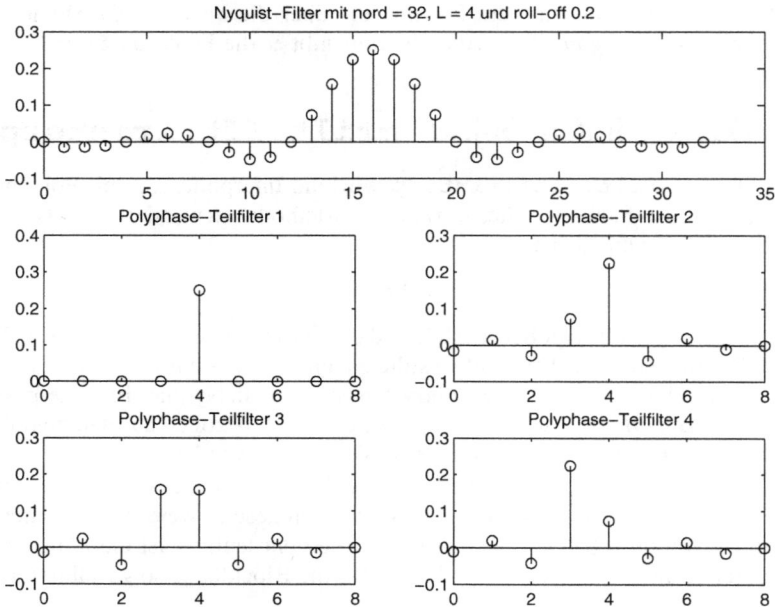

*Abb. 4.127: Polyphasenzerlegung eines Nyquist-FIR-Filters der Ordnung 32 und Interpolie-*
*rungsfaktor L = 4* (nyquist_filt1.m)

nichtkausal ansieht, mit dem Ursprung beim Höchstwert, dann ist jeder L-te Wert dieser Einheitspulsantwort gleich null.

In dem Filterobjekt **mfilt.fftfirinterp** wird die Struktur der Interpolierung mit Polyphasenfiltern gemäß Abb. 4.30e über die Methode *overlap-add* implementiert. Jede Teilfilte-
rung wird mit dieser Methode implementiert und die L Ausgänge der Teilfilter werden serialisiert.

Der einfachste Aufruf des Konstruktors enthält nur den Interpolierungsfaktor, wie in:

```
h = mfilt.fftfirinterp(8);
```

Mit **fvtool**(h) können die Eigenschaften des dazugehörigen Nyquist-Filters dargestellt werden (Abb. 4.128). Die Einheitspulsantwort des voreingestellten Filters erhält man mit

```
h.numerator
```

und mit

```
p = polyphase(h);
% oder p = firpolyphase(h.numerator, 8);
```

erhält man die Teilfilter der Polyphasen-Zerlegung.

Mit

```
>> get(h)
      PersistentMemory: 0
```

*Abb. 4.128: Nyquist-FIR-Filter des Objekts* (h = mfilt.fftfirinterp(8))

```
     NumSamplesProcessed: 0
         FilterStructure: 'Overlap-Add FIR Polyphase Interpolator'
                  States: [23x8 double]
               Numerator: [1x192 double]
     InterpolationFactor: 8
             BlockLength: 100
      NonProcessedSamples: []
```

werden die Parameter des **mfilt**-Objekts angezeigt. Sie können natürlich den Bedürfnissen
der Anwendung angepasst werden. So kann man z.B. die voreingestellte Blocklänge von 100
auf eine Länge setzen, die zu FFT-Auswertungen führt. Dafür wird die Länge der Polyphasen-
teilfilter ermittelt:

```
a = ceil(length(h.numerator)/8)-1
```

und danach wird die nötige Blocklänge so eingestellt, dass z.B. FFTs der Länge 256 in der
periodischen Faltung eingesetzt werden:

```
bl = 256-a;
h.BlockLength = bl;
```

Die anderen multirate **mfilt**-Objekte können ähnlich manipuliert und eingesetzt werden.

## 4.12.3    Anmerkungen zum *Solver*

Mit Hilfe der Simulink-Blöcke sowie der Blöcke aus der *DSP System Toolbox* können
Multiraten-Systeme sehr gut simuliert werden. Eine Simulation sollte zunächst immer als
Mixed-Signal-Anwendung mit einem *Solver* für kontinuierliche Systeme programmiert wer-
den. In dieser Form können beliebige Änderungen von Abtastfrequenzen simuliert werden.
Wenn die Lösung gefunden wurde und die Anwendung diskret ist, kann man den *Solver* auf
*Fixed step* und *Discrete no continuous states* umschalten und das Modell, wenn nötig, ändern.
In der Regel wird von Simulink nämlich nicht akzeptiert, dass ein Signal mit niedriger Ab-

tastfrequenz an irgend einer Stelle mit einer höheren Abtastfrequenz abgetastet wird. Es ist dann ein *Rate Transition*-Block erforderlich. Im Fall der rein diskreten Simulation müssen alle Abtastperioden ein Vielfaches der kleinsten Periode sein.

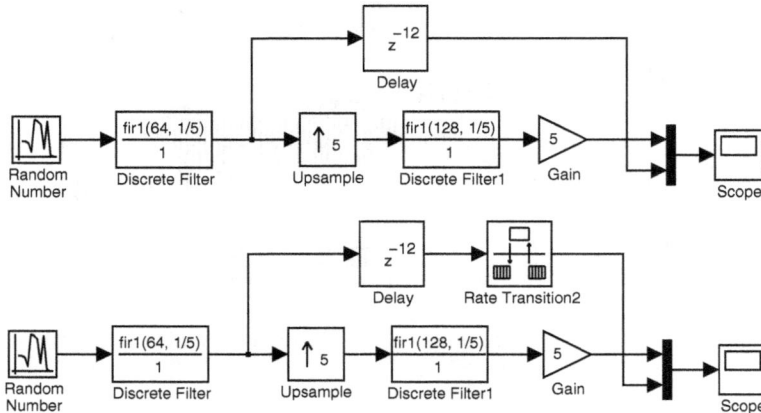

*Abb. 4.129: Simulink-Modell mit ode45- und Fixed step/discrete-Solver* (sample_rate1.mdl, sample_rate2.mdl)

Abb. 4.129 (oben) zeigt das Simulink-Modell einer einfachen Interpolierung mit dem Faktor 5, in dem der *Solver* für kontinuierliche Systeme als `ode45` eingesetzt wird. Es gibt keine Probleme wegen den unterschiedlichen Abtastraten am Eingang des *Mux-* bzw. *Scope*-Blocks.

Wenn das gleiche Modell mit den Solvern *Fixed step* und *discrete no continuous states* verwendet wird (Abb. 4.129 (unten)), erhält man eine Fehlermeldung:

```
Illegal rate transition found involving
'sample_rate2/Scope' at input port 1
and 'sample_rate2/Delay' at output port 1.
A Rate Transition must be inserted between them.
```

Mit einem *Rate Transition*-Block wird das Problem, wie in Abb. 4.129 (unten) gezeigt, gelöst. Die Ergebnisse der beiden Modelle sind identisch. Abgesehen von der viel kürzeren Ausführungsdauer des zweiten Modells erfüllt dieses zeitdiskrete Modell (ohne kontinuierliche Signale) die Bedingung für die automatische Generierung eines C-Programms mit Hilfe des Werkzeugs *Real-Time Workshop*.

# 5     Analyse und Synthese adaptiver Filter

In diesem Kapitel werden Programme zur Analyse und Synthese adaptiver Filter aus der *DSP System Toolbox* und der *dsplib* vorgestellt und ihre Verwendung mit Beispielen erläutert.

Adaptive Filter sind Filter, deren Parameter sich an die Eigenschaften eines Signals oder Prozesses automatisch anpassen. Die Anpassung gehorcht in der Regel statistischen Gesetzen, entsprechend den Veränderungen in den Systemen, in denen sie eingesetzt werden. Adaptive Filter werden, um nur einige Anwendungen zu nennen, in der Kommunikationstechnik, Regelungs- und Steuerungstechnik, in der Schall- und Funkortung, der Medizin, Seismologie usw. eingesetzt. Sie sind zu einem wichtigen Bereich der digitalen Signalverarbeitung geworden und sind entsprechend ausgiebig in der Literatur behandelt, z.B. in [23], [24], [25], [75], [64].

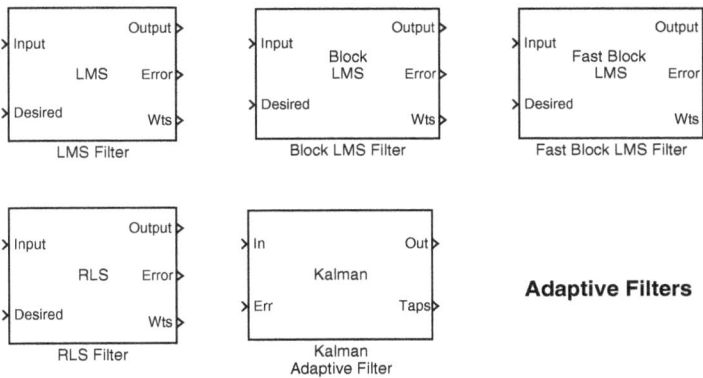

*Abb. 5.1: Adaptive Filter im* SP-Blockset

Abb. 5.1 zeigt die Blöcke der Unterbibliothek *Adaptive Filters* aus der Bibliothek *dsplib*. Die Adaption oder Anpassung der Filterparameter wird mit unterschiedlichen Verfahren durchgeführt: in den ersten drei Blöcken mit dem LMS[1]-Verfahren [23], [24], weiter mit dem RLS[2]-Verfahren [48] oder mit dem Kalman-Algorithmus [20], [10].

In der neuesten Version der *DSP System Toolbox* stehen eine Vielzahl von Funktionen zur Analyse und Synthese von adaptiven Filtern zur Verfügung. Sie sind alle in der Objekt-Klasse **adaptfilt** zusammengefasst. Eine kleine Auswahl davon ist:

```
adaptfilt.lms    % Direct-form least-mean-square FIR adaptive filter
```

---

[1] *Least Mean Square*
[2] *Recursive Least Square*

```
adaptfilt.nlms  % Direct-form Normalized LMS FIR adaptive filter
adaptfilt.dlms    % Direct-form delayed LMS FIR adaptive filter
adaptfilt.blms    % Block LMS FIR adaptive filter
adaptfilt.blmsfft  % FFT-based block LMS FIR adaptive filter

adaptfilt.ss     % Direct-form sign-sign FIR adaptive filter
adaptfilt.se     % Direct-form sign-error FIR adaptive filter
adaptfilt.sd     % Direct-form sign-data FIR adaptive filter

adaptfilt.filtxlms  % Filtered-X LMS FIR adaptive filter
adaptfilt.adjlms  % Adjoint LMS FIR adaptive filter
. . . . . . . . . . . . . . . . . . . . . .
```

Dazu gehören auch viele Methoden, mit deren Hilfe die Eigenschaften der adaptiven Filtern ermittelt und/oder dargestellt werden können. Einige davon sind:

```
adaptfilt/coefficients  %Instantaneous filter coefficients.
adaptfilt/filter        %Execute ("run") adaptive filter.
adaptfilt/freqz  %Instantaneous adaptive filter frequency response.
adaptfilt/grpdelay       %Instantaneous filter group-delay.
adaptfilt/impz    %Instantaneous adaptive filter impulse response.
adaptfilt/info           %Adaptive filter information.
adaptfilt/isfir          %True for FIR adaptive filters.
adaptfilt/islinphase     %True for linear phase adaptive filters.
adaptfilt/ismaxphase     %True for maximum-phase adaptive filters.
. . . . . . . . . . . . . . . . . . . . . . . .
adaptfilt/stepz          %Instantaneous adaptive filter step response.
adaptfilt/tf       %Instantaneous adaptive filter transfer function.
adaptfilt/zpk            %Instantaneous adaptive filter zero/pole/gain.
adaptfilt/zplane
                  %Instantaneous adaptive filter Z-plane pole-zero plot.
```

In diesen Objekten werden folgende Verfahren in verschiedenen Formen eingesetzt: LMS-Verfahren, RLS-Verfahren, *Affine-Projection*-Verfahren, Verfahren im Frequenzbereich und schließlich *Lattice*-basierte Verfahren [44]. Die grundlegenden Verfahren des LMS und RLS, die auch in den Blöcken der *dsplib* implementiert sind, werden im Weiteren erklärt und simuliert.

# 5.1    LMS-Verfahren

Es wird die allgemeine Anordnung aus Abb. 5.2 angenommen. Mit $x[k]$ und $y[k]$ werden die Signale am Eingang und Ausgang eines adaptiven FIR-Filters zum diskreten Zeitpunkt $kT_s$ bezeichnet. Sie sind durch die Faltung mit der Einheitspulsantwort des Filters miteinander verbunden:

$$y[k] = h_0(k)x[k] + h_1(k)x[k-1] + h_2(k)x[k-2] + \cdots + h_{M-1}(k)x[k-M+1] \quad (5.1)$$

Die $M$ Koeffizienten der Einheitspulsantwort des Filters werden mit

$$h_0(k), h_1(k), h_2(k), \ldots, h_{M-1}(k)$$

bezeichnet. Man beachte, dass diese ebenfalls einen Zeitindex $k$ tragen, also die Filterkoeffizienten zum Zeitpunkt $kT_s$ darstellen, da hier adaptive, also zeitveränderliche Filter betrachtet werden sollen.

Ziel der Anordnung ist es, mit dem Ausgangssignal des Filters ein gewünschtes Signal, hier mit $d[k]$ notiert, nachzubilden. Dieses Signal sei vom Signal $x[k]$ in einer nicht bekannten Art abhängig und zusätzlich durch das sogenannte Messrauschen $n[k]$ gestört. Der Fehler der Anpassung ist durch die Differenz $e[k] = d[k] - y[k]$ gegeben. Er wird von der Güte der Schätzung der unbekannten Übertragungsfunktion abhängen und natürlich auch von der Varianz des Messrauschens.

*Abb. 5.2: Blockschaltbild einer adaptiven Filterung*

Die Koeffizienten des FIR-Filters sind so einzustellen, dass der Erwartungswert des quadratischen Fehlers als Zielfunktion minimiert wird:

$$\min_{h_i(k)} E\{e[k]^2\} = \min_{h_i(k)} E\{(d[k] - y[k])^2\} \tag{5.2}$$

Die Lösung dieser Optimierungsaufgabe führt im Falle stationärer Prozesse zum sogenannten Wiener-Filter [59], [48]:

$$\boldsymbol{h} = R_{xx}^{-1}\boldsymbol{r}_{xd} \tag{5.3}$$

und ist auch als MMSE[3]-Lösung bekannt. Dabei ist $\boldsymbol{R}_{xx}$ die Autokorrelationsmatrix des Eingangssignals, definiert als der Erwartungswert $\boldsymbol{R}_{xx} = E\{\boldsymbol{xx}^T\}$ und $\boldsymbol{r}$ ist der Kreuzkorrelationsvektor zwischen Eingang und gewünschtem Ausgang $\boldsymbol{r} = E\{\boldsymbol{xd}\}$.

Da die Schätzung und Inversion der Autokorrelationsmatrix rechenaufwändig ist, wird in der Praxis häufig die MMSE-Lösung durch die LMS-Lösung ersetzt. Bei Letzterer wird auf die Erwartungswertbildung des quadratischen Fehlers verzichtet und als Zielfunktion dient der laufende (also stochastische) quadratische Fehler $e[k]^2$:

$$\begin{aligned} e[k]^2 =&(d[k] - y[k])^2 = \\ &[d[k] - (h_0(k)x[k] + h_1(k)x[k-1] + \cdots + h_M(k)x[k-M])]^2 \end{aligned} \tag{5.4}$$

---

[3]*Minimum Mean Square Error*

Die Minimierung dieser Zielfunktion nach dem Vektor der Koeffizienten $\boldsymbol{h}(k)$ erfolgt in einem schrittweisen Gradientenabstiegsverfahren:

$$\boldsymbol{h}(k+1) = \boldsymbol{h}(k) - \mu\frac{\partial[e[k]^2]}{\partial\boldsymbol{h}(k)} \tag{5.5}$$

Die partielle Ableitung stellt den Gradienten der Zielfunktion dar und $\mu$ ist die Größe des Anpassungsschrittes. Die $M$ Elemente des Vektors, der den Gradienten darstellt, sind:

$$\frac{\partial[e[k]^2]}{\partial h_i(k)} = -2e[k]x[k-i]$$
$$i = 0, 1, 2, \ldots, M-1 \tag{5.6}$$

Wenn die Eingangswerte $x[k-i], i = 0, 1, 2, \ldots, M-1$ auch in einem Vektor zusammengefasst werden, dann ist die Anpassung nach dem LMS-Verfahren durch

$$\boldsymbol{h}(k+1) = \boldsymbol{h}(k) + 2\mu e[k]\boldsymbol{x}[k] \tag{5.7}$$

gegeben.

Zusammenfassend besteht das LMS-Verfahren aus folgenden Schritten. Zum Zeitpunkt $kT_s$ werden folgende Größen als gegeben betrachtet:

$$
\begin{array}{ll}
\boldsymbol{x}[k] & \text{Eingangsvektor} \\
d[k] & \text{gewünschter Ausgang} \\
\boldsymbol{h}(k) & \text{Vektor der Koeffizienten aus der vorherigen Anpassung} \\
\mu & \text{Anpassungsschritt}
\end{array} \tag{5.8}
$$

Mit geeignet gewählten Anfangswerten für $\boldsymbol{x}[0]$ und $\boldsymbol{h}[0]$ sind in jedem Aktualisierungsschritt dann folgende Berechnungen für die Anpassung der Filterkoeffizienten $\boldsymbol{h}(k)$ durchzuführen:

$$
\begin{aligned}
y[k] &= \boldsymbol{h}^T[k]\boldsymbol{x}[k] \\
e(k) &= d[k] - y[k] \\
\boldsymbol{h}(k+1) &= \boldsymbol{h}(k) + 2\mu e[k]\boldsymbol{x}[k]
\end{aligned} \tag{5.9}
$$

Für die Größe $\mu$ der Schrittweite gilt die Bedingung:

$$0 < \mu \ll \frac{1}{\sum_{n=1}^{M+1} E\{|x_n[k]|^2\}} \tag{5.10}$$

Bei kleinen Schrittweiten ist die Konvergenz gesichert, die Anpassung dauert aber länger. Bei größeren Werten konvergiert das Verfahren schneller, es entstehen aber Schwankungen der Koeffizienten in der Umgebung der optimalen Werte, die dazu führen können, dass der Endwert des mittleren quadratischen Fehlers größer als im optimalen Fall ist.

Die Wahl und Auswirkungen des Parameters $\mu$ sind ausführlich in der Literatur beschrieben [23], [25]. Weiterhin ist zu beachten, dass der Wahl der Anzahl $M$ der Koeffizienten des adaptiven FIR-Filters eine entscheidende Bedeutung zukommt. Wird das adaptive FIR-Filter mit ungenügend Koeffizienten gewählt, so wird der verbleibende quadratische Fehler größer sein. Ebenfalls zur Vergrößerung des Fehlers führt ein größeres Messrauschen sowie eine geringe Korrelation zwischen $x[k]$ und $d[k]$. Die Wahl einer zu großen Anzahl von Koeffizienten für das adaptive Filter führt zu einer langsameren Konvergenz des Verfahrens. Ganz allgemein gilt jedoch, dass die Konvergenzgeschwindigkeit maßgeblich von den Eigenwerten $\lambda_i$ der Kovarianzmatrix $\boldsymbol{R}_{xx}$ beeinflusst wird. Wenn das Verhältnis zwischen $\lambda_{max}$ und $\lambda_{min}$ groß ist, verschlechtert sich die Konvergenz [24].

Der LMS-Algorithmus benutzt eine verrauschte Schätzung des Gradientenvektors. Verbesserungen erzielt man mit einer Kombination von LMS und MMSE-Algorithmus, d.h. dass die Anpassung der Koeffizienten nach mehreren Schritten mit einem geschätzten Erwartungswert des Gradienten durchgeführt wird. Dieses Vorgehen ist in den Blöcken *Block LMS Filter* und *Fast Block LMS Filter* aus Abb. 5.1 realisiert. Abb. 5.3 zeigt, wie die Struktur aus Abb. 5.2 in den Blöcken aus Abb. 5.1 eingebettet ist.

*Abb. 5.3: Blockschaltbild der adaptiven Identifikation*

# Experiment 5.1: Identifikation mit dem LMS-Verfahren

Die einfachste Anwendung des LMS-Verfahrens ist die Identifikation eines Systems, das mit einem FIR-Filter exakt beschrieben werden kann. Um den Algorithmus besser zu verstehen, wird er in diesem Beispiel aus einfachen Simulink-Blöcken aufgebaut, ohne die fertigen Simulink-Realisierungen aus Abb. 5.1 zu verwenden.

Das Blockschaltbild der adaptiven Identifikation entspricht der Struktur aus Abb. 5.2. Das Modell `adaptiv2.mdl`, das in Abb. 5.4 dargestellt ist, benutzt als Eingangssequenz ein diskretes unkorreliertes Signal (weißes Rauschen). Mit dem *Buffer*-Block wird der Eingangsvektor der Länge $M$ erzeugt. Da im LMS-Verfahren die Abtastwerte durch die zu verwendenden Vektoren „durchgeschoben" werden, ist als Parameter *Buffer Overlap* der Wert $M - 1$ einzutragen. Die Länge der Vektoren ist gleich der Anzahl der Koeffizienten des adaptiven Filters und sie wird für die ersten Versuche gleich der Länge des zu identifizierenden Filters (in diesem Beispiel $M = 10$) angenommen.

*Abb. 5.4: Modell der adaptiven Identifikation* (adaptiv_2.m, adaptiv2.mdl)

Der *Frame*-Ausgang des *Buffer*-Blocks muss in *Sample*-Daten umgewandelt werden[4], weil die nachfolgenden Simulink-Blöcke nur Daten diesen Typs verarbeiten können. Der Block *Dot Product* realisiert das Skalarprodukt $y[k] = \boldsymbol{x}^T[k]\boldsymbol{h}(k)$. Die Koeffizientenadaption nach Gl. (5.5) oder Gl. (5.7) wird mit den Blöcken *Unit Delay* und *Product* realisiert.

Das Modell wird mit dem Programm `adaptiv_2.m` initialisiert und aufgerufen. Die wichtigen Signale werden in den *To Workspace*-Blöcken, die als *Array*-Senken initialisiert sind, gespeichert. Das Feld `hfilter` (der Senke *To Workspace*) hat die Dimension $10 \times 1 \times 2500$ und enthält die $M = 10$ variablen Koeffizienten des adaptiven Filters für insgesamt 2500 Anpassungsschritte. Im Programm werden durch

```
hf = squeeze(hfilter);   % unnötige Dimensionen entfernen
```

die nicht benötigte zweite Dimension dieses Feldes (ein sogenanntes *singleton* bestehend aus einer „Spalte") entfernt.

Das unbekannte FIR-Filter wird mit folgenden Koeffizienten initialisiert:
`h = [1 2 3 4 5 6 7 8 9 10]`. Wie in Abb. 5.5 rechts zu sehen ist, werden diese Werte nach ca. 500 Schritten identifiziert. Wegen des zugefügten Messrauschens kann der Endfehler (Abb. 5.5 links) nicht zu null werden.

Betrachtet man die Koeffizienten des adaptiven Filters, so wird man feststellen, dass diese gegenüber den zu identifizierenden Koeffizienten $h$ gespiegelt sind. Das liegt an der Reihenfolge, in der die Daten von Simulink am Ausgang des *Buffer*-Blocks zur Verfügung gestellt werden. Alternativ kann man den Vektor am Ausgang des *Buffer*-Blocks mit einem *Flip*-Block drehen.

---

[4]Zu *Frame*- und *Sample*-Daten siehe Abschnitt 6.3.

*Abb. 5.5: Fehler und angepasste Koeffizienten* (adaptiv_2.m, adaptiv2.mdl)

Der Leser wird ermutigt, mit verschiedenen Parametern zu experimentieren. So kann man z.B. die Schrittweite verkleinern oder vergrößern, die Leistung des Messrauschens erhöhen oder die Anzahl der Koeffizienten des adaptiven Filters ungleich der Koeffizientenzahl des zu identifizierenden Filters wählen.

Im Programm adaptiv_3.m und dem Modell adaptiv3.mdl wird dasselbe Modell mit farbigem Rauschen, das über eine Tiefpassfilterung des weißen Rauschens erzeugt wird, angeregt. Die Konvergenz und die Anpassung wird schwieriger, man benötigt mehr Schritte und die Streuung der identifizierten Koeffizienten ist größer. Das kann man sich anschaulich so erklären, dass bei Anregung mit farbigem Rauschen die „Ausleuchtung" der zu schätzenden Übertragungsfunktion nicht gleichmäßig über alle Frequenzen wie bei der Verwendung von weißem Rauschen erfolgt.

## Experiment 5.2: Adaptive Störunterdrückung

Um zu zeigen, wie adaptive Filter und das LMS-Verfahren zur Störunterdrückung eingesetzt werden können, wird ein Simulationsmodell vorgestellt, mit dem ein EKG[5]-Signal von Netzbrumm befreit werden soll.

Abb. 5.6 zeigt das Blockschaltbild der Störunterdrückung mit einem adaptiven FIR-Filter. Die Störung, hier als Netzbrumm $x[k]$ angenommen, breitet sich über den menschlichen Körper aus, dessen Übertragungsfunktion nicht bekannt ist. Sie ist hier mit $s[k]$ bezeichnet und stört die EKG-Signale $z[k]$. Das messbare EKG-Signal $d[k]$ ist die Summe aus Störung durch Netzbrumm $s[k]$, EKG-Nutzsignal $z[k]$ und Messrauschen. Es spielt die Rolle des gewünschten Ausgangs in der allgemeinen Struktur des LMS-Verfahrens, obwohl hier die Bezeichnung nicht ganz zutreffend ist. In der Applikation ist schließlich das Signal $z[k]$ gewünscht.

Das adaptive FIR-Filter muss jetzt die Übertragungsfunktion des Körpers nachbilden, so dass nach der Anpassung der Ausgang $y[k]$ gleich der nicht messbaren Störung $s[k]$ wird. Die Differenz

$$e[k] = d[k] - y[k] = (s[k] + z[k] + n[k]) - y[k] \approx z[k], \qquad \text{wenn} \qquad y[k] \approx s[k]$$

enthält dann nur das Nutzsignal $z[k]$. Mit anderen Worten, das Ausgangssignal ist der Fehler der allgemeinen adaptiven Struktur. Allerdings kann die Kompensation der Störungen nur dann

---

[5]*Elektrokardiogramm*

*Abb. 5.6: Blockschaltbild der Störunterdrückung mit einem adaptiven FIR-Filter*

funktionieren, wenn das Nutzsignal $z[k]$ nicht mit dem Netzbrumm $x[k]$ korreliert ist, sonst wird auch der mit $x[k]$ korrelierte Anteil von $z[k]$ kompensiert.

Im Modell aus Abb. 5.7 (oben) wird jetzt der *LMS Filter*-Block eingesetzt. Auf den *Input*-Eingang des Modells wird ein Muster der Eingangsstörung gelegt. Es entspricht dem Signal $x[k]$ aus dem Blockschaltbild in Abb. 5.6. In der Praxis erhält man dieses Signal mittels eines Transformators aus der Versorgungsspannung des öffentlichen Stromnetzes.

Der Eingang *Desired* des LMS-Blocks wird mit dem messbaren EKG-Signal gespeist, also mit dem mit der Störung $s[k]$ überlagerten Nutzsignal[6] $z[k]$. Das gestörte EKG-Signal ist links oben im Fenster der Signale dargestellt. Wie man sieht, ist der Brummanteil beträchtlich.

Als (für das adaptive Filter unbekanntes) Modell der Übertragungsfunktion des Körpers wurde in der Simulation beispielhaft ein Tiefpassfilter erster Ordnung mit einer Durchlassfrequenz $f_g = 50/(2\pi) \approx 8$ Hz verwendet. Das Brummsignal von 50 Hz wird mit dieser Übertragungsfunktion gedämpft, phasenverschoben und dem Nutzsignal überlagert.

Nach der Anpassung kompensiert das Ausgangssignal des adaptiven Filters den Netzbrumm, der sich über den Körper ausgebreitet hat. Der geschätzte Netzbrumm steht am Ausgang *Output* des LMS-Blocks zur Verfügung und wird mit dem Oszilloskop-Block angezeigt. Er ist in diesem Fall für die Anwendung ohne praktische Bedeutung. Die Anwendung verwendet das Fehlersignal der Anpassung (zugänglich am *Error*-Ausgang), in dem das vom adaptiven Filter nicht nachgebildete EKG-Signal verbleibt. Die Signale des *Output* und des *Error*-Ausgangs sind in Abb. 5.7 mit der Überschrift „Gelernte Störung" und „Adaptiv entstörtes EKG" dargestellt. Man erkennt den Einschwingvorgang der Anpassung und danach das EKG-Signal ohne Störung.

---

[6]Die Begriffe „Störung" und „Nutzsignal" sind hier in der Terminologie der Anwendung verwendet. Es sei nochmals daran erinnert, dass in der Terminologie des adaptiven Filters die Bedeutungen von „Störung" und „Nutzsignal" vertauscht sind.

*Abb. 5.7: Modell und Signale der adaptiven Filterung* (adaptiv_4.m, adaptiv4.mdl)

Die durch Anpassung eingestellten Koeffizienten des FIR-Filters, entsprechend der Einheitspulsantwort, sind ebenfalls in Abb. 5.7 dargestellt. Man erkennt, dass das angepasste FIR-Filter ein Bandpassfilter ist. Seine Mittenfrequenz beträgt 50 Hz. Die Koeffizienten werden am Ausgang *Wts* geliefert und in der Senke *To Workspace* als koeff zu MATLAB übertragen.

Das Modell wird im Programm adaptiv_4.m initialisiert und aufgerufen. Mit dem Block *Repeating Sequence* wird das EKG-Signal aus Stützpunkten erzeugt:

```
xs = [0 -2 -4 -5 -4 -2 0 1 3 5 6 5 3 1,...
        randn(1,10)*0.1, -0.2 -0.3 -0.4 -0.5 -0.6 -0.7 -1,...
-0.8 -0.6 -0.4 -0.2 0 0.2 0.4 0.6 0.8 1 1.2 1 0.8 0.6,...
```

```
        0.4 0.2 0 0 0 -0.2 -0.5 -0.4 -0.2 0 0 0 0];
xs=interp1(0:length(xs)-1,xs,0:0.25:length(xs)-1,'spline');
ts = (0:length(xs)-1)/250;
```

Die Periode ist ungefähr eine Sekunde, entsprechend 60 Herzschlägen/Minute.

Man kann auch Übertragungsfunktionen höherer Ordnung für den menschlichen Körper einsetzen und mit den Anpassungsparametern (wie z.B. mu, der für die Schrittweite $\mu$ der Anpassung steht) experimentieren.

Der Block *LMS* aus Simulink unterstützt noch drei weitere, vereinfachte Varianten des LMS-Verfahrens. Dabei wird statt des Gradienten nur dessen Richtung in der Formel zur Anpassung der Koeffizienten benutzt. Die erste Form, die mit dem Parameter *Algorithm:* auf *Sign-Error LMS* eingestellt wird, implementiert die Beziehung:

$$\boldsymbol{h}(k) = \boldsymbol{h}(k-1) + 2\mu\, sign(e[k])\, \boldsymbol{x}[k] \tag{5.11}$$

Wie man sieht, wird nur das Vorzeichen des Fehlers verwendet, was zu einer Reduzierung des Aufwands führt.

Eine weitere Vereinfachung für die Anpassung der Koeffizienten benutzt das Vorzeichen des entsprechenden Elements des Eingangsvektors:

$$h_i(k) = h_i(k-1) + 2\mu\, e[k]\, sign(x[k-i])$$
$$i = 0, 1, 2, 3, \ldots, M-1 \tag{5.12}$$

Der dazugehörende Algorithmus heißt *Sign-Data LMS* und der Aufwand ist ebenfalls geringer als beim LMS-Algorithmus. In der letzten Form mit der Bezeichnung *Sign-Sign LMS* werden sowohl das Vorzeichen des Fehlers als auch das Vorzeichen des Elementes des Eingangsvektors verwendet:

$$h_i(k) = h_i(k-1) + 2\mu\, sign(e[k])\, sign(x[k-i])$$
$$i = 0, 1, 2, 3, \ldots, M-1 \tag{5.13}$$

Für einfache Fälle wie der vorliegende Fall einer Unterdrückung von Netzbrumm, ergeben auch diese einfacheren Formen brauchbare Ergebnisse. Der Leser wird ermutigt, den Block *LMS Filter1* mit diesen Formen zu parametrieren und ihre Leistungsfähigkeiten zu vergleichen.

Eine etwas schwierigere Aufgabe ist in Abb. 5.8 dargestellt. Ziel ist es, die EKG-Signale des Fötus zu erfassen und dabei die Störung durch die EKG-Signale der Mutter auszublenden. Das messbare EKG-Signal des Fötus ist im Wesentlichen durch das EKG-Signal $x[k]$ der Mutter gestört. Dieses Signal verbreitet sich über einen unbekannten Pfad vom Herz der Mutter zur Messstelle und bildet die Störung $s[k]$.

Das adaptive FIR-Filter muss diesen Pfad nachbilden, so dass der Ausgang $y[k] \approx s[k]$ durch Subtraktion aus $d[k]$ zum gewünschten, nicht direkt messbaren EKG-Signal des Fötus führt.

Das Modell adaptiv5.mdl für diesen Fall, das über adaptiv_5.m initialisiert und aufgerufen wird, ist in Abb. 5.9 oben dargestellt. Die EKG-Signale der Mutter und des Fötus dürfen nicht korreliert sein, sonst würden beide unterdrückt werden. Die beiden Signale unterscheiden sich nun nicht mehr durch ihre Form, sondern nur noch durch ihre Pulsdauer.

Als Übertragungspfad der Störung wurde in der Simulation ein FIR-Tiefpassfilter mit 32 Koeffizienten benutzt. Man kann dann leicht feststellen, ob das adaptive Filter die Koeffizienten erlernt. Die Simulation zeigt, dass der Algorithmus nicht in der Lage ist, den Übertragungspfad zu schätzen, wenn lediglich das EKG-Signal der Mutter als Eingangsgröße verwendet

*Abb. 5.8: EKG-Störunterdrückung mit einem adaptiven FIR-Filter*

wird. Fügt man dem Signal jedoch das Messrauschen (mit den Blöcken *Random Number* und *Gain*) hinzu, so kann der Algorithmus mit guter Näherung den Übertragungspfad der Störung schätzen. Die Einheitspulsantwort des angepassten Filters ist rechts unten in Abb. 5.9 dargestellt und die gelernte Störung ist darüber dargestellt. Einen kleinen Ausschnitt des gemessenen, gestörten EKG-Signals ist links oben und darunter ist das Nutzsignal, das extrahiert wurde, dargestellt.

Das extrahierte EKG-Signal des Fötus enthält natürlich noch das (in der Simulation hinzugefügte) Messrauschen. Dieses ist statistisch unabhängig von den EKG-Signalen der Mutter und kann durch das adaptive Filter nicht geschätzt werden. Unbeschadet dessen wurde aber das Filter des Störpfades richtig geschätzt. Die Schätzung funktioniert mit Messrauschen besser als ohne dieses, weil das Messrauschen es dem Gradientenabstiegsverfahren des LMS ermöglicht, lokale Minima wieder zu verlassen.

# 5.2 RLS-Verfahren

Um eine bessere Konvergenz als beim LMS-Verfahren zu erhalten, muss man aufwändigere Algorithmen einsetzen. Im $LS^7$-Verfahren wird die Kovarianzmatrix der Eingangssequenz geschätzt und dann zur Anpassung eingesetzt.

Man geht von $n + 1$ Werten des Eingangsvektors

$$\boldsymbol{x}[k], \qquad k = 0, 1, 2, \ldots, n,$$

aus, die mit derselben Einheitspulsantwort $\boldsymbol{h}(n)$ des adaptiven Filters zur Berechnung von $n$

---

[7]*Least Square, zu deutsch: kleinster quadratischer Fehler*

*Abb. 5.9: Modell und Signale der adaptiven Filterung* (adaptiv_5.m, adaptiv5.mdl)

Fehlern $e[k], k = 0, 1, 2, \ldots, n$ herangezogen werden:

$$
\begin{bmatrix} e[n] \\ e[n-1] \\ \vdots \\ e[0] \end{bmatrix} = \begin{bmatrix} d[n] \\ d[n-1] \\ \vdots \\ d[0] \end{bmatrix} - 
$$

$$
\begin{bmatrix} x[n] & x[n-1] & \ldots & x[n-M+1] \\ x[n-1] & x[n-2] & \ldots & x[-M] \\ \hdotsfor{4} \\ x[0] & x[-1] & \ldots & x[-M+1] \end{bmatrix} \begin{bmatrix} h_0(n) \\ h_1(n) \\ \vdots \\ h_{M-1}(n) \end{bmatrix} \tag{5.14}
$$

Ohne Einschränkung der Allgemeinheit kann man annehmen, dass $x[k] = 0$ für $k < 0$ und dass $n \geq M$. In Matrixform wird die Fehlergleichung wie folgt geschrieben:

$$e_n = d_n - X_n h(n) \tag{5.15}$$

Als Zielfunktion wird nun die gewichtete Summe der Elemente des Fehlervektors gewählt:

$$J_n(h_n) = \sum_{k=0}^{n} w^{n-k} |e[k]|^2 = (d_n - X_n h(n))^T W (d_n - X_n h(n)) \tag{5.16}$$

Die Matrix $W$ ist diagonal mit den Diagonalelementen $1, w, \ldots, w^{n-1}, w^n$. Mit diesen Faktoren kann man die relative „Wichtigkeit" des Fehlers einstellen, z.B. mit der Wahl $w < 1$ kann man Fehler aus der Vergangenheit weniger stark gewichten. In der Literatur wird der Faktor $w$ auch als *forgetting factor* bezeichnet. Die Minimierung der Zielfunktion über

$$\frac{\partial J_n(h_n)}{\partial h_n} = 0$$

führt zu einem Satz von linearen Gleichungen, die in Matrixform durch

$$-2 X_n^T W d_n + 2 X_n^T W X_n h(n) = 0 \tag{5.17}$$

gegeben sind. Daraus folgt die Lösung:

$$h(n) = [X_n^T W X_n]^{-1} X^T W d_n \tag{5.18}$$

Es ist leicht zu sehen, dass $X_n^T W X_n$ mit $w = 1$ die Autokorrelationsmatrix der Eingangssequenz ist und $X^T W d_n$ der Kreuzkorrelationsvektor zwischen Eingang und gewünschtem Ausgang ist. Man erhält dann formal wieder das bekannte Wiener-Filter oder die MMSE-Lösung, mit dem Unterschied, dass beim Wiener-Filter Scharmittelwerte zur Berechnung der Korrelationen zu verwenden sind, während bei der LS-Lösung Zeitmittelwerte verwendet werden. Für ergodische Signale sind die beiden Lösungen also äquivalent.

Gl. (5.18) wird wegen des Aufwands selten in dieser Form gelöst. Es gibt mehrere rekursive Lösungen, die alle unter den Namen RLS[8]-Verfahren bekannt sind [51], [36], [48]. Eine der Lösungen, die im Block *RLS Adaptive Filter* implementiert ist, wird kurz erläutert.

Zur Vereinfachung der Schreibweise wird die Matrix $P(n)$

$$P(n) = [X_n^T W X_n]^{-1} \tag{5.19}$$

eingeführt. Die rekursive Form zur Anpassung der Koeffizienten aus $h(n)$ mit einem neuen Eingangswert $x[n]$ wird zu:

$$
\begin{aligned}
K(n) &= \frac{w^{-1} P(n-1) x[n]}{1 + w^{-1} x[n]^T P(n-1) x[n]} \\
y[n] &= h(n-1)^T x[n] \\
e[n] &= d[n] - y[n] \\
h(n) &= h(n-1) + K(n) e[n] \\
P(n) &= [I - K(n) x(n)^T] P(n-1)/w
\end{aligned}
\tag{5.20}
$$

---

[8]*Recursive Least Square*

Dabei sind $\boldsymbol{x}[n] = [x[n], x[n-1], \ldots, x[n-M+1]]^T$ der Eingangsvektor und $\boldsymbol{I}$ die Einheitsmatrix der Dimension $M \mathrm{x} M$.

Im Modell `adaptiv6.mdl`, das mit dem Programm `adaptiv_6.m` initialisiert und aufgerufen wird, wird das Experiment aus Abb. 5.8 bzw. Abb. 5.9 mit einem RLS-Filter wiederholt. Die Anpassung erfolgt viel rascher und das adaptive Filter nähert auch besser das den Übertragungspfad simulierende Filter an. Der Block *RLS Filter* verwendet die Rekursion nach den Gleichungen (5.20).

Für eine spätere Implementierung auf einem DSP sind Simulationen in MATLAB oftmals hilfreicher als Simulationen in Simulink, da die MATLAB-Skriptsprache der Programmiersprache C ähnlich ist. Darum soll hier beispielhaft auch eine MATLAB-Implementierung der nicht rekursiven Lösung nach Gl. (5.18) sowie der rekursiven Lösung nach Gl. (5.20) angegeben werden. Im Programm `ls_1.m` ist die nicht rekursive Lösung für die Identifikation eines FIR-Filters implementiert. Das zu identifizierende Filter sei ein FIR-Tiefpassfilter der Länge 13 der Form:

```
nf = 13;
h = firl(nf-1, 0.35)';      % oder
%h = (0.8.^(0:nf-1))';
```

Für das adaptive FIR-Filter wird eine Länge `M = 15 > 13` gewählt. Die Matrix `X`, die der Matrix $X_n$ aus Gl. (5.14) entspricht, wird mit der Programmsequenz

```
nx = 500;
x = randn(nx,1);                  xrot = flipud(x);
M = 15;                           % Geschätzte Länge des Filters M
X = zeros(nx,M);
for k = 1:M
    X(:,k) = [xrot(k:nx); zeros(k-1,1)];
end;
```

gebildet. Der gemessene Ausgang des zu identifizierenden Filters kann auch mit Messrauschen versehen werden:

```
d = filter(h,1,x);               d = flipud(d);
noise = 0.1;                      % Varianz des Mesrauschens
randn('state', 12753);
d = d + sqrt(noise)*randn(length(d),1);   % Ausgang
```

Die Umkehrungen mit `flipud` wurden eingeführt, um genau die Struktur der Matrix aus Gl. (5.14) zu erhalten. Die Lösung nach Gl. (5.18) ergibt sich schließlich durch:

```
w = 1;                           % forgetting factor
W = diag(w.^(0:nx-1));           % Gewichtungsmatrix
hg = inv(X'*W*X)*X'*W*d;         % LS-Lösung
```

Abb. 5.10 zeigt links die Einheitspulsantwort des zu schätzenden Filters und rechts die des adaptierten Filters bei Messrauschen der Varianz $\sigma^2 = 0.1$. Es wurden 500 Werte für die Eingangssequenz verwendet.

Wie erwähnt, wird die Lösung in dieser Form selten angewandt. In der numerischen Mathematik gibt es andere Methoden zur Lösung der Gl. (5.18), die auch für den Fall, dass die Matrix $\boldsymbol{X}_n$ nicht ihren maximalen Rang gleich $M$ besitzt, einsetzbar sind. In [51] wird z.B. das sehr leistungsfähige Verfahren der *Singular-Value Decomposition* für das LS-Problem beschrieben.

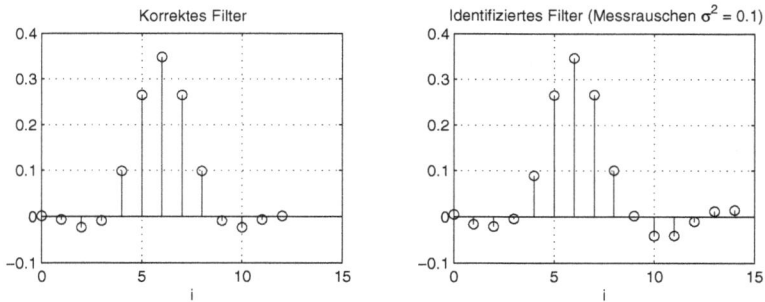

*Abb. 5.10: Einheitspulsantworten der Filter* (ls_1.m)

Im Programm `ls_2.m` wird die rekursive Lösung nach den Gleichungen (5.20) implementiert. Die Initialisierung wird mit

```
nf = 13;                hr = fir1(nf-1, 0.35)';    % oder
%hr = (0.8.^(0:nf-1))';
M = 15;     h = zeros(M,1);     P = eye(M);         % Anfangswerte
w = 1;                                    % forgetting Faktor
x_temp1 = zeros(nf,1);        % Für das korrekte Filter
x_temp = zeros(M,1);          % Für das zu identif. Filter
noise = 0.01;                 % Varianz des Messrauschens
```

durchgeführt. Die rekursive Form der Lösung erfolgt entsprechend den Gleichungen (5.20):

```
nx = 500;
for n = 1:nx
    xn = randn(1);      % Laufender Eingang
    x_temp = [xn; x_temp(1:end-1)];      % Aktualisierung
    % gewünschter Ausgang
    x_temp1 = [xn; x_temp1(1:end-1)];  % Aktualisierung
    d = hr'*x_temp1;
    d = d + sqrt(noise)*randn(1);        % mit Messrauschen
    K = P*x_temp/(w+x_temp'*P*x_temp);
    y = h'*x_temp;
    e = d-y;
    h = h + K*e;
    P = (eye(M)-K*x_temp')*P/w;
end;
```

Für dieses, auch als *RLS-Covariance-Algorithmus* bezeichnete Verfahren gibt es in der Literatur [51] den Hinweis, dass bei einer Implementierung im Festkomma-Format mit weniger als 16 Bit sich die numerischen Fehler akkumulieren und zur Divergenz des Verfahrens führen. Dieses kann in der vorliegenden Simulation wegen der hohen Genauigkeit der Zahlendarstellung in MATLAB natürlich nicht beobachtet werden.

Eine andere rekursive Lösung für Gl. (5.18) ist die als *RLS-Information-Algorithmus* bekannte Form:

$$\begin{aligned}
\boldsymbol{P}^{-1}(n) &= \boldsymbol{P}^{-1}(n-1) + \boldsymbol{x}[n]w\boldsymbol{x}[n]^T \\
\boldsymbol{K}(n) &= \boldsymbol{P}(n)\boldsymbol{x}[n]w \\
y[n] &= \boldsymbol{h}(n-1)^T\boldsymbol{x}[n] \\
e[n] &= d[n] - y[n] \\
\boldsymbol{h}(n) &= \boldsymbol{h}(n-1) + \boldsymbol{K}(n)e[n]
\end{aligned} \tag{5.21}$$

Sie besitzt ein besseres Konvergenzverhalten und ist robuster gegen numerische Fehler, hat aber den Nachteil, dass zur Berechnung des Faktors $K(n)$ die Inversion der Matrix $\boldsymbol{P}(n)$ erforderlich ist.

Im Programm `ls_3.m` ist dieser Algorithmus implementiert. Das Programm unterscheidet sich von dem Programm `ls_2.m` nur durch die Rekursion:

```
nx = 500;
for n = 1:nx
    xn = randn(1);                   % Laufender Eingang
    x_temp = [xn; x_temp(1:end-1)];  % Aktualisierung
    Pinv = Pinv + x_temp*w*x_temp';
    P = inv(Pinv);                   % !!!! großer Aufwand
    % gewünschter Ausgang
    x_temp1 = [xn; x_temp1(1:end-1)];
    d = hr'*x_temp1;
    d = d + sqrt(noise)*randn(1);    % mit Messrauschen
    K = P*x_temp*w;
    y = h'*x_temp;
    e = d-y;
    h = h + K*e;
end;
```

Denkbar ist auch eine Kombination der beiden Algorithmen. Im Programm `ls_4.m` werden die ersten 20 Adaptionsschritte mit dem RLS-Information-Algorithmus durchgeführt, um in die Nähe der richtigen Lösung zu gelangen, danach wird zur Rechenzeitersparnis mit dem RLS-Covariance-Algorithmus fortgefahren.

## 5.3  Kalman-Filter

Das Kalman-Filter wurde in den 1960er Jahren von dem ungarisch-amerikanischen Mathematiker Rudolf Kalman entwickelt und ist ein rekursives Filter zur Schätzung des Zustands eines dynamischen Systems aus verrauschten Messungen durch Minimierung des mittleren quadratischen Fehlers [20], [41].

Für die Schätzung eines FIR-Filters geht man von folgendem sehr einfachen Zustandsmodell aus:

$$\begin{aligned}
\boldsymbol{h}(n+1) &= \boldsymbol{h}(n) + \boldsymbol{v}(n+1) \\
y[n+1] &= \boldsymbol{x}[n+1]^T\boldsymbol{h}(n+1) + w[n+1]
\end{aligned} \tag{5.22}$$

Hier ist $\boldsymbol{v}(n+1)$ der Vektor des unabhängigen Prozessrauschens, das die Zeitvariabiliät des zu schätzenden Filters modelliert und das mit einer diagonalen Korrelationsmatrix $\boldsymbol{Q}_p$ beschrieben wird. Das Messrauschen $w[n+1]$, das die beobachtete Größe $y[n+1]$ beeinflusst, habe die Varianz $Q_M$.

Das Kalman-Filter ist durch folgende rekursive Gleichungen gegeben:

$$
\begin{aligned}
\boldsymbol{g}(n) =& \frac{\boldsymbol{K}(n-1)\boldsymbol{x}[n]}{\boldsymbol{x}[n]^T\boldsymbol{K}(n-1)\boldsymbol{x}[n] + Q_M} \\
y[n] =& \boldsymbol{h}(n)^T\boldsymbol{x}[n] \\
e[n] =& d[n] - y[n] \\
\boldsymbol{h}(n+1) =& \boldsymbol{h}(n) + \boldsymbol{g}(n)e[n] \\
\boldsymbol{K}(n) =& \boldsymbol{K}(n-1) - \boldsymbol{g}(n)\boldsymbol{x}[n]^T\boldsymbol{K}(n-1) + \boldsymbol{Q}_p
\end{aligned}
\tag{5.23}
$$

Die Bezeichnungen entsprechen denen im Handbuch der *DSP System Toolbox* mit Ausnahme des Eingangsvektors $\boldsymbol{x}[n]$, der im Handbuch mit $\boldsymbol{u}[n]$ bezeichnet wird. Der Vektor $\boldsymbol{g}(n)$ enthält die Verstärkungen des Kalman-Filters und die Matrix $\boldsymbol{K}(n)$ ist die Korrelationsmatrix des Schätzfehlers der Zustandsgrößen. In dem hier betrachteten Fall der Schätzung eines FIR-Filters sind die Zustandsgrößen die Filterkoeffizienten $\boldsymbol{h}(n)$.

Im Programm `kalman1.m` wird das Kalman-Filter zur Identifikation eines FIR-Filters eingesetzt. Das Programm ist ähnlich aufgebaut wie das Programm `ls_3.m` zur Simulation der RLS-Verfahrens. Die Initialisierung der rekursiven Gleichungen geschieht durch:

```
M = 15;
x_temp1 = zeros(nf,1);    % Für das korrekte Filter
x_temp = zeros(M,1);      % Für das zu identif. Filter
noise = 0.1;              % Varianz des Messrauschens
h = zeros(M,1);          % Anfangswerte
QM = noise;               % Messrauschkorrelationsmatrix
QP = eye(M)*0;            % Prozessrauschkorrelationsmatrix
K = eye(M)*100;           % Fehler-Kovarianzmatrix
```

Die rekursive Anpassung der Filterkoeffizienten $\boldsymbol{h}(n)$ wird mit folgendem Programmabschnitt realisiert:

```
nx = 500;
for n = 1:nx
    xn = randn(1);        % Laufender Eingang
    x_temp = [xn; x_temp(1:end-1)];    % Aktualisierung
    % gewünschter Ausgang
    x_temp1 = [xn; x_temp1(1:end-1)];
    d = hr'*x_temp1;
    d = d + sqrt(noise)*randn(1);      % mit Messrauschen

    g = K*x_temp/(x_temp'*K*x_temp + QM);
    y = h'*x_temp;
    e = d-y;
    h = h + g*e;
```

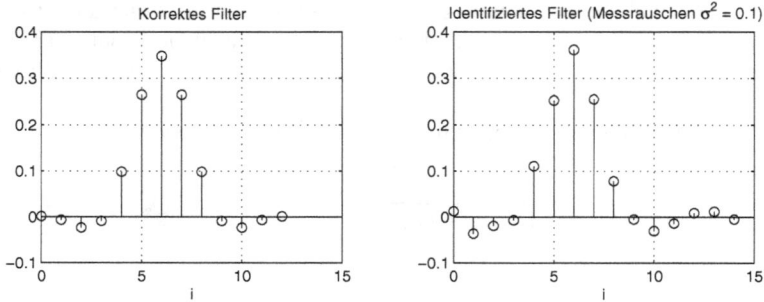

*Abb. 5.11: Einheitspulsantworten der Filter* (kalman1.m)

```
     K = (eye(M) - g*x_temp')*K+QP;
end;
```

In Abb. 5.11 sind links die tatsächlichen Koeffizienten des Filters der Ordnung 12 (also 13 Koeffizienten) und rechts die Koeffizienten des geschätzten Filters mit der größer angenommenen Ordnung 14 (also 15 Koeffizienten) dargestellt. Die Darstellungen geben den Zustand nach 500 Adaptionsschritten wieder. Da das zu identifizierende Filter als konstant angenommen wurde, wurde die Matrix des Prozessrauschens $Q_p$ mit der Nullmatrix initialisiert (Programmvariable QP). Die Varianz des Messrauschens wurde als $Q_M = 0.1$ angenommen (Programmvariable QM).

# Experiment 5.3: Adaptive Störunterdrückung mit einem Kalman-Filter

Ähnlich dem Experiment 5.1 zur Störunterdrückung mit dem LMS-Verfahren soll nun die Störunterdrückung mit dem Kalman-Filter untersucht werden. Abb. 5.12 zeigt das Modell kalman_filter1.mdl, das aus dem Programm kalman_filter_1.m aufgerufen wird.

Als Nutzsignal wird ein Signal angenommen, das aus der Überlagerung eines sinusförmigen Signals mit Rauschen gebildet wurde und einem Musik-Signal entsprechen könnte. In der Struktur des adaptiven Filters als $n[k]$ bezeichnet, spielt es für das Kalman-Filter, wie auch bei dem Experiment zur Störunterdrückung bei EKG-Signalen, die Rolle des gewünschten Signals, das durch das Signal $s[k]$ gestört wird. Das Letztere wird ebenfalls aus einem sinusförmigen Signal und einem Rauschsignal mit Hilfe des FIR-Filters aus dem Block *Discrete Filter* gebildet. Die Koeffizienten dieses Filters hr müssen mit dem Kalman-Filter geschätzt werden, so dass der Ausgang $y[k]$ die Störung $s[k]$ nachbildet und aus dem Signal $d[k]$ über die Differenz

$$d[k] - y[k] = (n[k] + s[k]) - y[k] \cong n[k]$$

diese Störung entfernt.

Die beiden Blöcke *Random Number1* und *Random Number* sind mit zwei verschiedenen *Initial-Seed*-Werten zu initialisieren, da ansonsten Nutzsignal und Störung korreliert sind und beide unterdrückt werden.

Die angepassten Koeffizienten des Kalman-Filters am Ausgang *Taps* werden zusammen mit

*Abb. 5.12: Störunterdrückung mit einem Kalman-Filter* (kalman_filter_1.m, kalman_filter1.mdl)

den Koeffizienten hr des nachzubildenden Filters über die Blöcke *Matrix Concatenation* und *Vector Scope* angezeigt. Während der Simulation kann man die Anpassung verfolgen. Da das anzupassende Filter h mit mehr Koeffizienten als das Filter hr angenommen wurde und der Block *Matrix Concatenation* gleiche Längen verlangt, werden die Koeffizienten des Filters hr im Block *Constant* mit Nullwerten erweitert.

Die Signale werden mit der Senke *To Workspace* in der Variablen yout und die gelernten oder identifizierten Koeffizienten mit der Senke *To Workspace1* in der Variablen koeff an MATLAB übertragen. Der Parameter *Save format* dieser Senken wurden als *Structure With Time* bzw. *Structure* angegeben.

In Abb. 5.13 sind die Signale der Senken dargestellt. Wie man mit den Strukturen der Daten umgehen muss, zeigt als Beispiel folgende Programmsequenz, welche die Darstellung links oben erzeugt:

```
subplot(321), plot(yout.time, yout.signals.values(:,3));
title('Gestoertes Signal d[k]');
xlabel('Zeit in s');    grid;
pos = get(gca, 'Position');    % Darstellung neu positionieren
set(gca,'Position',[pos(1),pos(2)*1.05,pos(3),pos(4)*0.9]);
```

Die Koeffizienten werden in dreidimensionalen Feldern gespeichert, und zwar bei jedem

*Abb. 5.13: Signale der Störunterdrückung* (kalman_filter_1.m, kalman_filter1.mdl)

Adaptionsschritt $M = 20$ Werte der zu identifizierenden Filterkoeffizienten und dieselbe Anzahl für die identifizierten Koeffizienten. Dargestellt werden nur die Koeffizienten am Ende der Simulation:

```
koeffizienten = squeeze(koeff.signals.values(:,:,end));
subplot(224), plot(0:length(koeffizienten)-1, ...
    koeffizienten(:,1), '*', 0:length(koeffizienten)-1, ...
    koeffizienten(:,2));
title('Ideales (hr) und gelerntes Filter (h)');
grid;
```

Die Funktion **squeeze** entfernt die nicht benötigten ersten beiden Dimensionen der Variablen `koeff.signals.values(:,:,end)`, um sie anschließend leichter darzustellen (Abb. 5.13 rechts unten). Die geschätzten Filterkoeffizienten wurden in der Abbildung mit dem Symbol „*" kenntlich gemacht.

Rechts oben ist die Differenz zwischen dem idealen (nicht gestörten) Signal und dem entstörten Signal dargestellt. Nach einer kurzen Anpassungsphase wird der Fehler klein und man erkennt daraus, dass die Störung erfolgreich unterdrückt wird.

Ein gutes Verständnis der Funktionsweise des Kalman-Filters erhält man, wenn man die Parameter des Filters verändert. Die erfolgreiche Anpassung überprüft man dabei am einfachsten im Vergleich der Koeffizienten des zu identifizierenden und des Kalman-Filters. Man wird sehr rasch feststellen, dass die Varianz des Messrauschens (*Measurement noise variance*) als Parameter des Kalman-Filters eine wichtige Rolle spielt. In dieser Simulation ist dies die Varianz des Signals $n[k]$, also des Nutzsignals[9].

Mit dem Modell `kalman_filter2.mdl`, welches über das Programm `kalman_filter_2.m` initialisiert und aufgerufen wird, wird eine Unterdrückung der PKW-Fahrgeräusche in den Kopfhörern simuliert, um den Passagieren reinstes Musikvergnügen zu bieten. Die Geräusche sind als wav[10]-Daten für eine Geschwindigkeit des PKWs von 90 km/h und 140 km/h (`90.wav`, `140.wav`) vorhanden. Das adaptive Filter muss die Übertragung der Geräusche in die Fahrgastzelle des PKWs und weiter über die Kopfhörermuscheln bis zum Ohr nachbilden.

Die Geräusche wurden mit einer Abtastfrequenz $f_s = 48$ kHz aufgenommen. Die spektrale Leistungsdichte des Signals aus der Datei `140.wav` ist in Abb. 5.14 dargestellt. Ähnlich sieht auch die spektrale Leistungsdichte der Störung bei der Geschwindigkeit von 90 km/h aus und man bemerkt, dass der Großteil der Leistung im Frequenzbereich zwischen 0 und 500 Hz liegt. Aus diesem Grunde braucht die Anpassung des Filters nicht bei der hohen Abtastfrequenz von 48 kHz durchgeführt werden, sondern sie kann bei einer viel kleineren Frequenz, z.B. von $48/5 = 9.6$ kHz erfolgen.

*Abb. 5.14: Spektrale Leistungsdichte des Störsignals bei v = 140 km/h* (kalman_filter_2.m, kalman_filter2.mdl)

Das Modell `kalman_filter2.mdl` unterscheidet sich vom Modell `kalman_filter1.mdl` dadurch, dass der Eingang des Filters und der *Fehler*-Eingang mit dem Faktor 5 unterabgetastet sind. Zusätzlich wird auch die mittlere Leistung der Differenz zwischen dem idealen und dem nicht gefilterten Signal bzw. die mittlere Leistung der Differenz zwischen dem idealen und dem gefilterten Signal ermittelt und mit Senken vom Typ *Display* angezeigt.

Die Störunterdrückung funktioniert gut für relativ starke Störungen und ist weniger erfolgreich für schwache Störungen. Über den Faktor des Blocks *Gain5* kann die Stärke der Störung eingestellt werden. Bei einem Faktor von 10 ist der Gewinn (Verhältnis von mittlerer Leistung ohne Filter zu mittlerer Leistung mit Filter) etwa 400, bei einem Faktor von 5 ist er nur noch etwa 200 und bei einem Faktor von 1 ist der Gewinn schließlich nur 23. Die Signale aus Abb. 5.15 wurden mit dem Faktor 1 für die Stärke der Störung erzeugt.

Im Programm `kalman_filter_3.m` und dem Modell `kalman_filter3.mdl` wird die Störunterdrückung für den Fall, dass der Störungspfad eine reine Verzögerung darstellt,

---

[9]Da es verwirrend ist, sei nochmals daran erinnert, dass bei der Störunterdrückung das extrahierte Nutzsignal als Fehler in der allgemeinen Struktur der adaptiven Filter gilt.

[10]*Wave*-Audio-Dateien

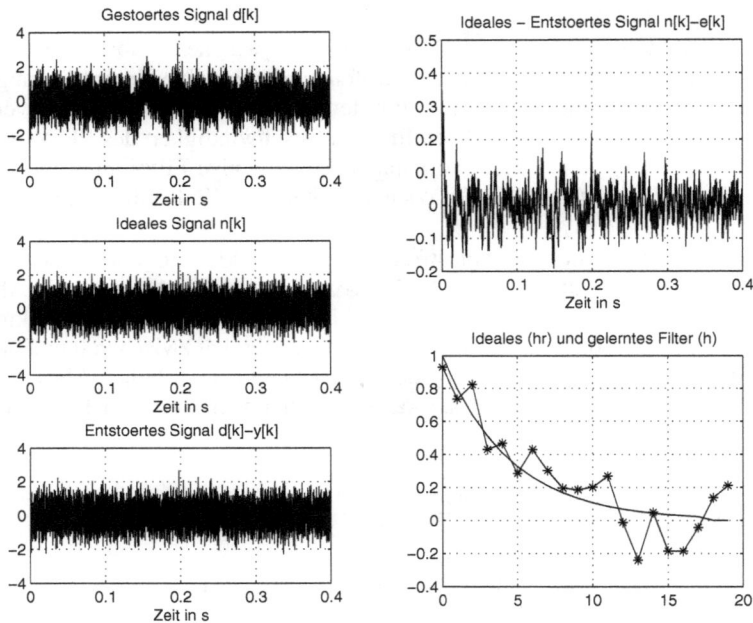

*Abb. 5.15: Signale in der Störunterdrückung bei v = 140 km/h* (kalman_filter_2.m,
kalman_filter2.mdl)

simuliert. Die Störung und der Fehler werden ebenfalls mit dem Faktor 5 unterabgetastet und
der erzielte Gewinn ist etwa 30 (entsprechend 14 dB).

# Experiment 5.4: Adaptive Störunterdrückung mit einem Block-LMS-Filter

Neben den besprochenen adaptiven Filtern sind in Abb. 5.1 zwei weitere Blöcke enthalten,
die *Block LMS Filter* implementieren. Bei ihnen werden statt der Aktualisierung mit jedem
Abtastwert die Filterkoeffizienten nur jeweils nach einem Block von Eingangsdaten aktualisiert.
Der Rechenaufwand verringert sich entsprechend.

Abb. 5.16 zeigt das Modell `block_lms.mdl`, in dem der *Fast Block LMS*-Algorith-
mus [48] zur Störunterdrückung eingesetzt wird. Das Modell wird mit dem Programm
`block_lms_.m` initialisiert und gestartet. Die beiden Eingänge *Input* und *Desired* werden
über *Buffer*-Blöcke mit Datenblöcken gespeist. Die Datenblöcke müssen eine Länge besitzen,
die zusammen mit der Länge des Filters eine ganzzahlige Potenz von zwei ergeben. Mit einer
Filterlänge $M = 16$ und Datensequenzen derselben Länge ist diese Bedingung in dem Beispiel
aus Abb. 5.16 erfüllt. Als Störung werden das Fahrgeräusch eines PKW aus dem vorherigen
Experiment und weißes Rauschen verwendet.

Das LMS-Verfahren konvergiert am besten mit weißem Rauschen (gleich große Eigenwer-
te der Autokorrelationsmatrix), was auch durch das Experiment bestätigt wird. Wird nur das

*Abb. 5.16: Modell und Signale der Anpassung mit dem Fast-Block-LMS-Verfahren* (block_lms_.m, block_lms.mdl)

Fahrgeräusch als Störung verwendet, so adaptiert der Algorithmus zu einem anderen als dem gewünschten Filter. Das Verfahren bleibt in einem lokalen Minimum „hängen" und erreicht nicht das absolute Minimum des Fehlers. Ein größerer Anteil an weißem Rauschen erlaubt dem Verfahren, lokale Minima zu verlassen und als Ergebnis das zu identifizierende Filter mit guter Näherung zu liefern.

Abb. 5.16 zeigt unten die Signale der Simulation für Störungen durch Fahrgeräusche überlagert mit weißem Rauschen. Das Filter des Störungspfads wurde gut identifiziert und die Störung gut unterdrückt. Als Filter des Störungspfades wurde ein Tiefpassfilter mit folgender Einheitspulsantwort verwendet:

```
% -------- Filter zur Simulation des Störungspfads
nf = 16;
%hr = fir1(nf-1, 0.2);
hr = 0.8.^(0:nf-1);
```

# 5.4    Beispiele für den Einsatz der adaptfilt-Objekte

Aus der Beschreibung des Objekts **adaptfilt** wird die Identifikation eines Systems als Beispiel für dessen Einsatz übernommen. Mit

```
x = randn(1,500);              % Input to the filter
b = fir1(31,0.5);              % FIR system to be identified
n = 0.1*randn(1,500);          % Observation noise signal
d = filter(b,1,x)+n;           % Desired signal
```

werden die Eingangssequenz x und das durch das Filter zu erzeugende Signal d generiert. Danach wird mit

```
mu = 0.008;              % LMS step size
h = adaptfilt.lms(36,mu);  % Definieren des Objekts
[y,e] = filter(h,x,d);   % Berechnen der Koeff. des Filter-Objekts
```

der Anpassungsfaktor mu gewählt und das adaptive Filter h definiert. An dieser Stelle ist nur die Struktur des Objekts definiert. Mit der überladenen Funktion **filter** wird das LMS-Verfahren mit der Filterstruktur h eingesetzt um aus der Eingangssequenz x und der gewünschten Sequenz d einerseits die Koeffizienten des angepassten Filters (gespeichert in der Struktur h) und andererseits das Ausgangssignal y des angepassten Filters sowie den Fehler e = y − d zu bestimmen.

Im Programm adapt_filter1.m ist das Experiment mit kleinen Änderungen für das LMS-Verfahren programmiert. Wenn man im Kommando-Fenster das entwickelte Filter h ansehen will, erhält man die Struktur des Objekts:

```
>> get(h)
       PersistentMemory: 0
  NumSamplesProcessed: 500
              Algorithm: 'Direct-Form FIR LMS Adaptive Filter'
           FilterLength: 36
           Coefficients: [1x36 double]
                 States: [35x1 double]
               StepSize: 0.0100
                Leakage: 1
```

Man kann auf alle Teile der Struktur zugreifen. So können z.B. die Koeffizienten des Filters durch h.coefficients angezeigt werden.

Im Programm adapt_filter2.m wird das Block-LMS-Verfahren mit Hilfe der Funktion **adaptfilt.blms** für die Berechnung von h verwendet. Die Datenstruktur des adaptiven Filterobjekts ist nun:

```
>> get(h)
       PersistentMemory: 0
    NumSamplesProcessed: 720
              Algorithm: 'Block LMS FIR Adaptive Filter'
           FilterLength: 36
           Coefficients: [1x36 double]
                 States: [36x1 double]
               StepSize: 0.0100
                Leakage: 1
            BlockLength: 36
```

Kurze Beschreibungen dieser Funktionen erhält man, wie üblich, mit **help lms** bzw. **help blms** oder **help adaptfilt/lms** bzw. **help adaptfilt/blms**. Die Beschreibung für die überladene Funktion **filter** erhält man mit: **help adaptfilt/filter**.

# 5.5 Anmerkungen

Der Einsatz von adaptiven Filtern in der Praxis ist eng verbunden mit der kontinuierlichen Leistungssteigerung der Hardware zur Signalverarbeitung, sei es in Form der digitalen Signalprozessoren oder programmierbarer logischer Schaltungen wie FPGA und ASIC.

Industriell werden adaptive Lösungen in der Regelungstechnik zur Modellbildung und -identifikation, in der Kommunikationstechnik zur adaptive Echounterdrückung, zur Entzerrung und Detektion oder zur prädiktiven Codierung, in der Sonartechnik, in der Medizinelektronik, um nur einige zu erwähnen, eingesetzt. Doch auch im Heimanwenderbereich sind in vielen integrierten Schaltungen neben anderen Funktionen auch adaptive Lösungen enthalten. So enthalten z.B. die Schaltkreise für die digitale ISDN-Telefonie adaptive Kanalentzerrer- und Echounterdrückungsfunktionen. Es gibt auch bereits Kopfhörer mit adaptiver Rauschunterdrückung als Massenprodukt.

Die Simulation von adaptiven Systemen mit den in der Anwendung vorkommenden Signalen liefert wichtige Erkenntnisse, die die Entwicklung solcher Systeme beschleunigen können und Rückschläge in der Implementierungs- und Inbetriebnahmephase vermeiden helfen. Die leistungsfähigen Funktionen und Blöcke aus MATLAB und Simulink (z.B. Kalman-Filter in einem Simulink-Block) erlauben es sogar, die Simulation aufzusetzen, auch wenn man noch nicht alle Feinheiten der Algorithmen beherrscht. Für die darauf folgende Implementierung in der Anwendung ist die Kenntnis der Algorithmen dann natürlich erforderlich, allerdings wird man simulationsunterstützt wesentlich schneller zum Ziel kommen.

# 6 Hinweise zu MATLAB und Simulink

MATLAB ist eine leistungsfähige Hochsprache für numerische Simulationen. Sie integriert die Berechnung, die Visualisierung und die Programmierung in einer einfach zu bedienenden Umgebung, in der die Anwendungen und deren Lösungen mit den üblichen mathematischen Notationen beschrieben werden.

Der Erfolg von MATLAB beruht einerseits auf der zuverlässigen Numerik und anderseits auf den vielfältigen Graphikmöglichkeiten zur Visualisierung sehr großer Datenmengen. MATLAB wurde gezielt zu einem durchgängigen Entwicklungswerkzeug erweitert. So kann der gesamte Entwicklungsprozess von der Spezifikation über deren Validierung und Codegenerierung bis hin zur Produktion und Kalibrierung mit einem einzigen Werkzeug beschrieben und teilweise automatisiert werden.

MATLAB wurde über mehrere Jahren mit Impulsen von vielen Anwendern aus dem Hochschulbereich und der industrieller Forschung und Entwicklung erweitert. An Hochschulen ist MATLAB das Standardwerkzeug zur Begleitung der Vorlesungen in vielen technischen Fächern geworden. Es besitzt eine Reihe von Erweiterungen in Form von *Toolboxen*. Diese sind Sammlungen von Funktionen, die für einen bestimmten Bereich entwickelt wurden, wie z.B. Signalverarbeitung (*Signal Processing Toolbox*), Regelungstechnik (*Control System Toolbox*), Kommunikationstechnik (*Communications Toolbox*), Datenerfassung (*Data Acquisition Toolbox*), Systemidentifikation (*System Identification Toolbox*) usw.

Eine wichtige Erweiterung von MATLAB stellt die graphische Simulationsumgebung Simulink dar. In Simulink besteht ein Programm aus Funktionsblöcken, die so miteinander verbunden werden, dass ein Modell eines Systems entsteht.

MATLAB stellt eine umfangreiche Dokumentation sowohl in gedruckter als auch in elektronischer Form zur Verfügung. Die eingebaute Hilfefunktion liefert ausführliche Informationen und ist komfortabel zu bedienen. Die große Verbreitung der MATLAB-Produktfamilie piegelt sich auch in der umfangreichen Literatur [19], [74], [63], [7], [71], [21] [2], [27] wider.

Aus diesem Grund wird in dieser Auflage auf die kompakte Einführung in MATLAB und Simulink verzichtet und es werden nur Hinweise aufgenommen, die dem besseren Verständnis der Beispiele und Experimente dieses Buches dienen. Die Hinweise zu Simulink sind umfangreicher, da man die graphische Programmierung sowie die Verwendung vorgefertigter Blöcke und Kontrollalgorithmen mit einer besseren Kenntnis derselben "bezahlen" muss.

## 6.1 Hinweise zu MATLAB

In MATLAB gibt es neben den Matrizen (welche als Sonderfälle auch skalare Größen und eindimensionale Vektoren enthalten) auch Felder mit mehreren Dimensionen, Zell-Felder und Strukturen. Solche Strukturen werden häufig in den Objekten der Sprache eingesetzt und werden kurz beschrieben.

## 6.1.1   Mehrdimensionale Felder

Mehrdimensionale Felder stellt man sich am besten als die Anordnung von Matrizen in verschiedenen Ebenen vor. Sie besitzen demnach mehr als zwei Indizes. Die ersten beiden Indizes adressieren die Zeilen und Spalten in der Matrix, während die nachfolgenden Indizes die Ebenen ansprechen. Eine Möglichkeit mehrdimensionale Felder zu initialisieren ist über die Funktionen **zeros, ones, rand** und **randn** gegeben. So wird z.B. mit

```
noise = randn(4,5,6);
```

ein Feld von 6 Matrizen der Größe $4 \times 5$ mit normalverteilten Zufallszahlen erzeugt. Jedes Teilfeld kann über die entsprechenden Indizes erreicht werden. Der Befehl

```
>> noise(:,:,3)
ans =
   -1.6041   -0.8051   -2.1707    0.5077    0.3803
    0.2573    0.5287   -0.0592    1.6924   -1.0091
   -1.0565    0.2193   -1.0106    0.5913   -0.0195
    1.4151   -0.9219    0.6145   -0.6436   -0.0482
```

wählt die dritte Matrix aus und mit

```
>> a = noise(3,4,:)
a(:,:,1) =    -0.1364
a(:,:,2) =     1.2902
a(:,:,3) =     0.5913
a(:,:,4) =    -1.4751
a(:,:,5) =     0.4437
a(:,:,6) =    -1.2173
```

werden die Elemente der dritten Zeile und der vierten Spalte aus allen Ebenen extrahiert. Wenn man die Größe von a mit **size**(a) bestimmen möchte, erhält man:

```
>> size(a)
ans =
     1     1     6
```

Entgegen der Erwartung ist das Ergebnis kein Vektor sondern ein dreidimensionales Feld. Über die Funktion **squeeze** kann man die unnötigen Dimensionen entfernen:

```
>> b = squeeze(a)
b =
   -0.1364
    1.2902
    0.5913
   -1.4751
    0.4437
   -1.2173
size(b)
ans =
     6     1
```

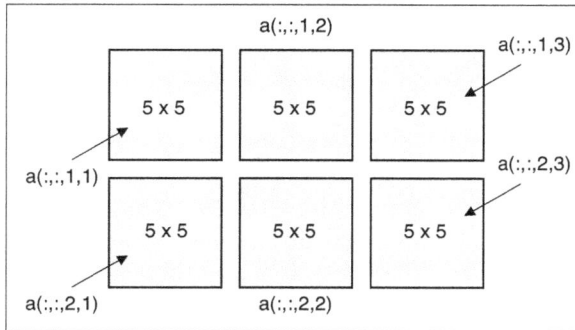

*Abb. 6.1: Vierdimensionales Feld*

Mehrdimensionale Felder eignen sich z.B. gut für die Speicherung von Farbbildern mit den Kanälen RGB oder YUV.

Es soll nicht der Eindruck entstehen, dass nur drei Dimensionen möglich und sinnvoll sind. Mit

```
>> a = randn(5,5,2,3);
```

wird ein vierdimensionales Feld bestehend aus 6 Matrizen der Größ jeweils $(5 \times 5)$ definiert, die in zwei Zeilen und drei Spalten organisiert sind (Abb. 6.1).

## 6.1.2   Zell-Felder

Zell-Felder (*cell-field*) sind mehrdimensional organisierte Container, die beliebige, unterschiedliche Datentypen enthalten können. Man erkennt Zell-Felder an der Adressierung ihrer Elemente über geschweifte Klammern. Zell-Felder werden in der Regel durch explizite Zuweisung von Daten oder durch den Befehl **cell** gebildet:

```
r{1,1} = {'1 kOhm'};
r{1,2} = {['Temperatur = ',num2str(20),'Grad']};
r{2,1} = {1100};
r{2,2} = {20};
```

Da sie Daten unterschiedlicher Länge enthalten können, werden Zell-Felder eben für die Speicherung solcher Daten verwendet. So können z.B. die Koeffizientenvektoren einer DWT[1]-Zerlegung [26], die verschiedene Längen besitzen, in einem einzigen Feld gespeichert werden:

```
[Koeff, L] = wavedec(y, 4, 'db4');     % Zerlegung
% -------- Speichern der Koeffizienten in coef
coef = cell(5,1);                      % Definition des Zell-Feldes
    s = 1,          e = s+L(1)-1
coef{5} = Koeff(s:e);                  % Details cd1
    s = s+L(1),     e = s+L(2)-1
coef{4} = Koeff(s:e);                  % Details cd2
    s = s+L(2),     e = s+L(3)-1
```

---

[1] *Discrete-Wavelet-Transform*

```
coef{3} = Koeff(s:e);            % Details cd3
   s = s+L(3),      e = s+L(4)-1
coef{2} = Koeff(s:e);            % Details cd4
   s = s+L(4),      e = s+L(5)-1
coef{1} = Koeff(s:e);            % Approximation ca4
```

Im Zeilenvektor Koeff erhält man alle Koeffizienten der Zerlegung in vier Stufen mit den 'db4'-Wavelet-Filtern [70], [17]. Die Elemente des Vektors L enthalten die Längen, so dass man die Koeffizienten aus Koeff extrahieren kann. Sie werden in dem Zell-Feld coef mit einer Spalte und fünf Zeilen gespeichert. Den Zugriff auf die einzelnen Elemente einer Zelle erfolgt über Indizes. So wird z.B. mit coef{3}(12) das 12. Element der dritten Zelle angesprochen.

Im Programm zelle_1.m wird diese Zerlegung für ein Signal mit veränderlicher Frequenz (Chirp-Signal) zusammen mit der Darstellung der Koeffizienten vorgenommen.

## 6.1.3   Struktur-Variablen

Mit der Befehlsfolge

```
Versuch.name = 'Aufzeichnung 1';
Versuch.datum = '18.08.11';
Versuch.daten = zeros(1,100);
```

wird eine Struktur-Variable mit dem Namen Versuch definiert, die aus drei Komponenten (*fields*) besteht. Man kann auch Matrizen von Strukturen definieren, indem Indizes nach dem Namen der Struktur hinzugefügt werden:

```
Versuch(5,2).name = 'Aufzeichnung 5';
Versuch(5,2).datum = '10.09.11';
Versuch(5,2).daten = zeros(1,200);
```

Die Struktur-Variable Versuch wird damit zu einer $5 \times 2$ Matrix erweitert. Alle noch nicht definierten Elemente werden mit leeren Matrizen (mit [ ] bezeichnet) initialisiert.

Die Funktion **fieldnames** liefert die Namen der Komponenten einer Struktur und die Funktion **struct** ist eine Alternative (neben der Zuweisungsmethode) zur Bildung von Struktur-Variablen.

## 6.1.4   Lesen und Schreiben von Audiodaten

MATLAB unterstützt den Umgang mit Audiodaten im .wav und .au-Format. Die entsprechenden Funktionen sind **wavread, wavwrite, auread** und **auwrite**. Ihr Einsatz ist sehr einfach. Beispielhaft (Programm wav_manip.m) wird mit

```
% ------- Lesen der Datei pop1.wav
[y, fs, nbit]=wavread('pop1.wav');
n = size(y);
disp('Laenge y = '), n,
disp('Abtastfrequenz fs = '), fs,
disp('Anzahl Bit je Abtastwert nbit = '), nbit,
% ------- Dezimierung der Variable y
yd = y(1:2:end);
```

```
fsd = fs/2;
% ------- Schreiben in die datei pop2.wav
wavwrite(yd, fsd, nbit, 'pop2.wav');
```

die Datei `pop1.wav` gelesen und die zeitdiskreten Werte im Vektor `y` gespeichert. In `fs` wird die Abtastfrequenz der Daten und in `nbit` die Anzahl der Bit, mit denen ein Abtastwert quantisiert ist, geliefert.

Danach werden die Daten mit dem Faktor zwei dezimiert und in die Datei `pop2.wav` geschrieben. Wegen der Dezimierung ist die neue Abtastfrequenz `fsd=fs/2`. Die Auflösung `nbit` bleibt unverändert.

Ähnliche Argumente sind auch in den Befehlen **auread, auwrite** vorgesehen.

## 6.1.5 Der Umgang mit den MATLAB-Objekten

Seit mehreren Jahren wird in MATLAB die prozeduralen Methoden durch objektorientierte ergänzt, bzw. der objektorientierten Sicht der Vorzug gegeben. In den Objekten werden die Eigenschaften und Parameter eines Verfahrens gespeichert und mit den Funktionen, die zum Objekt aufgerufen werden, wird das Verfahren implementiert. Dabei sind die Funktionen vielfach überladene Funktionen, d.h. die Funktionen haben denselben Namen und welche Funktion zur Anwendung kommt, entscheidet sich aus dem Objekt, für welches die Funktion aufgerufen wird. Das erleichtert die Erweiterung von MATLAB und die Kompatibilität zu Vorversionen, da Namen nicht mehr geändert werden müssen.

Grundsätzlich werden die Objekte in MATLAB über Zeiger (*handle*) angesprochen und bieten immer zwei Funktionen zum Darstellen sowie zum Setzen ihrer Eigenschaften: Mit **get**(Zeiger) werden die Eigenschaften textuell dargestellt und mit **set**("Eigenschaft1", Wert1, "Eigenschaft2",Wert2) werden die Eigenschaften geändert.

Als Beispiel können die graphischen Funktionen in MATLAB dienen, die vom Anfang an objektorientiert aufgebaut waren. Abb. 6.2 zeigt die Hierarchie der graphischen Objekte in MATLAB. An der Wurzel befindet sich das Objekt *Root*, welches den Bildschirm repräsentiert. Dieses hat immer den Zeiger mit dem Wert Null. In der nächsten Ebene befinden sich die

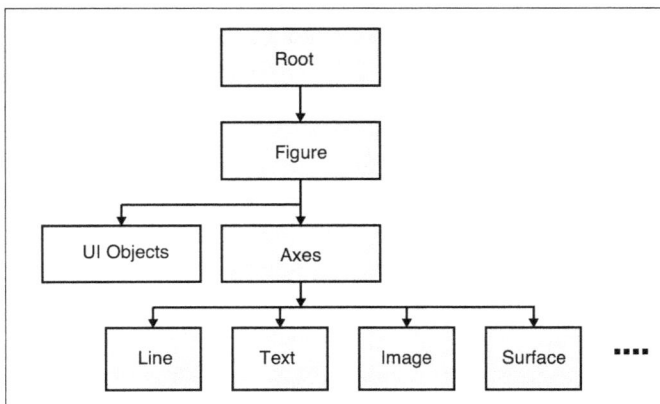

*Abb. 6.2: Hierarchie der graphischen Objekte*

Darstellungsfenster (*figures*). Ein leeres Darstellungsfenster kann man mit dem Befehl **figure** erzeugen. Als Zeiger wird diesem Fenster automatisch eine Zahl zugewiesen, die ab eins beginnend durchnummeriert wird. Übergibt man dem **figure**-Befehl ein numerisches Argument, wie in:

**figure**(7);

so wird, falls es noch kein Fenster mit diesem Zeiger (im Beispiel 7) gibt, ein neues Fenster geöffnet und ihm das Argument von **figure** als Zeiger zugewiesen. Gibt es bereits ein Fenster mit diesem Zeiger, so wird es zum aktiven Fenster (*current figure*).

Alle Funktionen, die eine Graphik erzeugen, wie z.B. **plot, surf** usw., öffnen automatisch ein neues Darstellungsfenster, sofern nicht vorher ein bestehendes Darstellungsfenster als aktives Fenster ausgewählt wurde. Die Graphikausgaben landen immer im aktiven Fenster. Den Zeiger auf das aktive Fenster erhält man mit dem Befehl **gcf**.

Die *figure*-Objekte besitzen als Kinder *axes*-, *uicontrol*- und *uimenu*-Objekte. Die letztgenannten werden auch als *UI Objects* bezeichnet und dienen dem Erstellen von Bedienoberflächen (*Graphical-User-Interfaces*).

Die *axes*-Objekte können mit dem Befehl **plot**, **subplot** etc. erzeugt werden und definieren einen Bereich in einem Darstellungsfenster, in den die graphischen Objekte wie Linien, Texte, Flächen eingezeichnet werden. Diese graphischen Objekte sind Kinder der *axes*-Objekte. Im Skript handle_1.m ist beispielhaft gezeigt, wie man die Eigenschaften der Objekte dastellen und ändern kann:

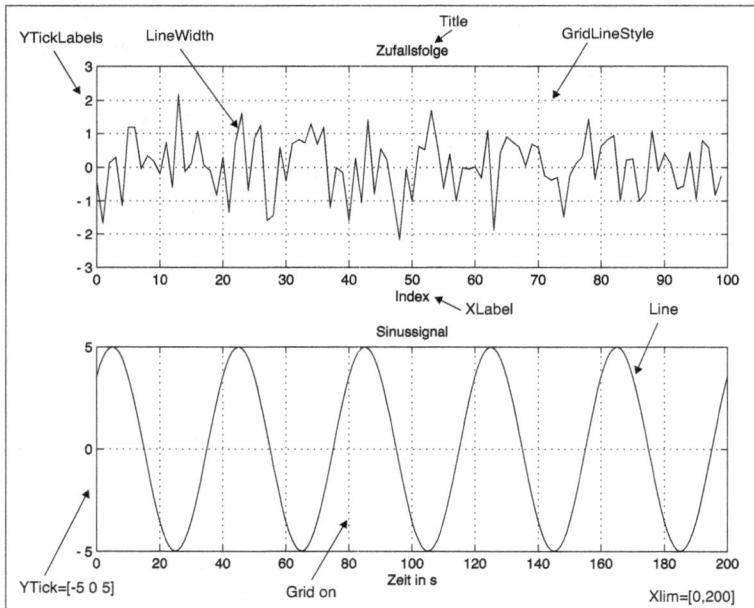

*Abb. 6.3:* figure-*Objekt mit zwei* axes-*Kindern*

% *Programm handle_1.m, in dem der Umgang mit graphischen Objekten*

```
% über Zeigern untersucht wird
clear;
% ------- Erzeugung einer figure mit zwei axes-Objekte
fig_1 = figure(1);                    clf;
p1 = subplot(211), plot(0:99, randn(1,100));
   title('Zufallsfolge');
   xlabel('Index');                   grid;
p2 = subplot(212), plot(0:200, 5*sin(2*pi*(0:200)/40+pi/4));
   title('Sinussignal');
   xlabel('Zeit in s'); grid;
% ------- Zeiger des Bilds
hb = get(fig_1, 'Children')    % Liefert zwei Zeiger auf die axes
% Subplots: hb(1)=p2 zu subplot(212) und hb(2)=p1 zu subplot(211)
% ------- Zeiger der zwei axes des Bilds
ha1 = get(hb(1), 'Children')         % liefert einen Zeiger für den
% Inhalt des subplot(212)
ha2 = get(hb(2), 'Children')         % liefert einen Zeiger für den
% Inhalt des subplot(211)
% ------- Wahl der axes mit Abszisse zwischen 0 und 100
h_1 = findobj('Xlim',[0,100])
% ------- Kinder dieser Axes
h_1_k = get(h_1(1), 'Children')
% ------- Typ der Kinder
get(h_1_k, 'Typ')
% Verlassen dieser Stelle mit Carraige-Return
pause(5);    % pause 5 Sekunden um das ursprüngliche Bild zu
% beobachten
% ------- Ä?nderung der Eigenschaften mit set
set(ha1, 'Linewidth', 2);
set(ha1, 'Color', [1 0 0]);
set(h_1_k, 'Marker', '*');
```

Der Zeiger des Objekts **figure** fig_1 ist wegen des so übergebenen Arguments gleich 1. Die zwei Zeiger p1, p2 beziehen sich auf die beiden **subplot**:

```
p1 =    174.0011
p2 =    178.0011
```

   Mit

```
>> get(p1)
        ActivePositionProperty = position
        ALim = [0 1]
        ALimMode = auto
        AmbientLightColor = [1 1 1]
        Box = on
        .............
        CameraViewAngle = [6.60861]
        CameraViewAngleMode = auto
        Position = [0.13 0.583837 0.775 0.341163]
        ...............
```

```
        YTickLabel =
                -3
                -2
                -1
                 0
                 1
                 2
                 3
        YTickLabelMode = auto
        YTickLabelMode = auto
        YTickMode = auto
        ZColor = [0 0 0]
        ZDir = normal
        ZGrid = on
        ZLabel = [185.001]
        ...............
        UIContextMenu = []
        UserData = []
        Visible = on
```

erhält man eine lange Liste mit den Eigenschaften des Objekts mit dem Zeiger p1, welcher sich
hier auf **subplot**(212) bezieht. Man erkennt den Bezug auch über die YTick-Werte aus der
Darstellung in Abb. 6.3 unten. Das Objekt ist nicht als Struktur aufgebaut und dadurch kann
man die Eigenschaften nur mit der Methode **set** verändern.

```
% p1.Ytick = [-4:1:4];        % funktioniert nicht
set('YTick',[-4:1:4]);        % ist korrekt
```

Die Variable hb enthält dieselben Zeiger hb(1) = p2 und hb(2) = p1. Die Zeiger
ha1 bzw. ha2 sind Zeiger zu den Linien der Darstellungen in den Untergrafiken (**subplot**).
Mit **get**(ha1) werden die Eigenschaften dargestellt. Da diese Objekte ebenfalls nicht als Struktur aufgebaut sind, kann man auch hier die Eigenschaften nicht direkt als Strukturvariablen
ansprechen und ihre Werte nur über **set** ändern.

Manche Objekte in MATLAB sind als Strukturen aufgebaut und die darin enthaltenen Felder können direkt adressiert werden. Das wird im Skript objekt_struktur1.m gezeigt:

```
% Skript objekt_struktur1.m, in dem der Umgang mit
% Struktur-Objekten gezeigt wird
clear;
% -------- Filter mit Objektspezifikation
d = fdesign.lowpass('Fp,Fst,Ap,Ast',0.2, 0.22, 1, 60);
get(d)
% -------- Ändern der Eigenschaften
d.Fpass = 0.4                  % Als Struktur-Feld
d.Fstop = 0.42
set(d, 'Fstop', 0.43)          % Mit Methode set
get(d)
% -------- Entwicklung des Filters
f = design(d,'equiripple');
get(f)
```

```
% -------- Ändern der Eigenschaften
f.Arithmetic = 'fixed'              % Als Struktur-Feld
set(f, 'PersistentMemory',1)        % Mit Methode set
get(f)
% -------- Filtern mit overloaded-Funktion
x = randn(1,1000);
y = filter(f, x);                   % Overloaded Funktionen
[s, t] = stepz(f);
[h, t] = impulse(f);
```

In diesem Beispiel wird ein Tiefpassfilter, dessen Spezifikationen über die Objekt-Funktion **fdesign.lowpass** definiert werden, mit der Objekt-Funktion **design** entwickelt. Im Falle des Filter-Objekts kann man seine Eigenschaften sowohl mit der Methode **set** als auch über die Struktur des Objekts ändern.

# 6.2     Hinweise zu Simulink

Wie auch im Fall von MATLAB sollen zu Simulink nur Hinweise gegeben werden, die für den Inhalt dieses Buches relevant sind. Es wird angenommen, dass die Leser bereits erste Schritte in Simulink unternommen haben.

## 6.2.1    Beispiel für ein Simulink-Modell

Abb. 6.4 zeigt ein Simulink-Modell zur Schätzung der spektralen Leistungsdichte eines Nutzsignal mit überlagertem Messrauschsignal. Es enthält Blöcke aus den Simulink-Grundbibliotheken sowie Blöcke aus der *DSP System Toolbox*, speziell aus der *dsplib*. Diese sind mit Schatten hervorgehoben. Das Modell verwendet zwei Quell-Blöcke, einen für die Erzeugung einer harmonischen Schwingung und einen zur Erzeugung eines zufälligen Signals (Rauschen), die aus der *Sources*-Grundbibliothek entnommen wurden. Mit dem *Gain*-Block kann das Rauschen verstärkt und somit ein gewünschtes Signal-zu-Rauschverhältnis eingestellt werden. Mit dem *Add*-Block wird das Rauschen dem Nutzsignal additiv überlagert.

Aus der Bibliothek *dsplib* und weiter aus *Filtering/Filter Designs* wird der *Analog Filter Design*-Block als Antialiasing-Filter angeschlossen. Diese Bibliotek von speziellen Blöcken wird aus der MATLAB-Umgebung durch Eingabe von >> dsplib geöffnet.

Das kontinuierliche Signal am Ausgang des Filters wird mit Hilfe des *Zero-Order Hold*-Blocks (Halteglied nullter Ordnung) zeitdiskretisiert. Dieser Block ist in der Grundbibliothek *Discrete* enthalten.

Das zeitkontinuierliche und das zeitdiskrete Signal werden mit einem *Mux*-Block aus der Grundbibliothek *Signal Routing* zusammengesetzt, um sie auf dem Oszilloskop (*Scope*-Block) überlagert darzustellen. Weil das analoge Filter das Eingangssignal verzögert, wird die Filterlaufzeit mit dem *Transport-Delay*-Block (aus der Grundbibliothek *Continuous*) für das zeitkontinuierliche Signal nachgebildet. Die Verzögerung im *Transport-Delay*-Block wird durch Versuche eingestellt (am einfachsten, indem man den Rauschanteil durch Wahl des *Gain*-Faktor zu Null ausschaltet).

Im unterem Teil des Modells werden Blöcke aus der *dsplib* (früher *Signal-Processing-Blockset*) eingesetzt, um die spektrale Leistungsdichte des zeitdiskreten Signals zu bestimmen. Zuerst wird ein Datenblock von Abtastwerten des Eingangssignals mit dem *Buffer*-Block (aus

*Abb. 6.4: Simulink-Modell zur Schätzung der spektralen Leistungsdichte* (modell1.m, mo-
dell_1.mdl)

der Bibliothek *Signal Management*) zwischengespeichert. Hier ist eine Länge von 256 für den
Datenblock eingestellt und der Parameter *Buffer overlap* ist auf null gesetzt, so dass sich die
Blöcke nicht überlappen.

Der Datenblock wird weiter mit einem *Hamming*-Fenster gewichtet und dann wird das Be-
tragsquadrat seiner Fourier-Transformierten ($|FFT|^2$) berechnet. Aufeinanderfolgende Daten-
blöcke dieser Transformierten werden mit

`1/sum(hamming(256))`

gewichtet und mit dem *Mean*-Block gemittelt und auf dem Oszilloskop *Vector Scope* dargestellt. Beim *Vector Scope* wird unter *Scope Properties/Input domain* der Bereich *Frequency*
gewählt. Mit der Karte *Axis Properties* wird für den Frequenzbereich eine der Möglichkeiten
`[0, Fs/2]`, `[0, Fs]` oder `[-Fs/2, Fs/2]` festgelegt, wobei `Fs` die Abtastfrequenz
darstellt. Über das Menü *Format/Port/Signal Display* des Modells werden die Optionen *Signal
Dimensions, Port Data Types* und *Wide Nonscalar Lines* aktiviert, um im Modell die Dimensionen der Signale und den Typ der Daten anzuzeigen bzw. die mehrdimensionalen Signale mit

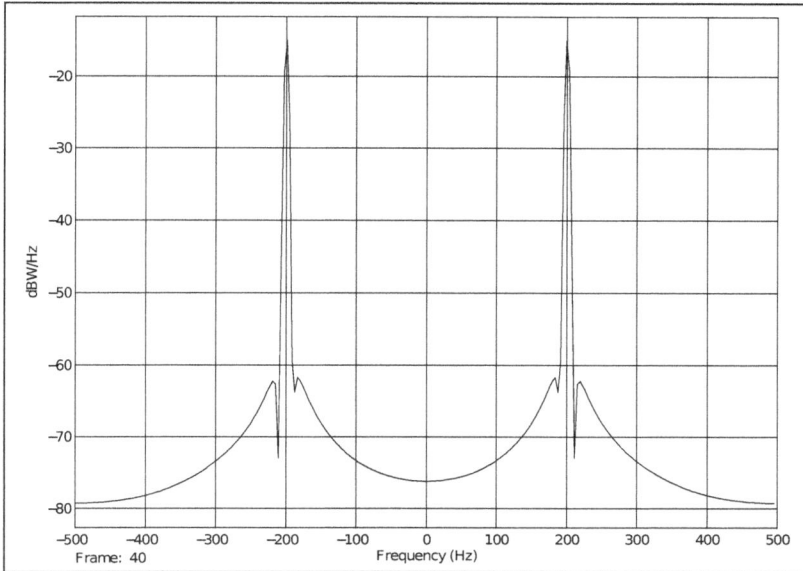

*Abb. 6.5: Spektrale Leistungsdichte in dBW/Hz ohne Messrauschen (modell1.m, modell_1.mdl)*

besonderen Linienarten hervorzuheben.

Die dünnen Linien stehen dabei für skalare (eindimensionale) Signale und die fett dargestellten Linien symbolisieren Verbindungen, über die Vektoren oder Felder übertragen werden.
In beiden Fällen sind die Signale vom Typ *Sample*, d.h. sie werden Abtastwert für Abtastwert
übermittelt. Die doppelten Linien (wie z.b. am Ausgang des *Buffer*-Blocks) symbolisieren den
Signaltyp *Frame*, der später erläutert wird.

Mit den oberen Blöcken *Math Function, Zero-Order Hold1, Mean1* und *Display* wird die
mittlere Leistung des Signals am Ausgang des analogen Filters ermittelt. Dabei ist die Abtastfrequenz im Block *Zero-Order Hold1* viel größer als die Abtastfrequenz von 1000 Hz des
Blocks *Zero-Order Hold*, die zur Zeitdiskretisierung des analogen Signals benutzt wird.

Diese Kette von Blöcken kann man an verschiedenen Stellen anschließen, um die dortige
mittlere Leistung auf dem *Display* darzustellen. Wenn nur das Nutzsignal mit der Frequenz
$f_0 = 200$ Hz und der Amplitude $A = 1V$ anliegt, erscheint auf dem Display dessen Leistung
$P = (1/\sqrt{2})^2 = 0,5V^2$. Im anderen Fall, wenn nur das mittelwertfreie Rauschsignal mit der
Varianz $\sigma^2 = 1V^2$ anliegt, wird als mittlere Leistung der geschätzte Wert der Varianz auf dem
Display erscheinen.

Die Rauschquelle *Random Number* erzeugt eine zeitdiskrete Sequenz mit einer Abtastperiode gleich dem Zeitschritt der Simulation. Über die Quelle *Clock* und der Senke *To Workspace*
werden die Zeitschritte in der Variablen t der MATLAB-Umgebung geliefert. Im stationären
Zustand ist die Schrittweite gleich $\frac{1}{10000}$, was man mit dem Aufruf

```
>>diff(t(1:100)
```

überprüfen kann. Das Rauschsignal hat also die Abtastfrequenz $f_a = 10000$ Hz. Seine spektrale

*Abb. 6.6: Spektrale Leistungsdichte in dBW/Hz ohne Nutzsignal (nur mit Rauschen)* (modell1.m, modell_1.mdl)

Leistungsdichte ist dann:

$$Psd_{rauschen} = \frac{\text{Varianz}}{10000} = \frac{1}{10000} = 1e{-}4 \ \frac{V^2}{Hz} \tag{6.1}$$

In $\frac{dBV^2}{Hz}$ ist diese spektrale Leistungsdichte gleich:

$$Psd_{rauschen}^{dB} = 10 \ log_{10}(1e{-}4) = -40 \ \frac{dBV^2}{Hz} \tag{6.2}$$

Abb. 6.5 zeigt die spektrale Leistungsdichte für den Fall, dass nur das Nutzsignal anliegt und Abb. 6.6 zeigt die spektrale Leistungsdichte für den Fall, dass nur das Rauschsignal anliegt. Die Letztere stellt ein Schätzwert der zuvor berechneten spektralen Leistungsdichte von $-40\frac{dBV^2}{Hz}$ dar.

Beide Senken-Blöcke *Vector Scope* und *Spectrum Scope* sind so eingestellt, dass sie die spektrale Leistungsdichte in $\frac{dBV^2}{Hz}$ anzeigen.

Das Modell wird über das *Simulation*-Menü und danach in der Karte *Configuration Parameters...* parametriert. Das numerische Simulationsverfahren (Integrationsverfahren) wird mit der Option *Solver* gewählt und initialisiert. Hier werden der Start- und Stoppzeitpunkt und die *Solver*-Optionen festgelegt. Weil das Modell sowohl zeitkontinuierliche als auch zeitdiskrete Blöcke enthält, muss der *Solver*-Typ mit variabler Schrittweite (*Variable-step*) gewählt werden. Als *Solver* stehen mehrere Varianten zur Verfügung. So kann z.B. mit *ode45 (Dormand-Prince)* eine Abwandlung des Runge-Kutta [40] Verfahrens gewählt werden.

Die maximale Schrittweite (*Max step size*) des Runge-Kutta-Verfahrens wird auf $10^{-4}$ festgelegt, so dass das Sinussignal mit der Frequenz $f_0 = 200$ Hz als kontinuierliches Signal erscheint. Das ist auch die Zeitschrittweite der Simulation. Die weiteren Parameter sollte man auf den voreingestellten Werten belassen.

Die Simulation wird über das Menü *Simulation* des Modells und danach *Start* gestartet. Unter dem Windows-Betriebssystem gibt es auch eine Schaltfläche in Form eines Dreiecks (▶) in der Menüleiste, die auch zum Starten benutzt werden kann.

Für die Blöcke *Vector Scope* und *Spectrum Scope* muss die *Autoscale*-Option angewählt werden, um eine korrekte Darstellung zu erhalten.

Die Simulation kann auch über das Skript `modell.m` gestartet werden:

```matlab
% Skript modell1.m, aus dem das Simulink-Modell
% modell_1.mdl aufgerufen wird
clear;
% -------- Aufruf der Simulation
sim('modell_1', [0, 10]);
% y = Zeitdiskretes Signal Fs = 1000 Hz

% ------- Berechnung der spektralen Leistungsdichte
% von y
Hs = spectrum.welch('Hamming');    % Objekt spectrum (Spezifikation)
Psd = psd(Hs,y,'Fs',1000,'NFFT',256,'SpectrumType','twosided');
       % Berechnung der spektralen Leistungsdichte W/Hz
get(Psd)     % Eigenschaften des Psd-Objekts

figure(1);    clf;
plot((-128:127)*1000/256, 10*log10(fftshift(Psd.Data)));
title('Spektrale Leistungsdichte in dBW/Hz');
xlabel('Hz (fs = 1000 Hz)');    grid on;
ylabel('dBW/Hz');
% ------- Leistung des Signal über die spektrale Leistungsdichte
L_sig = sum(Psd.Data)*1000/256
```

In dem Skript wird nach Durchführung der Simulation mit dem MATLAB-Objekt **spectrum.welch** und der Objektfunktion **psd** die spektrale Leistungsdichte des zeitdiskretisierten Signal *y* ermittelt. Dieses wurde als Feld mit der Senke *To Workspace* nach MATLAB exportiert. Der Aufruf

```matlab
>> get(Psd)
                    Name: 'Power Spectral Density'
                    Data: [256x1 double]
      NormalizedFrequency: 0
                      Fs: 1000
              Frequencies: [256x1 double]
             SpectrumType: 'Twosided'
                ConfLevel: 'Not Specified'
             ConfInterval: []
```

zeigt die Eigenschaften des erzeugten Objektes `Psd`. Die so berechneten spektralen Leistungsdichte ist für das Rauschsignal in Abb. 6.7 dargestellt. Das eingesetzte Welch-Verfahren liefert eine sehr gute Schätzung.

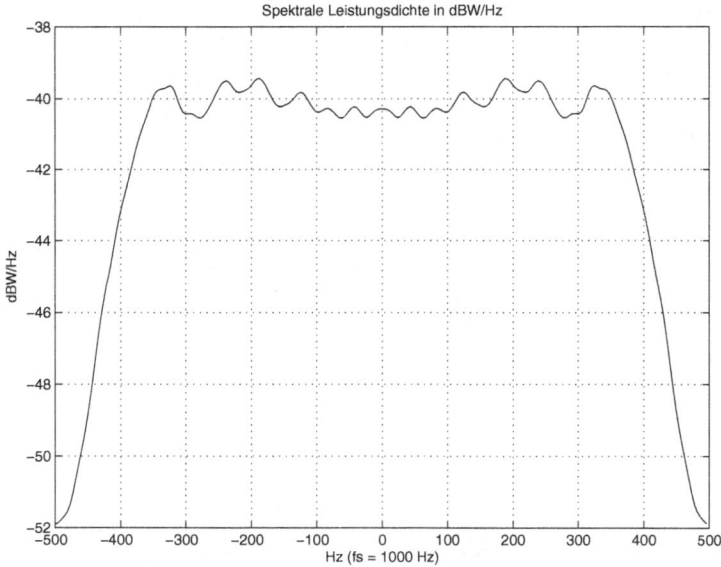

*Abb. 6.7: Spektrale Leistungsdichte in $dBV^2/Hz$, mit dem Welch-Verfahren geschätzt* (modell1.m, modell_1.mdl)

Im Skript wird schließlich die mittlere Leistung mit Hilfe der spektralen Leistungsdichte geschätzt. Für das Rauschsignal erhält man `L_sig = 0.0801 V^2`, was dem korrekten Wert von 0.08 sehr nahe kommt. Der Letztere wird aus der spektralen Leistungsdichte von $10^{-4}V^2/Hz$ multipliziert mit der Bandbreite des Filters von 800 Hz (von -400 Hz bis 400 Hz) berechnet.

Wenn nur das Nutzsignal vorhanden ist, ergibt dieselbe Schätzung den Wert 0.5 Watt, der dem korrekten Wert entspricht. Wegen des Leck-Effekts kann man aus der Darstellung der spektralen Leistungsdichte (Abb. 6.5) keine Rückschlüsse über das Signal, wie z.B. die Amplitude, ziehen. Nur das Integral über die spektrale Leistungsdichte, durch eine Summe angenähert, kann zur Ermittlung der mittleren Leistung herangezogen werden (gemäß Satz von Parseval). Der Faktor 1000/256 stellt die Auflösung der FFT dar:

$$\Delta f = \frac{f_s}{N} \quad \text{mit} \quad f_s = 1000; \ N = 256 \tag{6.3}$$

Im Modell `modell_2` das vom Skript `modell2.m` aufgerufen wird, ist ein anderer Rauschgenerator-Block eingesetzt: *Band-Limited White Noise*. Er muss mit zwei Parameter initialisiert werden: *Noise power* und *Sample time*. Eine freie Übersetzung des ersten Parameter als Leistung des Rauschsignals führt hier zu unerwartete Eigenschaften der generierten Sequenz. Mit einem einfachen Experiment wird geklärt, dass unter *Noise power* für diesen Block die spektrale Leistungsdichte in Watt/Hz verstanden ist.

Die Modelle sind relativ einfach, ermöglichen durch Ändern der Parameter und hinzufügen von weiteren Blöcken die Durchführung von Simulationen, die viele Aspekte dieser Thematik klären können. Der Leser sollte z.B. mit den anderen möglichen *Spectrum units* der Blöcke *Vector Scope* und *Spectrum Scope* die Simulation starten und die angezeigten Werte zu verstehen und zu begründen.

# Experiment 6.1: Parameter des Blocks *Band-Limited White Noise*

In diesem Experiment wird der Parameter *Noise Power* des Blocks *Band-Limited White Noise* als die spektrale Leistungsdichte in Watt/Hz der generierten Sequenz identifiziert.

Abb. 6.8 zeigt das Simulink-Modell `band_begr_rausch1.mdl` das aus dem Skript `band_begr_rausch_1.m` aufgerufen wird. Der Block wird mit einem Wert für *Sample*

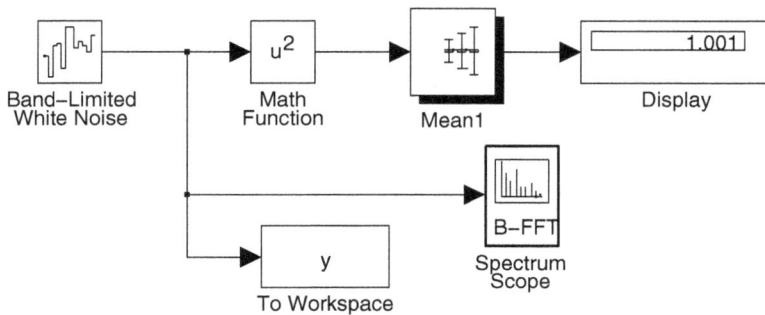

*Abb. 6.8: Simulink-Modell für die Untersuchung des Blocks* Band-Limited White Noise *(band_begr_rausch_1.m, band_begr_rausch1.mdl)*

*time* von $T_s = 1/10000$ s (oder eine Abtastfrequenz $f_s = 10000$ Hz) und einem Wert für *Noise power* von $psd = 1/10000$ Watt/Hz initialisiert. Das Experiment wird zeigen, dass die mittlere Leistung der unabhängigen Rauschsequenz in diesem Fall gleich 1 ist:

$$P_{rausch} = psd \cdot fs = 1 \qquad \text{Watt} \tag{6.4}$$

Dafür dienen die Blöcke *Math Function, Mean1* und *Display*. Wie man in der Abbildung sieht, zeigt das *Display* einen geschätzten Wert für die mittlere Leistung von 1.001 Watt.

```
% Skript band_begr_rausch_1.m, in dem die Eigenschaften
% des Blocks ''Band-Limited White Noise'' untersucht werden
clear;
% -------- Aufruf der Simulation
sim('band_begr_rausch1', [0, 10]);
% y = Zeitdiskretes Signal Fs = 10000 Hz (wegen der Abtastperiode
%     im Block ''Band-Limited White Noise'' parametriert)
% ------- Berechnung der spektralen Leistungsdichte von y
Hs = spectrum.welch('Hamming');    % Objekt spectrum (Spezifikation)
Psd = psd(Hs,y,'Fs',10000,'NFFT',256,'SpectrumType','twosided');
        % Berechnung der spektralen Leistungsdichte W/Hz
get(Psd)     % Eigenschaften des Psd-Objekts
```

```
figure(1);     clf;
plot((-128:127)*10000/256, 10*log10(fftshift(Psd.Data)));
   title('Spektrale Leistungsdichte in dBW/Hz');
   xlabel('Hz (fs = 10000 Hz)');     grid on;
   ylabel('dBW/Hz');
   La = axis;     axis([La(1:2), -50, -30]);
% ------- Leistung des Signal über die spektrale Leistungsdichte
L_sig = sum(Psd.Data)*10000/256
```

*Abb. 6.9: Spektrale Leistungsdichte des Blocks* Band-Limited White Noise
*(band_begr_rausch_1.m, band_begr_rausch1.mdl)*

Mit dem *Spectrum Scope* wird die spektrale Leistungsdichte in dBW/Hz angezeigt und wie erwartet, schwankt der Wert um -40 dBW/Hz. Mit dem Signal y aus der Senke *To Workspace* wird in MATLAB die spektrale Leistungsdichte mit dem Spezifikationsobjekt **spectrum.welch** und mit dem Ermittlungsobjekt **psd** berechnet und dargestellt (Abb. 6.9).

Die Rauschquelle als Quelle für weißes Rauschen, kann auch für die Simulation zeitkontinuierlicher Systeme oder gemischt zeitkontinuierlicher und zeitdirskreter Systeme eingesetzt werden. Man muss nur die Abtastperiode des Blocks viel kürzer als die Zeitkonstanten des Systems wählen. Als Beispiel wird im Modell `modell_1.mdl` aus Abb. 6.4 wird das Eingangssignal analog mit der Bandbreite 400 Hz gefiltert und danach mit der Abtastfrequenz 1000 Hz diskretisiert .

In diesem Modell kann der Rauschgenerator mit dem Block *Band-Limited White Noise* ersetzt werden (wie im Modell `modell_2.mdl`), bei dem die Abtastperiode von 1/10000 s oder die Abtastfrequenz 10000 Hz für diesen Block eingestellt wird. Diese Frequenz ist viel größer als die Bandbreite des Filters von 400 Hz und der Abtastfrequenz der Zeitdiskretisierung von 1000 Hz. Dadurch verhält sich das Rauschsignal wie weißes Rauschen für dieses System.

## 6.2.2 Schnittstellen

Im Modell aus Abb. 6.4 werden die Ergebnisse mittels Oszilloskopen (*Scope*, *Spectrum Scope* und *Vector Scope*-Blöcke) dargestellt. Mit den Senken *To Workspace* werden das zeitdiskretisierte Signal y und die Simulationszeit t als *Array* der MATLAB-Umgebung nach der Simulation zur Verfügung gestellt.

*Abb. 6.10: Ursprüngliches Simulink-Modell (a); das daraus gebildete Untersystem (Subsystem) (b); Inhalt des Subsystems (c) (erben_ursp_1.mdl, erben_ursp1.m)*

Eine andere Schnittstelle zur MATLAB-Umgebung ist über *Outports* möglich. Das Gegenstück, die *Inports*, stellen eine Verbindung zwischen Untersystemen (*Subsystems*) in einem Simulink-Modell zur Verfügung. Diese werden zusammen mit der Senke *To Workspace* mit dem Modell erben_1_ursp.mdl aus Abb. 6.10 untersucht.

Ganz oben ist das Simulink-Modell dargestellt, wie es in einer ersten Version erstellt wurde. Mit der Maus werden die Blöcke aus dem gestrichelt umrahmten Bereich angewählt und danach im Menü *Edit* über *Create Subsystem* wird das Untersystem, das in der mittleren Abbildung dargestellt ist, erzeugt. Es besitzt eine *Inport*-Schnittstelle, die mit *In1* und eine *Outport*-Schnittstelle, die mit *Out1* bezeichnet ist. Mit einem Doppleklick auf das Untersystem wird dieses geöffnet (Abb. 6.10 unten).

Die Anregung über den Block *Sine Wave* ist bekannt. Die Variable `simin` des Blocks *From Workspace* muss in der MATLAB-Umgebung als Matrix mit zwei Spalten erzeugt werden. Die erste Spalte soll die Zeitschritte enthalten und die zweite Spalte die entsprechenden Werte der Anregung, die über diese Schnittstelle zugeführt werden soll.

Im Skript `erben_ursp1.m` wird das Modell initialisiert und aufgerufen:

```
% Skript erben_1_ursp1.m, zur Parametrierung und Aufruf
% des Modells erben_1_ursp_1.mdl
clear;
% ------- Parameter des Modells
ampl = 1;        % Amplitude für Block Sine Wave
Ts = 1/1000;     % Abtastperiode der zeitdiskreten Signale
Tfinal = 0.1;    % Simulationszeit
td = 0:Ts:Tfinal-Ts;
ntd = length(td);
u1 = filter(fir1(32, 0.4), 1, randn(1,ntd));   % Anregung für 'From Workspac
simin = [td',u1'];   % Matrix für 'From Workspace'
% ------- Aufruf der Simulation
[t,x,y] = sim('erben_1_ursp_1', [0:Ts/5:Tfinal]);
% In y sind in drei Spalten die Variablen vom Outport Out1
figure(1),   clf;
stairs(t, y(:,1));
    axis tight;      hold on;
stairs(t, y(:,2),'r');
plot(t, y(:,3), 'g');
    hold off;
    title('Signale des Outports Out1');      grid on;
    xlabel('Zeit in s');
    La = axis;     axis([0.05, 0.07, -1.2 1.2]); % Ausschnitt
```

Die Simulation wird mit dem **sim**-Objekt aufgerufen. Als Ergebnisse werden erzeugt: die Simulationszeitschritte in der Variablen `t`, die (hier nicht weiter verwendeten) Zustandsvariablen des Modells in der Variablen `x` und in `y` die Ausgangsvariable des *Out1*-Ports in Form einer Matrix mit drei Spalten für die drei Signale, die mit dem *Mux*-Block zusammengefasst sind. Mit

```
>> y(200:220,:)
ans =
    0.6380      0.5878     -0.3681
   -0.5689     -0.5878     -0.5878
   -0.5689     -0.5878     -0.7705
   -0.5689     -0.5878     -0.9048
   -0.5689     -0.5878     -0.9823
   -0.5689     -0.5878     -0.9980
   -0.9896     -0.9511     -0.9511
```

```
 -0.9896    -0.9511    -0.8443
 -0.9896    -0.9511    -0.6845
 -0.9896    -0.9511    -0.4818
 -0.9896    -0.9511    -0.2487
 -0.0147    -0.0000     0.0000
 -0.0147    -0.0000     0.2487
 -0.0147    -0.0000     0.4818
 -0.0147    -0.0000     0.6845
 -0.0147    -0.0000     0.8443
  0.9805     0.9511     0.9511
  0.9805     0.9511     0.9980
  0.9805     0.9511     0.9823
  0.9805     0.9511     0.9048
  0.9805     0.9511     0.7705
```

wird ein kurzer Ausschnitt dieser Matrix für die Anregung mit dem *Sine Wave*-Block. Weil die Schrittweite der Simulation im **sim**-Befehl zu Ts/5 gewählt wurde, enthalten die zeitdiskreten Signale je fünf gleiche Werte in y. Nur die letzte Spalte, die das kontinuierliche Signal darstellt, verändert sich von einem Zeitschritt zum nächsten. Man erkennt leicht die Abtaststellen jeweils beim ersten der fünf gleichen Werte.

Abb. 6.11: Signale des Out1-Ports, wenn die Anregung über den Sine Wave-Block stattfindet (erben_ursp_1.mdl, erben_ursp1.m)

Abb. 6.11 zeigt einen Teil der Signale aus y für die Anregung mit den *Sine Wave*-Block. Die zeitdiskreten Signale werden mit dem Befehl **stairs** dargestellt, um die treppenförmige Art zu erhalten, die man mit zeitdiskreten Signalen verbindet.

Man kann die Anregungen über die Wahl der Verstärkung der *Gain*-Blöcke (null oder nicht null) zuschalten. Dabei ist nur das Signal des *Sine Wave*-Blocks kontinuierlich. Die anderen sind zeitdiskret.

Die Senke *To Workspace* ist in dieser Simulation über die Option *Format* als *Structure with time* parametriert. Über

```
>> simout
simout =
        time: [501x1 double]
      signals: [1x1 struct]
    blockName: 'erben_1_ursp_1/Subsystem/To Workspace'
```

erhält man den Aufbau und den Inhalt der Struktur. Mit simout.time kann man die Simulationszeitschritte extrahieren und mit

```
>> simout.signals
ans =
        values: [501x3 double]
    dimensions: 3
         label: ''
```

wird der Aufbau der Struktur, die die Signale enthält, dargestellt. Somit kann man die Abtastwerte der Signale über

```
>> simout.signals.values(200:220,:)
ans =
     0.6380      0.5878     -0.3681
    -0.5689     -0.5878     -0.5878
    -0.5689     -0.5878     -0.7705
    -0.5689     -0.5878     -0.9048
    -0.5689     -0.5878     -0.9823
. . . . . . . . . . . . . . .
```

erhalten.

Die Parametrierung der Simulation über das Menü *Simulation/Configuration Parameters...* ist ähnlich der Parametrierung des vorherigen Modells mit einem *Solver* vom Typ *Variable-step* und dem Verfahren *ode45 (Dormand-Prince)*. Ein Teil der Parameter wird in dem Skript erben_ursp1.m gesetzt. Ebenso wird die Simulation mit diesem Skript gestartet.

Die Parameter können aber auch in den Parametrierfenster der Blöcke gesetzt werden. Das Parametrierfenster der Senke *Out1* enthält z.B. zwei Karten. In der *Main*-Karte wird die *Port number* eingetragen (hier 1) und festgelegt, welches Sinnbild für den Block dargestellt werden soll (*Icon display*).

Die zweite Karte *Signal Attributes* enthält in dem Feld *Sample time* den Wert -1. Das bedeutet, dass der Block diese Eigenschaft vom vorgeschalteten Block erben soll. Der letzte Parameter *Sampling mode* kann auf die Werte *auto* oder *Frame based* eingestellt werden. In diesem Modell ist nur die erste Art sinnvoll, da keine blockweise Simulation in diesem Modell verwendet wird.

In den Konfigurationsparametern des gesamten Modells (*Simulation/Configuration Parameters...*) können mit der Option *Data Import/Export*, welche gleich unterhalb der Option *Solver* liegt, die Namen der Variablen festgelegt werden, die man über die *Inport*- und *Outport*-Blöcke von der MATLAB-Umgebung (*Workspace*) empfangen bzw. derselben übertragen

möchte. Für den Inport ist hier der Name `[t, u]` voreingestellt, diese weden jedoch hier
nicht verwendet. Für den Outport-Block sind die Variablen `yout` und `tout` eingetragen worden. Diese können im Skript, bzw. der MATLAB-Umgebung weiter verwendet werden (Skript
`erben_ursp2.m`):

```
% ------- Aufruf der Simulation
.........
sim('erben_1_ursp_1', [0:Ts/5:Tfinal]);
% In yout sind in drei Spalten die Variablen vom Outport Out1
% In tout sind die Simulationszeitschritte
figure(1),    clf;
stairs(tout, yout(:,1));
   axis tight;      hold on;
stairs(tout, yout(:,2),'r');
plot(tout, yout(:,3), 'g');
   hold off;
   title('Signale des Outports Out1');    grid on;
   xlabel('Zeit in s');
La = axis;    axis([0.05, 0.06, -1.2 1.2]);
```

*Abb. 6.12: Übertragung von Daten über einen* Inport-*Block* (inport_block_1.mdl, in-
port_block1.m)

Um zu zeigen, wie man den *Inport*-Block für die Übertragung von Daten aus der MATLAB-
Umgebung in ein Modell einsetzen kann, wird das einfache Modell `inport_block_1.mdl`
aus Abb. 6.12 benutzt. Es wird aus dem Skript `inport_block1.m` initialisiert und aufgerufen:

```
% Skript inport_block1.m aus dem das Modell inport_block_1.mdl
% aufgerufen wird
% Die Daten für den Inport-Block müssen in Form [t,u] vorliegen
clear;
% ------- Zeitschritte
Tfinal = 10;
dt = Tfinal/1000;
t = (0:dt:Tfinal-dt)';
% ------- Signal
u = 2.5*sin(2*pi*t/2);
[t, u]      % Zwei Spalten
% ------- Aufruf der Simulation
sim('inport_block_1', t);
```

In den Konfigurationsparametern des Modells (*Simulation/Configuration Parameters...*)
muss man mit der Option *Data Import/Export* die Schaltfläche *Input* aktivieren. Der Name

`[t, u]` der Variablen, die zu Übertragen sind kann natürlich beliebig gewählt werden und ist entsprechend einzutragen.

# 6.3    *Sample*- und *Frame*-Daten

Signale können in Simulink auf unterschiedliche Arten zusammengefasst werden. So können über eine Verbindung zwischen zwei Simulink-Blöcken die Daten in der Organisation ein Abtastwert je Simulationsschritt übertragen werden. In Simulink heißt diese Art *Sample*-Daten, bzw. *Sample*-Verarbeitung. Es können aber auch Gruppen von Abtastwerten gebildet werden, wobei eine Gruppe zeitlich aufeinanderfolgende Abtastwerte enthalten kann oder Abtastwerte eines mehrkanaligen Signals (z.B. Stereo-Audiosignale). Erstere werden in Simulink als *Frame*-Daten, letztere als *Multichannel*-Daten bezeichnet. Schließlich können mehrkanaligen Daten auch in einer *Frame*-Organisation verarbeitet werden, als sogenannte *Frame-Multichannel*-Daten.

In diesem Abschnitt werden die Simulink *Sample*- und *Frame*-Daten und ihre Verwendung anhand von Beispielen veranschaulicht.

Ein Algorithmus kann so implementiert werden, dass die Verarbeitung Abtastwert für Abtastwert erfolgt oder dass sie blockweise erfolgt. In Abb. 6.13a ist die Verarbeitung Abtastwert für Abtastwert skizziert. Mit jedem Abtastwert, der vom A/D-Wandler geliefert wird, wird die CPU in der Abarbeitung ihres Programms unterbrochen, um den anstehenden Abtastwert vom A/D-Wandler zu übernehmen und dann zu verarbeiten.

Mit jeder Unterbrechung muss die Umgebung des laufenden Programms gerettet werden und nach Abschluss der Unterbrechungsbehandlung wieder hergestellt werden. Bei modernen Prozessoren, die viele Register besitzen, kann dieser Verwaltungsaufwand die eigentliche Algorithmenbearbeitung um einiges übersteigen. Damit werden die zur Verfügung stehenden Ressourcen nicht effizient genutzt.

*Abb. 6.13: Sample- und Frame-Bearbeitung*

Eine bessere Ausnutzung der Rechenzeit erzielt man durch einen Ansatz nach Abb. 6.13b. Dabei wird die CPU vom Abholen der einzelnen Abtastwerte vom A/D-Wandler entlastet. Hiermit wird die in allen DSPs vorhandene *DMA*[2] beauftragt. Die DMA ist nichts anderes als ein Kopierwerk, das, einmal parametriert, ohne Zutun der CPU Daten von einer Speicherstelle an eine andere kopieren kann. Während die DMA einen Speicherbereich (ein Datenblock oder *Frame*) mit Werten vom A/D-Wandler füllt, kann die CPU ohne Unterbrechung die Algorithmen abarbeiten. Erst wenn der Speicherbereich gefüllt ist, wird die DMA eine Unterbrechung bei der CPU auslösen und ihr so mitteilen, dass ein neuer Datenblock zur Bearbeitung ansteht. Während die CPU diesen bearbeitet, füllt die DMA einen neuen Speicherbereich. Man nennt diesen Betrieb auch Doppelpufferbetrieb.

Damit wird die CPU um die Länge des Datenblocks weniger oft unterbrochen und der Verwaltungsaufwand sinkt in gleichem Maße. Ähnlich wird man auch die Ausgabe der Ergebnisse auf einen D/A-Wandler der DMA übertragen und so zu einer effizienten Ausnutzung der Rechenzeit der CPU kommen.

Je größer die Datenblöcke sind, umso seltener werden die Unterbrechungen und umso besser wird das Verhältnis zwischen Algorithmusbearbeitung und Verwaltungsaufwand in der CPU. In der Länge der Datenblöcke ist man dabei heute weniger durch die Größe des zur Verfügung stehenden Speichers begrenzt, als vielmehr durch die tolerierbaren Totzeiten in der Verarbeitung, die zweimal der Datenblocklänge multipliziert mit der Abtastperiode entsprechen.

Für die blockweise Verarbeitung der Daten wird in MATLAB/Simulink der Begriff *Frame*-Verarbeitung verwendet. Ein *Frame* ist dabei nichts anderes als ein Vektor (oder eine Matrix) von zeitlich aufeinanderfolgenden Abtastwerten, die in einem Simulationsschritt vollständig bearbeitet werden. Im Gegensatz dazu ist die in den MATLAB/Simulink-Versionen vor der Version 7.0 als einzige verfügbare *Sample*-Verarbeitung zu sehen, bei der in jedem Simulationsschritt genau ein Abtastwert bearbeitet wird.

Durch *Frame*-Verarbeitung wird die Simulation in der Regel bedeutend schneller ausgeführt. Ein noch größerer Vorteil ergibt sich aber durch den erheblichen Geschwindigkeitsvorteil bei der Ausführung von automatisch mit Simulink generiertem C-Code für DSP-Hardware. Auch in diesem Code werden dann die Funktionsaufrufe nicht mit jedem Abtastwert erfolgen, sondern nur einmal je Frame. Die C-Funktionen bearbeiten dann den gesamten Frame in einem Aufruf.

Manche Blöcke der *DSP-System-Toolbox* erlauben die Wahl, ob eine *Sample-* oder *Frame*-Verarbeitung erfolgen soll, andere bieten nur die *Sample*-Verarbeitung an. Natürlich gibt es Blöcke zur Umwandlung von *Sample*-Daten in *Frame*-Daten und umgekehrt.

Die *Frame*-Signalverarbeitung wird mit Hilfe des Skripts `frame_filter1.m` am Beispiel einer Filterung mit einem FIR-Filter erläutert. In Abb. 6.14 sind zwei *Frames* dargestellt, die aufeinander folgend verarbeitet werden. Damit das Filter nicht mit jedem Datenblock (*Frame*) neu einschwingt, ist der Zustand am Ende jedes Blocks zwischenzuspeichern und als Anfangszustand im nachfolgenden Datenblock zu verwenden.

Bei einem FIR-Filter der Ordnung $N$ mit $N + 1$ Koeffizienten sind die letzten $N$ Eingangswerte der zu speichernde Endzustand. Bei einem IIR-Filter sind neben den Eingangswerten auch die letzten Ausgangswerte zu speichern und als Anfangszustand im nächsten Block zu verwenden.

---

[2] *Direct-Memory-Access*

*Abb. 6.14:* Frame-*Filterung mit Zwischenspeichern der Endzustände*

Die Funktion **filter** kann mit einem Anfangszustand als Argument aufgerufen werden und sie liefert auch am Ende den Endzustand. Diese Möglichkeit wird im Skript verwendet, um mit einem FIR-Filter der Ordnung $N = 128$ ein Signal, welches in 5 Blöcke der Länge jeweils 100 aufgeteilt wurde, zu filtern.

```
% Skript frame_filter1.m in dem eine blockweise Filterung
% programmiert wird
clear;
% -------- Eingangssignal
block_l = 100;
n_block = 5;
nx = n_block*block_l;
x = randn(1, nx);
% -------- Block-Filterung
nord = 128;       fr = 0.4;
h = fir1(nord, 2*fr);       % Einheitspulsantwort des Filters
y = [];                     % Gefiltertes Signal
zf = zeros(1, nord);        % Vektor für den Zustand des Filters
for k = 1:n_block
    [y_temp, zf] = filter(h,1,x(1,block_l*(k-1)+1:k*block_l), zf);
    y = [y, y_temp];
end;
figure(1);    clf;
subplot(211), plot(1:nx, y);
    title('Blockweise Filterung'), xlabel('n');   grid on;
% -------- Klassische Filterung
ykl = filter(h,1,x);
subplot(212), plot(1:nx, ykl)
    title('Klassische Filterung'), xlabel('n');   grid on;
```

Am Ende des Skripts wird das ganze Signal auch ohne Aufteilung in Blöcke gefiltert und die beiden Filterergebnisse werden in Abb. 6.15 zum Vergleich gegenübergestellt.

Mit einigen Beispielen soll der Einsatz der Simulink-Blöcke mit *Frame*-Daten veranschaulicht werden. In Abb. 6.16 ist das Modell einer Interpolation mit dem Faktor 4 dargestellt, dieses Mal mit *Frame*-Verarbeitung. Die Daten werden nach der Expandierung im Block *Upsample* mit Hilfe des Blocks *Buffer* in *Frame*-Daten zusammengefasst. Dabei wurde eine Puffergröße von 256 Werten gewählt.

Man erkennt, dass die Datenpfade von Simulink mit unterschiedlichen Linienstilen darge-

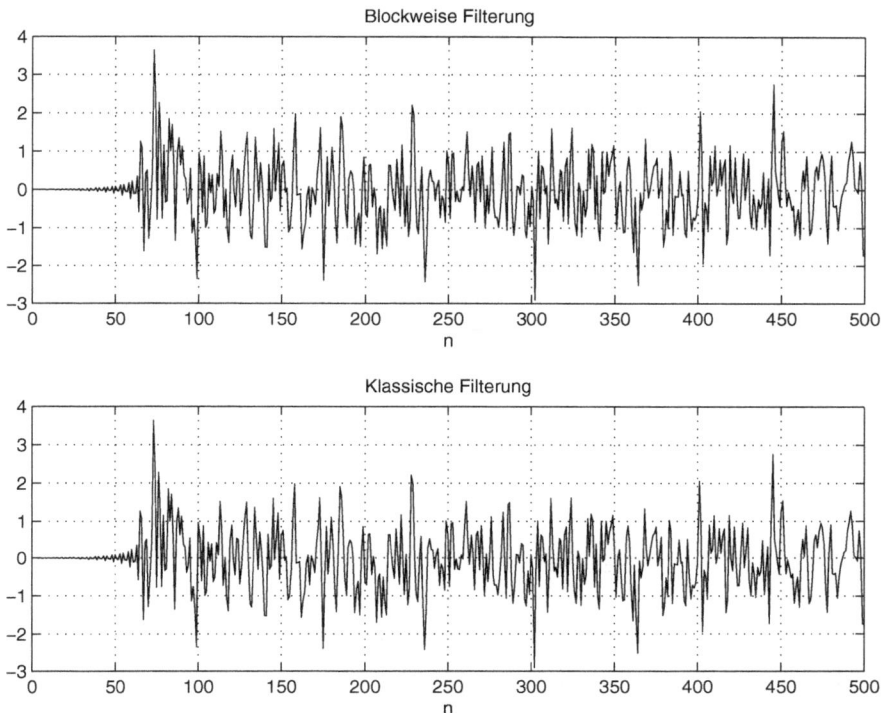

*Abb. 6.15: a) Ergebnis der Filterung mit Aufteilung in Datenblöcke (Frames) b) Ergebnis der Filterung ohne Aufteilung (frame_filter1.m)*

stellt werden. Einfache Linien bezeichnen *Sample*-Daten und doppelte Linien *Frame*-Daten.

Die Filterung erfolgt mit dem Block *FDATool* aus der *Signal Processing Toolbox*, welcher *Frame*-Daten verarbeiten kann. Das Filter selbst wird mit der graphischen Bedienoberfläche des Blocks entwickelt.

Die Signale nach dem *Buffer*-Block werden im Block *Matrix Concatenation* mit dem Filterausgang und dem Quellsignal zusammengefasst, um sie darzustellen. Dafür müssen alle Signale dieselbe Abtastperiode haben und in *Frames* gleicher Länge aufgeteilt sein. Für das Quellsignal wird das über die Blöcke *Rate Transition* und *Buffer1* sichergestellt.

Mit dem Block *Vector Scope* aus der *Signal Processing Toolbox* werden dann die *Frames* der drei Signale dargestellt. Abb. 6.17 zeigt diese Signale, wobei sie zuvor zum Ausgleich der Filterlaufzeiten mit Blöcken vom Typ *Integer Delay* verzögert wurden.

Um den Oszilloskop-Block *Scope* anzuschließen, müssen die *Frame*-Daten wieder in einzelne Abtastwerte (*Sample*-Daten) mit Hilfe des *Unbuffer*-Blocks umgewandelt werden. Dasselbe gilt auch für den *Out1*-Block, der ebenfalls nur mit *Sample*-Daten arbeiten kann. Der Block *To Workspace* kann allerdings auch mit *Frame*-Daten arbeiten.

Die *Buffer*- und *Unbuffer*-Blöcke realisieren die Funktionen, die in den Abbildungen 4.26 und 4.30 grau hinterlegt sind. Der erste Block realisiert eine seriell-zu-parallel Wandlung und

*Abb. 6.16: Modell mit Frame-Signalen (frame_1.mdl)*

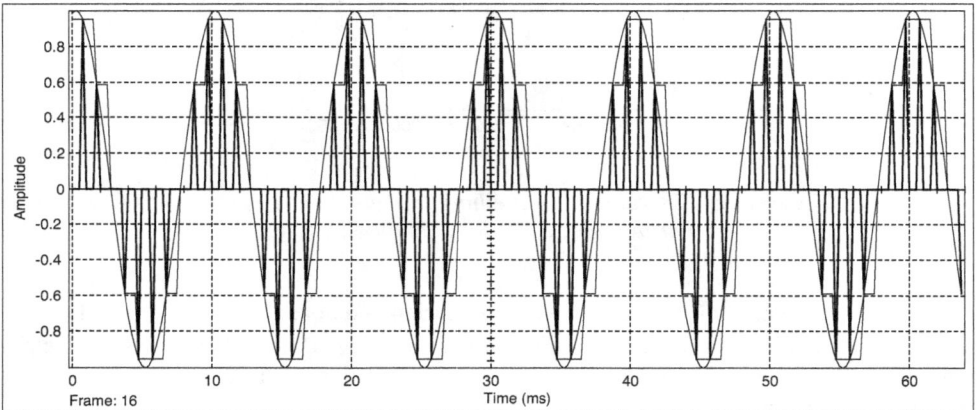

*Abb. 6.17: Signale des Modells aus Abb. 6.16 (frame_1.mdl)*

der zweite die parallel-zu-seriell Wandlung mit den entsprechenden Änderungen der Abtastraten.

Die Daten des *Out1-Ports* werden über das Menü *Simulation/Configuration Parameters/-Data Import/Export* als Struktur yout mit Zeit (*Structure with time*) parametriert und nach MATLAB exportiert. Mit den Aufrufen

```
>> yout
yout =
        time: [1000x1 double]
     signals: [1x1 struct]
```

und

```
>> yout.signals
ans =
        values: [1x3x1000 double]
    dimensions: [1 3]
         label: ''
     blockName: 'frame_1/Out1'
```

kann man die Organisation der Daten in der Struktur darstellen. Die durch den *Unbuffer*-Block serialisierten Daten liegen in einem Feld der Größe $1 \times 3 \times 1000$ vor. Abb. 6.18 zeigt skizzenhaft die Organisation dieses Feldes. Die Daten wurden mit der Option *Limit data points to last* auf 1000 Werte begrenzt.

Über

```
>> yout.signals.values(:,:,200:210)
ans(:,:,1) =    0    -0.8875    -0.9511
ans(:,:,2) =    0    -0.8095    -0.9511
ans(:,:,3) =    0    -0.7113    -0.9511
................
ans(:,:,10) =   0     0.3092    -0.0000
ans(:,:,11) =   0     0.4479    -0.0000
```

können die Werte der drei Signale des *Out1-Port* (hier die Abtastwerte vom Zeitindex 200 bis 210) angezeigt werden. Die entsprechenden Abtastzeitpunkte erhält man mit

```
>> yout.time(200:210)
ans =
    0.8000
    0.8003
    0.8005
................
    0.8023
    0.8025
```

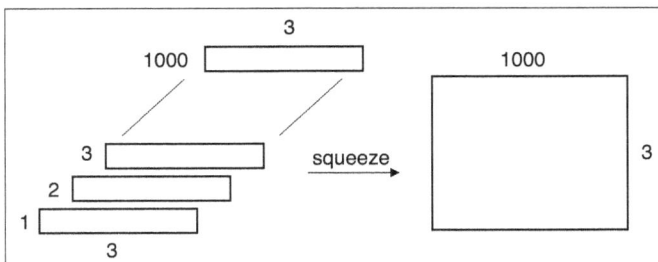

*Abb. 6.18: Feld der Daten des Out1-Ports (frame_1.mdl)*

Die Signale `yout.signals.values` besitzen eine Dimension die eigentlich unnötig ist und können mit der Funktion **squeeze** in eine zweidimensionale Matrix umsortiert werden:

```
>> yout_n = squeeze(yout.signals.values);
```

Nun stellen sie sich wie folgt dar:

```
>> yout_n(:,200:210);
ans =
  Columns 1 through 11
        0        0        0    ...      0        0
  -0.8875  -0.8095  -0.7113    ...   0.3092   0.4479
  -0.9511  -0.9511  -0.9511    ...  -0.0000  -0.0000
```

Ähnlich werden die Daten aus der Senke *To Workspace* zur Verfügung gestellt. Mit

```
>> y
y =
       time: []
    signals: [1x1 struct]
  blockName: 'frame_1/To Workspace'
```

wird die Organisation der Struktur ohne Zeit der Variablen y dargestellt. Über

```
>> y.signals
ans =
       values: [4096x3 double]
   dimensions: [256 3]
        label: ''
```

kann man auch die Größe des Feldes y.signals.values (4096 × 3), das die Daten als *Frames* der Größe 256 × 3 enthält, darstellen. Im Feld sind $4096/256 = 16$ *Frames* enthalten. Die letzten 1000 Daten werden mit

```
>> y_n = y.signals.values(end-1000+1:end,:)
```

extrahiert. Die Werte vom Zeitindex 200 bis 210 sind jetzt:

```
>> y_n(200:210,:)
ans =
  -0.5878  -0.5876  -0.5878
        0  -0.7113  -0.5878
        0  -0.8095  -0.5878
        0  -0.8875  -0.5878
  ..........
        0  -0.8875  -0.9511
        0  -0.8095  -0.9511
```

Sie unterscheiden sich von den Daten mit denselben Indizes der Senke *Out1*, was zur Schlussfolgerung führt, dass die beiden Senken die Daten mit einem Versatz speichern. Aus den Oszilloskop-Darstellungen der Daten geht hervor, dass einerseits die als einzelne Abtastwerte auf dem *Scope*-Block dargestellten Daten mit denen der *Out1*-Senke gleich sind und andererseits die mit dem *Vector Scope*-Block dargestellten Daten mit denen der *To Workspace*-Senke gleich sind.

Mit dem Modell frame_2.mdl, das in Abb. 6.19 dargestellt ist, können die Verzögerungen der Daten für die Senken *Scope1* und *Vector Scope1* relativ zu den Eingangsdaten, die auf dem *Scope*-Block zur Darstellung kommen, festgestellt werden. Um alle *Frames* auf dem *Vector Scope1*-Block darzustellen, wird bei diesem Block die Anzahl der angezeigten *Frames* mit

*Abb. 6.19: Modell mit Frame-Daten und verschiedenen Senken* (frame_2.mdl)

$n_{frame} = \text{ceil}(2/(32/1000)) = \text{ceil}(62.5) = 63$ gewählt, wobei $T = 1/1000$ s die Abtast-periode, $N = 32$ die *Frame*-Größe und $\delta t = 2s$ die Dauer der Simulation sind. Man bemerkt, dass die Verzögerungen durch die *Buffer*- und *Unbuffer*-Blöcke bedingt sind und der *Frame*-, bzw. der zweifachen *Frame*-Größe entsprechen.

In Abb. 6.20 sind zwei FIR-Filterungen, die als *Frame*-Verarbeitung implementiert sind, dargestellt. Im oberen Modell wird als Quelle der Block *Random Number* aus der Grundbiblio-thek *Sources* eingesetzt, der nur *Sample*-Daten liefern kann.

Mit Hilfe des Blocks *Buffer*, in dem der Parameter *Buffer overlap* gleich null gesetzt wird, wird ein Frame der Länge 1024 gebildet. Die Bezeichnung 1024 x 1 gibt an, dass die Daten einkanalig sind. Das Filter (*Digital Filter Design 1*) besitzt die Ordnung 128 (129 Koeffizien-ten). Es bearbeitet in jedem Simulationsschritt ein Frame und liefert an seinem Ausgang ein Frame derselben Größe. Über den *Unbuffer1*-Block werden die Daten wieder in *Sample*-Daten gewandelt, um sie auf dem Oszilloskop darzustellen.

Mit dem oberen Pfad kann man überprüfen, ob die Filterung mittels *Frame*-Verarbeitung korrekt funktioniert. Hier wird das gleiche Filter, allerdings mit *Sample*-Verarbeitung einge-setzt. Wegen der Pufferung im Zweig der *Frame*-Verarbeitung sind die Daten im *Frame*-Verarbeitungszweig um die Größe des Puffers verzögert. Diese Verzögerung wird im oberen Pfad mit dem Block *Delay* ausgeglichen, so dass beide Pfade zeitrichtig ausgerichtet auf dem Oszilloskop dargestellt werden.

Im Unterschied zu dem Block *Random Number* kann die Quelle *Random Source* aus der *DSP-System-Toolbox Frame*-Daten liefern. Sie wird im unterem Modell aus Abb. 6.20 einge-setzt.

Informationen über die Daten einer Verbindung (und somit auch über die *Frame*-Daten) kann man mit Hilfe des Blocks *Probe*, der hier zwei Mal eingesetzt wurde, erhalten. In *Pro-be width* wird die Größe des Feldes, das über die Verbindung übertragen wird, angegeben und *Probe sample time* enthält die Abtastperiode (hier *Frame*-Abtastperiode). Bei einer Abtastfre-quenz $f_a = 1000$ Hz und einer *Frame*-Größe von 1024 x 1 erhält man die Abtastperiode eines *Frames*: $T_f = 1024/1000 = 1.024$, die auch angezeigt wird.

Mit *Probe signal dimensions* und *Probe complex signal* wird die Dimension des Signals sowie ob es sich um ein komplexwertiges Signal handelt, angegeben. Schließlich wird mit

*Abb. 6.20: Zwei FIR-Filterungen, implementiert als* Frame-*Modelle (*frame_6.mdl)

*Detect framed signal* ein *Frame*-Signal detektiert.

# 6.4 Spektrale Leistungsdichte und *Power Spectrum* mit Simulink

Simulink bietet zur Berechnung und Darstellung von Spektren den Block *Spectrum Scope* an. Dieser befindet sich in der Unterbibliothek (*Signal Processing Sinks*) der *DSP-System-Toolbox* (*dsplib*) und hat das Erscheinungsbild aus Abb. 6.21a. Im Kontextmenü des Blocks (durch Anklicken des Blocks mit der rechten Maustaste) kann man *Look Under Mask* auswählen, um die Struktur des Blocks zu inspizieren. Sie ist in Abb. 6.21b dargestellt und zeigt, dass der Block aus anderen Simulink-Blöcken zusammengesetzt ist.

Nach einer optionalen Pufferung und der Umwandlung der Daten in den Datentyp *double* werden die Spektren im Block *Periodogram* berechnet. Auch der Block *Periodogram* kann über *Edit/Look Under Mask* expandiert dargestellt werden und man erhält die Struktur aus Abb. 6.21c.

Am Eingang des Periodogramm-Blocks wird der Typ der Daten im Block *Error if Not*

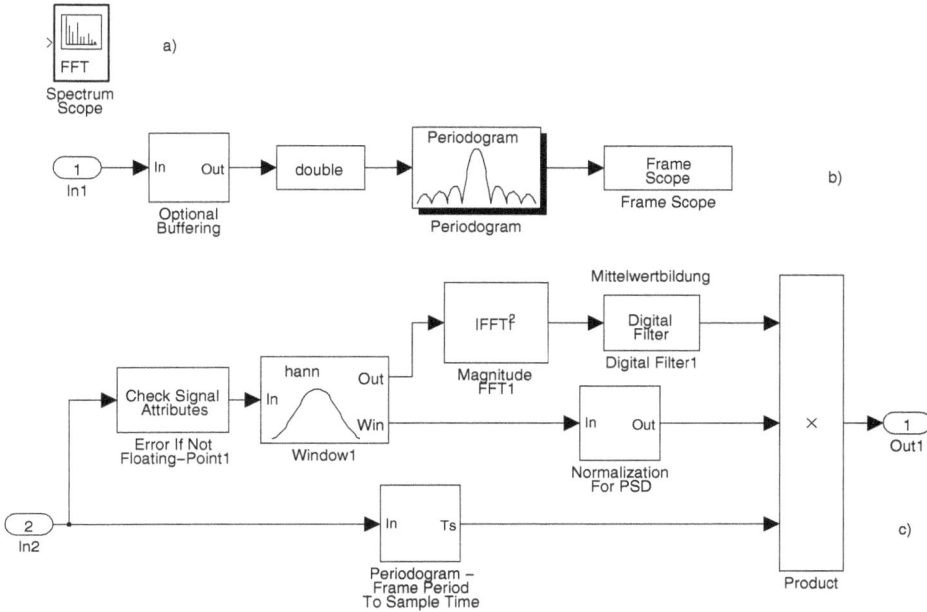

*Abb. 6.21: Der Block Spectrum Scope (*spektr_scope1.mdl*)*

*Floating-Point* überprüft, danach werden die Daten mit einer Fensterfunktion (hier *Hann*-Fenster) im Block *Window* gewichtet. Der Block liefert sowohl die gewichteten Daten als auch die Koeffizienten der Fensterfunktion, die zur Normierung benötigt werden. Hierfür wird im Block *Normalization*, den man durch Doppelklick öffnen kann, das Normquadrat, also das Skalarprodukt des Vektors mit sich selbst gebildet und dessen Kehrwert als Normierungsfaktor am Ausgang geliefert.

Mit dem Block *Magnitude FFT* werden die Daten mit der Diskreten Fourier-Transformation (DFT), unter Verwendung des schnellen Algorithmus der FFT in den Frequenzbereich transformiert und die Betragsquadrate der Spektralwerte berechnet. Diese werden mit dem nachfolgenden Block *Digital Filter* über eine parametrierbare Anzahl von Datenblöcken gemittelt. Die Mittelungslänge wird über den Parameter *Number of spectral averages* des Blocks *Spectrum Scope* spezifiziert. Ganz unten wird aus dem Eingangs-*Frame* die Abtastperiode $T_s$ der Daten ermittelt.

Aus dieser Struktur kann man folgende mathematische Beschreibung der Funktion des Blocks *Spectrum Scope* ableiten. Wenn die DFT der mit der Fensterfunktion $w$ gewichteten Daten $x_m$ im Block Nummer $m$ mit

$$\big(X[n]\big)_m = \sum_{k=0}^{N-1} (x_m[k]w[k])e^{-j\frac{2\pi}{N}nk} \tag{6.5}$$

bezeichnet wird, so wird der Mittelwert der Betragsquadrate der DFT-Werte über $M$ Datenblöcke berechnet

$$\overline{|X[n]|^2} = \frac{1}{M} \sum_{m=1}^{M} |(X[n])_m|^2 \tag{6.6}$$

und anschließend, um unabhängig von der Leistung der Fensterfunktion zu sein, auf deren Leistung normiert. Es werden somit die Werte $P_{xx}[n]$ ermittelt, die durch

$$P_{xx}[n] = \frac{\overline{|X[n]|^2}}{\sum_{k=0}^{N-1} w[k]^2}, \quad n = 0, 1, 2, \ldots, N-1 \tag{6.7}$$

gegeben sind.

Es bedarf einer Interpretation dieser Werte. Läßt man zur Vereinfachung die Mittelung über die $M$ Datenblöcke außer Acht (also $M = 1$) und verwendet als Fensterfunktion die Rechteck-Funktion, deren Werte alle gleich eins sind ($w[k] = 1, k = 0, 1, 2, \ldots, N-1$), so ergeben sich folgende Werte am Ausgang des *Spectrum-Scope*-Blockes:

$$L_{xx}[n] = \frac{|X[n]|^2}{N}, \quad n = 0, 1, 2, \ldots, N-1 \tag{6.8}$$

Beachtet man, dass die zeitliche Autokorrelationsfolge (AKF) eines Signals $x[k]$ definiert ist als:

$$l_{xx}[k] = \frac{1}{N} \sum_{i=0}^{N-1} x^*[i] \cdot x[i+k] \tag{6.9}$$

so sieht man unter Berücksichtigung des Faltungssatzes der Fourier-Transformation, dass die Folge $L_{xx}[n]$ die DFT der zeitlichen Autokorrelationsfolge $l_{xx}[k]$ ist.

Für deterministische Signale (der Länge $N$) ist die (Pseudo-)AKF nach Gl. (6.9) definiert und ihr DFT-Paar kann also mit Gl. (6.8) angegeben werden. Für Zufallsprozesse ist Gl. (6.9) nur ein Schätzwert der als statistischer Erwartungswert zu definierenden AKF. Man kann zeigen (z.B. [36]), dass der Schätzwert nach Gl. (6.9) verbessert werden kann, indem man die bereits beschriebene Fensterung der Abtastwerte sowie die Mittelung über $M$ Datenblöcke vornimmt, deren Ergebnis in Gl. (6.7) mündet. Diese Methode ist nach ihrem Autor als das Welch-Verfahren [73] bekannt. Die Bezeichnung *Periodogram* für den Simulink-Block ist also insofern etwas ungenau, als dass die Periodogramm-Schätzung nur ein Sonderfall des hier verwendeten Welch-Verfahrens ist, bei dem die Rechteck-Funktion (*Boxcar*-Fenster) als Fensterfunktion verwendet wird.

Der Satz von Wiener-Khintchine [35] besagt, dass die Fourier-Transformierte der Autokorrelationsfunktion die spektrale Leistungsdichte ist. Demnach könnten die Werte $P_{xx}[n]$ nach Gl. (6.7) als die Schätzwerte der spektralen Leistungsdichte eines Zufallsprozesses $x[k]$ betrachtet werden. Es fällt aber auf, dass die Maßeinheit der Werte $P_{xx}[n]$ $V^2$ ist und nicht, wie bei einer spektralen Leistungsdichte erwartet, $V^2/Hz$. Die berechneten Werte $P_{xx}[n]$ entsprechen also eher einer Leistung als einer spektralen Leistungsdichte.

Der Grund dafür liegt in der bekannten, (fast durchgängig in der Literatur) verwendeten Definition der DFT:

$$X[n] = \sum_{k=0}^{N-1} x[k] e^{-j\frac{2\pi}{N}nk} \tag{6.10}$$

$$x[k] = \frac{1}{N} \sum_{n=0}^{N-1} X[n] e^{j\frac{2\pi}{N}nk} \tag{6.11}$$

Ersetzt man diese durch die Definition, die man erhält, indem der Übergang von der zeit- und frequenzkontinuierlichen Fourier-Transformation zur DFT durch Anwendung der Rechteckregel bei der Integration erfolgt, so erhält man eine andere Definition für die DFT:

$$X_e[n] = T_s \sum_{k=0}^{N-1} x[k] e^{-j\frac{2\pi}{N}nk} \tag{6.12}$$

$$x[k] = \frac{1}{N \cdot T_s} \sum_{n=0}^{N-1} X_e[n] e^{j\frac{2\pi}{N}nk} \tag{6.13}$$

Dabei entspricht die in Gl. (6.12) auftretende Abtastperiode $T_s$ dem zeitlichen Differential $dt$ aus dem Fourier-Integral, während die Größe $1/(NT_s) = f_s/N$ der Abstand der diskreten Frequenzstützstellen ist und dem Differential $df$ aus dem Integral der Fourier-Rücktransformation entspricht.

Verwendet man die DFT nach Gl. (6.12) im Schätzwert $P_{xx}[n]$ nach Gl. (6.7), so wird dieser zu:

$$E_{xx}[n] = \frac{\overline{|X_e[n]|^2}}{\sum_{k=0}^{N-1} w[k]^2} = T_s^2 \frac{\overline{|X[n]|^2}}{\sum_{k=0}^{N-1} w[k]^2} = T_s^2 P_{xx}[n] = \frac{1}{f_s^2} P_{xx}[n] \tag{6.14}$$

Die Maßeinheit von $E_{xx}[n]$ ist $V^2 s^2 = V^2 s/Hz$, welches die Maßeinheit einer spektralen Energiedichte ist. Das entspricht den Vorstellungen, dass das Signal $x[k]$ als ein in der Zeitspanne $[0, (N-1)T_s]$ definiertes Signal eine endliche Länge hat und somit ein Energiesignal ist.

Nimmt man an, dass $x[k]$ ein Ausschnitt aus einem unendlich lange dauernden, stationären Zufallsprozess, oder aus einem unendlich lange dauernden deterministischen Signal konstanter Leistung (z.B. eine periodische Funktion) ist, so kann man aus der spektralen Energiedichte nach Gl. (6.14) die spektrale Leistungsdichte des unendlich langen Signals berechnen, indem man die Energiedichte auf die Beobachtungsdauer $N \cdot T_s$ normiert:

$$P_{xx}^{(e)}[k] = \frac{E_{xx}[n]}{N \cdot T_s} = \frac{1}{N \cdot f_s} P_{xx}[n] \tag{6.15}$$

oder

$$P_{xx}[n] = (N \cdot f_s) P_{xx}^{(e)}[k] \tag{6.16}$$

Gl. (6.16) zeigt, dass die vom Block *Spectrum Scope* gelieferten Werte um den Faktor $N \cdot f_s$ größer sind als die Werte der spektralen Leistungsdichte des zeitkontinuierlichen Signals, aus dem die Abtastwerte gewonnen wurden. Im Sprachgebrauch von MATLAB und Simulink werden die vom Block *Spectrum Scope* gelieferten Werte $P_{xx}[n]$ als *Power Spectrum* bezeichnet. Abgesehen von dem Faktor $N$ ("Gewinn der DFT") entsprechen sie der spektralen Leistungsdichte eines mit der normierten Abtastfrequenz $f_s = 1$ Hz abgetasteten Signals.

Will man die mittlere Leistung des Signals aus den Werten $P_{xx}[n]$ des *Power Spectrums* berechnen, so kann man vom Satz von Parseval [35] ausgehen, dessen zeitkontinuierliche Formulierung die Energiegleichheit zwischen Zeit- und Frequenzbereich angibt:

$$\int_{-\infty}^{\infty} |x(t)|^2 dt = \int_{-\infty}^{\infty} |X(f)|^2 df \tag{6.17}$$

Für zeit- und frequenzdiskrete Signale ist er wie folgt zu schreiben:

$$T_s \sum_{k=0}^{N-1} |x[k]|^2 = \frac{1}{N \cdot T_s} \sum_{n=0}^{N-1} |X_e[n]|^2 \tag{6.18}$$

Normiert man die Energie auf die Beobachtungsdauer, so erhält man den bekannten Ausdruck für die mittlere Leistung im Zeitbereich:

$$P = \frac{T_s}{N \cdot T_s} \sum_{k=0}^{N-1} |x[k]|^2 = \frac{1}{N} \sum_{k=0}^{N-1} |x[k]|^2 \tag{6.19}$$

Im Frequenzbereich wird sie zu:

$$P = \frac{1}{(N \cdot T_s)^2} \sum_{n=0}^{N-1} |X_e[n]|^2 = \frac{1}{N^2} \sum_{n=0}^{N-1} |X[n]|^2 = \frac{1}{N} \sum_{n=0}^{N-1} P_{xx}[n] \tag{6.20}$$

Damit erhält man die mittlere Leistung des Signals als Mittelwert der Werte des *Power Spectrums*.

Es ist zu beachten, dass im Unterschied zu den Blöcken *Spectrum Scope* und *Periodogram* aus der *dsplib* von Simulink, die das *Power Spectrum* eines Signals liefern, die MATLAB-Funktionen *periodogram* und *pwelch* aus der *Signal Processing Toolbox* die spektrale Leistungsdichte eines Signals berechnen, also auf die Abtastfrequenz normieren. Will man aus den Ergebnissen dieser Funktionen die Leistung des Signals berechnen, so muss man die Summe der Werte der spektralen Leistungsdichte mit dem Abstand $f_s/N$ der Frequenzstützstellen multiplizieren. Weiterhin ist bei den MATLAB-Funktionen die Besonderheit zu beachten, dass sie bei reellwertigen Signalen, die ja ein gerades Betragsspektrum besitzen, nur die Werte der spektralen Leistungsdichte zwischen $[0, f_s/2]$ liefern, also nur $N/2+1$ Werte. Allerdings haben diese Werte dann den doppelten Betrag gegenüber der spektralen Leistungsdichte und werden in MATLAB mit „einseitiger spektraler Leistungsdichte" bezeichnet. Zur Berechnung der Leistung ist die Summe der Werte der einseitigen spektralen Leistungsdichte nur mit $f_s/(2 \cdot N)$ zu multiplizieren.

# 6.5 Aufruf der Simulation aus der MATLAB-Umgebung

Ein Simulink-Modell kann aus dem Kommandofenster, aus einem Programm (*script*) oder aus einer Funktion heraus ausgeführt werden. Die flexibelste Art, eine Simulation für verschiedene Werte der Parameter durchzuführen, ist der Aufruf aus einem Programm oder einer Funktion. Die Variablen, die als Parameter für ein Modell dienen, müssen als globale Variablen deklariert werden, falls sie in einer Funktion definiert sind. Die global-Deklaration muss auch im Kommandofenster erfolgen.

Der Aufruf der Simulation geschieht mit der Funktion **sim**. Mit Hilfe der Funktion **simset** werden die verschiedenen Optionen für die Funktion **sim** festgelegt. Die Syntax der Funktion **sim** ist:

```
[t, x, y] = sim(model, TimeSpan, Options, ut);
```

Die Liste der zurückgelieferten Variablen ist optional. Sie kann fehlen oder sie kann nur die erste, die beiden ersten oder alle drei Variablen enthalten:

```
sim('hochhaus', ...);
t = sim('hochhaus', ...);
[t, x] = sim('hochhaus', ...);
[t, x, y] = sim('hochhaus', ...);
```

Die erste Variable (hier mit t bezeichnet) enthält die Werte der Simulationszeitschritte, die vom Integrationsverfahren abhängig ist und von den Argumenten TimeSpan und Options bestimmt werden.

Die zweite Variable (hier x) enthält die Zustandsvariablen des Modells in einer Matrix. Jede Zustandsvariable ist in einer Spalte der Matrix enthalten, wobei zunächst die zeitkontinu-ierlichen und danach die zeitdiskreten Variablen angeordnet sind. Die letzte Variable (hier y) enthält die Ausgangsvariablen, die im Modell über *Outport Blocks* definiert werden. Auch hier sind sie in der Reihenfolge der *Outports* als Spalten einer Matrix angeordnet. Wenn das Modell keine *Outport*-Blöcke enthält, wird für die Variable y eine leere Matrix geliefert.

Das erste Argument der Funktion **sim** ist eine Zeichenkette (wie z.B. hochhaus), die den Namen des zu simulierenden Modells (hochhaus.mdl) darstellt, ohne die Erweiterung mdl. Nur dieser Name ist im Aufruf vorgeschrieben. Die weiteren Parameter, falls sie angegeben werden, überschreiben die Werte, die im Dialogfenster *Configuration Parameters* des Modells eingestellt wurden.

Das Argument TimeSpan spezifiziert die Zeitschritte der Simulation, welche die Anga-ben des *Solvers* ersetzen. Es kann einfach mit einem Wert TFinal die Dauer der Simulation definieren. In der Form [Tstart, TFinal] oder [Tstart, OutputTimes, TFinal] wird zusätzlich der Startzeitpunkt, bzw. die Zeitpunkte, die in t geliefert werden, definiert. Die Simulationsschritte müssen nicht äquidistant sein.

Das Argument Options ist eine MATLAB-Struktur, die es erlaubt, viele der Optionen aus dem Dialogfenster *Configuration Parameters* des Modells zu ersetzen. Sie wird mit der Funktion **simset** erzeugt, welche vor **sim** aufgerufen werden muss.

Die einfachste Form für die Funktion **simset** ist:

```
my_options = simset('name_1','value_1',name_2,'value_2', ...);
```

In der Struktur my_options wird der Option oder der Eigenschaft name_1 der Wert value_1 vergeben, der Option name_2 der Wert value_2 usw. Wenn im Kommandofens-ter **simset** eingegeben wird, erhält man eine Liste aller Optionen oder Eigenschaften, die mit dieser Funktion gesetzt werden können:

```
>> simset
        Solver: [ 'VariableStepDiscrete' |
                'ode45' | 'ode23' | 'ode113' | 'ode15s' |
```

```
                    'ode23s' | 'ode23t' | 'ode23tb' |
                'FixedStepDiscrete' |
                'ode5' | 'ode4' | 'ode3' | 'ode2' |
                    'ode1' | 'ode14x' ]
     RelTol: [ positive scalar {1e-3} ]
     AbsTol: [ positive scalar {1e-6} ]
     Refine: [ positive integer {1} ]
    MaxStep: [ positive scalar {auto} ]
    MinStep: [ [positive scalar, nonnegative integer]
     {auto} ]
......
```

Einige sind selbsterklärend, wie z.B. die Optionen `Solver`, `RelTol`, `AbsTol`, `MaxStep`, `InitialStep`, `FixedStep` usw., da sie denen der Parametrierung über das Menü *Configuration Parameters* entsprechen. Die voreingestellten Werte sind in den geschweiften Klammern angegeben.

Mit der Option `OutputPoints` können die Zeitpunkte für die zu liefernden Ergebnisse `t`, `x`, `y` im Aufruf des Befehls **sim** definiert werden. Durch `specified` (als Voreinstellung) werden die Zeitpunkte, die im Argument `TimeSpan` der Funktion **sim** angegeben sind, benutzt. Mit `all` werden sowohl diese Zeitpunkte als auch die Zeitpunkte des Integrationsverfahren geliefert.

Mit der Funktion **simset** wird auch die Option `OutputVariables` eingestellt. In der Liste der zurückgelieferten Variablen der Funktion **sim** steht an zweiter Stelle die Matrix der Zustandsvariablen. Oft möchte man nur die Ausgangsvariablen des Modells als Ergebnisse erhalten und auf die Zustandsvariablen verzichten. Da die Matrix der Ausgangsvariablen (zuvor mit y bezeichnet) an dritter Stelle in der erwähnten Liste steht, müssen alle Variablen angegeben werden, um die Ausgangsvariablen zu erhalten. Mit der Option `OutputVariables` können beliebige Kombinationen der drei Variablen, die mit Werten zu belegen sind, gewählt werden. Als Beispiel wird mit `'ty'` nur die Zeit und die Ausgangsmatrix mit Werten belegt. Die Matrix der Zustandsvariablen bleibt leer. Beim Aufruf müssen aber nach wie vor alle drei Variablen angegeben werden.

Über `InitialState` können die Anfangswerte der Zustandsvariablen spezifiziert werden und mit `FinalStateName` kann man den Namen eines Vektors definieren, in dem die Endwerte der Zustandsvariablen gespeichert werden.

Die Option `ZeroCross` erlaubt oder sperrt die Detektion der Nulldurchgänge bei der Ermittlung der Lösung durch den *Solver* im Falle variabler Schrittweite. Mit `'off'` wird der *Solver* veranlasst, die Schrittweite so zu justieren, dass die geforderte Toleranz erfüllt ist, ohne die Nulldurchgänge zu ermitteln.

Mit der Option `SaveFormat` kann statt des voreingestellten Formats Matrix (`'Array'`) für die Ergebnisse `t`, `x` und `y` auch das Format Struktur (`'Structure'`) oder Struktur mit Zeit (`'StructureWithTime'`) eingestellt werden.

Zurückkehrend zur Funktion **sim**, wird mit dem letzten Argument `ut` die Option *Load from workspace* aus dem *Data Import/Export* des Dialogs *Configuration Parameters* ersetzt. Das Argument muss der Name einer Variablen der Form `[t, u1, u2,...]` sein, wobei `t` ein Spaltenvektor mit den Zeitpunkten für die Werte aus den Spalten `u1`, `u2`, ... ist. Die Variablen `u1`, `u2`, ... werden aus der MATLAB-Umgebung (Kommandofenster) über einen oder über mehreren Blöcke von Typ *Inport* dem Modell zu den Zeitpunkten aus `t` übertragen.

Alternativ zu einem Variablennamen kann das Argument `ut` auch eine Zeichenkette sein, die den Namen einer Funktion `u = ut(t)` enthält, die die Eingänge `u1,u2,...` zu den Zeitschritten der Simulation liefert.

Mit der Option `SrcWorkspace` der Funktion **simset** kann die lästige Deklaration als **global** für die Variablen einer Funktion, die als Parameter für ein Modell gedacht sind, entfallen. Mit dieser Option wird eine von drei Möglichkeiten eingestellt: mit `'base'` als Voreinstellung wird die MATLAB-Umgebung (das Kommandofenster) als Quelle für die Parametervariablen definiert. Über `'current'` wird angegeben, dass die Parametervariablen aus der lokalen Umgebung, in der der Befehl **sim** aufgerufen wird, zu entnehmen sind. Schließlich wird mit `'parent'` als Quelle für die Parametervariablen die Umgebung definiert, aus der die Funktion aufgerufen wird, die **sim** enthält.

Ähnlich ermöglicht die Option `DstWorkspace`, die Umgebung zu definieren, in der die *To-Workspace*-Senken ihre Ergebnisse liefern sollen. Auch hier haben die Einstellungen `'base'`, `'current'` und `'parent'` dieselbe Bedeutung wie bei `SrcWorkspace`. Die Optionen in `ScrWorkspace` und `DstWorkspace` können unterschiedlich sein, aber die Parametervariablen eines Modells können nicht von verschiedenen Umgebungen (z.B. aus einer Funktion und dem Kommandofenster) stammen.

# Literaturverzeichnis

[1] AKANSU, ALI N. und RICHARD A. HADDAD: *Multiresolution Signal Decomposition. Transforms, Subbands, and Wavelets*. Academic Press, Inc., 2000.

[2] ANGERMANN, ANNE, MICHAEL BEUSCHEL, MARTIN RAU und ULRICH WOHLFARTH: *Matlab - Simulink - Stateflow. Grundlagen, Toolboxen, Beispiele*. Oldenbourg, 2005.

[3] BATEMAN, ANDREW und IAIN PATERSON-STEPHENS: *The DSP Handbook. Algorithms, Applications and Design Techniques*. Prentice Hall, 2001.

[4] BENDAT, JULIUS S. und ALLAN G. PIERSOL: *Engineering Applications of Correlation and Spectral Analysis*. John Wiley & Sons, 1993.

[5] BENDAT, JULIUS S. und ALLAN G. PIERSOL: *Random Data. Analysis and Measurement Procedures*. John Wiley & Sons, 2000.

[6] BERNSTEIN, HERBERT: *Analoge und digitale Filterschaltungen. Grundlagen und praktische Beispiele*. VDE Verlag Berlin, Offenbach, 1995.

[7] BIRAN, ADRIAN und MOSHE BREINER: *MATLAB 5 für Ingenieure. Systematische und praktische Einführung*. Addison-Wesley, 1999.

[8] BLACKMAN, R.B. und J.W. TUKEY: *The measurement of power spectra, from the point of view of communications engineering*. Dover, New York, 1959.

[9] BLINCHIKOFF, HERMAN J. und ANATOL I ZVEREV: *Filtering in the Time and Frequency Domains*. Noble Publishing, 2001.

[10] BRAMMER, KARL und GERHARD SIFFLING: *Kalman-Bucy-Filter*. Oldenbourg Verlag, 1994.

[11] CAVICCHI, THOMAS J.: *Digital Signal Processing*. John Wiley & Sons, 2000.

[12] COUCH, LEON W.: *Modern Communication Systems. Principles and Applications*. Prentice Hall, 1995.

[13] DEFATTA, DAVID J., JOSEPH G. LUCAS und WILLIAM S. HODGKISS: *Digital Signal Processing. A System Design Approach*. John Wiley & Sons, 1988.

[14] DOBLINGER, GERHARD: *MATLAB-Programmierung in der digitalen Signalverarbeitung*. Schlembach, Weil der Stadt, 2001.

[15] DOBLINGER, GERHARD: *Signalprozessoren. Architekturen - Algorithmen - Anwendungen*. Schlembach, Weil der Stadt, 2004.

[16] FARROW, C.W.: *A continuously variable digital delay element.* Proceedings IEEE International Symposium on Circuits and Systems, Seiten 2641–2645, 1988.

[17] FLIEGE, NORBERT: *Multiraten-Signalverarbeitung: Theorie und Anwendungen.* Teubner, 1993.

[18] GÖTZ, HERMANN: *Einführung in die digitale Signalverarbeitung.* Teubner, 1998.

[19] GRAMLICH, GÜNTER: *Anwendungen der Linearen Algebra mit MATLAB.* Fachbuchverlag Leipzig, 2004.

[20] GREWAL, MOHINDER S. und ANGUS P. ANDREWS: *Kalman Filtering. Theory and Practice Using MATLAB.* John Wiley & Sons, 2001.

[21] GRUPP, FRIEDER und FLORIAN GRUPP: *MATLAB 7 für Ingenieure. Grundlagen und Programmierbeispiele.* Oldenbourg, 2006.

[22] HARRIS, FREDERIC J.: *Multirate Signal Processing For Communication Systems.* Prentice Hall, 2004.

[23] HAYKIN, SIMON: *Introduction to Adaptive Filters.* Macmillan Pub Co, 1984.

[24] HAYKIN, SIMON: *Adaptive Filter Theory.* Prentice Hall, 2003.

[25] HAYKIN, SIMON und BERNARD WIDROW: *Least-Mean-Square Adaptive Filters.* John Wiley & Sons, 2003.

[26] HOFFMANN, JOSEF: *MATLAB und Simulink in Signalverarbeitung und Kommunikationstechnik.* Addison-Wesley, 1999.

[27] HOFFMANN, JOSEF und URBAN BRUNNER: *MATLAB und Tools für die Simulation dynamischer Systeme.* Addison-Wesley, 2002.

[28] HOFFMANN, JOSEF und SABIN IONEL: *Signalkonditionierung mit Wavelet-Techniken.* Horizonte, 24, 2004.

[29] HOGENAUER, EUGENE B.: *An Economical Class of Digital Filters for Decimation and Interpolation.* IEEE Transaction on Acoustics, Speech and Signal Processing, ASSP-29(2), 1981.

[30] IFEACHOR, EMMANUEL C. und BARRIE W. JERVIS: *Digital Signal Processing. A Practical Approach.* Addison-Wesley, 2001.

[31] INGLE, VINAY K. und JOHN G. PROAKIS: *Digital Signal Processing Using MATLAB.* Thomson Learning, 2006.

[32] ISO/IEC: *Codierung von bewegten Bildern und damit verbundenen Tonsignalen für digitale Speichermedien bis 1,5 Mbit/s. Teil 3:Audio (ISO/IEC 11172-3:1993),* 1993.

[33] JAYANT, N.S. und PETER NOLL: *Digital Coding of Waveforms. Principles and Applications to Speech and Video.* Prentice Hall, 1984.

[34] KAMEN, EDWARD W. und BONNIE S. HECK: *Fundamentals of Signals and Systems Using the Web and MATLAB.* Prentice-Hall, 2006.

[35] KAMMEYER, KARL-DIRK: *Nachrichtenübertragung.* Teubner, 2004.

[36] KAMMEYER, KARL DIRK und KRISTIAN KROSCHEL: *Digitale Signalverarbeitung. Filterung und Spektralanalyse mit MATLAB-Übungen.* Teubner, 2006.

[37] KEHTARNAVAZ, NASSER und BURC SIMSEK: *C6X-Based Digital Signal Processing.* Prentice Hall, 2000.

[38] KESTER, WALT (Herausgeber): *Mixed-Signal and DSP Design Techniques.* Newnes, 2003.

[39] KESTER, WALT (Herausgeber): *Analog-Digital Conversion.* Analog Devices, 2004.

[40] KREYSZIG, ERWIN: *Advanced Engeneering Mathematics.* John Wiley & Sons, 2006.

[41] KROSCHEL, KRISTIAN: *Statistische Nachrichtentheorie. Signal- und Mustererkennung, Parameter- und Signalschätzung.* Springer, Berlin, 1999.

[42] KUO, SEN M. und WOON-SENG GAN: *Digital Signal Processors: Architectures, Implementations, and Applications.* Prentice Hall, 2004.

[43] LANG, MATHIAS: *Algorithms for the Constrained Design of Digital Filters with Arbitrary Magnitude and Phase Responses.* Doktorarbeit, Technische Universität Wien, 1999.

[44] LING, F., D. MANOLAKIS und J. G. PROAKIS: *Numerically robust least-squares lattice-ladder algorithms with direct updating of the reflection coefficients.* IEEE Transaction on Acoustics, Speech and Signal Processing, ASSP-34(4):837–845, 1986.

[45] LOSADA, R.A.: *Digital Filters with MATLAB.* The MathWorks, Inc., 2008.

[46] LYONS, RICHARD G.: *Understanding Digital Signal Processing.* Prentice-Hall, 2004.

[47] MALLAT, STEPHANE: *A Wavelet Tour of Signal Processing.* Academic Press, 1999.

[48] MANOLAKIS, DIMITRIS G., VINAY K. INGLE und STEPHEN M. KOGON: *Statistical and Adaptive Signal Processing. Spectral Estimation, Signal Modeling, Adaptive Filtering and Array Processing.* Artech House, 2005.

[49] MARVASTI, FAROKH (Herausgeber): *Nonuniform Sampling. Theory and Practice.* Kluwer Academic/Plenum Publishers, 2001.

[50] MCCLELLAN, JAMES H., C. SIDNEY BURRUS, ALAN V. OPPENHEIM, THOMAS W. PARKS, RONALD W. SCHAFER und HANS W. SCHUESSLER: *Computer-Based Exercises for Signal Processing Using MATLAB 5.* Prentice Hall, 1998.

[51] MENDEL, JERRY M.: *Lessons in Estimation Theory for Signal Processing, Communications, and Control.* Prentice Hall, 1995.

[52] MEYER, MARTIN: *Signalverarbeitung: analoge und digitale Signale, Systeme und Filter.* Vieweg, 2003.

[53] MITRA, SANJIT K.: *Digital Signal Processing. A Computer-Based Approach*. McGraw-Hill Publishing Company, 2005.

[54] MITRA, SANJIT K. und JAMES F. KAISER (Herausgeber): *Handbook for Digital Signal Processing*. John Wiley & Sons, 1993.

[55] OH, H. J., KIM SUNBIN, CHOI GINKYU und Y. H. LEE: *On the Use of Interpolated Second-Order Polynomials for Efficient Filter Design in Programmable Downconversion*. IEEE Journal on Selected Areas in Communications, 17(4), 1999.

[56] OPPENHEIM, ALAN W., RONALD W. SCHAFER und JOHN R. BUCK: *Zeitdiskrete Signalverarbeitung*. Pearson Studium, 2004.

[57] OPPENHEIM, ALAN, W. und ALAN S. WILLSKY: *Signale und Systeme*. Wiley-VCH, 1991.

[58] PRESS, WILLIAM H., SAUL A. TEUKOLSKY, WILLIAM T. VETTERLING und BRIAN P. FLANNERY: *Numerical Recipes in C*. Cambridge University Press, 1992.

[59] PROAKIS, JOHN G. und DIMITRIS G. MANOLAKIS: *Digital Signal Processing. Principles, Algorithms, and Applications*. Prentice Hall, 2006.

[60] PROAKIS, JOHN G. und MASOUD SALEHI: *Communication Systems Engineering*. Prentice Hall, 2001.

[61] PROAKIS, JOHN G., MASOUD SALEHI und GERHARD BAUCH: *Contemporary Communication Systems using MATLAB*. Brooks/Cole Pub Co., 2003.

[62] SCHAUMANN, ROLF und MAC E. VAN VALKENBURG: *Design of Analog Filters*. Oxford University Press, 2001.

[63] SCHOTT, DIETER: *Ingeniermathematik mit MATLAB: Algebra und Analysis für Ingenieure*. Fachbuchverlag Leipzig, 2004.

[64] SCHRICK, KARL-WILHELM: *Anwendungen der Kalman-Filter-Technik. Anleitung und Beispiele*. Oldenbourg, 1977.

[65] SHENOI, KISHAN: *Digital Signal Processing in Telecommunications*. Prentice Hall, 1995.

[66] SKLAR, BERNARD: *Digital Communications. Fundamentals and Applications*. Prentice Hall, 2001.

[67] STEARNS, SAMUEL D.: *Digital Signal Processing with Examples in MATLAB*. CRC Press, 2003.

[68] STEARNS, SAMUEL D. und RUTH A. DAVID: *Signal Processing Algorithms in MATLAB*. Prentice Hall, 1996.

[69] STEARNS, SAMUEL D. und DON R. HUSH: *Digitale Verarbeitung analoger Signale*. Oldenbourg, 1999.

[70] STRANG, GILBERT und TRUONG NGUYEN: *Wavelets and Filter Banks*. Wellesley-Cambridge Press, 1996.

[71] ÜBERHUBER, CHRISTOPH, STEFAN KATZENBEISSER und DIRK PRAETORIUS: *MAT-LAB 7: Eine Einführung*. Springer, Wien, 2005.

[72] VAIDYANATHAN, P.P.: *Multirate Systems and Filter Banks*. Prentice Hall, 1993.

[73] WELCH, P.D.: *The Use of Fast Fourier Transform for the Estimation of Power Spectra: A Method Based on Time Averaging Over Short, Modified Periodograms*. IEEE Trans. Audio Electroacoustics, AU-15:70–73, 1967.

[74] WERNER, MARTIN: *Digitale Signalverarbeitung mit MATLAB. Grundkurs mit 16 ausführlichen Versuchen*. Vieweg, 2006.

[75] WIDROW, BERNARD und SAMUEL D. STEARNS: *Adaptive Signal Processing*. Prentice-Hall, 1985.

# Index

# Index der MATLAB-Funktionen

www.ingramcontent.com/pod-product-compliance
Lightning Source LLC
Chambersburg PA
CBHW081041220326
41598CB00038B/6949